"十四五"国家重点图书

Springer 精选翻译图书

剪切波：多元数据的多尺度分析

Shearlets: Multiscale Analysis for Multivariate Data

[德] Gitta Kutyniok
[美] Demetrio Labate 著

李鸿志 李 杨 译

哈爾濱工業大學出版社
HARBIN INSTITUTE OF TECHNOLOGY PRESS

内容简介

异向多尺度系统及剪切波自推出以来,其理论得到迅速发展,并获得了广泛认可。它提供了一种实现连续和数字化条件下真正的统一处理方法,并在多个工程领域得到应用。本书由该领域的两位先驱者撰写,是世界上第一部关于剪切波和几何多尺度分析的著作。

全书深入阐述了剪切波的理论和应用,可供应用数学、计算机科学、电子信息科学、电气及自动化、通信、雷达、声呐、遥感、图像和生物医学等工程技术专业的高年级本科生、研究生和相关领域的科学技术人员学习参考。

黑版贸审字 08-2018-072 号

Translation from the English language edition:

Shearlets: Multiscale Analysis for Multivariate Data

by Gitta Kutyniok and Demetrio Labate

图书在版编目(CIP)数据

剪切波:多元数据的多尺度分析/(德)基塔·库提尼奥克(Gitta Kutyniok),(美)迪梅特里奥·拉贝特(Demetrio Labate)著;李鸿志,李杨译.—哈尔滨:哈尔滨工业大学出版社,2023.6

ISBN 978-7-5767-0538-6

Ⅰ.①剪… Ⅱ.①基… ②迪… ③李… ④李… Ⅲ.①横波-研究 Ⅳ.①O353.2

中国版本图书馆 CIP 数据核字(2023)第 025678 号

策划编辑 许雅莹
责任编辑 宋晓翠 张 权
封面设计 高永利
出版发行 哈尔滨工业大学出版社
社 址 哈尔滨市南岗区复华四道街 10 号 邮编 150006
传 真 0451-86414749
网 址 http://hitpress.hit.edu.cn
印 刷 哈尔滨市石桥印务有限公司
开 本 660 mm×980 mm 1/16 印张 20.5 字数 356 千字
版 次 2023 年 6 月第 1 版 2023 年 6 月第 1 次印刷
书 号 ISBN 978-7-5767-0538-6
定 价 98.00 元

译者序

过去的20年里，多尺度方法和小波作为对各向同性现象提供有效编码的方法，对应用数学、计算机科学和电子信息等工程应用技术领域产生了革命性的推动作用。异向多尺度系统及剪切波(Shearlets)在多元信号编码中同样也产生了巨大的影响，它提供了一种实现连续和数字化设定的、真正的统一的处理方法，是继小波后又一个对应用数学、计算机科学和工程技术领域有革命性影响的研究方向。其自推出以来得到迅速发展，并获得了广泛认可，是近年来谐波分析、信号处理和图像处理领域的研究热点。在电子、雷达、遥感、通信、生物医学和地质勘探等领域均有广阔的应用空间。如今，其发展已经达到了成熟阶段，有深入的数学理论支撑、有效的数值方法推广，以及各种高影响力领域中的应用。

对于该新兴理论和应用研究，国内外尚无专著、教材出版。本书是该领域首部著作，由该领域的两位先驱者撰写。Gitta Kutyniok 是德国柏林工业大学数学系、计算机科学与电气工程系教授，同时也是爱因斯坦讲席教授；Demetrio Labate 是美国休斯敦大学数学系教授。全书深入完整地介绍了剪切波的理论及应用，各章节撰写者均为该领域卓有建树的科学家和工程师。撰写者既从理论上完整论述了剪切波的数学概念，又与实际应用结合加以阐述，既考虑了科研人员对了解该领域新技术和新进展的渴望，又兼顾了研究生及高年级本科生选用教材或参考书的需求。非常适合国内高年级本科生、研究生和科研人员及工程技术人员使用。

感谢哈尔滨工业大学贺梦珂、王静、许智和廖敏俐等同学在译文多轮校对中做出的贡献。

需要说明的是，译者在翻译过程中尽可能尊重原文原意，全书向量、矩阵用白体，参考文献也按原书引用形式；虽然在翻译过程中尽可能完整准确地表达原著的内容，但由于译者的时间和水平有限，翻译中难免出现未尽完善之处，敬请广大同行读者批评指正。关于译文的问题可以通过 E-mail 与译者联系以便再版时完善：li. yang@ hit. edu. cn。

希望本书的翻译出版能为国内该领域广大科研工作者提供参考和帮助。

译　者

于哈尔滨工业大学新技术楼

2022 年 10 月

前　言

20 年前，小波为含有奇点的单变量函数/信号的分析和处理提供了极其有效的帮助，已在应用数学、计算机科学和工程技术领域起到了革命性的推动作用。然而，小波仅能有效地对各向同性特征进行编码，因此其在多元情况下无法获得同样的优异性能，这一限制通过观察 Besov 空间可以被小波系数序列的衰落特征精确描述，但是却不能捕捉与边缘和其他分布奇点相关的几何特征。实际上，因为多元问题受各向异性现象（如集中在低维嵌入流形中的奇点）的影响，所以这些几何特征在多元环境下是必要的。为了应对这个挑战，提出了一些将小波框架扩展到高维的方法，目的是对各向异性特征进行优化的稀疏近似及连续和数字领域进行统一处理的表达系统。在这些方法（如曲波和 contourlets）中，于 2005 年提出的剪切波独树一帜，成为至今为止满足这些组合要求的唯一方法。

如今，已经建立了在不同的研究方向上的剪切波理论，包括连续剪切波理论及其在分布分析中的应用和离散剪切波理论及其稀疏近似性质，它们分别与连续范围内的参数集和离散参数集关联。剪切波通过剪切算子对连续统和数字领域提供了一种统一的处理方法，使数字化和数值实现以可靠的方式运行，从而得到有效的算法。在结论的基础上，一些基于剪切波的算法被开发用来解决图像和数据处理等一系列问题。

本书是第一部关于剪切波的著作，其广泛的读者群不仅包括应用数学、计算机科学和工程领域的研究生和研究人员，对工作在其他领域中需要高效多元数据处理方法的研究人员也同样具有吸引力。因此本书既可以作为剪切波和高阶多尺度方法的发展动态的著作，也可以作为相关专业研究生的教材。

本书由相关领域的国际顶级专家撰写，各章以专题教程形式组织完成，包括剪切波理论和应用的主要方面。第 1 章介绍了剪切波在理论及应用方面的主要结论，并给出全书常用的基本符号和定义。后续章节介绍了从连续环境（如连续剪切波与其微局部特性）到离散和数字环境（如离散剪切波）的主要思想、数字化实现及其应用。每章各自独立，读者可以选择自己的阅读路径。

每章的内容简介如下。

第 1 章,介绍了剪切波在理论及应用方面的主要结论。在框架理论和小波的背景下,介绍了连续和离散剪切波及剪切波理论的主要结论,这些内容的细节及扩展将在后续章节中详述。

第 2 章,集中讨论了连续剪切波变换。在帮助读者了解微局部分析的概念后,介绍了剪切波变换是可以描述分布波前集特征的一种简单和便捷的方法。

第 3 章,揭示了连续剪切波变换描述多元函数和分布的奇点集特征的能力,这些性质是第 8 章中成像应用的基础。

第 4 章,介绍了任意空间维度的连续剪切波变换,以及与剪切波相关的平滑空间的构建,并对其结构特性进行分析。

第 5 章,对卡通类图像使用剪切波进行稀疏近似的理论进行深入的综述,并对带限和紧支撑剪切波框架进行了检验。

第 6 章,从经典的滤波器组和子带编码概念出发,为剪切波多分辨提供了完整的数字化方法。

第 7 章,讨论了剪切波变换的数字化实现的构建,特别关注了连续和数字领域中的统一处理问题。这一章介绍了两个不同的剪切波变换的数值化实现方法,一个是基于带限的剪切波,另一个是基于紧支撑的剪切波。

第 8 章,介绍了剪切波在成像和数据分析等问题中的应用,包括基于剪切波算法的图像降噪、图像增强、边缘检测、图像分离、解卷积和 Radon 数据的正则化重建。为了得到更加有竞争力的数值化算法,在上述的应用中,揭示了剪切波在有效处理各向异性特征的表达能力。

需要强调的是,如果没有同许多学者的交流和讨论,本书是无法完成的,对给予我们建议的学生和研究人员表示感谢。

Gitta Kutyniok 于德国柏林

Demetrio Labate 于美国休斯敦

目　　录

第1章　剪切波简介

剪切序列是在近年发现的能有效表示多维数据最成功的方法。事实上，自从人们发现传统的多尺度方法在捕捉边缘和其他经常主导多维现象的各向异性特征方面有其局限性，就开始研究其他的方法来克服其局限性。剪切波具有单独或者有限的生成函数集，可以提供一大类多维数据的最优稀疏表达的方法，使使用紧支撑分析函数成为可能；可以通过快速算法实现并且对连续域和数字域进行统一处理。本章对有关剪切序列的理论和应用的主要结果进行概述。

1.1　概　　述

科学家将21世纪称为数据时代，科技的进步使获取数据更加简单、便捷，当今的大量数据（如天文、医学、地震、气象和监测数据）都需要进行有效的分析和处理，不仅仅是数据量的问题，更是数据形式的多样性和处理任务的多样性。为了有效地处理从分类到压缩特征分析的任务，需要高度复杂的数学和计算方法。从数学的角度看，数据可以被建立模型，如函数、分布、点集合或者图像；此外，数据也可以分为通过图像或者测量数据给出的显式数据，以及通过微分或积分方程的解给出的隐式数据。

在实际应用中，所有数据最基本的特性是需要被提取和识别的信息是稀疏的，即数据通常是高度相关的，并且其基本信息是基于低维流形的。事实上，要找到一个用稀疏表示的数据集的字典，需对其主要特征有深入的了解，这个结论对数据的存储和传输，特征的抽取、分类和其他高级别处理任务都是至关重要的。这与另一个观察结果紧密相连，即几乎所有的多元数据都被各向异性的特征影响，如低维流形上的奇异点，这一结论已通过自然图像的边缘或者在传输方程解中的激震前沿所证明。因此，要想有效地分析和处理数据，最重要的是真正认识和了解数据的几何结构。

本书主要围绕一个近期引入的多尺度架构——剪切波理论进行介绍，它通过稀疏表示各向异性特征的能力对多元数据的不同集合进行最佳解码。作为在过去十年中开发广泛研究活动的一部分，剪切波的出现摆脱了传统的傅里叶和小波系统的限制,为大规模和高维数据创建新一代的分析和处理工具。David L. Donoho 作为该领域研究的先驱者之一,发现了传统高维多尺度系统和小波应该被几何多尺度分析替代,几何多尺度分析可以适用于中间维度的奇异点。值得注意的是,这类思想很多是以几何多尺度分析为核心,可以追溯到 1990 年谐波分析的一些主要结论(如 Hart Smith 的傅里叶积分算子空间、Peter Jone 的旅行商定理),这些结论都关心更高维的环境,因为其中的几何思想被用来发现算子和函数的分解、重排和重建新结构[16]。

剪切波理论更广阔的应用是在应用数学、电子工程和计算机科学等交叉领域,它在近年来展现了惊人的进展,出现了应用于图像分析的高度复杂和有效的算法以及应用于数据压缩和类似的新范式。本书通过介绍过去五年剪切序列的理论和应用研究的进展,为读者提供了一段最活跃和最激动人心的通向应用数学研究领域的旅程。

1.2 剪切波的发展

1.2.1 应用谐波分析的作用

应用谐波分析是应用数学的主要研究领域之一,它关注数据的有效表达、分析和解码。应用谐波分析的目标是“打碎成片段”(是希腊文“分析”的字面意思)的过程,即深入了解一个目标。例如,给定一个属于 $L^2(\mathbf{R}^d)$ 的一类数据 $\mathscr{C}$,对一个分析函数的集合 $(\varphi_i)_{i\in I}\subseteq L^2(\mathbf{R}^d)$,其中 I 是一个可数索引集,对所有的 $f\in\mathscr{C}$,有

$$f=\sum_{i\in I}c_i(f)\varphi_i \tag{1.1}$$

式(1.1)不仅给出了数据分析的过程,即将 $f\in\mathscr{C}$ 中任意元素分解成一个可数的线性测量集合 $(c_i(f))_{i\in I}\subseteq l^2(I)$,还给出了综合过程,即通过扩展系数 $(c_i(f))_{i\in I}$ 重建 f。

应用谐波分析的一个主要的目标是为分析元素建立其所属的特殊类,这个类可以在特定的数据集合里完成对最相关信息的最佳捕捉,以一维场景里分析系统的两个最成功的类型为例加以说明。Gabor 系统被用来实现对数据的联合时频内容的最佳表达,分析元素 $(\varphi_i)_{i\in I}$ 是由下列生成函数 $\varphi\in L^2(\mathbf{R})$ 的平移和频移得到的:

$$\{\varphi_{p,q} = \varphi(\cdot - p)\mathrm{e}^{2\pi \mathrm{i} q} : p, q \in \mathbf{Z}\}$$

和这种方法对比,小波系统将数据表示为与不同位置和分辨率级别相关的数据。分析元素$(\varphi_i)_{i \in I}$是通过在生成函数$\psi \in L^2(\mathbf{R})$上进行膨胀和平移算子的操作得到的,称为小波,即

$$\{\psi_{j,m} = 2^{\frac{j}{2}}\psi(2^j(\cdot - m)) : j, m \in \mathbf{Z}\} \tag{1.2}$$

给定一个数据$\mathscr{C}$的指定类,主要是用这种方法设计一个分析系统$(\varphi_i)_{i \in I}$,使其对每一个$f \in \mathscr{C}$,式(1.1)中的系数序列$(c_i(f))_{i \in I}$都可以被选择成为稀疏的。在一个无限维度的希尔伯特空间条件下,稀疏程度习惯上以最佳项近似的误差衰落速率的测量情况来决定,这意味着可以使用一个几乎没有非零数的系数序列$(\tilde{c}_i(f))_{i \in I}$,以很高的精度对任意$\mathscr{C}$进行近似处理。在有限维度的场景中,这样一个序列被称为稀疏的,这也解释了稀疏近似的用法。直观来说,如果一个函数可以被稀疏近似,那么其一些重要的特点可以通过阈值检测,即用绝对值最大系数相关的指标选择,或者通过存储少量大的系数$c_i(f)$来得到高压缩率,见文献[19]。

观察另外一个现象,如果$(\varphi_i)_{i \in I}$是一个标准正交基,式(1.1)中的系数序列$(c_i(f))_{i \in I}$是唯一确定的。如果再选择$(\varphi_i)_{i \in I}$来形成一个框架(即一个有冗余、稳定的系统(见3.3节)),允许一些自由度,那么序列$(c_i(f))_{i \in I}$对每个$f \in \mathscr{C}$可被选择为显著稀疏的。因此,来自框架理论的方法将得以实现,见3.3节和文献[5, 7]。

上述问题与另一个被高度关注的领域有着密切联系。在过去的四年中,以压缩感知为特例的稀疏恢复方法对应用数学、计算机科学和电气工程等领域进行了革命式的改变,突破了传统采样理论限制,见文献[3, 23]。通过采用这种方法,发现许多类型的信号当选择一个合适的基,或更普遍的一个框架时,可只用几个非零系数表示。如l_1最小化这类非线性优化方法可以用来在适当假设的情况下,在信号、基或者框架上,使用很少的测量值对信号进行恢复。这些结果可以推广到仅通过框架稀疏近似的数据,从而使上述讨论的压缩感知方法得以应用。

1.2.2　小波的起源

大约在25年前,小波的出现标志着一个有效的分段规律编码信号发展里程碑的诞生。小波的成功不仅在于它有能力对一大类经常出现的信号提供

最优稀疏近似，能比传统的傅里叶变换更有效地表示奇点；还在于可以精密地量化连续域转换的快速算法实现。使连续和数字设置得到统一的关键特性是多分辨分析，它允许实变函数和数字信号的直接转换。小波框架将数字信号处理领域与滤波器的理论联系在一起。小波理论另一个成功的方面是其丰富的数学结构，它使人们能够设计出具有正则性、衰减性或消失矩的各种理想性质的小波系。因此，小波彻底改变了图像和信号处理并产生许多非常成功的应用案例，如JPEG2000的算法，即目前的图像压缩标准，感兴趣的读者可以参考文献[65]来获取关于小波以及其应用的更多细节。

尽管小波非常成功，在处理多变量数据时却不是非常有效的。小波表示逐个奇点时估计最优，而在处理同样分布情况下的点(如沿曲线奇异点)时却不是很好。原因是小波是各向同性的，由单一或有限的一组生成器各向同性膨胀而产生。然而在两维或者更高维度，类似在表面边界的间断分布通常被表现出来，甚至占主导地位。所以，小波在处理多变量数据时不是最优选择。

科学家和工程师对小波和传统的多尺度的局限性系统进行了一系列研究。事实上，在早期的滤波器文献里已经意识到在小波构架里引进方向灵敏度的必要性①，并且已经引入了一些版本的方向性小波，包括Simoncelli等人在文献[71]中提出的可操纵金字塔算法、Bamberger和Smith在文献[2]中提出的方向性滤波器组和Antoine等人在文献[1]中提出的2D方向性小波。随着复杂小波的提出，人们提出了一个更精细的方法[44,45]。然而，尽管这些方法在应用上经常优于标准小波，这些方法却不能提供被各向异性主导的多元数据的最优稀疏估计，造成失败的最基本原因是这些方法不是真正的多维扩展小波的方法。

真正的突破点是Candès和Donoho在2004年提出了曲波[4]，这是第一个能在一组双变量函数展示各向异性特性时提供最优稀疏估计的系统。曲波形成了一个分析函数体系，不仅像小波一样能在不同的尺度和位移下定义，也可以在不同方向定义，随着方向数量的增加，尺度会更加精确；另一个基本特性是曲波在最优尺度上支持高度各向异性，并且能够持续延伸。基于各向异性这一点，曲波和自适应系统在图像边缘稀疏估计上具有一样好的能力。

---

① 人的大脑在自然图像高效处理的定向灵敏度的重要性已经成为神经心理学等研究领域和Olshausen[68]的一个重要发现，也是对于谐波分析与图像处理相关研究的一个重要启示。

曲波的两个主要的缺点如下。

(1) 曲线波系统不是单独生成的,即它不是由应用于单个(或有限集)生成函数的有限算子导出的。

(2) 曲波的构架包含循环,然而操作数并不能保存数字晶格,阻碍了从连续到数字的直接转换。

在 2005 年,轮廓波被 Do 和 Vetterli 作为曲波的纯粹离散滤波器组的版本提出[14]。轮廓波提供了一种类似于标准小波的允许树状滤波器实现,它被用来获得非常有效的数值算法,但这个方法缺少了适当的连续理论。

在同一年,Guo、Kutyniok、Labate、Lim 和 Weiss 提出剪切波。这个方法起源于一大组仿射类系统的生成,即复合小波,剪切波作为小波构架的真正多元延伸。与曲波使用的循环对比,剪切波与众不同的特性是通过剪切去控制方向的选择,这是一个与本质不同的概念,由于它允许剪切系统由单个或者有限的序列生成,并且剪切矩阵保留了整数晶格,也确保了连续和数字的统一。事实上,正如在本书中广泛讨论的那样,剪切波提供了以下所需列表的独特组合。

(1) 一个单独或者有限个生成函数。

(2) 多元数据的各向异性特性的最优稀疏估计。

(3) 分析元素的紧密支撑。

(4) 快速算法实现。

(5) 连续域和数字域的统一。

(6) 分类估计空间的联系。

为了更完整地说明,需要另外一些表示系统,它们能够克服传统小波的限制,产生最优系数来代表一大类图像,这些表示系统称为条带波[70]和小群[66]。这些方法充分利用数据的几何结构,然而在这种情况下,这样做是自适应的,即通过构造特殊的数据分解去对每一个数据进行特别设计,而不是使用一个固定的表示系统,如使用小波或者剪切波。采用这种自适应的方法可以实现高效的数据分解,但通常比使用非自适应性的方法数字性更加密集。

1.3 节会展现剪切波理论和应用的关键结果的独立概述,主要集中在 2D 环境。这些结果将在本书的各个章节进行详细阐述,也会讨论剪切波的模拟和数字角度。在开始阐述前,会介绍本书所用的符号,并提供一些谐波分析和小波理论的背景材料。

1.3　符号和背景材料

1.3.1　傅里叶分析

傅里叶变换是谐波分析中最基本的工具。在接下来的过程中，矢量在 $\mathbf{R}^d$ 或 $\mathscr{C}^d$ 被理解为列向量，并且 $L^2(\mathbf{R}^d)$ 里面的内积，用 $\langle .,. \rangle$ 表示。对于一个函数 $f \in L^1(\mathbf{R}^d)$，f 的傅里叶变换被定义为

$$\hat{f}(\xi) = \int f(x)\mathrm{e}^{-2\pi\mathrm{i}\langle x,\xi\rangle}\mathrm{d}x$$

如果它的傅里叶变换是紧支集，则 f 被称为带限函数。一个函数 $g \in L^1(\mathbf{R}^d)$ 的逆傅里叶变换由下式给出：

$$\overset{\vee}{g}(x) = \int g(\xi)\mathrm{e}^{-2\pi\mathrm{i}\langle x,\xi\rangle}\mathrm{d}\xi$$

如果 $f \in L^1(\mathbf{R}^d)$ 并且 $\hat{f} \in L^1(\mathbf{R}^d)$，有 $f = (\hat{f})^{\vee}$，因此在这种情况下的傅里叶逆变换是“真”的逆。这个定义可以扩展至 $L^2(\mathbf{R}^d)$，这些扩展也可以标记为 $\hat{f}$ 和 $\overset{\vee}{g}$。利用这些傅里叶变换的定义，对于 $f,g \in L^2(\mathbf{R}^n)$，有

$$\langle f,g\rangle = \langle \hat{f},\hat{g}\rangle$$

特别地，有

$$\| f \|_2 = \| \hat{f} \|_2$$

有关傅里叶分析的背景知识见文献[25]。

1.3.2　信号集的建模

在连续域的设置里，标准的 d 维信号模型是在 $\mathbf{R}^d$ 上的平方可积函数，记为 $L^2(\mathbf{R}^d)$。这个空间也包含了远离自然图像和数据的对象，因此引入子集和子空间是非常方便的，它们在遇到不同类型数据的实际应用中可以更好地建模。这个方法的使用需要一定程度的规律性。因此，假设连续函数 $C(\mathbf{R}^d)$、k 次连续可微函数 $C^k(\mathbf{R}^d)$ 和无限次连续光滑函数 $C^\infty(\mathbf{R}^d)$ 都是平滑函数。由于图像在本质上是紧支撑的，还需要一个紧支集函数的概念，用下标 0 来表示，如 $C_0^\infty(\mathbf{R}^d)$。

有时考虑曲线的奇异点是必要的，例如在分布奇异点图像的边缘，需要分布空间 $\mathscr{D}'(\mathbf{R}^d)$ 作为模型。对于一个分布 u，如果存在一个函数 $\phi \in C_0^\infty(U_x)$，并且 $\phi(x) \neq 0$，U_x 是 x 的一个邻域，就说 $x \in \mathbf{R}^d$ 是 u 的一个规则点。这意味着 $\phi u \in C_0^\infty(\mathbf{R}^d)$，与此等价的 $(\phi u)^\wedge$ 快速减小。u 中一系列规则点的补集称为 u 的奇异支集，被表示为 supp u。发现 u 的奇异支集是 supp u 的一个

闭合子集。

奇异点的各向异性通过波前集合的概念在一维或多维嵌入方面变得明显。为了简化,只列举一个二维情况。对于一个分布 u,点$(x,s) \in \mathbf{R}^2 \times \mathbf{R}$ 是标准定向点,如果存在 x 的邻域 U_x、s 的邻域 V_s 和函数 $\phi \in C_0^\infty(\mathbf{R}^2)$ 满足 $\phi|_{U_x} \equiv 1$,则对于每一个 $N > 0$,存在一个常数 C_N 满足

$$|(u\phi)^\wedge(\eta)| \leqslant C_N(1+|\eta|)^{-N}$$

对于所有的 $\eta = (\eta_1,\eta_2) \in \mathbf{R}^2$ 且$\dfrac{\eta_2}{\eta_1} \in V_s$。

在 $\mathbf{R}^2 \times \mathbf{R}$ 中 u 的规则定向点的补集称为 u 的波前集,表示为 $WF(u)$。因此,奇异支集描述了 u 里奇异点的位置集合,波前集描述了位置和垂直方向的奇异集。

有一类函数在成像科学中特别有趣,即卡通图像。在文献[15]中引入这类函数是为了提供一个自然图像的简化模型,该模型强调各向异性特征,尤其是边缘异性特征,并且与人类视觉系统的许多模型一致。以图 1.1 中照片为例,由于图像基本上由边缘分割的平滑区域组成,建议使用由分段正则函数组成的模型,如图 1.2 所示。为了简化,这个域被设置为它的正则性可以选为$[0,1]^2$,引入定义 1。

图 1.1　自然图像受各向异性结构的控制

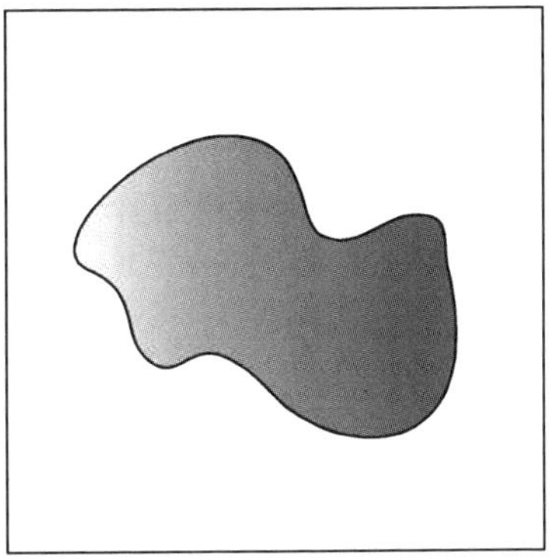

图 1.2　一个卡通图像的例子
(函数值用灰度图表示)

定义 1　卡通图像的集合 $\varepsilon^2(\mathbf{R}^2)$ 是一组函数 f,具有 $\mathbf{R}^2 \rightarrow \mathbf{C}$ 的形式,有

$$f = f_0 + f_1\chi_B$$

其中 $B \subset [0,1]^2$ 是设置成 ∂B 在闭合 C^2 曲线中的有界曲率。$f_i \in C^2(\mathbf{R}^2)$,对

于每个 $i=0,1$, $\mathrm{supp}\, f_i \subset [0,1]^2$, $\|f_i\|_{C^2} \leqslant 1$。

需要注意的是，在数字设置中，d 维普通的信号模型是在 $\mathbf{Z}^d$ 中的函数，类似 $\ell^2(\mathbf{Z}^d)$，或是在 $\{0,\cdots,N-1\}^d$ 中，有时记为 $\mathbf{Z}_N^d$。

1.3.3 构架理论

当设计函数的表示系统时，有时超越标准正交基的设置而考虑正则系统是有利的或不可避免的。构架的概念最初由 Duffin 和 Schaeffer 在文献[20]中提出，后来被 Daubechies 在文献[13]发展，它在保证稳定性的同时允许非唯一分解。框架理论中关于一般(实数或复数)希尔伯特空间 $\mathscr{H}$ 的基本定义如下。

在 $\mathscr{H}$ 上的一个序列 $(\varphi_i)_{i\in I}$ 称为 $\mathscr{H}$ 的一个构架。如果存在常数 $0<A\leqslant B<\infty$，对于所有的 $x\in\mathscr{H}$，有

$$A\|x\|^2 \leqslant \sum_{i\in I} |\langle x,\varphi_i\rangle|^2 \leqslant B\|x\|^2$$

构架的常数 A 和 B 分别称为下级和上级构架界限。所有的 A 上界和 B 下界使框架不等式成立的是最优框架边界。如果 $A=B$，则构架可以称为 A - tight；如果 $A=B=1$ 成立，则 $(\varphi_i)_{i\in I}$ 称为帕塞瓦尔构架。如果存在 $c>0$ 并且对于所有的 $i\in I$ 都有 $\|\varphi_i\|=c$，构架称为标准等式；如果 $c=1$，称为单位标准。

除了提供冗余的扩展，构架还充当了分析工具。事实上，如果 $\mathscr{H}$ 中的 $(\varphi_i)_{i\in I}$ 是 $\mathscr{H}$ 的一个框架，则允许通过研究相关的框架系数 $(\langle x,\varphi_i\rangle)_{i\in I}$ 来分析数据，操作 T 称为分析算子，定义为

$$T:\mathscr{H}\to\ell^2(I),\quad x\mapsto(\langle x,\varphi_i\rangle)_{i\in I}$$

分析算子的伴随矩阵 T^* 被称为合成算子，并且满足

$$T^*:\ell^2(I)\to\mathscr{H},\quad ((c_i)_{i\in I})\mapsto\sum_{i\in I}c_i\varphi_i$$

主要操作与一个构架相关，它提供了一个稳定的重构过程，即构架算子，有

$$S=T^*T:\mathscr{H}\to\mathscr{H},\quad x\mapsto\sum_{i\in I}\langle x,\varphi_i\rangle\varphi_i$$

算子 S 是 $\mathscr{H}$ 上正的自伴随可逆算子，并且 $A\cdot I_{\mathscr{H}}\leqslant S\leqslant B\cdot I_{\mathscr{H}}$，其中 $I_{\mathscr{H}}$ 表示 $\mathscr{H}$ 上的恒等算子。在帕塞瓦尔构架的情况下，S 缩减到 $S=I_{\mathscr{H}}$。

总体来说，$x\in\mathscr{H}$ 的信号可以通过重构公式恢复它的构架系数。重构公式为

$$x=\sum_{i\in I}\langle x,\varphi_i\rangle S^{-1}\varphi_i$$

序列$(S^{-1}\varphi_i)_{i\in I}$本身可以形成一个构架，被称为规范的对偶构架。从不同的观点上看，把构架当成扩展系统$(\varphi_i)_{i\in I}$的一个方式，对于每一个$x\in\mathscr{H}$，有

$$x=\sum_{i\in I}\langle x,S^{-1}\varphi_i\rangle\varphi_i$$

如果构架$(\varphi_i)_{i\in I}$不能构成一个基，它是冗余的，系数序列$(\langle x,S^{-1}\varphi_i\rangle)_{i\in I}$将不是独立的，正是这个性质能够推出更稀疏的展开，还应该指出的是序列$(\langle x,S^{-1}\varphi_i\rangle)_{i\in I}$有独特的特性，在所有展开系数序列的范数里，它是最小的。

关于构架理论的更多细节，有兴趣的读者可以参见文献[5,7]。

1.3.4　小波

由于剪切波的发展采取了这个通用的构架，所以小波分析在本书有着重要的地位，会进行详细介绍。因此，对剪切波的全面理解建立在全面理解小波理论的基础上。首先重写离散小波系统在$L^2(\mathbf{R})$中的定义，如式(1.2)可以改写为

$$\{\psi_{j,m}=D_2^{-j}T_m\psi=2^{j/2}\psi(2^j\cdot-m):j,m\in\mathbf{Z}^d\}\tag{1.3}$$

式中，$\psi\in L^2(\mathbf{R})$；D_2为$L^2(\mathbf{R})$上的二元膨胀算子，其定义为

$$D_2\psi(x)=2^{-\frac{1}{2}}\psi(2^{-1}x)\tag{1.4}$$

且T_t为$L^2(\mathbf{R})$上的平移算子，其定义为

$$T_t\psi(x)=\psi(x-t),\quad t\in\mathbf{R}\tag{1.5}$$

相应的离散小波变换被定义为映射：

$$L^2(\mathbf{R})\ni f\mapsto\mathscr{W}_\psi f(j,m)=\langle f,\psi_{j,m}\rangle,\quad j,m\in\mathbf{Z}$$

如果式(1.3)是$L^2(\mathbf{R})$上的一个标准正交基，它被称为正交小波系统，ψ也被称为小波。小波不是严格受限的，它有很多选择。事实上，它在空间域和频率域都有着快速衰减，或者满足了其他需求或衰减特性，所以设计一个具有很好局部特性的小波在理论上是可能的。在这些经典构造中，重点提出两个最著名的小波。

(1) Daubechies 小波，它具有紧支撑和高度正规性，在频域具有很好的衰减。

(2) Lemariè-Meyer 小波，它在频域是带限的，并且C^∞在空间域有着快速衰减。

需要强调的是，小波基和傅里叶基最大的不同在于小波具有局部特性，并且在它们的近似估计时有着重要作用，会在之后进行阐述。

有一种通用机制能构造正交小波基，称为多分辨分析（Multiresolution Analysis，MRA）。在维度 $d = 1$ 时，定义在 $L^2(\mathbf{R})$ 中的一个序列闭合子空间 $(V_j)_{j\in\mathbf{Z}}$ 满足以下特性。

（1）$\{0\} \subset \cdots \subset V_{-2} \subset V_{-1} \subset V_0 \subset V_1 \subset V_2 \subset \cdots \subset L^2(\mathbf{R})$。

（2）$\bigcap\limits_{j\in\mathbf{Z}} V_j = \{0\}$，并且$\overline{U_{j\in\mathbf{Z}}V_j} = L^2(\mathbf{R})$。

（3）$f \in V_j$，当且仅当 $D_2^{-1}f \in V_{j+1}$。

（4）存在尺度函数 $\phi \in L^2(\mathbf{R})$，因此$\{T_m\phi : m \in \mathbf{Z}\}$ 是 V_0 的标准正交基①。

这个方法能够使函数分解为和小波空间 $W_j(j \in \mathbf{Z})$ 相关的不同分辨率级别的函数。这些空间根据正交补定义：

$$W_j \coloneqq V_{j+1} \ominus V_j, \quad j \in \mathbf{Z}$$

这就是说，一个函数$f_{j+1} \in V_{j+1}$ 被分解成$f_{j+1} = f_j + g_j \in V_j \oplus W_j$，其中$f_j$ 包含了 f_{j+1} 的低阶频率成分和 g_j 的高阶频率成分，它可以将 $L^2(\mathbf{R})$ 分解成小波空间的直接和。同样给定一个 MRA，总是存在一个函数 $\psi \in L^2(\mathbf{R})$，以致$\{\psi_{j,m} : j,m \in \mathbf{Z}\}$ 是$L^2(\mathbf{R})$ 上的标准正交基。多分辨分析的方法允许引入包含小波和尺度函数的可选择的标准正交基，形式如下：

$$\{\phi_m = T_m\phi = \phi(\cdot - m) : m \in \mathbf{Z}\} \cup \{\psi_{j,m} : j \geqslant 0, m \in \mathbf{Z}\}$$

在这种情况下，尺度函数变换处理的是低阶频域部分，子空间 $V_0 \subset L^2(\mathbf{R})$ 和高频域小波余空间 $L^2(\mathbf{R}) \ominus V_0$。关于 MRA 理论的更多信息见文献[65]。

小波理论到高维的延伸需要引入一组小波理论工具。对此，引入 $L^2(\mathbf{R}^d)$ 连续仿射系统，它被定义为

$$\{\psi_{M,t} = T_t D_M^{-1}\psi = |\det M|^{\frac{1}{2}}\psi(M(\cdot - t)) : (M,t \in G \times \mathbf{R}^d)\} \tag{1.6}$$

式中，$\psi \in L^2(\mathbf{R}^d)$；$G$ 为 $GL_d(\mathbf{R})$ 的子集；d 为可逆矩阵组；D_M 为 $L^2(\mathbf{R}^d)$ 的膨胀算子，定义为

$$D_M\psi(x) = |\det M|^{-\frac{1}{2}}\psi(M^{-1}x), \quad M \in GD_d(\mathbf{R}^d) \tag{1.7}$$

式中，T_t 为 $L^2(\mathbf{R}^d)$ 上的转换算子，定义为

$$T_t\psi(x) = \psi(x - t), \quad t \in \mathbf{R}^d \tag{1.8}$$

在 ψ 上得出条件以使任何$f \in L^2(\mathbf{R}^d)$ 可以通过系数$(\langle f, \psi_{M,t}\rangle)_{M,t}$ 恢复，

---

① 这个假设可以由条件更弱的假设替代：$\{T_m\phi : m \in \mathbf{Z}\}$ 是 V_0 空间的 Riesz 基。

对于这种情况,首先通过一组结构配备式(1.6)的参数集,即设置

$$(M,t)\cdot(M',t')=(MM',t+Mt')$$

产生的结果组通常标记为 $\mathscr{A}_d^3$①,称为 $\mathbf{R}^d$ 上的仿射组。通过式(1.6)发现仿射系统的数学结构可以由作用在 $L^2(\mathbf{R}^d)$ 上的 $\mathscr{A}_d$,通过单位表示 $\pi_{(M,t)}=D_M T_t$ 产生(群表示理论细节见文献[42]),在 $L^2(\mathbf{R}^d)$ 上函数复现的结果可以证明。

定理 1[29,63]　保留本节中介绍的符号,令 $\mathrm{d}\mu$ 是一个左不变且在 $G\subset GL_d(\mathbf{R})$ 上的 Haar 度量,$\mathrm{d}\lambda$ 是 $\mathscr{A}_d$ 的左 Haar 度量。假设 $\psi\in L^2(\mathbf{R}^d)$ 满足可采纳条件,有

$$\int_G |\hat{\psi}(M^{\mathrm{T}}\xi)|^2 |\det M| \,\mathrm{d}\mu(M)=1$$

则任何函数 $f=L^2(\mathbf{R}^d)$ 都可以通过弱解释的再生方程

$$f=\int_{\mathscr{A}_d}\langle f,\psi_{M,t}\rangle\psi_{M,t}\mathrm{d}\lambda(M,t)$$

来恢复。

当满足上述定理时,$\psi\in L^2(\mathbf{R}^d)$ 被称为连续小波,相关的连续小波变换通过映射定义:

$$L^2(\mathbf{R}^d)\ni f\mapsto \mathscr{W}_\psi f(M,t)=\langle f,\psi_{M,t}\rangle,\quad (M,t)\in\mathscr{A}_d$$

当膨胀组 G 以 $G=\{aI_d:a>0\}$ 形式出现时,得到一个有趣又特殊的现象,对应于各向同性膨胀的情况。在这种情况下 ψ 的可采纳条件变为

$$\int_{a>0}|\hat{\psi}(a\xi)|^2\frac{\mathrm{d}a}{a}=1$$

此时各向同性的连续小波变换是将 $f\in L^2(\mathbf{R}^d)$ 映射成

$$\mathscr{W}_\psi f(a,t)=a^{-\frac{d}{2}}\int_{\mathbf{R}^d}f(x)\,\overline{\psi(a^{-1}(x-t))}\,\mathrm{d}x,\quad a>0,t\in\mathbf{R}^d \tag{1.9}$$

注意,离散小波系统是在连续仿射系统式(1.6)在 $d=1$ 时离散化得到的,此时选择离散膨胀为 $G=\{2^j:j\in\mathbf{Z}\}$。

1.3.5　多元数据的小波及其局限性

传统的小波理论是建立在应用各向同性膨胀的基础上,本质上是一维理论,可以通过观察包含奇异点的各向同性连续小波变换函数来说明。假设一

---

①　书上表示为 $\mathscr{A}_d$。

个分布函数f,除了一个x_0的奇异点之外,它在各处都是规则的,通过给定式(1.9),观察此时$\mathscr{W}_\psi f(a,t)$的行为。假设ψ是平滑的,直接计算表明$\mathscr{W}_\psi f(a,t)$在除了$t=x_0$之外的所有t在$a\to 0$时有快速渐进衰减。在这个基础上,f信号的连续小波变化通过在合适尺度上的渐进衰减定位奇异点。通过使用这个性质,连续小波变换可以用来表征一个函数或者分布的奇异支集[43]。

然而,由于各向同性的性质,连续小波变换不能依据波前的分辨提供一个函数或者分布奇异点的几何信息。关键问题是尽管各向同性小波变换有简单可行的优点,但它缺少方向敏感性和检测f几何特性的能力。使用离散小波变换可以说明传统小波构架的局限性。

在证明之前,回忆非线性估计的定义,特别是最佳阶估计,这是近似小波基最恰当的概念。对于一个函数$f\in L^2(\mathbf{R}^d)$,f关于小波基的最佳N阶估计f_N是通过由f从它最大的N阶小波系数来近似,而不是通过线性傅里叶近似中的标准方法“第一个”N来近似得到的。因此,由Λ_N指数设置与N最大小波系数$|\langle f,\psi_\lambda\rangle|$相关的一些小波基$(\psi_\lambda)_{\lambda\in\Lambda}$,$(\psi_\lambda)_{\lambda\in\Lambda}$中一些$f\in L^2(\mathbf{R}^d)$的最佳$N$阶估计被定义为

$$f_N=\sum_{\lambda\in\Lambda_N}\langle f,\psi_\lambda\rangle\psi_\lambda$$

如果一个函数在框架内而不是在基上膨胀,那么最佳阶估计并不能明确确定。有关非线性估计在框架内压缩膨胀的讨论见本书第5章。

提出一个探索式的论证,相对于复杂多尺度方法(如剪切波构架)来说,在面对卡通图像的最佳稀疏估计和其他$\mathbf{R}^2$上分段光滑的函数时,它凸显了传统小波估计的局限性。令一个卡通图像(见定义1)包含沿着光滑曲线的奇异点,$\{\psi_{j,m}\}$是$L^2(\mathbf{R}^d)$的一个标准正交基。当j足够大时,和奇异点有关的小波系数$\langle f,\psi_{j,m}\rangle$是有意义的。在尺度$2^{-j}$上,每一个小波$\psi_{j,m}$都被$2^{-j}\times 2^{-j}$所制成,在奇异曲线上存在大约$2^j$个重叠的小波基。相关小波系数可以通过下式控制:

$$|\langle f,\psi_{j,m}\rangle|\leqslant \|f\|_\infty\|\psi_{j,m}\|_{L^1}\leqslant C2^{-j}$$

它遵循N阶最大小波系数,表示为$\langle f,\psi_{j,m}\rangle_{(N)}$,它被$O(N^{-1})$限制。因此,如果$f$被最佳$N$阶估计$f_N$近似,则$L^2$误差遵循

$$\|f-f_N\|_{L^2}^2\leqslant\sum_{\ell>N}|\langle f,\psi_{j,m}\rangle_{(\ell)}|^2\leqslant CN^{-1}$$

事实上,这个估计可以被严格证明,在某种程度上来说是严谨的,即存在一个卡通图像,对于常数$C>0$,它的衰减系数限制小于CN^{-1}(见文献[65])。

然而,通过使用小波近似得到的近似率 $O(N^{-1})$ 和最优的卡通图像的一组数据 $\varepsilon^2(\mathbf{R}^2)$ 相距很远。定理 2 的最优结果被文献[15] 证明。

定理 2[15]　令 $f \in \varepsilon^2(\mathbf{R}^2)$,存在一个常数 C 使得对于任何 N,三角剖分构建 $[0,1]^2$ 为 N 个三角形,这些三角形的分段线性插值满足

$$\| f - f_N \|_{L^2}^2 \leqslant CN^{-2}, \quad N \to \infty$$

这个结果提供了在 $\varepsilon^2(\mathbf{R}^2)$ 里的目标的非线性估计误差的最优渐进衰减率,就某种意义上来说,没有其他多项式深度搜索算法可以产生更好的速率,它表明了对图像的适应性的三角基估计和没有奇异点的图像一样好。

定理 2 产生的近似值为 2 维数据最佳稀疏估计提供了一个准基;此外,在定理 2 论证的结论应用适应性三角测量,提出了细长定向的分析元素可以实现分段光滑二变量函数的最优稀疏估计。因此,这次的观察是构造曲波和剪切波的核心,然而,与定理 2 中三角近似不同的是,曲波和剪切波系统是非适应性的。尽管如此,曲波和剪切波也能展现出与定理 2 相同的最优近似估计。更多的细节将在本书第 5 章讨论。

1.4　连续剪切波系统

在讨论高维小波系统的局限性后,本节将介绍剪切波系统,使其作为一个基本构架来克服这些局限性。首先介绍连续剪切波系统,离散剪切波系统将在之后讨论,限制在 2D 情况下。

在正式定义剪切波系统前,引入一个直观的概念,这是此次构造的核心。由之前的观察得到,为实现类似卡通图像展现的各向异性奇异点的最佳稀疏估计,分析元素必须包含多个尺度、方向和位置的波形,并能够变得非常细长。这需要一个适度规模操作来产生不同尺度上的元素,一个改变方向的正交操作和一个在二维平面上的平移算子来取代这些元素的融合。

由于尺度操作需要在各向异性产生波形,利用膨胀算子 D_{A_a} 的集合($a > 0$),基于抛物线尺度矩阵 A_a 的形式,有

$$A_a = \begin{pmatrix} a & 0 \\ 0 & a^{\frac{1}{2}} \end{pmatrix}$$

膨胀算子由式(1.7) 给出。这种类型的扩张对应抛物线尺度,在谐波分析的著作中有悠久历史,可以追溯到振荡积分的理论的二元分解[24,73]。查阅 Smith[72] 最近在傅里叶整数操作分解的工作可以注意到,比起 A_a 使用更普遍

的矩阵(a,a^{α})来控制各向异性的程度，其中参数$\alpha \in (0,1)$。在剪切波系统的参数离散化时，$\alpha = 1/2$在离散集里有特别的作用。事实上，需要抛物线尺度变换得到卡通图像的最优稀疏估计，因为在这种模型类别里，它最适合于不连续曲线的C^2规律。为简单起见，在接下来的稀疏结果中讨论，在本章剩余章节只考虑$\alpha = 1/2$的情况，概括和延伸的相关内容可以参考本书的第3章和第5章。

需要一个正交变换来改变波形的方向，最明显的选择似乎是旋转算子。然而，旋转算子在旋转角不为0，$\pm\frac{\pi}{2}$，$\pm\pi$，$\pm\frac{3\pi}{2}$时改变了整数晶格$\mathbf{Z}^2$的结构，这个问题在从连续域转换为数字域时会变成一个很严重的问题。作为一个可替换的正交操作，选择剪切操作$D_{S_s}(s \in \mathbf{R})$，给出剪切矩阵$S_s$为

$$S_s = \begin{pmatrix} 1 & s \\ 0 & 1 \end{pmatrix}$$

剪切矩阵确定参数化方向使用可变量s（假设s是一个整数），s和斜率相关，而不是角度，优点是使整数格不变。

最后，转换算子使用式(1.8)给出的标准操作T_t。

将上述三个算子融合，定义剪切波系统如下。

定义2 对于$\psi \in L^2(\mathbf{R}^d)$，连续剪切波系统$\mathrm{SH}(\psi)$定义为

$$\mathrm{SH}(\psi) = \{\psi_{a,s,t} = T_t D_{A_a} D_{S_s}\psi : a > 0, s \in \mathbf{R}, t \in \mathbf{R}^2\}$$

解答怎样选择一个合适的生成函数ψ，使系统$\mathrm{SH}(\psi)$满足$L^2(\mathbf{R}^d)$中的再生公式。

1.4.1 连续剪切波变换系统和剪切波组

定义2中引入了系统的一个重要结构性质是它们属于仿射系统类，这就像在3.4节中讨论过的小波系统和群表示理论，连续剪切波系统的理论可发展成为单一表示并概括化的仿射系统。

为了准确表示这个关系，定义剪切组，以$\mathbf{S}$表示的半直积：

$$(\mathbf{R}_+ \times \mathbf{R}) \ltimes \mathbf{R}^2$$

运用由下式给出的群乘法：

$$(a,s,t)\cdot(a',s',t') = (aa', s + s'\sqrt{a}, t = S_s A_a t')$$

用左不变的Haar小波估计为$\frac{\mathrm{d}a}{a^3}\mathrm{d}s\mathrm{d}t$。单位表示$\sigma : \mathbf{S} \to \mathscr{U}(L^2(\mathbf{R}^2))$定义为

$$\sigma(a,s,t)\psi = T_t D_{A_a} D_{S_s}\psi$$

其中，$\mathscr{U}(L^2(\mathbf{R}^2))$ 表示 $L^2(\mathbf{R}^2)$ 上的酉操作，一个连续剪切波系统可以被写成

$$\mathrm{SH}(\psi) = \{\sigma(a,s,t)\psi : \sigma(a,s,t) \in S\}$$

式中，σ 是单位的，但不是不可约的。如果需要这个附加条件，剪切组需要扩展为$(\mathbf{R}^* \times \mathbf{R}) \ltimes \mathbf{R}^2$，其中 $\mathbf{R}^* = \mathbf{R}\backslash\{0\}$，服从连续剪切波系统：

$$\mathrm{SH}(\psi) = \{\sigma(a,s,t)\psi : a \in \mathbf{R}^*, s \in \mathbf{R}, t \in \mathbf{R}^2\}$$

可以在更高的维度来检验这个观点和它的一般化，具体细节见第 4 章。

1.4.2 节提供了 $L^2(\mathbf{R}^2)$ 主要结果和连续剪切波系统相关定义的概述。

1.4.2　连续剪切变换

类似于连续小波变换，连续剪切变换定义为$f \in L^2(\mathbf{R}^d)$ 中的映射，其中元素 f 是 $\mathbf{S}$ 中的元素。

定义 3　对于$\psi \in L^2(\mathbf{R}^2)$，属于$f \in L^2(\mathbf{R}^2)$ 的连续剪切变换是一个映射：

$$L^2(\mathbf{R}^2) \ni f \to \mathscr{SH}_\psi f(a,s,t) = \langle f, \sigma(a,s,t)\psi \rangle, \quad (a,s,t) \in \mathbf{S}$$

式中，$\mathscr{SH}_\psi$ 映射到函数 f 中是系数 $\mathscr{SH}_\psi f(a,s,t)$，尺度变量 $a > 0$，方向变量 $s \in \mathbf{R}$，位置变量 $t \in \mathbf{R}^2$。

重要的是 ψ 在连续剪切变换等距的条件下，将它和重构公式联系在一起。对于这点，定义可容许剪切波的概念，也称为连续剪切波。

定义 4　如果 $\psi \in L^2(\mathbf{R}^2)$ 满足

$$\int_{\mathbf{R}^2} \frac{|\hat{\psi}(\xi_1,\xi_2)|^2}{\xi_1^2} \mathrm{d}\xi_2 \mathrm{d}\xi_1 < \infty$$

则称为可容许剪切波。

很容易构造可容许剪切波，比如局部化很好的可容许剪切波，如果 $\hat{\psi}$ 是紧支撑函数，那么任何函数 ψ 都是一个可容许剪切波。定义 5 被称为经典剪切波，最初在文献[39] 中提出，后来在文献[30,61] 中进行了微小的修改。

定义 5　通过下式定义 $\psi \in L^2(\mathbf{R}^2)$：

$$\hat{\psi}(\xi) = \hat{\psi}(\xi_1,\xi_2) = \hat{\psi}_1(\xi_1)\hat{\psi}_2\left(\frac{\xi_2}{\xi_1}\right)$$

式中，$\psi_1 \in L^2(\mathbf{R}^2)$ 是一个离散小波。在某种意义上说，满足离散 Calderón 条件，由下式给出：

$$\sum_{j \in \mathbf{Z}} |\hat{\psi}_1(2^{-j}\xi)|^2 = 1, \quad \text{a.e.}\ \xi \in \mathbf{R} \tag{1.10}$$

式中，$\hat{\psi}_1 \in C^{\infty}(\mathbf{R})$，$\operatorname{supp}\hat{\psi}_1 \subseteq \left[-\frac{1}{2}, -\frac{1}{16}\right] \cup \left[\frac{1}{16}, \frac{1}{2}\right]$，并且$\psi_2 \in L^2(\mathbf{R})$是一个凹凸函数，在某种意义上，有

$$\sum_{k=-1}^{1} |\hat{\psi}_2(\xi + k)|^2 = 1, \quad \text{a. e.}\, \xi \in [-1,1] \tag{1.11}$$

满足 $\hat{\psi}_2 \in C^{\infty}(\mathbf{R})$，并且 $\operatorname{supp}\hat{\psi}_2 \subseteq [-1,1]$，$\psi$ 被称为经典卷积波。

因此，一个经典卷积波 ψ 是一个函数，它沿着一个轴类似小波函数，沿着另一个轴类似凹凸函数。图 1.3(a) 举例说明了经典剪切波的频率支持，发现在满足式(1.10) 和式(1.11) 条件下存在很多可选的 ψ_1 和 ψ_2。一个合理的选择是设置为 Lemariè-Meyer 小波，ψ_2 是样条函数(见文献[22,31])。

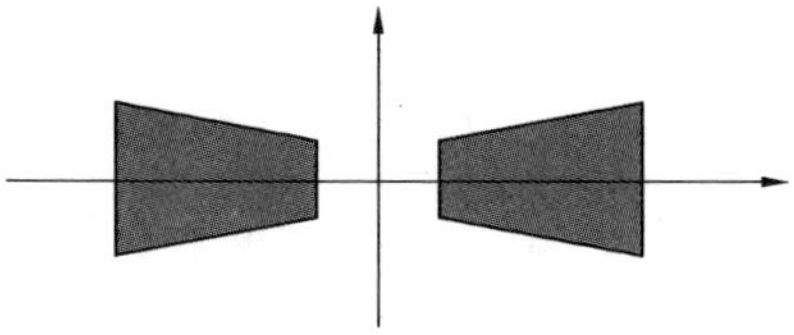
(a) 经典剪切波的傅里叶变换

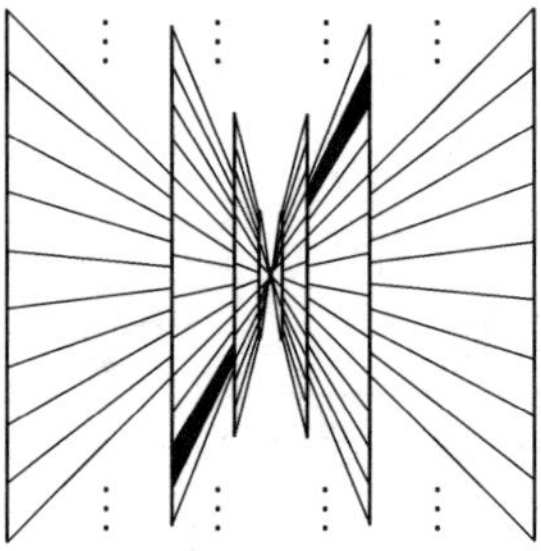
(b) 对于不同 a 和 s 的值，剪切波系统元素的傅里叶域支持

图 1.3　经典剪切波

可容许剪切的概念允许在 $L^2(\mathbf{R}^2)$ 中的一个重构公式中表示充分条件。

定理 3[9]　令 $\psi \in L^2(\mathbf{R}^2)$ 为一个可容许的剪切波，并定义

$$C_{\psi}^{+} = \int_0^{\infty}\int_{\mathbf{R}} \frac{|\hat{\psi}(\xi_1,\xi_2)|^2}{\xi_1^2} \mathrm{d}\xi_2 \mathrm{d}\xi_1$$

$$C_{\psi}^{-} = \int_0^{\infty}\int_{\mathbf{R}} \frac{|\hat{\psi}(\xi_1,\xi_2)|^2}{\xi_1^2} \mathrm{d}\xi_2 \mathrm{d}\xi_1$$

如果 $C_{\psi}^{-} = C_{\psi}^{+} = 1$，则 $\mathscr{SH}_{\psi}$ 是等距。

证明　通过 Plancherel 定理，得到

$$\int_{\mathbf{S}} |\mathscr{SH}_{\psi} f(a,s,t)|^2 \frac{\mathrm{d}a}{a^3}\mathrm{d}s\mathrm{d}t = \int_{\mathbf{S}} |f * \psi_{a,s,0}^{*}(t)|^2 \mathrm{d}t\mathrm{d}s\frac{\mathrm{d}a}{a^3}$$

$$= \int_0^{\infty}\int_{\mathbf{R}}\int_{\mathbf{R}^2} |\hat{f}(\xi)|^2 |\widehat{\psi_{a,s,0}^{*}}(\xi)|^2 \mathrm{d}\xi\mathrm{d}s\frac{\mathrm{d}a}{a^3}$$

$$= \int_0^{\infty} \int_{\mathbf{R}^2} \int_{\mathbf{R}} |\hat{f}(\xi)|^2 a^{-\frac{3}{2}} |\hat{\psi}(a\xi_1, \sqrt{a}(\xi_2 + s\xi_1))|^2 \mathrm{d}s\mathrm{d}\xi\mathrm{d}a$$

其中，由 $\psi^*(x) = \overline{\psi(-x)}$ 适当地改变变量后，得

$$\int_{\mathbf{S}} |\mathscr{SH}_{\psi}f(a,s,t)|^2 \frac{\mathrm{d}a}{a^3}\mathrm{d}s\mathrm{d}t$$

$$= \int_{\mathbf{R}} \int_0^{\infty} \int_0^{\infty} \int_{\mathbf{R}} |\hat{f}(\xi)|^2 a^{-2}\xi_1^{-1} |\hat{\psi}(a\xi_1, \omega_2)|^2 \mathrm{d}\omega_2\mathrm{d}a\mathrm{d}\xi_1\mathrm{d}\xi_2 -$$

$$\int_{\mathbf{R}} \int_{-\infty}^{0} \int_0^{\infty} \int_{\mathbf{R}} |\hat{f}(\xi)|^2 a^{-2}\xi_1^{-1} |\hat{\psi}(a\xi_1, \omega_2)|^2 \mathrm{d}\omega_2\mathrm{d}a\mathrm{d}\xi_1\mathrm{d}\xi_2$$

$$= \int_{\mathbf{R}} \int_0^{\infty} |\hat{f}(\xi)|^2 \mathrm{d}\xi_1\mathrm{d}\xi_2 \int_0^{\infty} \int_{\mathbf{R}} \frac{|\hat{\psi}(\omega_1, \omega_2)|^2}{\omega_1^2} \mathrm{d}\omega_2\mathrm{d}\omega_1 +$$

$$\int_{\mathbf{R}} \int_{-\infty}^{0} |\hat{f}(\xi)|^2 \mathrm{d}\xi_1\mathrm{d}\xi_2 \int_{-\infty}^{0} \int_{\mathbf{R}} \frac{|\hat{\psi}(\omega_1, \omega_2)|^2}{\omega_1^2} \mathrm{d}\omega_2\mathrm{d}\omega_1$$

从这里产生推断。

在定义 5 给出的经典剪切波满足容许性的假设，显示了结果。证明比较简单，省略。

引理 1[9]　令 $\psi \in L^2(\mathbf{R}^2)$ 是一个经典剪切波。保持定理 3 的记法，有 $C_{\psi}^{-} = C_{\psi}^{+} = 1$。

1.4.3　锥体适应的连续剪切波系统

尽管 1.4.2 节定义的连续剪切波系统展现了简练的组结构，但仍需要一个方向性的轴，如图 1.3(b) 所示。为了表明方向性轴的偏差产生的影响，考虑一个频域大部分集中在 ξ_2 轴的函数或分布。当 $s \to \infty$ 时，f 的元素越来越集中在剪切元素 $\mathscr{SH}_{\psi}f(a,s,t)$。因此在极限条件下 f 是沿 ξ_2 轴三角分布的，典型的模型是 x_1 轴沿空间域的边缘，只有当 $s \to \infty$ 时，f 可以被剪切波域检测，显然对于有些应用有严格的局限性。

处理这个问题的方法是将傅里叶域分区为四个圆锥，同时通过切割出一个围绕原点的正方形来分割低频领域。服从频域平面的分区如图 1.4 所示，频率平面被分为四个锥形 $\mathscr{C}_i (i = 1, \cdots, 4)$ 和一个低频方块 $\mathscr{R} = \{(\xi_1, \xi_2) : |\xi_1|, |\xi_2| \leqslant 1\}$。从图中发现在每个圆锥，剪切变量 s 只允许在一个有限范围内变化，因此产生元素的方向将分布得更均匀。

因此，定义了下面的连续剪切波系统的变量。

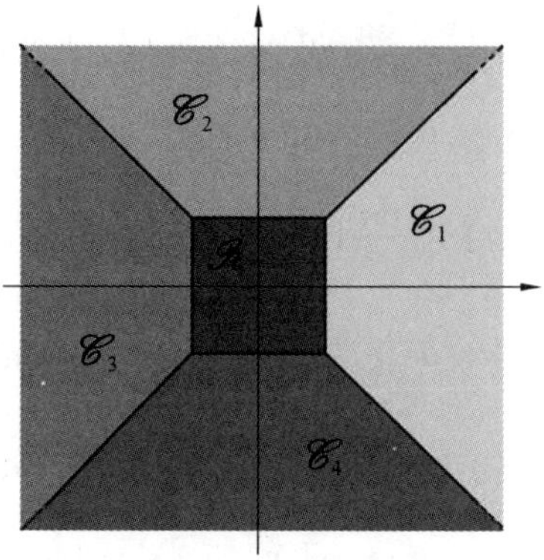

图 1.4 通过连续剪切波系统解决方向偏差处理问题

定义 6 对于 ϕ、ψ、$\tilde{\psi} \in L^2(\mathbf{R}^2)$，锥适应的连续剪切波系统 $\mathrm{SH}(\phi,\psi,\tilde{\psi})$ 定义为

$$\mathrm{SH}(\phi,\psi,\tilde{\psi}) = \Phi(\phi) \cup \Psi(\psi) \cup \tilde{\Psi}(\tilde{\psi})$$

其中

$$\Phi(\phi) = \{\phi_t = \phi(\cdot - t) : t \in \mathbf{R}^2\}$$

$$\Psi(\psi) = \{\psi_{a,s,t} = a^{-\frac{3}{4}}\psi(A_a^{-1}S_s^{-1}(\cdot - t)) : a \in (0,1], |s| \leqslant 1 + a^{\frac{1}{2}}, t \in \mathbf{R}^2\}$$

$$\tilde{\Psi}(\tilde{\psi}) = \{\tilde{\psi}_{a,s,t} = a^{-\frac{3}{4}}\tilde{\psi}(\tilde{A}_a^{-1}S_s^{-T}(\cdot - t)) : a \in (0,1], |s| \leqslant 1 + a^{\frac{1}{2}}, t \in \mathbf{R}^2\}$$

并有 $\tilde{A}_a = \mathrm{diag}(a^{\frac{1}{2}}, a)$。

函数 ϕ 选择为靠近原点的紧密支撑，保证了系统 $\Phi(\phi)$ 是与低频域 $\mathscr{R} = \{(\xi_1,\xi_2) : |\xi_1|, |\xi_2| \leqslant 1\}$ 相关。通过选择 ψ 满足定义 5 的条件，使系统 $\Psi(\psi)$ 和水平锥体相关 $\mathscr{C}_1 \cup \mathscr{C}_3 = \{(\xi_1,\xi_2) : |\xi_2/\xi_1| \leqslant 1, |\xi_1| > 1\}$。剪切波 $\tilde{\psi}$ 可以被选择为 ξ_1 和 ξ_2 的逆，如 $\tilde{\psi}(\xi_1,\xi_2) = \psi(\xi_2,\xi_1)$。系统 $\tilde{\Psi}(\tilde{\psi})$ 与垂直圆锥相关 $\mathscr{C}_2 \cup \mathscr{C}_4 = \{(\xi_1,\xi_2) : |\xi_2/\xi_1| \leqslant 1, |\xi_1| > 1\}$。

1.4.4 圆锥适应的连续剪切波变换

类似于连续剪切波系统，相关转换可以定义为圆锥适应的连续剪切波系统。

定义 7 设置

$$\mathbf{S}_{\mathrm{cone}} = \{(a,s,t) : a \in (0,1], |s| \leqslant 1 + a^{\frac{1}{2}}, t \in \mathbf{R}^2\}$$

对于 ϕ、ψ、$\tilde{\psi} \in L^2(\mathbf{R}^2)$，锥适应连续剪切波变换 $f \in L^2(\mathbf{R}^2)$ 映射为

$$f \to \mathscr{SH}_{\phi,\psi,\tilde{\psi}} f(t', (a,s,t), (\tilde{a},\tilde{s},\tilde{t})) = (\langle f,\phi_{t'}\rangle, \langle f,\psi_{a,s,t}\rangle, \langle f,\tilde{\psi}_{\tilde{a},\tilde{s},\tilde{t}}\rangle)$$

其中

$$(t',(a,s,t),(\tilde{a},\tilde{s},\tilde{t})) \in \mathbf{R}^2 \times \mathbf{S}_{\mathrm{cone}}^2$$

和上述情况相似，ψ、$\tilde{\psi}$ 和 ϕ 的情况可以当 $\mathcal{SH}_{\phi,\psi,\tilde{\psi}}$ 映射为等距时被证明。事实上，定理 3 中可以使用一个相似的论据得出定理 4。

定理 4[52]　保持定理3 中的记法，让 ψ、$\tilde{\psi} \in L^2(\mathbf{R}^2)$ 分别满足 $C_\psi^+ = C_\psi^- = 1$ 和 $C_{\tilde{\psi}}^+ = C_{\tilde{\psi}}^- = 1$ 的可容许剪切波。让 $\phi \in L^2(\mathbf{R}^2)$ 对于几乎所有的 $\xi = (\xi_1, \xi_2) \in L^2(\mathbf{R}^2)$ 满足

$$|\hat{\phi}(\xi)|^2 + \chi_{\mathscr{C}_1 \cup \mathscr{C}_3}(\xi) \int_0^1 |\hat{\psi}_1(a\xi_1)|^2 \frac{\mathrm{d}a}{a} + \chi_{\mathscr{C}_1 \cup \mathscr{C}_4}(\xi) \int_0^1 |\hat{\psi}_1(a\xi_2)|^2 \frac{\mathrm{d}a}{a} = 1$$

对于每一个 $f \in L^2(\mathbf{R}^2)$，有

$$\|f\|^2 = \int_{\mathbf{R}} |\langle f, T_t\phi \rangle|^2 \mathrm{d}t + \int_{\mathbf{S}_{\mathrm{cone}}} |\langle (\hat{f}\chi_{\mathscr{C}_1 \cup \mathscr{C}_3})^\vee, \psi_{a,s,t} \rangle|^2 \frac{\mathrm{d}a}{a^3} \mathrm{d}s \mathrm{d}t +$$
$$\int_{\mathbf{S}_{\mathrm{cone}}} |\langle (\hat{f}\chi_{\mathscr{C}_2 \cup \mathscr{C}_4})^\vee, \tilde{\psi}_{\tilde{a},\tilde{s},\tilde{t}} \rangle|^2 \frac{\mathrm{d}\tilde{a}}{\tilde{a}^3} \mathrm{d}\tilde{s} \mathrm{d}\tilde{t}$$

在这个结果中，函数 $\hat{\phi}$、$\hat{\psi}$、$\hat{\tilde{\psi}}$ 是在 $C_0^\infty(\mathbf{R}^2)$ 选择的。此外，圆锥适应的剪切波系统可在此设计，低频和高频部分可以平滑地融合。

关于(锥适应的) 连续剪切波变换及其推广的更详细的分析见文献[27]和第 2 章。

1.4.5　微局部特性和奇异点的所有特性描述

在 1.3.5 节中，连续小波变换能精确描述函数和分布的奇异支撑的特性。由于它的各向同性性质，对于在某种意义上能分解波前集的奇异点集来说，这个方法不能提供更多有关奇异点集的几何结构信息。

与此相反，对圆锥适应性的连续剪切波系统元素的各向异性系统使连续剪切波变换能准确描述一些奇异点集的几何特性。举例说明，检验线性 delta 分布 $\mu_p(x_1, x_2) = \delta(x_1 + px_2)(p \in \mathbf{R})$，定义

$$\langle \mu_p, f \rangle = \int_{\mathbf{R}} f(-px_2, x_2) \mathrm{d}x_2$$

作为一个奇异分布的简单模型。为了简化，假设 $|p| \leqslant 1$，使 ϕ 是一个尺度函数而 ψ、$\tilde{\psi}$ 是经典剪切波，则圆锥适应性连续剪切变换的渐进分析 $\mathcal{SH}_{\phi,\psi,\tilde{\psi}}$ 表明了这个变换通过在合适的尺度上的衰减行为精确确定了位置和线性奇异点的方向，有命题 1。

命题 1[52]　让 $t' \in \mathbf{R}^2$ 并让 $(\tilde{a},\tilde{s},\tilde{t}) \in \mathbf{S}_{\mathrm{cone}}$ 是一个固定值，对于 $t_1 = -pt_2$ 且 $s = p$，当 $a \to 0$ 时，有

$$\mathcal{SH}_{\phi,\psi,\tilde{\psi}}\mu_p(t',(a,s,t),(\tilde{a},\tilde{s},\tilde{t})) \sim a^{-\frac{1}{4}}$$

在其他所有情况下，$\mathcal{SH}_{\phi,\psi,\tilde{\psi}}\mu_p(t',(a,s,t),(\tilde{a},\tilde{s},\tilde{t}))$ 在 $a\to 0$ 时迅速衰减。也就是说，对于所有 $N\in\mathbf{N}$，有一个恒定的 C_N 使

$$\mathcal{SH}_{\phi,\psi,\tilde{\psi}}\mu_p(t',(a,s,t),(\tilde{a},\tilde{s},\tilde{t}))\leqslant C_N a^N,\quad 当\ a\to 0$$

可以证明圆锥适应性的连续剪切波变换精确分解了一般分布的波前集[52,56]。此外，它还可以用来精确描述边缘不连续的二元函数的特征。假设一个函数 $f=\chi_B\subset L^2(\mathbf{R}^2)$，其中 $B\subset\mathbf{R}^2$ 是一个分段光滑界限的二维区域。此时 $\mathcal{SH}_{\phi,\psi,\tilde{\psi}}$ 通过在合适尺度的衰减描述了位置和边缘界限的方向 ∂B[32,38]。这个特性在需要分析或检测边缘不连续的应用中非常有效。比如利用这些观察结果，一个剪切基对边缘检测和分析的算法在文献[6]中发展，利用相关的思想产生了正规逆序的算法 - Radon 变换。

这些问题更细节的讨论，包括高维的延伸，将在第 2 章和第 3 章中详述。

1.5　离散剪切波系统

从定义 2 的连续剪切波系统开始，一些剪切波系统的离散模式可以通过对连续参数集 $\mathbf{S}$ 或 $\mathbf{S}_{\mathrm{cone}}$ 通过适当采样来进行构造，有很多种方法，目的是形成较好的正交基或一个在 $L^2(\mathbf{R}^2)$ 中紧支撑的离散剪切系统。

在文献[8]中提出，并在文献[10]和文献[12]中发展的一个功能强大的方法，即 coorbit 理论，它是用来在保证构架特性的情况下派生不同的离散谱。使用这个框架能派生出正规剪切波构架(1.6 节)，这个方法也会在第 4 章进行更深层次的讨论。在文献[50]中提出一个依赖连续剪切系统的组特性的不同方法。在本节中，提出一个剪切波组离散子集的定量密度测量 $\mathbf{S}$，用来适应多元化，这个灵感来自于 Beurling 阿贝尔群的子集密度。这个方法为剪切波生成器在抽样密度集提供了必要条件，使剪切波生成器服从一个构架，将抽样集的几何特性连接到产生的剪切波系统构架的特性，注意使用这个方法产生的生成条件是必要不充分的。在文献[51]中的第三个方法，通过学习小波理论的经典 t_q 方程组可以生成充分条件。这些方程是一个仿射系统形成一个小波正交基或紧框架所需要的充分条件的一部分(在这个问题上细节的讨论见文献[47])。由于在 4.1 节讨论的剪切波系统和仿射系统的紧密联系，这个假设也可以应用在圆锥适应性的连续剪切波系统的环境下。

1.5.1　离散剪切波系统和转化

离散剪切波系统形式上定义为抽样的连续剪切系统在剪切组 **S** 上的离散子集。引出了定义 8。

定义 8　让 $\psi \in L^2(\mathbf{R}^2)$ 并且 $\Lambda \subseteq \mathbf{S}$。一个不规则的离散剪切波系统与 ψ 和 Λ 相关，记为 $\mathrm{SH}(\psi,\Lambda)$，定义为

$$\mathrm{SH}(\psi,\Lambda)=\{\psi_{a,s,t}=a^{-\frac{3}{4}}\psi(A_a^{-1}S_s^{-1}(\cdot-t)):(a,s,t)\in\Lambda\}$$

一个正则离散剪切波系统与 ψ 相关，记为 $\mathrm{SH}(\psi)$，定义为

$$\mathrm{SH}(\psi)=\{\psi_{j,k,m}=2^{\frac{3}{4}j}\psi(S_kA_{2j}\cdot-m):j,k\in\mathbf{Z},m\in\mathbf{Z}^2\}$$

注意：离散剪切波系统的正则版本是源自于不规则系统，且通过选择

$$\Lambda=\{(2^{-j},-k,S_{-k}A_{2^{-j}}m):j,k\in\mathbf{Z},m\in\mathbf{Z}^2\}$$

也观察到在规则离散剪切波系统的定义中，对于一些 $(c_1,c_2)\in(\mathbf{R}_+)^2$，转换参数选择属于 $c_1\mathbf{Z}\times c_2\mathbf{Z}$。这提供了一些灵活性，在一些结构中非常有用。

目的是将剪切波系统应用在分析和综合工具上，因此检查离散剪切波系统 $\mathrm{SH}(\psi)$ 构成一个基或者更普遍的（一个构架）环境是至关重要的。和小波变换类似，不仅是找到一般的生成函数 ψ，也要选择生成使 ψ 具有特殊特性（如正规性、消失矩和紧支撑），使相关剪切波的基或者构架满足合适的特性。实例是定义 5 中的经典剪切波。命题 2 表明，剪切波生成了适合 $L^2(\mathbf{R}^2)$ 的 Parseval 剪切构架。

命题 2　让 $\psi\in L^2(\mathbf{R}^2)$ 是一个经典的剪切波，则 $\mathrm{SH}(\psi)$ 是一个适合 $L^2(\mathbf{R}^2)$ 的 Parseval 构架。

证明　使用定义 5 提出的经典剪切波的特性，直接计算对于几乎所有的 $\xi\in\mathbf{R}^2$，有

$$\begin{aligned}\sum_{j\in\mathbf{Z}}\sum_{k\in\mathbf{Z}}|\hat{\psi}(S_{-k}^{\mathrm{T}}A_{2^{-j}}\xi)|^2&=\sum_{j\in\mathbf{Z}}\sum_{k\in\mathbf{Z}}|\hat{\psi}(2^{-1}\xi_1)|^2\left|\hat{\psi}_2\left(2^{\frac{j}{2}}\frac{\xi_2}{\xi_1}-k\right)\right|^2\\&=\sum_{j\in\mathbf{Z}}|\hat{\psi}(2^{-1}\xi_1)|^2\sum_{k\in\mathbf{Z}}\left|\hat{\psi}_2\left(2^{\frac{j}{2}}\frac{\xi_2}{\xi_1}+k\right)\right|^2\\&=1\end{aligned}$$

能直观地得出结论即要求紧支撑 $\hat{\psi}\subset\left[-\frac{1}{2},\frac{1}{2}\right]^2$。

经典剪切波 ψ 是一个局部很好的函数，命题 2 表明存在一个局部很好的离散剪切波的 Parseval 构架 $\mathrm{SH}(\psi)$。局部化很好的特性对派生剪切波系统的

优秀近似特性至关重要，它也需要在派生卡通图像的最优稀疏估计中进行运用(5.4 节)。

移除掉定义 5 中关于 ψ 是局部化很好的假设，可以构造离散剪切系统，离散剪切波系统不仅是紧支撑的，还是正交基，见文献[39,41]。这会引出一个问题 —— 局部化很好的剪切正交基是否存在。根据文献[48]，答案是否定的。因此，一般来说，一个很好局部化的离散剪切系统可以形成一个构架或者紧支撑，但(很可能)不是一个正交基。

为了局部空间定位，需要紧支撑的离散剪切系统。近期研究表明，可以在 ψ 上构造充分条件来产生可控构架界限的紧支撑函数的离散剪切波构架，将在 5.3 节讨论。

和连续的情况相似，定义一个离散剪切变换如下。规定这个定义仅在标准情况下，很显然延伸到了不规则剪切波系统。

定义 9　对于 $\psi \in L^2(\mathbf{R}^2)$、$f \in L^2(\mathbf{R}^2)$ 的离散剪切变换是由下式定义映射的：

$$f \mapsto \mathcal{SH}_\psi f(j,k,m) = \langle f, \psi_{j,k,m} \rangle, \quad (j,k,m) \in \mathbf{Z} \times \mathbf{Z} \times \mathbf{Z}^2$$

因此 $\mathcal{SH}_\psi$ 映射到函数 f 的参数 $\mathcal{SH}_\psi f(j,k,m)$ 和尺度指针 j、方向指针 k、位移指针 m 相关。

1.5.2　圆锥适应性离散剪切波系统和转换

和连续剪切波系统相似，离散剪切波系统也会遇到方向偏差处理的问题，这个问题和 4.3 节相似，可以通过将频率平面区分成圆锥区域来解决。为了一般化，在服从不规律参数集的情况下，从定义圆锥适应性离散剪切波系统开始。

定义 10　让 ϕ、ψ、$\tilde{\psi} \in L^2(\mathbf{R}^2)$，$\Delta \in \mathbf{R}^d$，并且 Λ、$\tilde{\Lambda} \subset \mathbf{S}_{\text{cone}}$，则不规则圆锥适应性离散剪切波系统 $\text{SH}(\phi,\psi,\tilde{\psi};\Delta,\Lambda,\tilde{\Lambda})$ 定义为

$$\text{SH}(\phi,\psi,\tilde{\psi};\Delta,\Lambda,\tilde{\Lambda}) = \Phi(\phi;\Delta) \cup \Psi(\psi;\Lambda) \cup \tilde{\Psi}(\tilde{\psi};\tilde{\Lambda})$$

其中

$$\Phi(\phi;\Delta) = \{\phi_t = \phi(\cdot - t) : t \in \Delta\}$$

$$\Psi(\psi,\Lambda) = \{\psi_{a,s,t} = a^{-\frac{3}{4}}\psi(A_a^{-1}S_s^{-1}(\cdot - t)) : (a,s,t) \in \Lambda\}$$

$$\tilde{\Psi}(\tilde{\psi},\tilde{\Lambda}) = \{\tilde{\psi}_{a,s,t} = a^{-\frac{3}{4}}\psi(\tilde{A}_a^{-1}S_s^{-1}(\cdot - t)) : (a,s,t) \in \tilde{\Lambda}\}$$

圆锥适应性离散剪切波系统的规律变量是更常用的。为了允许更多灵活性并使转换栅格的密度可变，引入一个抽样因素 $c = (c_1, c_2) \in (\mathbf{R}_+)^2$ 到转

换指针中。因此有了定义 11。

定义 11　对于 ϕ、ψ、$\tilde{\psi} \in L^2(\mathbf{R}^2)$ 并且 $c=(c_1,c_2)\in(\mathbf{R}_+)^2$，规则圆锥适应性离散剪切波系统 $\mathrm{SH}(\phi,\psi,\tilde{\psi};c)$ 定义为

$$\mathrm{SH}(\phi,\psi,\tilde{\psi};\Delta;c)=\Phi(\phi;c_1)\cup\Psi(\psi;c)\cup\tilde{\Psi}(\tilde{\psi};c)$$

其中

$$\Phi(\phi;c_1)=\{\phi_m=\phi(\cdot-c_1m):m\in\mathbf{Z}^2\}$$

$$\Psi(\psi,c)=\{\psi_{j,k,m}=2^{\frac{3}{4}}\psi(S_kA_{2j}\cdot-M_cm):j\geqslant 0,|k|\leqslant\lceil 2^{\frac{j}{2}}\rceil,m\in\mathbf{Z}^2\}$$

$$\tilde{\Psi}(\tilde{\psi},c)=\{\tilde{\psi}_{j,k,m}=2^{\frac{3}{4}}\tilde{\psi}(S_k^{\mathrm{T}}\tilde{A}_{2j}\cdot-\tilde{M}_cm):j\geqslant 0,|k|\leqslant\lceil 2^{\frac{j}{2}}\rceil,m\in\mathbf{Z}^2\}$$

同时

$$M_c=\begin{pmatrix}c_1 & 0\\ 0 & c_2\end{pmatrix}\text{ 并且 }\tilde{M}_c=\begin{pmatrix}c_2 & 0\\ 0 & c_1\end{pmatrix}$$

如果 $c=(1,1)$，参数 c 在上述公式中可省略。

生成函数 ϕ 指定为剪切波尺度函数，生成函数 ψ、$\tilde{\psi}$ 作为剪切波生成器。系统 $\Phi(\phi;c_1)$ 和低频邻域相关，系统 $\Psi(\psi,c)$ 和 $\tilde{\Psi}(\tilde{\psi},c)$ 分别与圆锥领域 $\mathscr{C}_1\cup\mathscr{C}_3$ 和 $\mathscr{C}_2\cup\mathscr{C}_4$ 相关（图 1.4）。

已经讨论了构建离散剪切波正交基的困难，因此，目标是派生 Parseval 构架。实现目标的第一步是根据定义 5 观察一个经典剪切波，对于 $L^2(\mathbf{R}^2)$ 的子集来说，函数的频域支撑落在两个圆锥集合 $\mathscr{C}_1\cup\mathscr{C}_3$ 的剪切波生成 Parsevel 构架。

定理 5[30]　令 $\psi\in L^2(\mathbf{R}^2)$ 是一个经典剪切波。那么剪切波系统

$$\Psi(\psi)=\{\psi_{j,k,m}=2^{\frac{3}{4}j}\psi(S_kA_{2^j}\cdot-m):j\geqslant 0,|k|\leqslant\lceil 2^{\frac{j}{2}}\rceil,m\in\mathbf{Z}^2\}$$

是对于

$$L^2(\mathscr{C}_1\cup\mathscr{C}_3)^{\vee}=\{f\in L^2(\mathbf{R}^2):\operatorname{supp}\hat{f}\subset\mathscr{C}_1\cup\mathscr{C}_3\}$$

的一个 Parseval 架构。

证明　令 ψ 是一个经典剪切波，则式(1.11)展示了，对于所有的 $j\geqslant 0$，有

$$\sum_{|k|\leqslant\lceil 2^{\frac{j}{2}}\rceil}|\hat{\psi}_2(2^{\frac{j}{2}}\xi+k)|^2=1,\quad|\xi|\leqslant 1$$

使用这个观察结果和式(1.10)所述，通过直接计算给出，对于几乎所有的

$$\xi=(\xi_1,\xi_2)=\mathscr{C}_1\cup\mathscr{C}_3$$

有

$$\sum_{j\geq 0}\sum_{|k|\leq\lceil 2^{\frac{j}{2}}\rceil}|\hat{\psi}(S_{-k}^{\mathrm{T}}A_{2^{-j}}\xi)|^2=\sum_{j\geq 0}\sum_{|k|\leq\lceil 2^{\frac{j}{2}}\rceil}|\hat{\psi}_1(2^{-j}\xi_1)|^2\left|\hat{\psi}_2\left(2^{\frac{j}{2}}\frac{\xi_2}{\xi_1}-k\right)\right|$$
$$=\sum_{j\geq 0}|\hat{\psi}_1(2^{-j}\xi_1)|^2\sum_{|k|\leq\lceil 2^{\frac{j}{2}}\rceil}\left|\hat{\psi}_2\left(2^{\frac{j}{2}}\frac{\xi_2}{\xi_1}+k\right)\right|^2$$
$$=1$$

从观察和 supp $\hat{\psi}\subset\left[-\frac{1}{2},\frac{1}{2}\right]^2$ 的事实可以很快得到论证。

如果 ψ 被 $\hat{\psi}$ 替代，$L^2(\mathscr{C}_2\cup\mathscr{C}_4)^{\vee}$ 的子空间和定理 5 有非常相似的结果，这表明可以通过拼凑在频率域的圆锥上的 Parseval 构架和低频域的粗尺度系统构造一个在整个 $L^2(\mathbf{R}^2)$ 上的 Paseval 构架。用这个想法有了如下结论。

定理 6[30]　令 $\psi\in L^2(\mathbf{R}^2)$ 是一个经典剪切波，选择 $\phi\in L^2(\mathbf{R}^2)$，对几乎所有的 $\xi\in\mathbf{R}^2$，有

$$|\hat{\phi}(\xi)|^2+\sum_{j\geq 0}\sum_{|k|\leq\lceil 2^{\frac{j}{2}}\rceil}|\hat{\psi}_1(S_{-k}^{\mathrm{T}}A_{2^{-j}}\xi)|^2\chi_C+$$
$$\sum_{j\geq 0}\sum_{|k|\leq\lceil 2^{\frac{j}{2}}\rceil}|\hat{\tilde{\psi}}(S_{-k}\tilde{A}_{2^{-j}}\xi)|^2\chi_{\tilde{C}}=1$$

让 $P_C\Psi(\psi)$ 表示在 $\Psi(\psi)$ 上的剪切波元素投射傅里叶变换到 $C=\{(\xi_1,\xi_2)\in\mathbf{R}^2:|\xi_2/\xi_1|\leq 1\}$ 上；同理，定义 $P_{\tilde{C}}\tilde{\Psi}(\tilde{\psi})$ 转换至 $\tilde{C}=\mathbf{R}^2\backslash c$，则修改后的圆锥适应性离散剪切波系统 $\Phi(\phi)\cup P_C\Psi(\psi)\cup P_{\tilde{C}}\tilde{\Psi}(\tilde{\psi})$ 是在 $L^2(\mathbf{R}^2)$ 的一个 Parseval 构架。

尽管做了简化，Parseval 构架结构仍有一个缺点。当基于圆锥的剪切波系统数据转换到 C 和 $\tilde{C}$ 时，剪切波元素在频域与边界线 $\xi_1=\pm\xi_2$ 相叠部分被剪切，以至于边界剪切波失去了它们的正规特性。为了避免这个问题，需要重新定义剪切波界限的方式使正规性得以保留，需要轻微的修改经典剪切波的定义。从本质上讲，通过将投影到 C 和 $\tilde{C}$ 上的 $\xi_1=\pm\xi_2$ 边界线重叠的剪切波拼接在一起，可以保留边界剪切波。这个修改过的结构服从带限剪切波的平滑 Parseval 构架，可以在文献[37]找到在更高维度进行的讨论。

由剪切波的锥适应 Parseval 构架铺设的频率平面，如图 1.5 所示。和正规圆锥适应性离散剪切波系统相关的剪切波变换定义如下。

定义 12　设定 $\Lambda=\mathbf{N}_0\times\{-\lceil 2^{\frac{j}{2}}\rceil,\cdots,\lceil 2^{\frac{j}{2}}\rceil\}\times\mathbf{Z}^2$，对于 ϕ、ψ、$\tilde{\psi}\in L^2(\mathbf{R}^2)$，$f\in L^2(\mathbf{R}^2)$ 的圆锥适应性离散剪切波变换的映射定义为

$$f\mapsto\mathscr{SH}_{\phi,\psi,\tilde{\psi}}f(m',(j,k,m),(\tilde{j},\tilde{k},\tilde{m}))=(\langle f,\phi_{m'}\rangle,\langle f,\psi_{j,k,m}\rangle,\langle f,\tilde{\psi}_{\tilde{j},\tilde{k},\tilde{m}}\rangle)$$

其中

$$(m',(j,k,m),(\tilde{j},\tilde{k},\tilde{m}))\in \mathbf{Z}^2\times\Lambda\times\Lambda$$

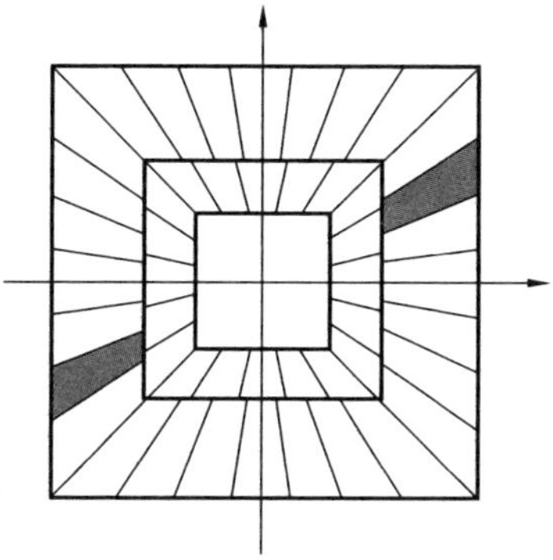

图1.5　由剪切波的锥适应 Parseval 构架铺设的频率平面

1.5.3　紧支撑剪切波

由经典剪切波生成的剪切波系统是带限的，即它们在频域里有紧支撑，但在空间域不能紧支撑。因此，紧支撑剪切波系统的构造需要不同的方法。

由于圆锥适应性离散剪切波系统具有紧支撑，并能形成一个 $L^2(\mathbf{R}^2)$ 的构架，从检验圆锥适应性离散剪切波系统存在性的充分条件开始讨论。这些条件通过将小波理论中的经典方程延伸应用到这个环境的方法进行派生（文献[47]）。在阐述主要的结论前，先引入下列标记。

对于函数 ϕ、ψ、$\tilde{\psi}\in L^2(\mathbf{R}^2)$，定义 $\Theta:\mathbf{R}^2\times\mathbf{R}^2\to\mathbf{R}$，则有

$$\Theta(\xi,\omega)=|\hat{\phi}(\xi)||\hat{\phi}(\xi+\omega)|+\Theta_1(\xi,\omega)+\Theta_2(\xi,\omega)$$

其中

$$\Theta_1(\xi,\omega)=\sum_{j\geqslant 0}\sum_{|k|\leqslant\lceil 2^{\frac{j}{2}}\rceil}|\hat{\psi}(S_{-k}^{\mathrm{T}}A_{2^{-j}}\xi)|^2|\hat{\psi}(S_k^{\mathrm{T}}A_{2^{-j}}\xi+\omega)|$$

和

$$\Theta_2(\xi,\omega)=\sum_{j\geqslant 0}\sum_{|k|\leqslant\lceil 2^{\frac{j}{2}}\rceil}|\hat{\tilde{\psi}}(S_k\tilde{A}_{2^{-j}}\xi)|^2|\hat{\tilde{\psi}}(S_k\tilde{A}_{2^{-j}}\xi+\omega)|$$

并且，对于 $c=(c_1,c_2)\in(\mathbf{R}_+)^2$，令

$$R(c)=\sum_{m\in\mathbf{Z}^2\setminus\{0\}}(\Gamma_0(c_1^{-1}m)\Gamma_0(-c_1^{-1}m))^{\frac{1}{2}}+(\Gamma_1(M_c^{-1}m)\Gamma_1(-M_c^{-1}m))^{\frac{1}{2}}+(\Gamma_2(\tilde{M}_c^{-1}m)\Gamma_2(-\tilde{M}_c^{-1}m))^{\frac{1}{2}}$$

其中

$$\Gamma_0(\omega)=\operatorname*{ess\,sup}_{\xi\in\mathbf{R}^2}|\hat{\phi}(\xi)||\hat{\phi}(\xi+\omega)|,\quad \Gamma_i(\omega)=\operatorname*{ess\,sup}_{\xi\in\mathbf{R}^2}\Theta_i(\xi,\omega),i=1,2$$

使用这些标记，可以通过文献[49] 阐述定理 7。

定理 7[49]　令 ϕ、$\psi \in L^2(\mathbf{R}^2)$，对于一些正的常数 C_1、$C_2 < \infty$，并且 $\alpha > \gamma > 3$，有

$$\hat{\phi}(\xi_1,\xi_2) \leqslant C_1 \cdot \min\{1, |\xi_1|^{\gamma}\} \cdot \min\{1, |\xi_2|^{-\gamma}\}$$

和

$$|\hat{\psi}(\xi_1,\xi_2)| \leqslant C_2 \cdot \min\{1, |\xi_1|^{\alpha}\} \cdot \min\{1, |\xi_1|^{-\gamma}\} \cdot \min\{1, |\xi_2|^{-\gamma}\}$$

定义 $\tilde{\psi}(x_1,x_2) = \psi(x_2,x_1)$，令 $L_{\inf}$、$L_{\sup}$ 定义为

$$L_{\inf} = \operatorname*{ess\,sup}_{\xi \in \mathbf{R}^2} \Theta(\xi,0)$$

$$L_{\sup} = \operatorname*{ess\,sup}_{\xi \in \mathbf{R}^2} \Theta(\xi,0)$$

存在一个采样参数 $c = (c_1,c_2) \in (\mathbf{R}_+)^2$，其中 $c_1 = c_2$，使 $\mathrm{SH}(\phi,\psi,\tilde{\psi};c)$ 形成了一个 $L^2(\mathbf{R}^2)$ 的构架，构架的界限 A 和 B 满足

$$0 < \frac{1}{|\det M_c|}(L_{\inf} - R(c)) \leqslant A \leqslant B \leqslant \frac{1}{|\det M_c|}(L_{\sup} + R(c)) < \infty$$

很容易证明定理 7 施加的对 ϕ、ψ 的条件，可通过适当选择尺度函数和经典剪切波来得到满足；另外，可以构造不同的紧支撑可分离的剪切波来满足这些条件。

要求紧支撑可分离函数 ϕ、ψ，保证相应圆锥适应性离散剪切波系统是一个紧或者近似紧的构架。可分离对于实现快速算法非常有用。事实上，在文献[49] 所展示的一系列生成近似紧构架的函数，具有（本质上）的形式为

$$\hat{\psi}(\xi) = m_1(4\xi_1)\hat{\phi}(\xi_1)\hat{\phi}(2\xi_2),\quad \xi = (\xi_1,\xi_2) \in \mathbf{R}^2$$

式中，m_1 为谨慎选取的带通滤波器；ϕ 为可适应性的选择尺度函数。

证明比较复杂，所以省略。推荐读者阅读第 5 章和文献[11,53] 来了解紧支撑剪切波的有关细节。

1.5.4　剪切波稀疏估计

介绍剪切波构架的一个主要原因是它是多元函数最优稀疏估计的起源。3.5 节中提出了一个启发式的论证来证明为什么传统小波不能利用二元典型函数的几何特性，因为传统小波不能有效处理各向异性的特征，所以它们不能提供图像包含边缘的最佳稀疏估计。通过之前的讨论，可以知道剪切波能克服上述局限性。

在陈述主要结果前，提出一种探索性的论点是很有启发性的，与 3.5 节类似，目的是描述剪切波扩张能在卡通图像中达到最佳稀疏估计。

为此，假设一个卡通化函数 f，并让 $\mathrm{SH}(\phi,\psi,\tilde{\psi};c)$ 是一个剪切波系统。由

于 SH($\phi,\psi,\tilde{\psi};c$) 中的元素是有效的,在紧支撑元素中准确支撑一个 $2^{-\frac{j}{2}}\times 2^{-j}$ 的空间,因此它遵循在尺度为 2^{-j} 时存在约 $O(2^{\frac{j}{2}})$ 的波形,此时支撑的切线对于曲线来说是不连续的。和小波的情况类似,当充分大时,剪切波元素和光滑区域相关,而曲线不连续的重叠部分元素是不相切的,服从可忽略的剪切波系数 $\langle f,\psi_{j,k,m}\rangle$ 或 $\langle f,\tilde{\psi}_{j,k,m}\rangle$。每个剪切波系数都通过下式控制:

$$|\langle f,\psi_{j,k,m}\rangle| \leqslant \|f\|_{\infty}\|\psi_{j,k,m}\|_{L^1} \leqslant C2^{-\frac{3j}{4}}$$

与 $\langle f,\tilde{\psi}_{j,k,m}\rangle$ 类似,利用这个估计和观察得出在约 $O(2^{\frac{j}{2}})$ 处存在最有效系数,总结出 N 阶最大剪切系数,记为 $|s_N(f)|$,被 $O(N^{-\frac{3}{2}})$ 约束。这意味着

$$\|f-f_N\|_{L^2}^2 \leqslant \sum^{\ell>N}|s_\ell(f)|^2 \leqslant CN^{-2}$$

式中,f_N 为在剪切波扩张时使用最大 N 系数的 N 阶剪切波估计。

这是对于定理 2 提出的上确界的最优衰减率。尽管只是一个探索式的论点,但它提供的误码率达到一个 log 形式的因子,和严谨证实的论断一致。

因此,产生如下结论。

定理 8[31]　令 $\Phi(\phi)\cup P_C\Psi(\psi)\cup P_{\tilde{C}}\tilde{\Psi}(\tilde{\psi})$ 是 $L^2(\mathbf{R}^2)$ 的一个 Parseval 构架,像定理 6 定义的,其中 $\psi\in L^2(\mathbf{R}^2)$ 是一个经典剪切波并且 $\hat{\phi}\in C_0^{\infty}(\mathbf{R}^2)$。

令 $f\in\varepsilon^2(\mathbf{R}^2)$,令 f_N 是它的非线性近似,通过选择 f 关于这个剪切波系统展开的 N 个最大系数获得,则存在一个常数 $C>0$、独立的 f 和 N,当 $N\to\infty$ 时,有下面的关系:

$$\|f-f_N\|_2^2 \leqslant CN^{-2}(\lg N)^3$$

对于较大的 N,类对数因子相对于其他项可以忽略,因此最优的误差衰减率本质上已经实现。值得注意的是,近似估计法可以得到很好的适应性结果,近似估计可以通过非适应性系统得到。同样的近似率、同样的附加类对数因子是使用一个 Parseval 曲率框架得到的,见文献[4]。

相同的误差衰减率也可以通过基于紧支撑的剪切波构架的估计法得到,见定理 9。

定理 9[55]　令 SH($\phi,\psi,\tilde{\psi};c$) 是 $L^2(\mathbf{R}^2)$ 的一个构架,其中 $c>0$ 并且 ϕ、ψ、$\tilde{\psi}\in L^2(\mathbf{R}^2)$ 是紧支撑的函数,对于所有的 $\xi=(\xi_1,\xi_2)\in\mathbf{R}^2$,剪切波 ψ 满足

(1) $|\hat{\psi}(\xi)|\leqslant C_1\cdot\min\{1,|\xi_1|^{\alpha}\}\cdot\min\{1,|\xi_1|^{-\gamma}\}\cdot\min\{1,|\xi_2|^{-\gamma}\}$。

(2) $\left|\dfrac{\partial}{\partial\xi_2}\hat{\psi}(\xi)\right|\leqslant|h(\xi_1)|\left(1+\dfrac{\xi_2}{\xi_1}\right)^{-\gamma}$。

其中，$\alpha > 5$；$\gamma \geqslant 4$；$h \in L^1(\mathbf{R})$；C_1 为一个常数。剪切波 $\tilde{\psi}$ 满足(1) 和(2)，并且 ξ_1 和 ξ_2 的作用是相反的。

令 $f \in \varepsilon^2(\mathbf{R}^2)$，令 f_N 是它的非线性近似，通过选择 f 关于这个剪切波系统展开的 N 个最大系数获得，则存在一个常数 $C > 0$、独立的 f 和 N，当 $N \to \infty$ 时，有下面的关系：

$$\| f - f_N \|_2^2 \leqslant CN^{-2}(\lg N)^3$$

条件(1) 和条件(2) 都是较弱的条件，可以看作是定向消失矩条件弱版本。

系数剪切波估计的讨论（包括延伸到高维）将在第 5 章详述。

1.5.5 剪切波函数空间

平滑空间剪切波系数的学习对于彻底理解并利用剪切波表示近似特点是非常重要的。直观来说，剪切波系统可以被描述为小波系统的定向版本。因此，既然已知小波和 Besov 空间有关（在某种意义上来说，Besov 空间以小波系数的衰减为特征），那么可以想象的是，数字系统可以有效表征各向异性 Besov 空间的一些版本。

coorbit 空间理论作为一个系统方法应用在剪切波空间的结构中，在系列文献[8,10,11,12] 里进行讨论。假设剪切波 coorbit 空间和离散剪切构架里剪切波系数的衰减特性有关，难点在于将这些空间和已知函数空间（如 Besov 空间）相连，并得到适当的嵌入结果。深入研究见第 4 章。

1.5.6 延伸和概括

一系列研究都集中在针对某些特定任务或应用中的剪切波系统的结构。

(1) 有界域的剪切波。

一些应用（如某些偏微分方程的数值解法）是定义在有界域的，是一个矩形或更普遍的多边形域。剪切波用于函数的扩张，当明确或者含蓄地给出定义在一个有界域上，边界的处理是非常重要的。一个典型的挑战是在不损坏必要的消失时刻条件下，将界限条件置零，这个方向的尝试见文献[57]，但仍然存在许多挑战。

(2) 多维延伸。

目前许多高影响力的应用需要处理三维数据，如地震或者生物数据的分析，这些环境下的三维数据比二维有更大的计算挑战，也更需要稀疏估计。针对使用剪切波简化数据结构，扩展到高维是非常自然的，一些基本的思想已经在文献[41]里介绍了,文献[41]有很多方法扩展剪切矩阵到高维,最近在文献[37]中引入了一种新的在任意维度服从光滑 Parseval 构架的离散剪切波的结构。一些结论也在出现,包括对最优稀疏估计结果的延伸以及分析和检测表面奇异点[10,33-36,54]。

在三维数据中,出现了不同形式的各向异性的特征,即在一维和二维集合的奇异点。因此,这种情况与二维情况有很大不同,因为两个不同维度的各向异性特征是相关的。反映在下面两种主要的方法来延伸抛物线缩放矩阵:

$$\begin{pmatrix} 2^{j} & 0 & 0 \\ 0 & 2^{\frac{j}{2}} & 0 \\ 0 & 0 & 2^{j} \end{pmatrix} \text{或} \begin{pmatrix} 2^{j} & 0 & 0 \\ 0 & 2^{\frac{j}{2}} & 0 \\ 0 & 0 & 2^{\frac{j}{2}} \end{pmatrix}$$

第一个选择指向针状剪切波,直观更适合捕捉一维奇异点;第二个选择指向碟状剪切波,更适合二维奇异点;如果目标是为了区分两种形式的奇异点,那么两种系统都需要。然而,对于最优稀疏估计的结构,延伸到了 5.4 节结论,发现碟状剪切波是更好的方法[34-36,54]。这些论述见第 3 章、4 章、5 章。

1.6　剪切波变换的算法实现

剪切波方法的主要特点是对于连续和数字环境下的统一处理,在文献中已被处理并成功将目标以离散剪切波跨形式的数值来实现,确保了剪切波扩张的微局部和近似特性可以搬移到数字域,也在连续域里被证明。

至今,一些不同的离散剪切波变换数值实现在文献[22,46,58,60,64]中被提出并且引入附加工具来处理一些特别的应用,如边缘检测[74];此外,为了开发基于 MRA 的实现,人们做了一些尝试来开发一种类似于小波的多分辨率分析[41,46,58],对于基于剪切波变换的剪切波数值分解,还可以参考文献[28];最后,很多剪切波算法可以在网页上找到并下载:www.math.uh.edu/~dlabate(和文献[22]相关)和 www.ShearLab.org(和文献[60,64]相关)。

通过将这些方法分为两类来简要描述迄今为止所发展出的不同方法,基于傅里叶域的方法和基于空间域的方法,将在第 6 章、7 章、8 章中有更详细的介绍。

1.6.1　傅里叶域实现

圆锥适应性的离散剪切波变换提供了一个特别的分解方法,将频率平面分解到和不同尺度和方向有关的频率域，如图 1.5 所示。因此，为了产生相同频率的拼接，可以采用傅里叶域的方法，一个非常自然和直接地将离散剪切波变换数字化的方法，这个方法适用于两种情况。

(1) 在文献[22] 中引入了离散剪切波变换的第一个数值实现，即在基于拉普拉斯算子的子带级联分解金字塔滤波器之后，使用伪定向滤波阶段极坐标离散傅里叶变换。

(2) 在文献[59,60] 中引入一种不同的方法，包括一个仔细加权的伪极变换，确保等距，之后是窗口和逆 FFT。该变换与紧剪切波构架的带限相关联，允许使用伴随构架算子进行重构。

1.6.2 空域实现

空域方法是转换相关的滤波器通过在空域卷积的方法实现的，这个方法充分利用了四种文献的不同观点。

(1) 离散剪切波变换的数值实现在文献[22] 中阐述，方向滤波器是通过傅里叶域的数字带限窗函数的逆傅里叶变换估计得到的。相对于文献[22] 中相应的基于傅里叶的实现，这种替代方法确保了滤波器具有良好的空间局部化。

(2) 对比文献[22] 里的方法，可分离窗函数允许紧支撑剪切波，已在文献[64] 中阐述，该算法能够在不与紧构架相关联的情况下，沿两轴分离地应用快速变换。

(3) 文献[58] 中采用了另一种方法，它探索了细分方案的理论，导致一个相关的多分辨率分析。主要的观点是为了适应小波多分辨率分析的构造，小波可以看作是由细分方案生成的，这种方法允许在过程中获得尺度函数。

(4) 和文献[58] 相关，在文献[46] 中介绍了单一扩展的原则，很适用于剪切波的环境，对于派生剪切波构架所需要的滤波器条件。

1.7 剪切波的应用

剪切波不仅被用来解决以多元数据处理为代表的一系列难题，它也被成功应用在一些数值应用上。下面简单概括一些主要的应用，细节部分见第 8 章。

(1) 图像应用。

剪切波扩张的稀疏对于有关数据恢复和特征提取的很多问题非常有效。在一组图像应用中，人们证实剪切波在图像降噪问题处理方面非常成功，提出了很多基于剪切波图像的降噪算法，包括将小波阈值应用在剪切波环境[22,64]，文献[21]中的方法将联合阈值有界变分估计到最低值，在文献[62,67]中提出了这些思想对视频去噪的延伸扩展，另一组图像应用是基于剪切波微局部特性并已经成功应用在分析和检测边缘中[74]。

（2）数据分离。

在一些实际应用中，将分离的数据应用在子分量中非常重要。对于在天文成像领域，将恒星从星系中分离；还有在神经影像学中，脊柱和树突的区分都很有效。在这些情况中，目标是区分点状和曲线状的结构。把稀疏估计的方法和小波、剪切波相结合，可以产生有效的数据分离方法[17,18,56]。

（3）反问题。

剪切波基的方法也需要应用在正规化反演算法的 Radon 变换，这个变换是以计算机断层扫描为基础的[6]。当处理更一般的反问题，如去模糊和反褶积时，类似的思想也被证明是有效的[69]。

本章参考文献

[1] J. P. Antoine, P. Carrette, R. Murenzi, and B. Piette. Image analysis with two-dimensional continuous wavelet transform, Signal Process. 31 (1993), 241-272.

[2] R. H. Bamberger and M. J. T. Smith. A filter bank for the directional decomposition of images: theory and design, IEEE Trans. Signal Process. 40 (1992), 882-893.

[3] A. M. Bruckstein, D. L. Donoho, and M. Elad. From sparse solutions of systems of equations to sparse modeling of signals and images, SIAM Review 51 (2009), 34-81.

[4] E. J. Candès and D. L. Donoho. New tight frames of curvelets and optimal representations of objects with piecewise C^2 singularities, Comm. Pure and Appl. Math. 56 (2004), 216-266.

[5] P. G. Casazza and G. Kutyniok. Finite Frames: Theory and Applications, Birkhäuser, Boston, to appear.

[6] F. Colonna, G. R. Easley, K. Guo, and D. Labate. Radon transform inversion using the shearlet representation, Appl. Comput. Harmon. Anal., 29(2) (2010), 232-250.

[7] O. Christensen. An Introduction to Frames and Riesz Bases, Birkhäuser,

Boston, 2003.

[8] S. Dahlke, G. Kutyniok, G. Steidl, and G. Teschke. Shearlet coorbit spaces and associated Banach frames, Appl. Comput. Harmon. Anal. 27 (2009), 195-214.

[9] S. Dahlke, G. Kutyniok, P. Maass, C. Sagiv, H.-G. Stark, and G. Teschke. The uncertainty principle associated with the continuous shearlet transform, Int. J. Wavelets Multiresolut. Inf. Process. 6 (2008), 157-181.

[10] S. Dahlke, G. Steidl, and G. Teschke. The continuous shearlet transform in arbitrary space dimensions, J. Fourier Anal. Appl. 16 (2010), 340-364.

[11] S. Dahlke, G. Steidl and G. Teschke. Shearlet coorbit spaces: compactly supported analyzing shearlets, traces and embeddings, to appear in J. Fourier Anal. Appl. 17 (2011), 1232-1255.

[12] S. Dahlke and G. Teschke. The continuous shearlet transform in higher dimensions: variations of a theme, in Group Theory: Classes, Representation and Connections, and Applications, edited by C. W. Danellis, Math. Res. Develop., Nova Publishers, 2010, 167-175.

[13] I. Daubechies. Ten Lectures on Wavelets, SIAM, Philadelphia, 1992.

[14] M. N. Do and M. Vetterli. The contourlet transform: an efficient directional multiresolution image representation, IEEE Trans. Image Process. 14 (2005), 2091-2106.

[15] D. L. Donoho. Sparse components of images and optimal atomic decomposition, Constr. Approx. 17 (2001), 353-382.

[16] D. L. Donoho. Emerging applications of geometric multiscale analysis, Proceedings International Congress of Mathematicians Vol. I (2002), 209-233.

[17] D. L. Donoho and G. Kutyniok. Geometric separation using a wavelet-shearlet dictionary, SampTA'09 (Marseille, France, 2009), Proc., 2009.

[18] D. L. Donoho and G. Kutyniok. Microlocal analysis of the geometric separation problem, Comm. Pure Appl. Math., to appear.

[19] D. L. Donoho, M. Vetterli, R. DeVore, and I. Daubechies. Data compression and harmonic analysis, IEEE Trans. Info. Theory 44 (1998), 2435-2476.

[20] R. J. Duffin and A. C. Schaeffer. A class of nonharmonic Fourier series, Trans. Amer. Math. Soc. 72 (1952), 341-366.

[21] G. R. Easley, D. Labate, and F. Colonna. Shearlet based Total Variation for denoising, IEEE Trans. Image Process. 18(2) (2009), 260-268.

[22] G. Easley, D. Labate, and W. -Q Lim. Sparse directional image representations using the discrete shearlet transform, Appl. Comput. Harmon. Anal. 25 (2008), 25-46.

[23] M. Elad. Sparse and Redundant Representations, Springer, New York, 2010.

[24] C. Fefferman. A note on spherical summation multipliers, Israel J. Math. 15 (1973), 44-52.

[25] G. Folland. Fourier Analysis and Its Applications, American Mathematical Society, Rhode Island, 2009.

[26] P. Grohs. Continuous shearlet frames and resolution of the wavefront set, Monatsh. Math. 164(2011), 393-426.

[27] P. Grohs. Continuous shearlet tight frames, J. Fourier Anal. Appl. 17 (2011), 506-518.

[28] P. Grohs. Tree Approximation with anisotropic decompositions. Applied and Computational Harmonic Analysis (2011), to appear.

[29] A. Grossmann, J. Morlet, and T. Paul. Transforms associated to square integrable group representations I: General Results, J. Math. Phys. 26 (1985), 2473-2479.

[30] K. Guo, G. Kutyniok, and D. Labate. Sparse multidimensional representations using anisotropic dilation and shear operators, in Wavelets and Splines (Athens, GA, 2005), Nashboro Press, Nashville, TN, 2006, 189-201.

[31] K. Guo and D. Labate. Optimally sparse multidimensional representation using shearlets, SIAM J. Math Anal. 39 (2007), 298-318.

[32] K. Guo, and D. Labate. Characterization and analysis of edges using the Continuous Shearlet Transform, SIAM on Imaging Sciences 2 (2009), 959-986.

[33] K. Guo, and D. Labate. Analysis and detection of surface discontinuities using the 3D continuous shearlet transform, Appl. Comput. Harmon. Anal. 30 (2011), 231-242.

[34] K. Guo, and D. Labate. Optimally sparse 3D approximations using shearlet representations, Electronic Research Announcements in

Mathematical Sciences 17 (2010), 126-138.

[35] K. Guo, and D. Labate. Optimally sparse shearlet approximations of 3D data Proc. of SPIE Defense, Security, and Sensing (2011).

[36] K. Guo, and D. Labate. Optimally sparse representations of 3D Data with C^2 surface singularities using Parseval frames of shearlets, SIAM J. Math Anal., to appear (2012).

[37] K. Guo, and D. Labate. The Construction of Smooth Parseval Frames of Shearlets, preprint (2011).

[38] K. Guo, D. Labate and W. -Q Lim. Edge analysis and identification using the Continuous Shearlet Transform, Appl. Comput. Harmon. Anal. 27 (2009), 24-46.

[39] K. Guo, D. Labate, W. -Q Lim, G. Weiss, and E. Wilson. Wavelets with composite dilations, Electron. Res. Announc. Amer. Math. Soc. 10 (2004), 78-87.

[40] K. Guo, D. Labate, W. -Q Lim, G. Weiss, and E. Wilson. The theory of wavelets with composite dilations, Harmonic analysis and applications, Appl. Numer. Harmon. Anal., Birkhäuser Boston, Boston, MA, 2006, 231-250.

[41] K. Guo, W. -Q Lim, D. Labate, G. Weiss, and E. Wilson. Wavelets with composite dilations and their MRA properties, Appl. Comput. Harmon. Anal. 20 (2006), 220-236.

[42] E. Hewitt and K. A. Ross. Abstract Harmonic Analysis I, II, Springer-Verlag, Berlin/ Heidelberg/New York, 1963.

[43] M. Holschneider. Wavelets. Analysis Tool, Oxford University Press, Oxford, 1995.

[44] N. Kingsbury. Image processing with complex wavelets, Phil. Trans. Royal Society London A,357 (1999), 2543-2560.

[45] N. Kingsbury. Complex wavelets for shift invariant analysis and filtering of signals, Appl. Computat. Harmon. Anal. 10 (2001), 234-253.

[46] B. Han, G. Kutyniok, and Z. Shen. Adaptive multiresolution analysis structures and shearlet systems, SIAM J. Numer. Anal. 49 (2011), 1921-1946.

[47] E. Hernandez and G. Weiss. A First Course on Wavelets, CRC, Boca Raton, FL, 1996.

[48] R. Houska. The nonexistence of shearlet scaling functions, to appear in

Appl. Comput Harmon. Anal. 32 (2012), 28-44.

[49] P. Kittipoom, G. Kutyniok, and W.-Q Lim. Construction of compactly supported shearlet frames, Constr. Approx. 35 (2012), 21-72.

[50] P. Kittipoom, G. Kutyniok, and W.-Q Lim. Irregular shearlet frames: geometry and approximation properties J. Fourier Anal. Appl. 17 (2011), 604-639.

[51] G. Kutyniok and D. Labate. Construction of regular and irregular shearlets, J. Wavelet Theory and Appl. 1 (2007), 1-10.

[52] G. Kutyniok and D. Labate. Resolution of the wavefront set using continuous shearlets, Trans. Amer. Math. Soc. 361 (2009), 2719-2754.

[53] G. Kutyniok, J. Lemvig, and W.-Q Lim. Compactly supported shearlets, in Approximation Theory XIII (San Antonio, TX, 2010), Springer Proc. Math. 13, 163-186, Springer, 2012.

[54] G. Kutyniok, J. Lemvig, and W.-Q Lim. Compactly supported shearlet frames and optimally sparse approximations of functions in $L^2(\mathbf{R}^3)$ with piecewise C^2 singularities, preprint.

[55] G. Kutyniok and W.-Q Lim. Compactly supported shearlets are optimally sparse, J. Approx. Theory 163 (2011), 1564-1589.

[56] G. Kutyniok and W.-Q Lim. Image separation using wavelets and shearlets, Curves and Surfaces (Avignon, France, 2010), Lecture Notes in Computer Science 6920, Springer, 2012.

[57] G. Kutyniok and W.-Q Lim. Shearlets on bounded domains, in Approximation Theory XIII (San Antonio, TX, 2010), Springer Proc. Math. 13, 187-206, Springer, 2012.

[58] G. Kutyniok and T. Sauer. Adaptive directional subdivision schemes and shearlet multiresolution analysis, SIAM J. Math. Anal. 41 (2009), 1436-1471.

[59] G. Kutyniok, M. Shahram, and D. L. Donoho. Development of a digital shearlet transform based on pseudo-polar FFT, in Wavelets XIII, edited by V. K. Goyal, M. Papadakis, D. Van De Ville, SPIE Proc. 7446 (2008), SPIE, Bellingham, WA, 2009, 7446-12.

[60] G. Kutyniok, M. Shahram, and X. Zhuang. ShearLab: a rational design of a digital parabolic scaling algorithm, preprint.

[61] D. Labate, W.-Q Lim, G. Kutyniok, and G. Weiss. Sparse multidimensional representation using shearlets, in Wavelets XI, edited by M.

Papadakis, A. F. Laine, and M. A. Unser, SPIE Proc. 5914 (2005), SPIE, Bellingham, WA, 2005, 254-262.

[62] D. Labate and P. S. Negi. 3D Discrete Shearlet Transform and video denoising, Wavelets XIV (San Diego, CA, 2011), SPIE Proc. (2011).

[63] Laugesen, R. S., N. Weaver, G. Weiss, and E. Wilson. A characterization of the higher dimensional groups associated with continuous wavelets, J. Geom. Anal. 12 (2001), 89-102.

[64] W. -Q Lim. The discrete shearlet transform: a new directional transform and compactly supported shearlet frames, IEEE Trans. Image Process. 19 (2010), 1166-1180.

[65] Mallat, S.. A Wavelet Tour of Signal Processing, Academic Press, San Diego 1998.

[66] S. Mallat. Geometrical Grouplets, Appl. Comput. Harmon. Anal. 26 (2) (2009), 161-180.

[67] P. S. Negi and D. Labate. Video denoising and enhancement using the 3D Discrete Shearlet Transform, to appear IEEE Trans. Image Process. (2012)

[68] B. A. Olshausen, and D. J. Field. Natural image statistics and efficient coding, Network: Computation in Neural Systems 7 (1996), 333-339

[69] V. M. Patel, G. Easley, D. M. Healy. Shearlet-based deconvolution IEEE Trans. Image Process. 18(12) (2009), 2673-2685

[70] E. L. Pennec and S. Mallat. Sparse geometric image representations with bandelets, IEEE Trans. Image Process. 14 (2005), 423-438.

[71] E. P. Simoncelli, W. T. Freeman, E. H. Adelson, D. J. Heeger. Shiftable multiscale transforms, IEEE Trans. Inform. Theory 38 (1992), 587-607.

[72] H. F. Smith. A Hardy space for Fourier integral operators, J. Geom. Anal. 8 (1998), 629-653.

[73] Stein, E.. Harmonic Analysis: Real-Variable Mathods, Orthogonality and Oscillatory Integrals, Princeton University Press, Princeton, 1993.

[74] S. Yi, D. Labate, G. R. Easley, and H. Krim. A shearlet approach to edge analysis and detection, IEEE Trans. Image Process. 18 (2009), 929-941.

第 2 章　剪切波与微局部分析

尽管小波是描述单一变量函数的逐点平滑性质的最佳方法，但是它们无法有效地刻画在高维函数中多维极点细微的几何现象。在数学上，这些现象可以用波前集的概念来解释，波前集用来描述调和分布的逐点或逐向平滑性质。在熟悉波前集的定义和基本性质后，为证明剪切波变换提供了一种简单方便的方法，从剪切波系数的衰减性质角度去刻画波前集。

2.1　概　　述

小波变换应用广泛的一个主要原因是其能刻画函数的逐点平滑的性质，此性质在纯数学和应用数学领域中极为重要。以一项杰出的工作为例[16]，小波分析对 Riemann 函数的逐点平滑的研究达到了其他方法所无法达到的精确度。

但是对于多维函数，逐点平滑不能完整捕捉奇异点集合的几何形状，人们对函数在哪个方向上是奇异的也很感兴趣。波前集是一个可以获得附加信息的概念，波前集已经在本书的参考文献中给出定义，它源自于 Lars Hörmander 的关于伪微分算子的奇异点传播的著作[17,21]。

小波变换无法描述一个调和分布的波前集，尽管通常多维小波变换确实具有一个方向性参数①[1]，但小波元素不能在不同尺度上改变各向异性的程度，因此无法检测到在有小张开角的频率锥中的微局部现象，见文献[3]中的讨论。

本章的目的是表明剪切波确实可以描述调和分布的方向性平滑性质，波前集可以被点 - 向对刻画，剪切波的点一向对系数不像尺度参数那么快衰减到零。这样的结果在两种理论中都颇有益处，因为它提供了一种简单初等的分析工具让人们研究平滑性的精确概念，而且在检测图像边界的应用中（第 3 章）。对于像边界的分析与分类的实际目标，仍需要更多的精确结果[13-14]。

这个结果对于经典的带限剪切波的第一个证明在文献[18]中。在文献

① 感谢 J. - P. Antoine 指出。

[9] 中，获得了一个广义剪切波生成器的扩展。

2.1.1 标记符号

标记方法采用本书第 1 章所用符号。对于标准对$\langle \cdot, \cdot \rangle_{L^2(\mathbf{R}^k)}$，用$\mathscr{S}(\mathbf{R}^k)$表示空间，用$S(\mathbf{R}^k)'$表示二重调和分布空间。对于$k=2$，简单写成$\mathscr{S}$、$\mathscr{S}'$；另外，用

$$\mathscr{C} := \{\xi \in \mathbf{R}^2 : |\xi_2| / |\xi_1| \leqslant \frac{3}{2}\}$$

和

$$\mathscr{C}' := \{\xi \in \mathbf{R}^2 : |\xi_2| / |\xi_1| \leqslant \frac{3}{2}\}$$

分别表示水平和垂直频率锥。对$A \in \mathbf{R}^2$，把χ_A记作它的指示函数，如

$$\chi_A(\xi) = \begin{cases} 1, & \xi \in A \\ 0, & \xi \notin A \end{cases}$$

符号 $\mathbf{T}$ 表示一维圆环面。

2.1.2 了解波前集

在 1.2 节有关二元变量调和分布的波前集定义如下。

定义 1 令f是一个在$\mathbf{R}^2$的调和分布。如果存在一个t_0的邻域U_{t_0}使$\varphi f \in C^\infty$，其中，φ为一个平滑截断函数，并且在U_{t_0}上$\varphi \equiv 1$，那么$t_0 \in \mathbf{R}^2$是一个正则点。正则点的(开)集的补集称作f的奇异支集，并表示为

$$\text{sing supp}(f)$$

如果存在一个t_0的邻域U_{t_0}，一个平滑截断函数φ在U_{t_0}上$\varphi \equiv 1$，并且s_0的邻域V_{s_0}满足

$$(\varphi f)^{\wedge}(\eta) = O((1 + |\eta|)^{-N}) \tag{2.1}$$

对于所有$\eta = (\eta_1, \eta_2)$，满足$\frac{\eta_2}{\eta_1} \in V_{s_0}$和$N \in \mathbf{N}$。称$(t_0, s_0)$为有向正则点。波前集$WF(f)$是有向正则点集的补集。

备注 1 式(2.1)中给出的波前集定义排除了$s_0 = \infty$和$\eta_1 = 0$的情况。为了避免这个问题，可以用与这一情况中相逆的坐标方向相似的方法给出相同定义，或者可以让投影线$\mathbf{P}^1$上参数s变化。本书不会在每处都声明这一点，但会做一个备注：通常仅关注$s \in [-1, 1]$，其他方向都用逆坐标方向处理。

波前集通常定义在傅里叶域中。对于这一定义的直观理由是假设在某一方向上，有一含有奇异点(比如阶跃点)的函数。如果在奇异点处放大，所

有其余部分在正交于奇异点的方向上振荡，奇异点对应慢傅里叶衰减。

为了能详细了解傅里叶分析，首先考虑几个可以立即计算出波前集的例子。

例 2.1　基于$\langle \delta_t, \varphi \rangle := \varphi(t)$定义的 Dirac 分布，$\delta_t$拥有奇异支集$\{t\}$。在$x = t$处，任意方向上此分布都是非正则的，可以通过$\hat{\delta}_t = \exp(2\pi i \langle \cdot, t \rangle)$的无衰减看到，因此断定$WF(\delta_t) \subset \{t\} \times \mathbf{R}$；另一方面，$WF(\delta_t) \supset \{t\} \times \mathbf{R}$是因为$\delta_t$在任意$t' \neq t$点附近是局部正则的，得到

$$WF(\delta_t) \subset \{t\} \times \mathbf{R}$$

例 2.2　线分布$\delta_{x_2 = p + qx_1}$定义为

$$\langle \delta_{x_2 = p + qx_1}, \varphi \rangle := \int_{\mathbf{R}} \varphi(x_1, p + qx_1) \mathrm{d}x_1$$

该分布有奇异支集$\{(x_1, x_2) : x_2 = p + qx_1\}$。为描述$\delta_{x_2 = p + qx_1}$的波前集，计算

$$\begin{aligned} \hat{\delta}_{x_2 = p + qx_1}(\xi) &= \delta_{x_2 = p + qx_1} \mathrm{e}^{2\pi i \langle \xi, x \rangle} \\ &= \int_{\mathbf{R}} \mathrm{e}^{2\pi i (\xi_1 x_1 + \xi_2 (p + qx_1))} \mathrm{d}x_1 \\ &= \mathrm{e}^{2\pi i p \xi_2} \int_{\mathbf{R}} \mathrm{e}^{2\pi i (\xi_1 + q\xi_2) x_1} \mathrm{d}x_1 \\ &= \mathrm{e}^{2\pi i p \xi_1} \delta_{\xi_1 + q\xi_2 = 0} \end{aligned}$$

尽管上式计算看起来未被很好地定义，但上式是振荡积分的意义，见文献[21]，可能令该计算变得严格。重要的是，这意味着等式在弱意义下成立，因此处理的是调和分布。可知$\hat{\delta}_{x_2 = p + qx_1}(\xi)$是快衰减，除了$\xi_2 / \xi_1 = -1/q$，有

$$WF(\hat{\delta}_{x_2 = p + qx_1}) = \{(x_1, x_2) : x_2 = p + qx_1\} \times \left\{-\frac{1}{q}\right\}$$

在介绍下一个例子之前，引入 Radon 变换。定义 2 在后来的证明中提供了有价值的工具。

定义 2　一个函数f的 Radon 变换定义为

$$\mathcal{R}f(u, s) := \int_{\mathbf{R}} f(u - sx_2, x_2) \mathrm{d}x_2, \quad u, s \in \mathbf{R} \tag{2.2}$$

式(2.2)在任何情况下均成立。

Radon 变换的定义中用斜率作为方向参量，不同于普通定义用角度作为方向参量，这使得定义极好地适用于剪切波变换的数学定义。定理 1 已经表明 Radon 变换为研究微局部现象提供了有力的工具。

定理 1（投影切片定理）　$\mathcal{F}_1$表示对第一个坐标的单一变量傅里叶变换，且$\omega \in \mathbf{R}$，有等式

$$\mathscr{F}_1(\mathscr{R}f(u,s))(\omega)=\hat{f}(\omega(1,s)),\quad \forall s\in\mathbf{R} \tag{2.3}$$

证明

$$\begin{aligned}\mathscr{F}_1(\mathscr{R}f(u,s))(\omega)&=\int_{\mathbf{R}}\int_{\mathbf{R}}f(u-sx_2,x_2)\mathrm{e}^{-2\pi\mathrm{i}u\omega}\mathrm{d}x^2\mathrm{d}u\\&=\int_{\mathbf{R}}\int_{\mathbf{R}}f(\tilde{u},x_2)\mathrm{e}^{-2\pi\mathrm{i}(\tilde{u}+sx_2)\omega}\mathrm{d}x^2\mathrm{d}\tilde{u}\\&=\hat{f}(\omega(1,s))\end{aligned}$$

通过投影切片定理,另一种表示(t_0,s_0)为有向正则点的方法是,对于所有$N\in\mathbf{N},s\in V_{s_0}$,有

$$\mathscr{F}_1(\mathscr{R}\varphi f(u,s))(\omega)=O(|\omega|^{-N})$$

即当u在$s=s_0$附近时,$\mathscr{R}\varphi f(u,s)$是$C^\infty$。例2.3是单位球的指向函数。

例2.3　令$f=\chi_B$且$B=\{(x_1,x_2):x_1^2+x_2^2\leqslant 1\}$,有

$$\text{sing supp}(f)=\partial B=\{(x_1,x_2):x_1^2+x_2^2=1\}$$

为了描述f的波前集,在$t\in\partial B$附近取一个冲激函数φ,且$t_2/t_1=s_0$,Radon变换为

$$\mathscr{R}\varphi f(u,s)=\int_{\frac{us-\sqrt{1+s^2-u^2}}{1+s^2}}^{\frac{us+\sqrt{1+s^2-u^2}}{1+s^2}}\varphi(u-sx_2,x_2)\mathrm{d}x_2 \tag{2.4}$$

该表达式总为0,除非

$$u\in[t_1+st_2-\varepsilon,t_1+st_2+\varepsilon]$$

式中,$\varepsilon>0$取决于t附近φ的直径。

为证明这一点,假设φ函数满足下式:

$$(t_1+[-\varepsilon,\varepsilon])\times(t_2+[-\varepsilon,\varepsilon]) \tag{2.5}$$

因此,为使上述表达式非0,需要

$$x_2\in t_2+[-\varepsilon,\varepsilon]$$

通过式(2.5),得到

$$u\in t_1+st_2+(1+s)[-\varepsilon,\varepsilon]$$

基于t的定义,有

$$t_1=\frac{1}{\sqrt{1+s_0^2}},\quad t_2=\frac{s_0}{\sqrt{1+s_0^2}}$$

因此u^2将接近

$$(t_1+st_2)^2=\frac{(1+ss_0)^2}{1+s_0^2}$$

可知u^2-1-s^2任意接近

$$\frac{(1+ss_0)^2-(1+s^2)(1+s_0^2)}{1+s_0^2}$$

当 $s \neq s_0$ 时，上式 $\neq 0$。但如果 u^2-1-s^2 远离零点，则式(2.4)中函数 $\mathscr{R}\varphi f$ 是 C^∞，因此对于 $s \neq s_0$，(t,s) 是正则有向点。相同的论证表明对于 $s = s_0$，$\mathscr{R}\varphi f$ 是不平滑的，得到

$$WF(f) = \{(t,s): t_1^2 + t_2^2 = 1, t_2 = st_1\}$$

Radon 变换对于实现目的是一个有效的工具（比较文献[3,18]，其中相似结论可以用更初等的工具（如贝塞尔函数和锁相方法）表示）。例 2.3 还给出了一个波前集的几何解释，取具有规定斜率的平移直线族，并计算限制在这些线的积分，如果积分不随平移参数平滑变化，则波前集中有一个点。

1. 剪切波与波阵面集

了解剪切波系数的衰减率与方向规律之间的关系。根据之前的例子研究典型带限剪切波 ψ。回忆典型剪切波的结构，注意第 1 章的定义 1。取函数 ψ_1、$\psi_2 \in \mathscr{S}$ 满足支集 $\hat{\psi}_1 \subset \left[-\frac{1}{2}, -\frac{1}{16}\right] \cup \left[\frac{1}{16}, \frac{1}{2}\right]$，支集 $\hat{\psi}_2 \subset [-1,1]$，并定义

$$\hat{\psi}(\xi) = \hat{\psi}_1(\xi_1)\hat{\psi}_2\left(\frac{\xi_2}{\xi_1}\right)$$

需要注意的是，函数 ψ_1、ψ_2 支集的特殊选择并没有更深层次的意义；$\hat{\psi}_1$ 被支撑在零点以外（即 ψ_1 是一个小波），$\hat{\psi}_2$ 被支撑在零点附近。事实上，需要的只是大量的方向性归零时刻，这些时刻表示出了可用来研究各向异性结构所需的关键频率局部化特性。

定义 3　函数 ψ 有 N 个方向性归零时刻的条件为

$$\frac{\hat{f}(\xi)}{\xi_1^N} \in L^2(\mathbf{R}^2)$$

其他方向的方向性归零时刻也可以用相似方式进行定义。

简单来说，在之前的讨论中对象是经典的带限结构，后面的小节再处理一般情况。得到以下方程：

$$\hat{\psi}_{a,s,t}(\xi) = a^{\frac{3}{4}} \mathrm{e}^{-2\pi \mathrm{i}\langle t,\xi\rangle} \hat{\psi}(a\xi_1, a^{\frac{1}{2}}(\xi_2 - s\xi_1)) = a^{\frac{3}{4}} \mathrm{e}^{-2\pi \mathrm{i}\langle t,\xi\rangle} \hat{\psi}_1(a\xi_1)\hat{\psi}_1\left(a^{\frac{1}{2}}\left(\frac{\xi_2}{\xi_1}-s\right)\right) \tag{2.6}$$

于是支集有

$$\operatorname{supp} \hat{\psi}_{a,s,t} \subset \left\{\xi \in \mathbf{R}^2: \xi_1 \in \left[-\frac{1}{2a}, -\frac{1}{16a}\right] \cup \left[\frac{1}{16a}, \frac{1}{2a}\right], \left|\frac{\xi_2}{\xi_1} - s\right| \leqslant \sqrt{a}\right\} \tag{2.7}$$

例 2.4 和例 2.5 来源于第 4 章文献[18] 中的讨论。

例 2.4 考虑分布 δ_0 并检查它的剪切波系数。先考虑 $t=0$ 的情况,有

$$\langle \delta_0, \psi_{a,s,0} \rangle = \psi_{a,s,0}(0) = a^{-\frac{3}{4}}\psi(0)$$

另一方面,对于 $t \neq 0$,由 $\psi \subset \mathscr{S}$可得

$$|\psi_{a,s,t}(0)| \leqslant a^{-\frac{3}{4}}(1 + \| A_a^{-1} S_s^{-1} t \|^2)^{-k}, \quad \forall k \in \mathbf{N}$$

初步计算表明,对于 $s \in [-1,1]$ 和 $t \neq 0$,$O(a^k)$ 阶表示对所有 $k \in \mathbf{N}$ 都成立。对于其他斜率大于 1 的方向,对垂直圆锥体使用剪切波构型 $\tilde{\Psi}(\tilde{\psi})$ 并进行相同分析,详见第1章1.1节的内容。从例2.1得到δ_0的波前集精确地由点方向对来表征的结论,对于点方向对,剪切波变换衰减速度不超过 a 的任何幂次。

命题 1 若 $t=0$,当 $a \to 0$ 时有

$$\mathscr{SH}_{\psi}(\delta_0)(a,s,t) \sim a^{-\frac{3}{4}}$$

在其他情况下,当 $a \to 0$ 时,$\mathscr{SH}_{\psi}(\delta_0)(a,s,t)$ 迅速衰减。

例 2.5 研究线奇点分布的剪切波系数表现:

$$v = \delta_{x_2 = qx_1}$$

由例 2.2 可得

$$\hat{v} = \delta_{x_2 = qx_1} = \delta_{\xi_1 + q\xi_2 = 0}$$

因此有

$$\langle \psi_{a,s,t}, v \rangle = \langle \hat{\psi}_{a,s,t}, \hat{v} \rangle = \langle \hat{\psi}_{a,s,t}, \delta_{\xi_1 + q\xi_2 = 0} \rangle = \int_{\mathbf{R}} \hat{\psi}_{a,s,t}(-q\xi_2, \xi_2)\,\mathrm{d}\xi_2$$

代入式(2.6)得

$$\begin{aligned}
\langle \psi_{a,s,t}, v \rangle &= a^{\frac{3}{4}} \int_{\mathbf{R}} \mathrm{e}^{-2\pi\mathrm{i}(-qt_1\xi_2 + t_2\xi_2)\hat{\psi}_1(-aq\xi_2)\hat{\psi}_2\left(a^{-\frac{1}{2}}\left(-\frac{1}{q}-s\right)\right)}\,\mathrm{d}\xi_2 \\
&= -\frac{a^{-\frac{1}{4}}}{q} \int_{\mathbf{R}} \mathrm{e}^{-2\pi\mathrm{i}a^{-1}\left(t_1\xi_2 - \frac{1}{q}t_2\xi_2\right)\,\hat{\psi}_1(\xi_2)\hat{\psi}_2\left(a^{-\frac{1}{2}}\left(-\frac{1}{q}-s\right)\right)}\,\mathrm{d}\xi_2 \\
&= -\frac{a^{-\frac{1}{4}}}{q} \psi_1\left(a^{-1}\left(t_1 - \frac{1}{q}t_2\right)\right)\hat{\psi}_2\left(a^{-\frac{1}{2}}\left(-\frac{1}{q}-s\right)\right)
\end{aligned} \tag{2.8}$$

由 $\psi_1 \in \mathscr{S}(\mathbf{R})$ 可得

$$|\psi_1(x)| \leqslant C_k(1 + x^2)^k, \quad \forall k \in \mathbf{N}$$

因此有

$$\psi_1\left(a^{-1}\left(t_1 - \frac{1}{q}t_2\right)\right) = O(a^k), \quad \forall k \in \mathbf{N}$$

对任意 $t_1 \neq \dfrac{1}{q}t_2$ 都成立。假设 $t_1 = \dfrac{1}{q}t_2$,将其分为两种情况,即

$$s \neq -\frac{1}{q} \text{ 和 } s = -\frac{1}{q}$$

首先假设 $s \neq -\frac{1}{q}$，对于充分小的 a，表达式

$$\hat{\psi}_2\left(a^{-\frac{1}{2}}\left(-\frac{1}{q}-s\right)\right)$$

由于 $\hat{\psi}_2$ 的支撑性质恒等于零。由式(2.8)得

$$\langle v, \psi_{a,s,t} \rangle = O(a^k), \quad \forall k \in \mathbf{N}$$

对于第二种情况 $t_1 = \frac{1}{q}t_2$ 且 $s = -\frac{1}{q}$，得

$$\langle v, \psi_{a,s,t} \rangle = -\frac{a^{-\frac{1}{4}}}{q}\psi_1(0)\hat{\psi}_2(0) \sim a^{-\frac{1}{4}}$$

于是总结如下。

命题 2　若 $t_1 = \frac{1}{q}t_2$ 且 $s = -\frac{1}{q}$，有

$$\mathcal{SH}_\psi(v)(a,s,t) \sim a^{-\frac{1}{4}}$$

在所有其他条件下，随着 $a \to 0$，$\mathcal{SH}_\psi(v)(a,s,t)$ 迅速衰减，换句话说，$WF(v)$ 是由 $\mathcal{SH}_\psi(v)$ 不随着 a 迅速衰减的指数 (s,t) 精确描述 $WF(v)$。

例 2.6　对例 2.3 进行进一步研究，将其与文献[18]进行比较，得出结论。B 是一个二维平面上的单位球体，令 $f = \chi_B$，有命题 3（证明略）。

命题 3　若 $(t,s) \in WF(f)$，有

$$\mathcal{SH}_\psi(f)(a,s,t) \sim a^{\frac{3}{4}}$$

在其他所有情况下，随着 $a \to 0$，$\mathcal{SH}_\psi(f)(a,s,t)$ 迅速衰减。

例 2.1 ~ 2.6 表明，对于特别简单的奇点分布，波前集可以用剪切波转换系数的渐进性质精确描述。在更一般的情况下这个事实的描述和证明是本书剩余章节的目标，先看一下更简单的变换。

2. 小波与波前集

二维小波有一个方向性参数，那么剪切波变换的各向异性尺度是否是必要的？举一个简单的例子来证明它的必要性，这个讨论的灵感来源于文献[1]和文献[3]。与一维集合相似，构造一个二维小波变换，它的函数 $\psi \in \mathcal{S}$ 满足以下条件：

$$\int_{\mathbf{R}^2} \frac{|\hat{\psi}(\xi)|^2}{|\xi|^2} \mathrm{d}\xi < \infty$$

定义函数 $\psi_{a,\theta,t}(a,\theta,t) \in \mathbf{R}_+ \times \mathbf{T} \times \mathbf{R}^2$，有

$$\psi_{a,\theta,t}(x) = a^{-1}\psi\left(\frac{R_\theta(x-t)}{a}\right)$$

式中，R_θ 为旋转；$\theta \in T$。

定义一个缓和分布 $f \in \mathscr{S}'$ 的二维小波变换：

$$\mathscr{W}_\psi^{2\text{D}}(f)(a,\theta,t) := \langle f, \psi_{a,\theta,t}\rangle$$

通过定义，得到由一个常数决定的表示式，这个表示式代表 f 是 $\psi_{a,\theta,t}$ 的叠加，$\psi_{a,\theta,t}$ 对应的系数为 $\mathscr{W}_\psi^{2\text{D}}(f)(a,\theta,t)$。得到

$$\int_{\mathbf{R}^2}\int_{\mathbf{T}}\int_{\mathbf{R}_+} |\mathscr{W}_\psi^{2\text{D}}(f)(a,\theta,t)|^2 \frac{\mathrm{d}a}{a^3}\mathrm{d}\theta\mathrm{d}t = C_\psi^{2\text{D}}\int_{\mathbf{R}^2} |f(x)|^2\mathrm{d}x$$

对于常数 $C_\psi^{2\text{D}}$，见文献[1] 中命题 2. 2. 1。ψ 的结构需要从一个普通的小波 $\tilde{\psi}$ 开始讨论，定义 $\psi(x_1,x_2) := \tilde{\psi}(10x_1, x_2/10)$，给出一个各向异性基底函数 ψ，二维小波变换中的参数 θ 给出了定向性的概念。此处有一个问题是这个简单得多的变换是否能够描述一个缓和分布的波前集呢？

例 2. 7 先定义一个简单的奇点 δ_0，得到

$$\mathscr{W}_\psi^{2\text{D}}(a,\theta,t) = a^{-1}\psi\left(\frac{R_\theta(-t)}{a}\right) = O(a^k), \quad \forall k \in \mathbf{N}$$

对任意 $t \neq 0$ 均成立。

若 $t = 0$，则有

$$\mathscr{W}_\psi^{2\text{D}}(a,\theta,t) \sim a^{-1}$$

得到二维小波变换可以描述 δ_0 波前集的结论。

当然，就描述正则性的各向异性概念而言，点分布 δ_0 是不相关的。之后分析例 2. 5 中简单的线奇点的结果。

例 2. 8 考虑线分布 $v = \delta_{x_1=0}$ 和它在奇点线上点 $t = 0$ 的二维小波变换。可得

$$\begin{aligned}\langle v, \psi_{a,\theta,0}\rangle &= \langle \hat{v}, \hat{\psi}_{a,\theta,0}\rangle = a\int_{\mathbf{R}} \hat{\psi}(a\cos(\theta)\xi_1, -a\sin(\theta)\xi_1)\mathrm{d}\xi_1 \\ &= \int_{\mathbf{R}} \hat{\psi}(\cos(\theta)\xi_1, -\sin(\theta)\xi_1)\mathrm{d}\xi_1 := A(\theta)\end{aligned}$$

函数 $A(\theta)$ 随 θ 平缓变化，实际上并没有办法敏锐地区分 $\theta = 0$ 的奇点方向和在零点附近的奇点方向。对于零点附近的 θ，$\mathscr{W}_\psi^{2\text{D}}(v)(a,\theta,t)$ 的衰减率仅为 $O(1)$。

例 2. 8 表明，对于真实的各向异性现象，二维小波变换并不合适，各向异性缩放对于描述各向异性规律是十分必要的。

需要注意的是，小波可以描述单数个平缓分布支集的特性，例子见文献

[2] 和其中的参考文献。

2.1.3　贡献

想要证明的是波前集可以由剪切波系数大小表示,结果见定理 2。

定理 2　让 $\psi \in \mathscr{S}$ 是一个在 x_1 方向上具有无穷多趋近于零的 Schwartz 函数。

f 是调和分布中心,$\mathscr{D} = \mathscr{D}_1 \cup \mathscr{D}_2$,其中 $\mathscr{D}_1 = \{(t_0, s_0) \in \mathbf{R}^2 \times [-1, 1]$: (s, t) 在 (s_0, t_0) 的邻域 U 内,$|\mathscr{SH}f(a, s, t)| = O(a^k)$,对于所有的 $k \in \mathbf{N}$,隐含的常数项均超过 $U\}$ 和 $\mathscr{D}_2 = \{(t_0, s_0) \in \mathbf{R}^2 \times (1, \infty]$:对于 $(1/s, t)$ 在 (s_0, t_0) 的领域 U $|\mathscr{SH}_{\tilde{\psi}}f(a, s, t)| = O(a^k)$,对于所有的 $k \in \mathbf{N}$,隐含的常数项均超过 $U\}$,则

$$WF(f)^c = \mathscr{D}$$

结果的证明需要学习连续重建规则来重建一个由剪切波系数构成的随机函数。对于经典的剪切波生成器,例如由第 1 章中定理 3 给出的公式,2.2 节对于随机剪切波生成器介绍了类似的公式,将这些结果在2.3 节中作为主要的结论,证明了定理 2;除此之外,图 2.2 提供了这个结果的图解。

2.1.4　其他表征波前集的方式

剪切波变换不是唯一可以表征波前集的分解方式,如 FBI 变换,其定义如下:

$$f \mapsto Tf(x, \xi, h) := \alpha_h \langle f, \mathrm{e}^{-2\pi i \| x - \cdot \|^2 / 2h} \mathrm{e}^{2\pi i \langle x - \cdot, \xi \rangle / h} \rangle$$

式中,x、$y \in \mathbf{R}^2$;h 为半经典参数(见文献[21] 了解更多关于半经典的分析论证);α_h 为参数。

这个变换可以解释为一个 Gabor 变换[8] 的半经典版本,其中半经典傅里叶变换定义如下:

$$f \mapsto \hat{f}^h(\xi) := \int_{\mathbf{R}^2} f(x) \mathrm{e}^{2\pi i \langle x, \xi \rangle / h}$$

Heisenberg 的不确定原则认为时间 - 频率必须有最低限度 h。因此,通过让 h 趋近于零,时间 - 频率定位就会更好,使 FBI 变换成微局部分析中的有用工具。当 h 趋近于零时,$Tf(x, \xi, h)$ 的衰减率决定了 $(x, \xi_2/\xi_1)$ 是否位于的波前集[21] 是一个重要结论。

其他依据抛物线式尺度关系的变换更加接近于剪切波变换,是一种曲波变换[3],曲波变换也可以表征波前集;另一个具有类似性质的基于抛物线式

尺度关系的变换在文献[23] 中由 Hart Smith 提出。

2.2 再生产公式

再生产公式在定理 2 的证明中起到了重要作用，这个公式根据剪切波系数重构了随机函数。对于经典剪切波生成器第一个这样的公式在文献[18] 中被提出，更多的研究可以在文献[10] 找到。本节将进一步证明。

例 2.9 为了产生动力，提到了连续的波变换，它通过映射函数 f 到变换系数定义：

$$\mathscr{W}_{\psi}f(a,b) := \langle f, \psi_{a,b} \rangle$$

其中

$$\psi_{a,b}(\cdot) := a^{-\frac{1}{2}}\psi\left(\frac{\cdot - b}{a}\right), \quad a,b \in \mathbf{R}$$

当如下 Calderòn 条件成立时：

$$C_{\psi}^{\text{wav}} := \int_{\mathbf{R}} \frac{|\hat{\psi}(\omega)|}{|\omega|}\mathrm{d}\omega < \infty$$

得到重建公式

$$f = \frac{1}{C_{\psi}^{\text{wav}}}\int_{\mathbf{R}}\int_{\mathbf{R}} \mathscr{W}_{\psi}(a,b)\,\overline{\psi_{a,b}}\,\frac{\mathrm{d}a}{a}\mathrm{d}b$$

变量$\frac{\mathrm{d}a}{a}\mathrm{d}b$ 满足小波变换携带一个仿射群的群表示结构对，其中这个测量是左 Hear 测量[15]。另一种理解为什么这个估量在小波环境中是自然的方法是扩大 a 和变换 b 的运算，具体是通过 b 映射一个单元空间(a,b) 到一个体积为 a^{-1} 的长方形。同样，通过所有数值范围的 a 考虑小波变换并不是必要的。在一些关于 ψ 的假设中，可以表明存在一个平稳函数 Φ 使

$$f = \frac{1}{C_{\psi}^{\text{wav}}}\left(\int_{\mathbf{R}}\int_{0}^{1} \mathscr{W}_{\psi}(a,b)\,\overline{\psi_{a,b}}\,\frac{\mathrm{d}a}{a}\mathrm{d}b + \int_{\mathbf{R}}\langle f, \Phi(\cdot - b)\,\overline{\Phi(\cdot - b)}\mathrm{d}b\rangle\right) \tag{2.9}$$

参考文献[6] 可获得更多关于小波的信息。

想要找到类似式(2.9) 的适用条件使其适用于小波变换。在全波变换的情况下，有一个群结构，如由标准参数产生的公式，参考第 4 章中的例子。

备注 2 群结构对于剪切波变换自然的不变(左) 的测量：它由$\frac{\mathrm{d}a}{a^3}\mathrm{d}s\mathrm{d}t$ 给出。关于 -3 次幂的解释是将参数空间分为小的单元，其边为 a，通过$\sqrt{a}$ 在空

间中(一个因子 $a^{-\frac{3}{2}}$),单元间隔长度为$\sqrt{a}$ 在空间方向上,还有最终因子 a^{-1},因为 a 是一个比例参量,也可以参考文献[4]。

例 2.9 中有一个积分公式,它是一个 C_{ψ}^{wav} 乘恒等式。在剪切波中,相应的常数在可容许的条件中逐渐增大,可以和文献[5] 比较。在本节中,假设 ψ 满足这个条件。所有关于波前集的解决方案在没有假设的条件下依然成立,但是在这种情况下,必须根据坐标 ξ_1、ξ_2 的符号把频域分割成四个半锥。

定义 4　如果满足下面条件,函数 ψ 被认为是可接受的:

$$C_{\psi} = \int_{\mathbf{R}}\int_{-\infty}^{0} \frac{|\hat{\psi}(\xi)|^2}{|\xi_1|^2}\mathrm{d}\xi_1\mathrm{d}\xi_2 = \int_{\mathbf{R}}\int_{-\infty}^{0} \frac{|\hat{\psi}(\xi)|^2}{|\xi_1|^2}\mathrm{d}\xi_1\mathrm{d}\xi_2 < \infty \tag{2.10}$$

为了达到目的,方向性参数变量必须在紧密集中,否则定理 2 中隐含的常数会退化。因此对于适应椎体剪切波变换,找到类似于式(2.9) 的表达方式。

假设占有无穷多的多方向的消失矩,和定义 3 进行比较。主要的结果见定理 3。

定理 3　有如下表达式:

$$C_{\psi}f = \int_{\mathbf{R}^2}\int_{-2}^{2}\int_{0}^{1} \mathscr{SH}_{\psi}f(a,s,t)\psi_{a,s,t}a^{-3}\mathrm{d}a\mathrm{d}s\mathrm{d}t + \int_{\mathbf{R}^2}\langle f,\Phi(\cdot - t)\rangle\Phi(\cdot - t)\mathrm{d}t \tag{2.11}$$

式中,Φ 为平滑函数;C_{ψ} 为由剪切波可允许条件得到的常数,见定义 4。式(2.11) 对于所有的 $f \in L^2(\mathscr{C})^{\vee}$ 有效,对于垂直锥体 $\mathscr{C}'$ 也有类似的说法。

函数在定理的证明中很重要:

$$\Delta_{\psi}(\xi) := \int_{-2}^{2}\int_{0}^{1} |\hat{\psi}(a\xi_1, a^{\frac{1}{2}}(\xi_2 - s\xi_1))|^2 a^{-\frac{3}{2}}\mathrm{d}a\mathrm{d}s \tag{2.12}$$

原因由引理 1 给出。

引理 1　式(2.11) 正确当且仅当

$$\Delta_{\psi}(\xi) + |\hat{\Phi}(\xi)|^2 = C_{\psi},\quad \xi \in \mathscr{C} \tag{2.13}$$

证明　标记式(2.11) 和下式相等:

$$C_{\psi}^2 \|f\|_2^2 = \int_{\mathbf{R}^2}\int_{-2}^{2}\int_{0}^{1}\langle f,\psi_{a,s,t}\rangle^2 a^{-3}\mathrm{d}a\mathrm{d}s\mathrm{d}t + \int_{\mathbf{R}^2}|\langle f,\Phi(\cdot - t)\rangle|^2\mathrm{d}t \tag{2.14}$$

这是极化的结果。在式(2.14) 两侧同时作傅里叶变换

$$\begin{aligned} C_{\psi}^2 \|\hat{f}\|_2^2 &= \int_{\mathbf{R}^2}\int_{-2}^{2}\int_{0}^{1}\langle \hat{f},\hat{\psi}_{a,s,t}\rangle^2 a^{-3}\mathrm{d}a\mathrm{d}s\mathrm{d}t + \int_{\mathbf{R}^2}|\langle \hat{f},\Phi(\cdot - t)\rangle^{\wedge}|^2\mathrm{d}t \\ &= \int_{\mathbf{R}^2}\int_{-2}^{2}\int_{0}^{1}\langle \hat{f},\hat{\psi}_{a,s,t}\rangle\overline{\langle \hat{f},\hat{\psi}_{a,s,t}\rangle}a^{-3}\mathrm{d}a\mathrm{d}s\mathrm{d}t + \end{aligned}$$

$$\int_{\mathbf{R}^2}\langle\hat{f},(\Phi(\cdot-t))^\wedge\rangle\overline{\langle\hat{f},(\Phi(\cdot-t))^\wedge\rangle}\mathrm{d}t$$

代入傅里叶变换的显式公式，重写上式结果如下：

$$\begin{aligned}&C_\psi^2\|\hat{f}\|_2^2\\&=\int_{\mathbf{R}^2}\int_{-2}^{2}\int_0^1\int_{\mathbf{R}^2}\hat{f}(\xi)\overline{a^{\frac{3}{4}}\mathrm{e}^{-2\pi\mathrm{i}\langle t,\xi\rangle}\hat{\psi}(a\xi_1,a^{\frac{1}{2}}(\xi_2-s\xi_1))}\mathrm{d}\xi\cdot\\&\quad\int_{\mathbf{R}^2}\overline{\hat{f}(\eta)}a^{\frac{3}{4}}\mathrm{e}^{-2\pi\mathrm{i}\langle t,\eta\rangle}\hat{\psi}(a\eta_1,a^{\frac{1}{2}}(\eta_2-s\eta_1))\mathrm{d}\eta a^{-3}\mathrm{d}a\mathrm{d}s\mathrm{d}t+\\&\quad\int_{\mathbf{R}^2}\int_{\mathbf{R}^2}\hat{f}(\xi)\overline{\mathrm{e}^{-2\pi\mathrm{i}\langle t,\xi\rangle}\hat{\Phi}(\xi)}\mathrm{d}\xi\int_{\mathbf{R}^2}\overline{\hat{f}(\eta)}\mathrm{e}^{-2\pi\mathrm{i}\langle t,\eta\rangle}\hat{\Phi}(\eta)\mathrm{d}\eta\mathrm{d}t\\&=\int_{-2}^{2}\int_0^1\int_{\mathbf{R}^2}\int_{\mathbf{R}^2}\int_{\mathbf{R}^2}\mathrm{e}-2\pi\mathrm{i}\langle\eta-\xi,t\rangle\hat{f}(\xi)\overline{a^{\frac{3}{4}}\hat{\psi}(a\xi_1,a^{\frac{1}{2}}(\xi_2-s\xi_1))}\cdot\\&\quad\overline{\hat{f}(\eta)}a^{\frac{3}{4}}\hat{\psi}(a\eta_1,a^{\frac{1}{2}}(\eta_2-s\eta_1))\mathrm{d}\eta\mathrm{d}\xi\mathrm{d}ta^{-3}\mathrm{d}a\mathrm{d}s+\\&\quad\int_{\mathbf{R}^2}\int_{\mathbf{R}^2}\int_{\mathbf{R}^2}\mathrm{e}^{-2\pi\mathrm{i}\langle\eta-\xi,t\rangle}\hat{f}(\xi)\overline{\hat{\Phi}(\xi)\hat{f}(\eta)}\hat{\Phi}(\eta)\mathrm{d}\xi\mathrm{d}\eta\mathrm{d}t\end{aligned}$$

帕塞瓦尔定理的一个应用如下：

$$C_\psi\|\hat{f}\|_2^2=\|\hat{f}\|_2^2\left(\int_{-2}^{2}\int_0^1|\hat{\psi}(a\xi_1,a^{\frac{1}{2}}(\xi_2-s\xi_1))|^2a^{-\frac{3}{2}}\mathrm{d}a\mathrm{d}s+|\hat{\Phi}(\xi)|^2\right)$$

证明了以上的论述。

由引理 1 证明定理 3 是为了表明，由式(2.13)定义的函数 Φ 是平滑的。最后证明了

$$|\hat{\Phi}(\xi)|^2=O(|\xi|^{-N}),\quad\xi\in\mathscr{C},\xi\to\infty$$

在证明之前，要更好地理解函数 Δ_ψ。证明结果如果不在 $[-2,2]\times[0,1]$ 上积分，而是在 $\mathbf{R}\times\mathbf{R}_+$ 上积分，那么积分等于常数 C_ψ。

引理 2　有

$$C_\psi=\int_{\mathbf{R}}\int_{\mathbf{R}_+}|\hat{\psi}(a\xi_1,a^{\frac{1}{2}}(\xi_2-s\xi_1))|^2a^{-\frac{3}{2}}\mathrm{d}a\mathrm{d}s\tag{2.15}$$

证明　做一些替换

$$\eta_1(a,s)=-a\xi_1,\eta_2(a,s)=a^{\frac{1}{2}}(\xi_2-s\xi_1)$$

其雅可比行列式等于

$$a^{\frac{1}{2}}\xi_1^2=a^{\frac{1}{2}}\left(\frac{\eta_1}{a}\right)^2=a^{-\frac{3}{2}}\eta_1^2$$

证明了预期的结果。

现在可以证明 Φ 的傅里叶衰减。

引理 3　对于所有的 $N\in\mathbf{N}$ 且 $\frac{|\xi_2|}{|\xi_1|}\leqslant\frac{3}{2}$，有

$$|\hat{\Phi}(\xi)|^2 = O(|\xi|^{-N}) \tag{2.16}$$

证明　由引理 2 可得

$$|\hat{\Phi}(\xi)|^2 = \int_{a\in\mathbf{R}_+,|s|>2} |\hat{\psi}(a\xi_1,\sqrt{a}(\xi_2 - s\xi_1))|^2 a^{-\frac{3}{2}}\mathrm{d}a\mathrm{d}s + \int_{a>1,|s|>2} |\hat{\psi}(a\xi_1,\sqrt{a}(\xi_2 - s\xi_1))|^2 a^{-\frac{3}{2}}\mathrm{d}a\mathrm{d}s$$

分开分析这两个积分式,首先分析第二个式子。由于 ψ 的平滑性,并且 s 只能在紧密集中变化,可以估计

$$\int_{a>1,|s|>2} |\hat{\psi}(a\xi_1,\sqrt{a}(\xi_2 - s\xi_1))|^2 a^{-\frac{3}{2}}\mathrm{d}a\mathrm{d}s$$
$$\lesssim \int_{a>1} (a|\xi_1|)^{-N} a^{-\frac{3}{2}} \lesssim |\xi_1|^{-N} \lesssim |\xi|^{-N}$$

根据上面的不等式,通过 $|\xi|^{-1}$ 估计 $|\xi_1|^{-1}$,因为 $|\xi_2|^{-1}/|\xi_1|^{-1} \leqslant 3/2$。再来看下式的估计:

$$\int_{a\in\mathbf{R}_+,|s|>2} |\hat{\psi}(a\xi_1,\sqrt{a}(\xi_2 - s\xi_1))|^2 a^{-\frac{3}{2}}\mathrm{d}a\mathrm{d}s$$

首先,分析 $a > 1$ 的情况

$$\int_{a>1,|s|>2} |\hat{\psi}(a\xi_1,\sqrt{a}(\xi_2 - s\xi_1))|^2 a^{-\frac{3}{2}}\mathrm{d}a\mathrm{d}s$$
$$\lesssim \int_{a>1,|s|>2} a^{-N}(\xi_2 - s\xi_1)^{-2N} a^{-\frac{3}{2}}\mathrm{d}a\mathrm{d}s$$
$$= \int_{a>1,|s|>2} |\xi_1|^{-2N} a^{-N} \left|\frac{\xi_2}{\xi_1} - s\right|^{-2N} a^{-\frac{3}{2}}\mathrm{d}a\mathrm{d}s$$
$$\leqslant \int_{a>1,|s|>2} |\xi_1|^{-2N} a^{-N} \left|\frac{3}{2} - |s|\right|^{-2N} a^{-\frac{3}{2}}\mathrm{d}a\mathrm{d}s$$
$$\lesssim |\xi|^{-N}$$

分析最后一种情况,ψ 占有无穷多时刻并且 ψ 坐标平滑性的特点

$$\int_{a<1,|s|>2} |\hat{\psi}(a\xi_1,\sqrt{a}(\xi_2 - s\xi_1))|^2 a^{-\frac{3}{2}}\mathrm{d}a\mathrm{d}s$$
$$\lesssim \int_{a<1,|s|>2} a^{M} |\xi_1|^{M_a - L} |\xi_2 - s\xi_1|^{-2L} a^{-\frac{3}{2}}\mathrm{d}a\mathrm{d}s$$
$$= \int_{a<1,|s|>2} a^{M} |\xi_1|^{M-2L} a^{-L} \left|\frac{3}{2} - |s|\right|^{-2L} a^{-\frac{3}{2}}\mathrm{d}a\mathrm{d}s$$

对于任意的 L、M,尤其是对于 $L = N + 2$ 和 $M = L + 4$,有

$$\int_{a<1,|s|>2} |\hat{\psi}(a\xi_1,\sqrt{a}(\xi_2 - s\xi_1))|^2 a^{-\frac{3}{2}}\mathrm{d}a\mathrm{d}s \lesssim |\xi|^{-N}$$

总结以上所有的三个估计证明引理。

现在有了所有必要的原理来证明式(2.3)。

证明(定理3) 通过引理1，需要证明所有被式(2.13)定义的 Φ 都是平滑的。这由引理3确定。

备注3　式(2.3)的假想可以很大程度上被削弱，见文献[10]，该篇文献也表明没有对频率锥的投影是不可能得到有用的再生产公式。文献[12]给出了略有不同的连续的再生产公式，称为原子分解，也可以参照文献[2,23]的介绍对小波变换相似的构建。

2.3　波前集的解析

本节要证明定理2，定理2的证明看似很长但却相当基础。事实上，人们对于发现剪切波变换能够解决波前集的问题，并不感到吃惊，因为每个剪切波元素都只和频率内容有关，并且这个频率内容装填在一个锥形中，随着尺度增大，锥形逐渐狭窄。证明的困难之处在于如何利用一些技巧使过程更直观严谨，而 Radon 变换是一种有效的工具。

本章分为三个部分。第一部分证明定理2的一半，即对应于正则有向点的剪切波系数的快速衰减，是较简单的一部分；为了证明另一部分，需要在第二部分学习关于波前集的知识，就可以在第三部分完成定理2的完整证明。

在讨论的结果中，抛物线缩放并不是必要的，它可以被任何各向异性缩放所取代，只需要利用好相关的矩形对角公式 (a, a^{δ}) $(0 < \delta < 1)$。

2.3.1　直接定理

本节证明定理2的一半，即证明如果给定一个正则有向点 f，则取决于点 (f) 和方向的唯一参数对 (s, t) 有较大的相互作用。上述即为直接定理，也称为 Jackson 定理。

备注4　小波案例的相关结果证明了如果一个单变量函数在某点平滑，则小波系数和该点位置与快速衰减规模有关。那么底层小波有充足的消失矩，小波案例的证明非常简单，可以参考文献[20]的例子。

定理4(直接定理)　假设 $f \in \mathcal{S}'$，并且 (t_0, s_0) 是 f 的正则有向点，令 $\psi \in \mathcal{S}$ 作为一个有充足消失矩的测试函数，存在 t_0 的邻域 U_{t_0} 和 s 的邻域 V_{s_0}，对所有 $N \in \mathbf{N}$，则衰减估计为

$$\mathcal{SH}_{\psi} f(a, s, t) = O(a^N) \tag{2.17}$$

证明　在此证明中,用 N 描述一个非指定任意大的整数,假设 f 位于 t_0 附近,即 $f=\varphi f$,φ 是由波前集定义来的截断函数,此波前集在 t_0 附近等于 1,有

$$\langle (1-\varphi)f,\psi_{a,s,t}\rangle = O(a^N) \tag{2.18}$$

已经假设 ψ 是 Schwartz 类别,那么对任意 $P>0$,都有

$$|\psi(x)| \lesssim (1+|x|)^{-P} \tag{2.19}$$

由定义,有

$$\psi_{a,s,t}(x_1,x_2) = a^{-\frac{3}{4}}\psi\left(\frac{(x_1-t_1)+s(x_2-t_2)}{a},\frac{x_2-t_2}{a^{\frac{1}{2}}}\right) \tag{2.20}$$

在计算内积(由式(2.18)所得)时,假设对于一些 $\delta>0$ 和 t,在 t_0 的 U_{t_0} 微小邻域中,有 $|x-t|>\delta$,且在 t_0 附近有 $(1-\Phi)f=0$。通过式(1.19),得到

$$\begin{aligned}
|\psi_{a,s,t}(x)| &\lesssim a^{-\frac{3}{4}}\left(1+\left|\begin{pmatrix} a^{-1} & sa^{-1} \\ 0 & a^{-\frac{1}{2}}\end{pmatrix}(x-t)\right|\right)^{-P} \\
&\lesssim a^{-\frac{3}{4}}\left(1+\left\|\begin{pmatrix} a^{-1} & -sa^{\frac{1}{2}} \\ 0 & a^{\frac{1}{2}}\end{pmatrix}\right\|^{-1}|(x-t)|\right)^{-P} \\
&\lesssim a^{-\frac{3}{4}}(1+C(s)a^{-\frac{1}{2}}|x-t|)^{-P} = O(a^{-\frac{3}{4}+\frac{P}{2}}|x-t|^{-P})
\end{aligned}$$

$|x-t|>\delta$ 成立,有

$$C(s) = \left(1+\frac{s^2}{2}+\left(s^2+\frac{s^2}{4}\right)^{\frac{1}{2}}\right)^{\frac{1}{2}}$$

假设 f 是一个缓慢递增的函数,即一个有最多多项式增长的函数,可以得到

$$\begin{aligned}
\langle (1-\varphi)f,\psi_{a,s,t}\rangle &\lesssim a^{-\frac{3}{4}+\frac{P}{2}}\int_{|x-t|\geqslant\delta}|x-t|^{-P}|1-\varphi(x_1,x_2)||f(x_1,x_2)|\,\mathrm{d}x_1\mathrm{d}x_2 \\
&= O(a^N)
\end{aligned} \tag{2.21}$$

对于 $t\in U_{t_0}$ 和足够大的 P,式(2.21)等同式(2.18)。对于一个一般缓慢增长广义函数 f,可以把 f 写成 $D^\beta g$ 的有限叠加形式,其中 g 增长缓慢,D 为全微分的形式,$\beta\in\mathbf{N}^2$[22]。使用分步积分方法,利用 ψ 的衍生物遵循衰减性质(式(2.19))的事实,推测出一般情况。

假设 $f=\varphi f$ 已经成立,继续推算剪切波系数 $|\langle f,\psi_{a,s,t}\rangle|$。为了达成目的,利用傅里叶变换,假设 $f\in L^2(\mathbf{R}^2)$ 能够通过分步积分法解决,但是 a 的幂次会变大。$\psi_{a,s,t}$ 的傅里叶变换由下式给出:

$$\hat{\psi}_{a,s,t}(\xi) = a^{\frac{3}{4}}\mathrm{e}^{-2\pi\mathrm{i}\langle t,\xi\rangle}\hat{\psi}(a\xi_1,a^{\frac{1}{2}}(\xi_2-s\xi_1)) \tag{2.22}$$

选取 $\frac{1}{2}<a<1$,可以写出

$$
\begin{aligned}
|\langle f,\psi_{a,s,t}\rangle| &= |\langle \hat{f},\hat{\psi}_{a,s,t}\rangle| \\
&\leqslant a^{\frac{3}{4}}\int_{\mathbf{R}^2} |\hat{f}(\xi_1,\xi_2)|\,|\hat{\psi}(a\xi_1,a^{\frac{1}{2}}(\xi_2-s\xi_1))|\,\mathrm{d}\xi \\
&= \underbrace{a^{\frac{3}{4}}\int_{|\xi_1|<a^{-\alpha}}}_{A} + \underbrace{a^{\frac{3}{4}}\int_{|\xi_1|>a^{-\alpha}}}_{B}
\end{aligned}
\tag{2.23}
$$

ψ 在 x_1 方向上有 M 阶，即

$$
\hat{\psi}(\xi_1,\xi_2)=\xi_1^M\hat{\theta}(\xi_1,\xi_2)
$$

对一些 $\theta\in L^2(\mathbf{R}^2)$，可以推导出 A，即

$$
\begin{aligned}
A &= a^{\frac{3}{4}}\int_{|\xi_1|<a^{-\alpha}} |\hat{f}(\xi_1,\xi_2)|\,|\hat{\psi}(a\xi_1,a^{\frac{1}{2}}(\xi_2-s\xi_1)|\,\mathrm{d}\xi \\
&= a^{\frac{3}{4}}\int_{|\xi_1|<a^{-\alpha}} a^M|\xi_1|^M|\hat{f}(\xi_1,\xi_2)|\,|\hat{\theta}(a\xi_1,a^{\frac{1}{2}}(\xi_2-s\xi_1)|\,\mathrm{d}\xi \\
&\leqslant a^{M(1-\alpha)}a^{\frac{3}{4}}\int_{|\xi_1|<a^{-\alpha}} |\hat{f}(\xi_1,\xi_2)|\,|\hat{\theta}(a\xi_1,a^{\frac{1}{2}}(\xi_2-s\xi_1)|\,\mathrm{d}\xi \\
&\leqslant a^{(1-\alpha)M}\langle|\hat{f}|,|\hat{\theta}_{a,s,t}|\rangle \leqslant a^{(1-\alpha)M}\|\hat{f}\|_2\|\hat{\theta}_{a,s,t}\|_2 \\
&= a^{(1-\alpha)M}\|f\|_2\|\theta\|_2 \\
&= O(a^N)
\end{aligned}
\tag{2.24}
$$

M 要足够大。为了推导出 B，做如下替代：

$$
\begin{pmatrix} a & 0 \\ -a^{\frac{1}{2}}s & a^{\frac{1}{2}} \end{pmatrix}\begin{pmatrix}\xi_1\\ \xi_2\end{pmatrix}=\begin{pmatrix}\tilde{\xi}_1\\ \tilde{\xi}_2\end{pmatrix}
$$

$$
\mathrm{d}\xi_1\mathrm{d}\xi_2=a^{-\frac{3}{2}}\mathrm{d}\tilde{\xi}_1\mathrm{d}\tilde{\xi}_2
$$

则有

$$
B=a^{-\frac{3}{4}}\int_{\frac{|\xi_1|}{a}>a^{-\alpha}}\left|\hat{f}\left(\frac{\xi_1}{a},\frac{s}{a}\tilde{\xi}_1+a^{-\frac{1}{2}}\tilde{\xi}_2\right)\right|\,|\hat{\psi}(\tilde{\xi}_1,\tilde{\xi}_2)|\,\mathrm{d}\tilde{\xi}
\tag{2.25}
$$

使用 (t_0,s_0) 是 f 的正则有向点，意味着存在一个邻域 $(s_0-\varepsilon,s_0+\varepsilon)$ 使得对所有 $\frac{\eta_2}{\eta_1}\in(s_0-\varepsilon,s_0+\varepsilon)$ 都成立，有

$$
\hat{f}(\eta_1,\eta_2)\lesssim(1+|\eta|)^{-R}
\tag{2.26}
$$

观察式(2.25)，可以考虑 $\frac{\eta_2}{\eta_1}$：

$$
\eta_1:=\frac{\tilde{\xi}_1}{a}
$$

$$
\eta_2:=\frac{s}{a}\tilde{\xi}_1+a^{-\frac{1}{2}}\tilde{\xi}_2 \text{ 和 } \frac{\tilde{\xi}_1}{a}>a^{-\alpha}
$$

可以得到估计：

$$s - a^{\alpha-\frac{1}{2}}\tilde{\xi}_2 \leqslant \frac{\eta_2}{\eta_1} = s + a^{-\frac{1}{2}}\tilde{\xi}_2 \frac{a}{\tilde{\xi}_1} \leqslant s + a^{\alpha-\frac{1}{2}}\tilde{\xi}_2 \tag{2.27}$$

通过式(2.26)有

$$\left|\hat{f}\left(\frac{\tilde{\xi}_1}{a}, \frac{s}{a}\tilde{\xi}_1 + a^{-\frac{1}{2}}\tilde{\xi}_2\right)\right| \lesssim \left(1 + \frac{|\tilde{\xi}_1|}{a}\right)^{-R} \tag{2.28}$$

由于 s 是在 s_0 的邻域 V_{s_0} 之内，有 $\frac{|\tilde{\xi}_1|}{a} > a^{-\alpha}$ 和 $|\tilde{\xi}_2| < \varepsilon' a^{\frac{1}{2}-\alpha}$ 对 $\varepsilon' < \varepsilon$ 成立，先计算积分 B：

$$\begin{aligned} B &= a^{-\frac{3}{4}}\int_{\frac{|\tilde{\xi}_1|}{a} \geqslant a^{-\alpha}} \left|\hat{f}\left(\frac{\tilde{\xi}_1}{a}, \frac{s}{a}\tilde{\xi}_1 a^{-\frac{1}{2}}\tilde{\xi}_2\right)\right| |\hat{\psi}(\tilde{\xi}_1, \tilde{\xi}_2)| \, \mathrm{d}\tilde{\xi}_1 \mathrm{d}\tilde{\xi}_2 \\ &= \underbrace{a^{-\frac{3}{4}}\int_{\frac{|\tilde{\xi}_1|}{a} \geqslant a^{-\alpha}, |\tilde{\xi}_2| < \varepsilon' a^{\frac{1}{2}-\alpha}}}_{B_1} + \underbrace{a^{-\frac{3}{4}}\int_{\frac{|\tilde{\xi}_1|}{a} \geqslant a^{-\alpha}, |\tilde{\xi}_2| > \varepsilon' a^{\frac{1}{2}-\alpha}}}_{B_2} \end{aligned} \tag{2.29}$$

通过式(2.28)，可以推导出 B_1，根据

$$B_1 = O(a^{\alpha R - \frac{3}{4}} \|\hat{\psi}\|_1) = O(a^N) \tag{2.30}$$

可知 R 要足够大。

接下来推导 B_2，利用结论 $\frac{\partial^L}{\partial x_2^L}\psi \in L^2(\mathbf{R}^2)$，可以得到

$$\begin{aligned} B_2 &\leqslant a^{-\frac{3}{4}}\int_{\frac{|\tilde{\xi}_1|}{a} \geqslant a^{-\alpha}, |\tilde{\xi}_2| < \varepsilon' a^{\frac{1}{2}-\alpha}} \left|\hat{f}\left(\frac{\tilde{\xi}_1}{a}, \frac{s}{a}\tilde{\xi}_1 a^{-\frac{1}{2}}\tilde{\xi}_2\right)\hat{\psi}(\tilde{\xi}_1, \tilde{\xi}_2)\right| \mathrm{d}\tilde{\xi}_1 \mathrm{d}\tilde{\xi}_2 \\ &= a^{-\frac{3}{4}}\int \left|\hat{f}\left(\frac{\tilde{\xi}_1}{a}, \frac{s}{a}\tilde{\xi}_1 + a^{-\frac{1}{2}}\tilde{\xi}_2\right)\tilde{\xi}_2^{-L}\left(\frac{\partial^L}{\partial x_2^L}\psi\right)^{\wedge}(\tilde{\xi}_1, \tilde{\xi}_2)\right| \mathrm{d}\tilde{\xi}_1 \mathrm{d}\tilde{\xi}_2 \\ &\leqslant (\varepsilon')^{-L} a^{-\frac{3}{4} + (\alpha - \frac{1}{2})L} \cdot \\ &\quad \int_{\mathbf{R}^2} \left|\hat{f}\left(\frac{\tilde{\xi}_1}{a}, \frac{s}{a}\tilde{\xi}_1 + a^{-\frac{1}{2}}\tilde{\xi}_2\right)\right| \left|\left(\frac{\partial^L}{\partial x_2^L}\psi\right)^{\wedge}(\tilde{\xi}_1, \tilde{\xi}_2)\right| \mathrm{d}\tilde{\xi}_1 \mathrm{d}\tilde{\xi}_2 \end{aligned} \tag{2.31}$$

$$\begin{aligned} &= (\varepsilon')^{-L} a^{(\alpha - \frac{1}{2})L} \left|\left\langle |\hat{f}|, \left|\left(\frac{\partial^L}{\partial x_2^L}\psi_{a,s,t}\right)^{\wedge}\right|\right\rangle\right| \\ &\leqslant (\varepsilon')^{-L} a^{(\alpha - \frac{1}{2})L} \|f\|_2 \left\|\frac{\partial^L}{\partial x_2^L}\psi\right\|_2 = O(a^N) \end{aligned} \tag{2.32}$$

把结论式(2.21)、式(2.24)、式(2.30)和式(2.32)结合，可以得到结论。

备注 5　在直接定理的证明之中，没有必要把 a 的抛物线缩放放在第一象限，把 $a^{\frac{1}{2}}$ 的抛物线缩放放在第二象限。本节证明的结论可以等价于，对随

意的$0<\delta<1$都有a的各向异性缩放在第一象限，a^{δ}的各向异性缩放在第二象限，这一点在式(2.18)中也可以体现。它与式(2.12)中的傅里叶积分操作和文献[11,19]中的稀疏逼近图像相对比，在后两个公式中，抛物线缩放是必需的。

2.3.2　波前集的性质

本节证明有关波前集的基础结论，首先证明第一个结论，是正则有向点的性质不决定一个函数的选择；第二个结论是关于频率偏移，并指出一个定向点对包括f的正则有向点，当且仅当它是f的一个正则有向点的频率投影到一个包括定向点对的锥形。结论是显而易见的，但是需要证明。

首先证明第一个结论。

引理4　假设(t_0,s_0)是f的一个正则有向点，并且φ是一个测试函数。那么，(t_0,s_0)是φf的一个正则有向点。

证明　假设(t_0,s_0)是f的一个正则有向点，并让ξ成为$\xi_2/\xi_1=s_0$(如果$\xi_1=0$，需要颠倒坐标方向，备注1)，可以写出$\xi=te_0$，其中e_0为斜率s_0的单位矢量，并且t正比于$|\xi|$。得到

$$\hat{\varphi f}(te_0)=O(|t|^{-N})$$

当点乘运算变换为傅里叶域卷积时，相当于

$$\hat{\varphi}*\hat{f}(te_0)=\int_{\mathbf{R}^2}\hat{f}(te_0-\xi)\hat{\varphi}(\xi)\mathrm{d}\xi=O(|t|^{-N}) \tag{2.33}$$

因为(t_0,s_0)是一个正则有向点，根据定义可知，存在$0<\delta<1$使te_0+B_δ仍包含在锥形频率，并且对所有$t\in\mathbf{R}$斜率$s\in V_{s_0}$，其中B_δ为在$\mathbf{R}^2$中的单位球且半径为δ。选择δ后，将式(2.33)中的积分分割成

$$\int_{|\xi|<\delta t}\hat{f}(te_0-\xi)\hat{\varphi}(\xi)\mathrm{d}\xi+\int_{|\xi|>\delta t}\hat{f}(te_0-\xi)\hat{\varphi}(\xi)\mathrm{d}\xi$$

估计第一项。根据假设，有

$$\hat{f}(te_0-\xi)=O(|te_0-\xi|^{-N})O(|t|^{-N})$$

足以证明

$$\int_{|\xi|<\delta t}\hat{f}(te_0-\xi)\hat{\varphi}(\xi)\mathrm{d}\xi=O(|t|^{-N})$$

估计第二项。正如之前对定理4的证明，假设其是一个缓慢增长的函数。此处没有限制，因为任何缓慢增长广义函数都是缓慢增长函数导数的有限和。为了去除导数，通过式(2.33)来做一些积分并将它们转移到$\hat{\varphi}$。由于$\hat{\varphi}$仍是一个测试函数，不会造成任何有害影响。可以通过估计建立第二个

结论

$$\int_{|\xi|<\delta t}\hat{f}(te_0-\xi)\hat{\varphi}(\xi)\mathrm{d}\xi \lesssim \int_{|\xi|>\delta t}|te_0-\xi|^{L}|\xi|^{-M}\mathrm{d}\xi$$
$$\lesssim \int_{|\xi|>\delta t}|t|^{L}|\xi|^{L}|\xi|^{-M}\mathrm{d}\xi$$

M 为任意数并且 L 是 $\hat{f}$ 的增长极(有限)。选择足够大的 M 并且使用 $|\xi|\gtrsim|t|$ 来达到期望的估计。

要建立的第二个基本结论是一个锥形频率投影不影响正则有向点集合。

引理 5　假设(t_0,s_0)是f的正则有向点。令 $\mathscr{C}_0$ 是一个包含斜率 s_0 的锥体,(t_0,s_0)是 $\hat{P}_{\mathscr{C}_0}f$ 的正则有向点,其中 $\hat{P}_{\mathscr{C}_0}$ 表示频率投影到频率锥体 $\mathscr{C}_0$,反之也成立。

证明　为了说明这一点,假设(t_0,s_0)是f的正则有向点。通过定义,选择一个冲激函数 φ 使 φf 有快速傅里叶衰减围绕 s_0 的频率锥体,即

$$\hat{\varphi}*\hat{f}(\xi)=O(|\xi|^{-N}),\quad \frac{\xi_2}{\xi_1}\in V_{s0}$$

通过减少 s_0 的邻域 V_{s0},可以假设基本无损失,对于一些小的 $\delta>0$,有(图 2.1(b))

$$\left\{\eta+B_\delta|\eta|:\frac{\eta_2}{\eta_1}\in V_{s0}\right\}\subset\mathscr{C}_0 \tag{2.34}$$

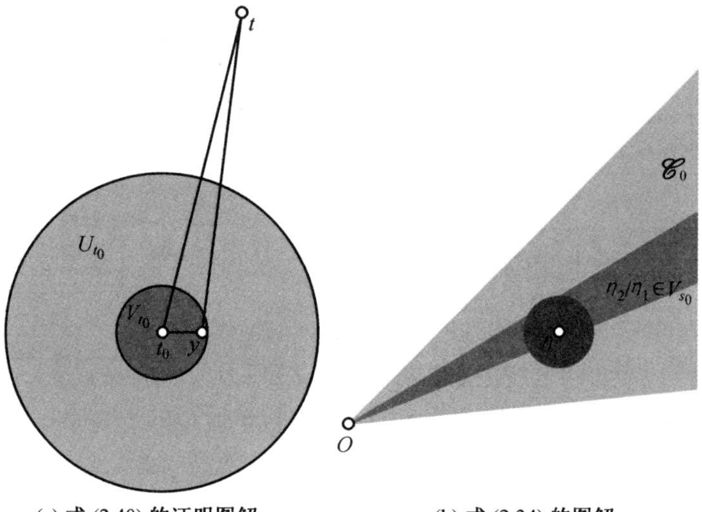

(a) 式 (2.40) 的证明图解　　(b) 式 (2.34) 的图解

图 2.1　公式的证明图解

式(2.34)说明

$$\xi \in \mathscr{C}_0^c \Rightarrow |\eta - \xi| > \frac{\delta |\eta| \eta_2}{\eta_1} \in V_{s0} \tag{2.35}$$

可以写作

$$\hat{\varphi} * \hat{f}(\eta) = \int_{\mathbf{R}^2} \chi_{\mathscr{C}_0} \hat{f}(\eta - \xi)\hat{\varphi}(\xi)\mathrm{d}\xi + \int_{\mathbf{R}^2} \chi_{\mathscr{C}_0^c} \hat{f}(\eta - \xi)\hat{\varphi}(\xi)\mathrm{d}\xi$$

如果能得到下式，就可以证明上述结论，即

$$\int_{\mathbf{R}^2} \chi_{\mathscr{C}_0^c} \hat{f}(\eta - \xi)\hat{\varphi}(\xi)\mathrm{d}\xi = O(|\eta|^{-N}),\quad \frac{\eta_2}{\eta_1} \in V_{s0} \tag{2.36}$$

通过写入式(2.36)，有

$$\int_{\mathbf{R}^2} \chi_{\mathscr{C}_0^c} \hat{f}(\xi)\hat{\varphi}(\eta - \xi)\mathrm{d}\xi$$

并且联立式(2.35)，有

$$\hat{\varphi}(\eta - \xi) = O(|\eta - \xi|^{-N})$$

结论特别强调为了研究缓慢增长广义函数 f 的波前集，限制到分别研究两个频率投影 $\hat{P}_{\mathscr{C}} f$、$\hat{P}_{\mathscr{C}'_0} f$ 的波前集，这也适用于缓慢增长广义函数的剪切波系数。

引理 6　假定 f 是一个缓慢增长广义函数，让 (t_0, s_0) 是一个定向点对并且 $\mathscr{C}_0$ 是一个环绕斜率 s_0 方向频率椎体，则有

$$\mathscr{SH}_\psi f(a, s_0, t_0) = O(a^N) \Leftrightarrow \mathscr{SH}_\psi(\hat{P}_{\mathscr{C}_0} f)(a, s_0, t_0) = O(a^N)$$

证明　通过剪切波的线性变换，有

$$\mathscr{SH}_\psi f(a, s_0, t_0) - \mathscr{SH}_\psi(\hat{P}_{\mathscr{C}_0} f)(a, s_0, t_0) = \mathscr{SH}_\psi(\hat{P}_{\mathscr{C}_0^c} f)(a, s_0, t_0)$$

显然 (t_0, s_0) 是 $\hat{P}_{\mathscr{C}_0^c} f$ 的一个正则有向点。因此，通过定理 4 可以确定

$$\mathscr{SH}_\psi(\hat{P}_{\mathscr{C}_0^c} f)(a, s_0, t_0) = O(a^N)$$

2.3.3　主要结论证明

本节解决定理 2 的后半部分，需要先证明引理 7。

引理 7　考虑一个缓慢增长广义函数 f 和一个平滑冲激函数 φ 在 $t_0 \in \mathbf{R}^2$ 的一个小邻域 V_{t_0}，让 U_{t_0} 是 $V_{t_0} \subset\subset U_{t_0}$①中另一个 t_0 的小邻域。考虑函数

$$g(x) = \int_{t \in U_{t_0}^c, s \in [-2,2], a \in [0,1]} \langle f, \psi_{a,s,t} \rangle \varphi(x) \psi_{a,s,t}(x) a^{-3} \mathrm{d}a\mathrm{d}s\mathrm{d}t$$

---

①　使用符号 $A \subset\subset B$，意思是一个围绕 A 直径 δ 管，对于一些 $\delta > 0$ 仍包含在 B 中。

则

$$\hat{g}(\xi) = O(|\xi|^{-N}),\quad \xi \in \mathscr{C} \tag{2.37}$$

证明　考虑对于 $s \in [-1,1]$ 的 Radon 变换，有

$$I(u) \coloneqq \mathscr{R}g(u,s)$$

由投影切片定理需要证明

$$I^{(N)}u \coloneqq \left(\frac{\mathrm{d}}{\mathrm{d}u}\right)^N I \in L^1(R) \tag{2.38}$$

意味着

$$\omega^N \hat{I}(\omega) = \omega^N \hat{g}(\omega, s\omega) \lesssim 1$$

因此当 $|s| \leqslant 1$ 时，意味着式(1.37)成立，由乘积规则，$I^{(N)}$ 可以写作以下形式项的和：

$$\int_{t \in U(t_0)^c, s \in [-2,2], a \in [0,1]} \langle f, \psi_{a,s,t} \rangle \int_{\mathbf{R}} \left(\frac{\mathrm{d}}{\mathrm{d}x_1}\right)^{N-j} \varphi(u - sx, s) a^{-j} \cdot$$

$$\left(\left(\frac{\mathrm{d}}{\mathrm{d}x_1}\right)^{N-j} \psi\right)_{a,s,t} (u - sx, x)\,\mathrm{d}x a^{-3}\,\mathrm{d}a\mathrm{d}s\mathrm{d}t$$

通过 φ 的性质，点 $y \coloneqq (u - sx, x)$ 必须位于 $V(t_0)$ 并表现为非零。使用相同参数为定理 4 证明，从而导出式(2.18)，可以建立

$$\left(\left(\frac{\mathrm{d}}{\mathrm{d}x_1}\right)^{N-j} \psi\right)_{a,s,t} (y) = O(a^N |y - t|^{-N}) \tag{2.39}$$

因此假设 $y \in V_{t_0}$ 并且 $t \in U_{t_0}^c$，可以得到(图 2.1(a))

$$|y - t| \gtrsim |t - t_0| \tag{2.40}$$

式(2.40)与式(2.39)一起建立了期望的需求，按照要求设计。注意，根据 Fubini 定理，Radon 变换的应用被证明是后验的。

定理 5　如果 $f \in \mathscr{S}'$ 是一个缓慢增长广义函数，对于 $(s_0, t_0) \in [-1, +1] \times \mathbf{R}^2$ 有一个 (s_0, t_0) 邻域 U，使 $|\mathscr{SH}_\psi f(a,s,t)| = O(a^N)$，对于所有的 $N \in \mathbf{N}$，都在 U 上有隐含恒定常量，那么 (s_0, t_0) 是 f 上的有向正则点。类似结论适用于 $\frac{1}{s_0} \in [-1,1]$ 和剪切波 $\tilde{\psi}$ 对于垂直椎体 $\mathscr{C}'$。

证明　假设 f 在 $\mathscr{C}$ 的条件下能完成总体没有损失的傅里叶变换，否则将继续作频繁投影 $\hat{P}_{\mathscr{C}} f$ 及调用引理 5 和引理 6 来得出定理结论。

通过定理 3，表示为

$$f = \int_{\mathbf{R}^2} \int_{-2}^{2} \int_0^1 \mathscr{SH}_\psi f(a,s,t) \psi_{a,s,t} a^{-3}\,\mathrm{d}a\mathrm{d}s\mathrm{d}t + \int_{\mathbf{R}^2} \langle f, \Phi(\cdot - t) \rangle \Phi(\cdot - t)\,\mathrm{d}t$$

以不相干的常数取模。由 $\int_{\mathbf{R}^2} \langle f, \Phi(\cdot - t) \rangle \Phi(\cdot - t)\,\mathrm{d}t$ 是光滑曲线，能得到

更进一步的简化，因为

$$\left(\int_{\mathbf{R}^2}\langle f,\Phi(\cdot-t)\rangle\Phi(\cdot-t)\,\mathrm{d}t\right)^{\wedge}(\xi)=\hat{f}(\xi)\,|\,\hat{\Phi}(\xi)\,|^2=O(|\,\xi\,|^{-N})$$

通过引理3(如果$\hat{f}$是一个缓慢增长函数，大体可以用像平常一样的分部积分法处理)，只需要证明(t_0,s_0)是

$$\int_{\mathbf{R}^2}\int_{-2}^{2}\int_0^1\mathscr{SH}_\psi f(a,s,t)\psi_{a,s,t}a^{-3}\mathrm{d}a\mathrm{d}s\mathrm{d}t$$

一个有向正则点。

将这个表达式在t_0附近乘以一个光滑的冲击函数φ，注意在引理7中需要知道(t_0,s_0)是一个

$$h:=\int_{U_{t_0}}\int_{-2}^{2}\int_0^1\mathscr{SH}_\psi f(a,s,t)\psi_{a,s,t}a^{-3}\mathrm{d}a\mathrm{d}s\mathrm{d}t$$

有向正则点。其中U_{t_0}是t_0的紧邻域。为了证明这点，建立

$$I^{(N)}(u)\in L^1(\mathbf{R})$$

其中

$$I(u):=\mathscr{R}h(u,s_0)$$

和引理7的证明同样的估算方法，能发现$I^{(N)}$包含下式：

$$\int_{t\in U(t_0),s\in[-2,2],a\in[0,1]}\langle f,\psi_{a,s,t}\rangle\int_{\mathbf{R}}\left(\frac{\mathrm{d}}{\mathrm{d}x_1}\right)^{N-j}\varphi(u-s_0x,s)a^{-j}\cdot$$
$$\left(\left(\frac{\mathrm{d}}{\mathrm{d}x_1}\right)^{N-j}\psi\right)_{a,s,t}(u-s_0x,x)\mathrm{d}xa^{-3}\mathrm{d}a\mathrm{d}s\mathrm{d}t$$

通过使U_{t_0}(在φ的条件下)足够小，可以建立$\varepsilon>0$，使所有的$t\in U_{t_0}$和$s\in[s_0-\varepsilon,s_0+\varepsilon]$，有$(s,t)\in U$。通过$s\in[s_0-\varepsilon,s_0+\varepsilon]$和$|s-s_0|>\varepsilon$两部分分离前面的积分。第一部分，在$(s,t)\in U$情况下调用最快衰减的剪切波系数$f$，得到

$$\int_{t\in U_{t_0},s\in[s_0-\varepsilon,s_0+\varepsilon],a\in[0,1]}\langle f,\psi_{a,s,t}\rangle\int_{\mathbf{R}}\left(\frac{\mathrm{d}}{\mathrm{d}x_1}\right)^{N-j}\varphi(u-s_0x,s)a^{-j}\cdot$$
$$\left(\left(\frac{\mathrm{d}}{\mathrm{d}x_1}\right)^{N-j}\psi\right)_{a,s,t}(u-s_0x,x)\mathrm{d}xa^{-3}\mathrm{d}a\mathrm{d}s\mathrm{d}t=O(1)\qquad(2.41)$$

为了解决第二部分$|s-s_0|>\varepsilon$，相应的积分可以写成

$$\int_{t\in U_{t_0},s\in[s_0-\varepsilon,s_0+\varepsilon]^c,a\in[0,1]}\langle f,\psi_{a,s,t}\rangle a^{-j}\mathscr{R}\left(\left(\frac{\mathrm{d}}{\mathrm{d}x_1}\right)^{N-j}\varphi\left(\left(\frac{\mathrm{d}}{\mathrm{d}x_1}\right)^{N-j}\psi\right)_{a,s,t}\right)\cdot$$
$$(u,s_0)a^{-3}\mathrm{d}a\mathrm{d}s\mathrm{d}t\qquad(2.42)$$

可以写成

$$\mathscr{R}\left(\left(\frac{\mathrm{d}}{\mathrm{d}x_1}\right)^{N-j}\varphi\left(\left(\frac{\mathrm{d}}{\mathrm{d}x_1}\right)^{N-j}\psi\right)_{a,s,t}\right)(u,s_0)=\langle\tilde{\delta}_{u,s_0},\theta_{a,s,t}\rangle \tag{2.43}$$

其中

$$\theta:=\left(\frac{\mathrm{d}}{\mathrm{d}x_1}\right)^{N-j}\psi$$

并且

$$\tilde{\delta}_{u,s_0}:=\left(\frac{\mathrm{d}}{\mathrm{d}x_1}\right)^{N-j}\varphi\delta_{x_1=u-s_0x_2}$$

$\tilde{\delta}_{u,s_0}$ 的波前集由下式得出：

$$\{(x_1,x_2,s):x_1=u-s_0x_2,s=s_0\}$$

正如例2.2中估算的那样，因为函数 θ 满足定理4的假设，可以应用这个结论得到

$$\langle\tilde{\delta}_{u,s_0},\theta_{a,s,t}\rangle=\mathscr{SH}_\theta\tilde{\delta}_{u,s_0}(a,s,t)=O(a^N)$$

可以看出表达式(2.43)也有界，连同式(2.41)证明了 I^N 有界，因此 I^N 是紧支撑。证明了这个定理，双锥形的参数有了明显的改变。

将定理4和定理5放在一起，最终证明了定理2。

推论1　定理2正确。

备注6　只确定有限阶方向的正则性，很可能削弱定理2中的假设，这与定义相违背，在一个正则有向点的任意阶的傅里叶衰变。在这种情况下，只有有限的消失矩和有限平滑的是被要求的，有关细节见文献[9]。

备注7　剪切波变换和相似变换（如曲波变换）能够描述更细腻平滑的概念。认为 $f\in\mathscr{S}'$ 属于Microlocal Sobolev空间 $H^\alpha(t_0,s_0)$，如果在 t_0 周围存在一个光滑的冲击函数 $\varphi\in\mathscr{S}$，并且在 s_0 周围存在一个频率锥 $\mathscr{C}_{s_0}$，则满足

$$\int_{\mathscr{S}_{s_0}}|\xi|^{2\alpha}|(\varphi f)^\wedge(\xi)|^2\mathrm{d}\xi<\infty$$

定义剪切波函数

$$S_2^\alpha(f)(t,s):=\left(\int_0^1|\mathscr{SH}_\psi(f)(a,s,t)|\,a^{-2\alpha}\frac{\mathrm{d}a}{a^3}\right)^{\frac{1}{2}}$$

图2.2说明了定理2的主要结果。图2.2(a)展示了函数的分析，一个旋转的二次 B 样条曲线的曲率在整数点不连续，因此，波前集由各个方向和整数半径的同心圆的切线起始；图2.2(b)是分析张量积型剪切波；图2.2(c)、图2.2(d)表明对应两个不同方向的剪切波系数的大小，图2.2(c)表示垂直方向，表示斜率为1的对角方向。这些图片有力地证明只有波前集点对应的参数具有不可忽视的剪切波系数。

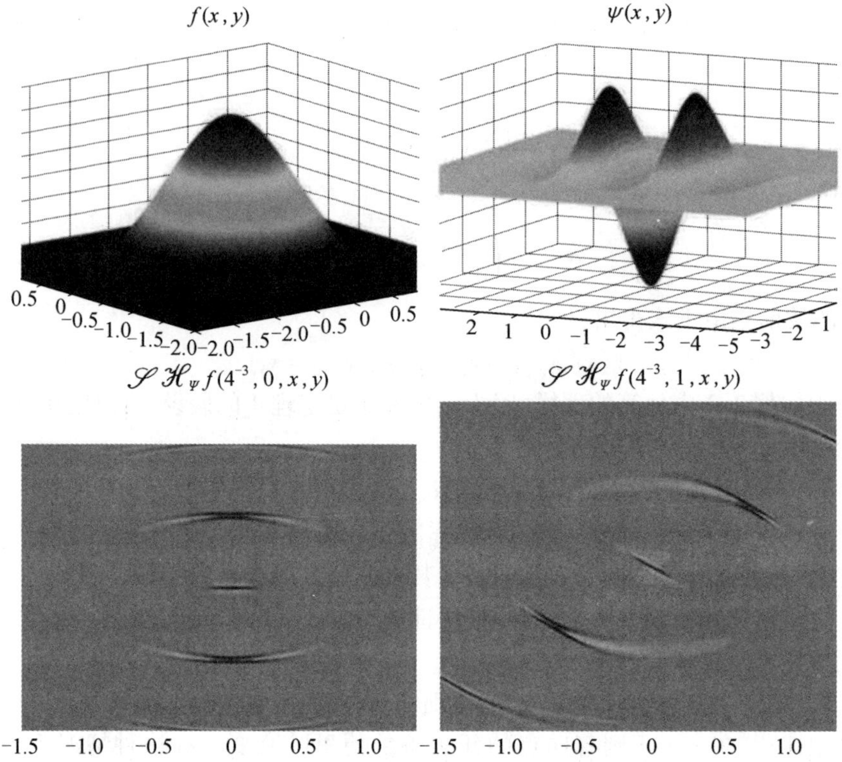

图 2.2　定理 2 的结果(彩图见附录)

接下来有

$$f \in H^{\alpha}(t_0,s_0) \Leftrightarrow S_2^{\alpha}(f) \in L^2(\mathcal{N})$$

对于(t_0,s_0)的邻域$\mathcal{N}$成立。这个证明类似于曲波结果证明[3],并在其他地方给出。

本章参考文献

[1] J.-P. Antoine, R. Murenzi, P. Vandergheynst, and S. T. Ali. Two-Dimensional Wavelets and their Relatives. Cambridge University Press, 2004.

[2] E. Candès and L. Demanet. The curvelet representation of wave propagators is optimally sparse. Communications in Pure and Applied Mathematics, 58:1472-1528, 2004.

[3] E. Candès and D. Donoho. Continuous curvelet transform: I. resolution of the wavefront set. Applied and Computational Harmonic Analysis, 19(2): 162-197, 2005.

[4] E. Candès and D. Donoho. Continuous curvelet transform: II. discretization and frames. Applied and Computational Harmonic Analysis, 19(2): 198-222, 2005.

[5] S. Dahlke, G. Kutyniok, P. Maass, C. Sagiv, H.-G. Stark, and G. Teschke. The uncertainty principle associated with the continuous shearlet transform. International Journal of Wavelets Multiresolution and Information Processing, 6(2):157, 2008.

[6] I. Daubechies. Ten Lectures on Wavelets. SIAM, 1992.

[7] S. R. Deans. The Radon Transform and Some of Its Applications. John Wiley and Sons, 1983.

[8] K. Gröchenig. Foundations of Time-Frequency Analysis. Birkhäuser, 2001.

[9] P. Grohs. Continuous shearlet frames and resolution of the wavefront set. Monatshefte für Mathematik, 164(4):393-426, 2011.

[10] P. Grohs. Continuous shearlet tight frames. Journal of Fourier Analysis and Applications,17(3):506-518, 2011.

[11] K. Guo and D. Labate. Optimally sparse multidimensional representation using shearlets. SIAM journal on mathematical analysis, 39(1): 298-318, 2008.

[12] K. Guo and D. Labate. Representation of Fourier integral operators using shearlets. Journal of Fourier Analysis and Applications, 14(3):327-371, 2008.

[13] K. Guo and D. Labate. Characterization and analysis of edges using the continuous shearlet transform. SIAM journal on Imaging Sciences, 2: 959-986, 2009.

[14] K. Guo, D. Labate, and W.-Q. Lim. Edge analysis and identification using the continuous shearlet transform. Applied and Computational Harmonic Analysis, 27(1):24-46, 2009.

[15] E. Hewitt and K. Ross. Abstract Harmonic Analysis I. Springer, 1979.

[16] M. Holschneider and P. Tchamitchian. Pointwise analysis of Riemann's "nondifferentiable"function. Inventiones Mathematicae, 105:157-175, 1991.

[17] L. Hörmander. The Analysis of linear Partial Differential Operators.

Springer, 1983.

[18] G. Kutyniok and D. Labate. Resolution of the wavefront set using continuous shearlets. Transactions of the American Mathematical Society, 361:2719-2754, 2009.

[19] G. Kutyniok and W. -Q. Lim. Compactly supported shearlets are optimally sparse. Technical report, 2010.

[20] S. Mallat. A wavelet tour of signal processing. Academic Press, 2003.

[21] A. Martinez. An Introduction to Semiclassical and Microlocal Analysis. Springer, 2002.

[22] W. Rudin. Functional Analysis. Mc Graw-Hill, 1991.

[23] H. Smith. A Hardy space for Fourier integral operators. Journal of Geometric Analysis, 8:629-653, 1998.

第3章　利用连续剪切波变换分析和识别多维奇异点

本章将阐明连续剪切波变换能描述多维函数和多维分布的奇异点集合的性质，这个性质很重要，因为奇点和其他不规则结构通常携带多维现象中最基本的信息，如考虑自然图像的边缘或者解传输方程移动前端的情况。在本章中，证明连续剪切波变换对多维函数的奇异点集合有准确的几何描述，并且通过小尺度渐进衰减精确描述2D和3D区域的边界，这些性质远超出了小波变换和传统的方法，并且为边缘检测和2D、3D数据特征提取提供了非常有竞争力的算法基础。

3.1　概　　述

连续小波变换的一个性质是它对函数和分布的奇异点的特殊识别能力，这个性质能显示小波变换的位置，对局部正则结构非常敏感。如果f是只在点x_0不连续的光滑函数，当t不趋近于x_0、a趋近于0时，f的连续小波变换$\mathscr{W}_\psi f(a,t)$快速渐近衰减[14,16]。当$a\to 0$，$\mathscr{W}_\psi f(a,t)$快速渐近衰减的区域的补集称作f的奇异支撑集，对应于f不是正则的集合。根据局部Lipschitz规律，f局部正则性可以利用小波变换进行更好的分析，这表明在点x_0(在此α衡量正则性)处f的Lipschitz指数α和当$a\to 0$时$\mathscr{W}_\psi(a,x_0)$的渐近表现有精确的对应关系(见文献[10,11])。与传统的傅里叶分析形成了对比，传统的傅里叶分析只对全局正则性质敏感，不能用于衡量在某一特定位置函数f的正则性。

虽然连续小波变换有很多好的性质，但小波变换不能提供关于f奇异点集合的几何性的额外信息。在很多情况下，例如在研究和偏微分方程(PDEs)相关奇异点的传播或在图像处理应用，如边缘检测和图像修复与加强时，不仅需要确定奇异点的位置，还需要获取它们几何信息，例如不连续曲线的方向和曲率。为了实现目的，本章会展现方向多尺度方法(如剪切波变换)，由于它们结合了小波变换的微局部特性和对方向信息敏感的能力，会在某种意义上提供最有效的解决方法。

事实上,连续曲波和剪切波变换可以用来描述函数和分布的波前集的特性[1,4,12];此外,本章会讨论连续剪切波变换可以用来提供精确奇异点集合的几何描述和奇异类型的分析。结果表明,连续剪切波变换不仅是一个非常有效的微局部分析工具,远超过了传统小波框架,同时它也为竞争激烈的边缘分析和检测的数值算法提供了理论基础,在第 8 章进行讨论,也可以见文献[18]。

为了阐明剪切波变换对奇异点分析的性质,先列举几个简单例子。这些例子先介绍一般性的概念,这些概念将在本章的其余小节进一步阐述。

3.1.1 线奇异

在许多信号和图像处理应用中,人们对局部化良好的函数特别感兴趣,即它们在 $\mathbf{R}^n$ 和傅里叶域快速衰减。因为快速衰减的函数必须有高度的正则傅里叶变换,反之亦然,局域优化的函数必须在 $\mathbf{R}^n$ 和傅里叶域有良好的衰减。因此,得到局域优化函数的一个方法是在傅里叶域定义它们,这样它们有紧支撑性和高正则性。对在 $\mathbf{R}^n$ 上形式是 $\psi_{M,t}(x) = |\det M|^{-\frac{1}{2}}\psi(M^{-1}(x-t))$ 的仿射函数族感兴趣,其中 $t \in \mathbf{R}^n$,$M \in GL_n(\mathbf{R})$。从本质上,如果 $\hat{\psi}$ 有紧支撑性和高正则性,那么函数 $\psi_{M,t}$ 是局部化良好的。

性质 1 假设 $\psi \in L^2(\mathbf{R}^n)$,$\hat{\psi} \in C_c^{\infty}(R)$,其中 $R = \operatorname{supp}\hat{\psi} \subset \mathbf{R}^n$。那么,对每一个 $k \in \mathbf{N}$,都有一个常数 $C_k > 0$,对任意 $x \in \mathbf{R}^n$,有

$$|\psi_{M,t}(x)| \leqslant C_k |\det M|^{-\frac{1}{2}}(1+|M^{-1}(x-t)|^2)^{-k}$$

特别地

$$C_k = km(R)(\|\hat{\psi}\|_{\infty} + \|\Delta^k\hat{\psi}\|_{\infty})$$

式中,$\Delta = \sum_{i=1}^{n}\frac{\partial^2}{\partial\xi_i^2}$ 为频域拉普拉斯算子;$m(R)$ 为 R 的 Lebesgue 测度。

证明 通过傅里叶变换的定义,对每一个 $x \in \mathbf{R}^n$,有

$$|\psi(x)| \leqslant m(R)\|\hat{\psi}\|_{\infty} \tag{3.1}$$

部分积分表示

$$\int_R \Delta\hat{\psi}(\xi)\mathrm{e}^{2\pi\mathrm{i}\langle\xi,x\rangle}\mathrm{d}\xi = -(2\pi)^2|x|^2\psi(x)$$

因此,对每一个 $x \in \mathbf{R}^n$,有

$$(2\pi|x|)^{2k}|\psi(x)| \leqslant m(R)\|\Delta^k\hat{\psi}\|_{\infty} \tag{3.2}$$

利用式(3.1)和式(3.2),得

$$(1+(2\pi|x|)^{2k})|\psi(x)| \leqslant m(R)(\|\hat{\psi}\|_{\infty} + \|\Delta^k\hat{\psi}\|_{\infty}) \tag{3.3}$$

观察对每一个 $k \in \mathbf{N}$,有

$$(1+|x|^2)^k \leqslant (1+(2\pi)^2|x|^2)^k) \leqslant k(1+(2\pi|x|)^{2k})$$

利用上式和式(3.3),对每一个 $x \in \mathbf{R}^n$,有

$$|\psi(x)| \leqslant km(R)(1+|x|^2)^{-k}(\|\hat{\psi}\|_\infty + \|\Delta^k\hat{\psi}\|_\infty)$$

证明利用了变量的简单替换。

定理 1 特别适用于连续剪切波系统 $\{\psi_{a,s,t} = \psi_{M_{as},t}\}$，其中 $M_{as} = \begin{pmatrix} a & -a^{\frac{1}{2}}s \\ 0 & a^{\frac{1}{2}} \end{pmatrix}$,对 $a>0, s\in\mathbf{R}, t\in\mathbf{R}^2$($\psi$ 满足定理的假设)。

图3.1(a) 为线性 delta 分布的连续剪切波变换 v_p 有快速渐近衰减(除了当局部变量 t 在 v_p 的支撑区和剪切变量 s 在 t 处对应于法线方向),当 $a\to 0$ 时,有 $\mathcal{SH}_\psi v_p(a,s,t) \sim a^{-\frac{1}{4}}$;图3.1(b) 为阶梯函数的连续剪切波变换有快速渐近衰减(除了当局部变量 t 在 $x_1=0$ 的线上和剪切变量对应于这条线的法线),当 $a\to 0$ 时,有 $\mathcal{SH}_\psi v_p(a,s,t) \sim a^{\frac{3}{4}}$。

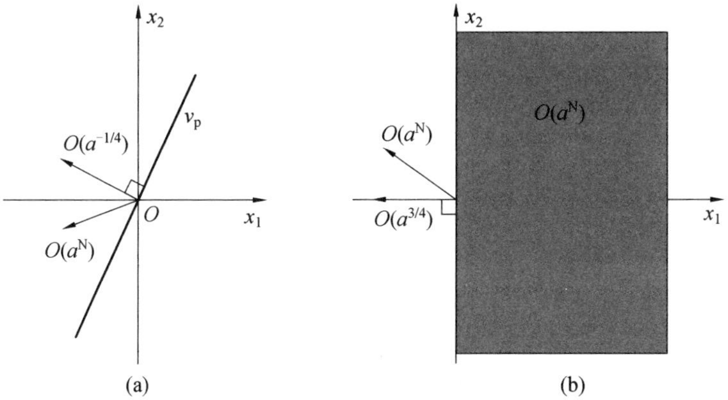

图3.1　线奇异

根据第1章的定义,假设连续剪切波系统生成的是一个传统的剪切波。即对 $\xi=(\xi_1,\xi_2)\in\mathbf{R}^2, \xi_2\neq 0$,可得

$$\hat{\psi}(\xi)=\hat{\psi}_1(\xi_1)\hat{\psi}_2\left(\frac{\xi_2}{\xi_1}\right)$$

其中

(1) $\hat{\psi}_1 \in C_c^\infty(\mathbf{R})$, $\operatorname{supp}\hat{\psi}_1 \subset \left[-2,-\frac{1}{2}\right]\cup\left[\frac{1}{2},2\right]$,并且对于任意 $\omega\in\mathbf{R}$,它满足 Calderon 条件,有

$$\int_0^{\infty} |\hat{\psi}_1(a\omega)|^2 \frac{\mathrm{d}a}{a} = 1 \tag{3.4}$$

(2) $\hat{\psi}_2 \in C_c^{\infty}(\mathbf{R})$, $\mathrm{supp}\,\hat{\psi}_2 \subset \left[-\frac{\sqrt{2}}{4}, \frac{\sqrt{2}}{4}\right]$，并且 $\|\psi_2\|_2 = 1$。 (3.5)

因为 $\hat{\psi}_2 \in C_c^{\infty}(\mathbf{R}^2)$，由此可见 $\psi \in \mathscr{S}(\mathbf{R}^2)$，因此 f 的连续剪切波变换表示成

$$\mathscr{SH}_{\psi}f(a,s,t) = \langle f, \psi_{a,s,t} \rangle, (a,s,t) \in \mathbf{R}_+ \times \mathbf{R} \times \mathbf{R}^2$$

所有的缓慢增长广义函数 $f \in \mathscr{S}'$ 被很好地定义，因此可以检查沿直线 $x_1 = -px_2$ 的支撑区 delta 分布的连续剪切波变换，用 $v_p(x_1, x_2) = \delta(x_1 + px_2)$ $(p \in \mathbf{R})$ 表示，定义为

$$\langle v_p, f \rangle = \int_{\mathbf{R}} f(-px_2, x_2)\,\mathrm{d}x_2$$

来自文献[12]的结果表明，当 $a \to 0$ 时，对所有的 s 和 t 值（除了当 t 在奇异线上和 s 对应于奇异线的法线（图 3.1）），v_p 的连续剪切波变换 $\mathscr{SH}_{\psi}v_p(a,s,t)$ 有快速渐近衰减。通过快速渐近衰减，即给定任意 $N \in \mathbf{N}$，当 $a \to 0$ 时都有一个 $C_N > 0$，使 $|\mathscr{SH}_{\psi}v_p(a,s,p)| \leqslant C_N a^N$。

性质 2　如果 $t_1 = -pt_2$ 和 $s = p$，有

$$\lim_{a \to 0} a^{\frac{1}{4}} \mathscr{SH}_{\psi}v_p(a,s,t) \neq 0$$

在其他所有情况，对所有 $N > 0$，有

$$\lim_{a \to 0} a^{-N} \mathscr{SH}_{\psi}v_p(a,s,t) = 0$$

证明　回顾 v_p 的傅里叶变换

$$\hat{v}_p(\xi_1, \xi_2) = \iint \delta(x_1 + px_2)\mathrm{e}^{-2\pi\mathrm{i}\langle \xi, x \rangle}\mathrm{d}x_2\mathrm{d}x_1 = \int \mathrm{e}^{-2\pi\mathrm{i}x_2(\xi_2 - p\xi_1)}\mathrm{d}x_2$$
$$= \delta(\xi_2 - p\xi_1) = v_{\left(-\frac{1}{p}\right)}(\xi_1, \xi_2)$$

也就是说，在 $\mathbf{R}^2$ 上的线性 delta 的傅里叶变换是在 $\mathbf{R}^2$ 上的另一个线性 delta，其中斜率 $-\frac{1}{p}$ 用 p 代替。因此，直接计算给出：

$$\begin{aligned}
\mathscr{SH}_{\psi}v_p(a,s,t) &= \langle \hat{v}_p, \hat{\psi}_{a,s,t} \rangle = \int_{\mathbf{R}} \hat{\psi}_{a,s,t}(\xi_1, p\xi_1)\,\mathrm{d}\xi_1 \\
&= a^{\frac{3}{4}} \int_{\mathbf{R}} \hat{\psi}(a\xi_1, \sqrt{a}p\xi_1 - \sqrt{a}s\xi_1)\mathrm{e}^{-2\pi\mathrm{i}\xi_1(t_1 + pt_2)}\mathrm{d}\xi_1 \\
&= a^{-\frac{1}{4}} \int_{\mathbf{R}} \hat{\psi}(\xi_1, a^{-\frac{1}{2}}p\xi_1 - a^{-\frac{1}{2}}s\xi_1)\mathrm{e}^{-2\pi\mathrm{i}a^{-1}\xi_1(t_1 + pt_2)}\mathrm{d}\xi_1 \\
&= a^{-\frac{1}{4}} \int_{\mathbf{R}} \hat{\psi}_1(\xi_1)\hat{\psi}_2(a^{-\frac{1}{2}}(p - s))\mathrm{e}^{-2\pi\mathrm{i}a^{-1}\xi_1(t_1 + pt_2)}\mathrm{d}\xi_1 \\
&= a^{-\frac{1}{4}} \hat{\psi}_2(a^{-\frac{1}{2}}(p - s))\psi_1(-a^{-1}(t + pt_2))
\end{aligned}$$

回顾$\hat{\psi}_2$在区间$[-1,1]$紧密支撑。由此可见,如果$s\neq p$,当$a\to 0$时,有

$$\hat{\psi}_2(a^{-\frac{1}{2}}(p-s))\to 0$$

因为a足够小时,有$|p-s|>\sqrt{a}$。因此,当$s\neq p$时,有

$$\lim_{a\to 0}\mathcal{SH}_{\psi}v_p(a,s,t)=\lim_{a\to 0}\langle\hat{v}_p,\hat{\psi}_{a,s,t}\rangle=0$$

另一方面,如果$t_1=-pt_2$并且$s=p$,则

$$\hat{\psi}_2(a^{-\frac{1}{2}}(p-s))=\hat{\psi}_2(0)\neq 0$$

并且当$a\to 0$时,有

$$\langle\hat{v}_p,\hat{\psi}_{a,s,t}\rangle=a^{-\frac{1}{4}}\hat{\psi}_2(a^{-\frac{1}{2}}(p-s))\psi_1(0)\sim a^{-\frac{1}{4}}$$

最后,如果$t_1\neq -pt_2$,性质1表明对所有$N\in\mathbf{N}$,当$a\to 0$时,有

$$\begin{aligned}\langle\hat{v}_p,\hat{\psi}_{a,s,t}\rangle&\leqslant a^{-\frac{1}{4}}\hat{\psi}_2(a^{-\frac{1}{2}}(p-s))|\psi_1(a^{-1}(t_1+pt_2))|\\&\leqslant C_N a^{-\frac{1}{4}}\hat{\psi}_2(a^{-\frac{1}{2}}(p-s))(1+a^{-2}(t_1+pt_2)^2)^{-N}\\&\sim a^{2N-\frac{1}{4}}\end{aligned}$$

作为另一个线性奇异的例子,考虑赫维赛德函数$H(x_1,x_2)=\chi_{x_1>0}(x_1,x_2)$。在这种情况下,性质2结果表明,当$a\to 0$时,对所有的$s$和$t$值(除了当$t$在奇异线上和$s$对应于奇异线的法线(图3.1)),连续剪切波变换有快速渐近衰减。注意,适当改变变量,这个结果可以扩展到处理直线任意方向的阶梯奇异点。

性质3　如果$t=(0,t_2)$,$s=0$,则有

$$\lim_{a\to 0}a^{-\frac{3}{4}}\mathcal{SH}_{\psi}H(a,0(0,t_2))\neq 0$$

在其他情况下,对所有$N>0$,有

$$\lim_{a\to 0}a^{-N}\mathcal{SH}_{\psi}H(a,s,t)=0$$

证明　注意$\frac{\partial}{\partial x_1}H=\delta_1$,其中$\delta_1$是delta分布,由下式定义:

$$\langle\delta_1,\phi\rangle=\int\phi(0,x_2)\,\mathrm{d}x_2$$

并且ϕ是一个在Schwartz类$\mathcal{S}(\mathbf{R}^2)$的函数(注意这里使用内积符号$\langle,\rangle$表示$\varphi$的功能),因此

$$\hat{H}(\xi_1,\xi_2)=(2\pi\mathrm{i}\xi_1)^{-1}\hat{\delta}_1(\xi_1,\xi_2)$$

其中$\hat{\delta}_1$是遵守下式的分布:

$$\langle\hat{\delta}_1,\hat{\phi}\rangle=\int\hat{\phi}(\xi_1,0)\,\mathrm{d}\xi_1$$

H连续剪切波变换可以表示为

$$\begin{aligned}\mathcal{SH}H(a,s,t) &= \langle H,\psi_{a,s,t}\rangle = \int_{\mathbf{R}^2}(2\pi\mathrm{i}\xi_1)^{-1}\hat{\delta}_1(\xi)\,\overline{\hat{\psi}_{a,s,t}}(\xi)\,\mathrm{d}\xi\\ &= \int_{\mathbf{R}}(2\pi\mathrm{i}\xi_1)^{-1}\,\overline{\hat{\psi}_{a,s,t}}(\xi_1,0)\,\mathrm{d}\xi_1\\ &= \int_{\mathbf{R}}\frac{a^{\frac{3}{4}}}{2\pi\mathrm{i}\xi_1}\overline{\hat{\psi}_1}(a\xi_1)\overline{\hat{\psi}_2}(a^{-\frac{1}{2}}s)\,\mathrm{e}^{2\pi\mathrm{i}\xi_1 t_1}\,\mathrm{d}\xi_1\\ &= \frac{a^{\frac{3}{4}}}{2\pi\mathrm{i}}\overline{\hat{\psi}_2}(a^{-\frac{1}{2}}s)\int_{\mathbf{R}}\overline{\hat{\psi}_1}(u)\,\mathrm{e}^{2\pi\mathrm{i}u\frac{t_1}{a}}\,\frac{\mathrm{d}u}{u}\end{aligned}$$

式中，t_1 为 $t\in\mathbf{R}^2$ 第一分量。

注意，根据ψ_1 的性质，当$v\to\infty$ 时，函数$\tilde{\psi}_1(v)=\int_{\mathbf{R}}\overline{\hat{\psi}_1}(u)\,\mathrm{e}^{2\pi\mathrm{i}uv}\,\frac{\mathrm{d}u}{u}$快速渐近衰减。因此，如果$t_1\neq 0$，当$a\to 0$时，$\tilde{\psi}_1\left(\frac{t_1}{a}\right)$快速渐近衰减，$\mathcal{SH}_\psi H(a,s,t)$也快速衰减。根据$\hat{\psi}_2$的支撑条件，如果$s\neq 0$，当$a\to 0$时，函数$\hat{\psi}_2(a^{-\frac{1}{2}}s)$趋近于0。最后，如果 $t_1=s=0$，那么

$$a^{-\frac{3}{4}}\mathcal{SH}_\psi H(a,0,(0,t_2))=\frac{1}{2\pi\mathrm{i}}\overline{\hat{\psi}_2}(0)\int_{\mathbf{R}}\overline{\hat{\psi}_1}(u)\,\frac{\mathrm{d}u}{u}\neq 0$$

3.1.2 一般奇异

以上举出的两个例子表明，连续通过剪切波变换在小尺度渐近衰减描述了沿直线 delta 类型和阶梯类型奇异点的位置和方向。在本节讨论中，这个结果将有更大的通用性，特别是连续剪切波变换在远离奇异点时快速渐近衰减时的情况。正如例子所表明的，在奇异点的特性取决于奇异点类型和奇异集合的几何结构。

奇异点特性取决于奇异点类型，所以这两个例子表明非快速衰减发生在奇异点沿法线方向。然而，对阶梯奇异，当 $a\to 0$ 时，$\mathcal{SH}_\psi H(a,0,(0,t_2))\sim a^{\frac{3}{4}}$(慢速衰减)，对delta奇异，发现$\mathcal{SH}_\psi v_p(a,s,t)\sim a^{-\frac{1}{4}}$(增加)。这表明奇异类型的敏感性和文献[10,11]中的小波分析一致。如果在t附近$f\in L^2(\mathbf{R})$均匀地 Lipschitz α 并且 $\tilde{\psi}$ 是较好的小波，f的连续小波变换满足

$$\mathcal{W}_{\tilde{\psi}}f(a,t)\leqslant Ca^{\alpha+\frac{1}{2}}$$

表明了衰减性是由f在t的正则性决定的。这个分析延伸到在t处f有跳跃或者 delta 奇异的情况，分别对应于 $\alpha=0$ 和 $\alpha=-1$。如果t是一个跳跃不连续点，那么 $\mathcal{W}_{\tilde{\psi}}f(a,t)$ 有慢速衰减 $a^{\frac{1}{2}}$；如果t是一个 delta 类型的奇异点，它增加

$a^{-\frac{1}{2}}$(参考文献[15])。

连续剪切波变换在奇异点衰减的定性行为和连续小波变换相似是不令人惊讶的,因为连续剪切波变换保留了连续小波变换的微局部特征。关于这方面的其他知识可以见文献[5,12]。

另一方面,连续剪切波变换检测奇异集合的几何结构的能力是远超连续小波变换,这是连续剪切波变换最独特的特点。关于这点的独特表现,本节将证明连续剪切波变换提供了对2D分段光滑曲线的阶梯间断点通用简洁的描述,总结如下(详见文献[6,7])。

$B=\chi_S$ 的连续剪切波变换有快速渐近衰减(除了当位置变量 t 在 ∂S 上和剪切变量 s 对应于在 t 处的法线),当 $a\to 0$ 时,有 $\mathscr{SH}_\psi B(a,s,t)\sim a^{\frac{3}{4}}$。相同的慢衰减率出现在法线方向上的拐点。

令 $B=\chi_S$,其中 $S\subset\mathbf{R}^2$,并且它的边界 ∂S 是分段光滑曲线。

(1) 如果 $t\notin\partial S$,对每一个 $s\in\mathbf{R}$,当 $a\to 0$ 时,$\mathscr{SH}_\psi B(a,s,t)$ 有快速渐近衰减。

(2) 如果 $t\in\partial S$,并且在 t 附近 ∂S 是光滑的,对每一个 $s\in\mathbf{R}$(除了 $s=s_0$ 是 ∂S 在 p 处的法线外),当 $a\to 0$ 时 $\mathscr{SH}_\psi B(a,s,t)$ 有快速渐近衰减。在最后一种情况下,当 $a\to 0$ 时,有 $\mathscr{SH}_\psi B(a,s_0,t)\sim a^{\frac{3}{4}}$。

(3) 如果 t 是 ∂S 的拐点,并且 $s=s_0$、$s=s_1$ 是 ∂S 在 t 处法线方向,当 $a\to 0$ 时,有 $\mathscr{SH}_\psi B(a,s_0,t)$、$\mathscr{SH}_\psi B(a,s_1,t)\sim a^{\frac{3}{4}}$。对所有其他方向,$\mathscr{SH}_\psi B(a,s,t)$ 的渐近衰减更快(即使不一定飞速)。

这个性质如图3.2所示。

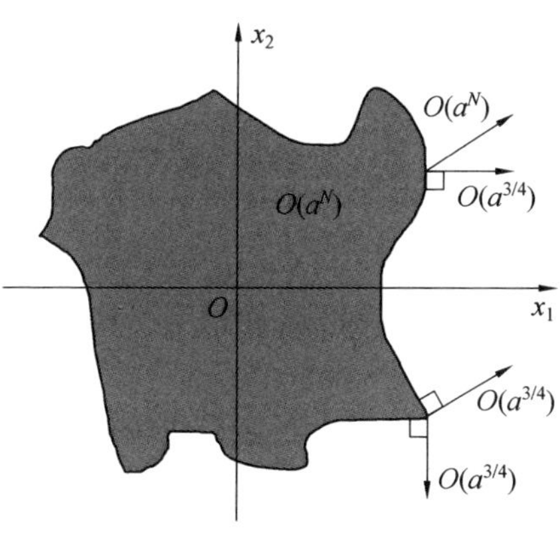

图3.2　分段光滑边界 ∂S 的一般区域 S

这个结果的证明和向更高维数的推广是3.2节的主要内容。

3.2　阶梯奇异的分析(2D)

本节讨论如何利用剪切波框架描述如$B=\chi_S$函数的阶梯奇异，其中S是在$\mathbf{R}$的有界区域，并且边界集合∂S是分段光滑的。

在描述结果前，先讨论用于分析的连续剪切波变换的性质。第1章提到的连续剪切波变换有方向偏向，尤其表现在性质2中，剪切波检测直线奇异并不包括奇异直线是$t_2=0$的情况。在这种情况下，剪切变量应该取极限$s\to\infty$来得到正确的方向。正如第1章所讨论的，可以利用自适应圆锥连续剪切波系统来克服这个限制。

因此，对$\xi=(\xi_1,\xi_2)\in\mathbf{R}^2$，$\psi^{(h)}$、$\psi^{(v)}$定义为

$$\hat{\psi}^{(h)}(\xi_1,\xi_2)=\hat{\psi}_1(\xi_1)\hat{\psi}_2\left(\frac{\xi_2}{\xi_1}\right)$$

$$\hat{\psi}^{(v)}(\xi_1,\xi_2)=\hat{\psi}_1(\xi_2)\hat{\psi}_2\left(\frac{\xi_1}{\xi_2}\right)$$

并且，对

$$M_{as}=\begin{pmatrix} a & -a^{\frac{1}{2}}s \\ 0 & a^{\frac{1}{2}} \end{pmatrix}$$

$$N_{as}=\begin{pmatrix} a^{\frac{1}{2}} & 0 \\ -a^{\frac{1}{2}}s & a \end{pmatrix}$$

定义水平和垂直连续剪切波系统：

$$\left\{\psi_{a,s,t}^{(h)}=|\det M_{as}|^{-\frac{1}{2}}\psi^{(h)}(M_{as}^{-1}(x-t)):0<a\leqslant\frac{1}{4},-\frac{3}{2}\leqslant s\leqslant\frac{3}{2},t\in\mathbf{R}^2\right\}$$

$$\left\{\psi_{a,s,t}^{(v)}=|\det N_{as}|^{-\frac{1}{2}}\psi^{(h)}(N_{as}^{-1}(x-t)):0<a\leqslant\frac{1}{4},-\frac{3}{2}\leqslant s\leqslant\frac{3}{2},t\in\mathbf{R}^2\right\}$$

注意，在新的定义中，剪切变量只能在一个紧密的区间变化。在第1章，连续剪切波的每一个系统仅跨越$L^2(\mathbf{R}^2)$的一个子空间，也就是说有空间$L^2(\mathscr{F}^{(h)})^\vee$和$L^2(\mathscr{F}^{(v)})^\vee$，其中$\mathscr{F}^{(h)}$和$\mathscr{F}^{(v)}$是在频域上的水平和垂直圆锥，定义为

$$\mathscr{F}^{(h)}=\left\{(\xi_1,\xi_2)\in\mathbf{R}^2:|\xi_1|\geqslant 2,\left|\frac{\xi_2}{\xi_1}\right|\leqslant 1\right\}$$

$$\mathscr{F}^{(v)}=\left\{(\xi_1,\xi_2)\in\mathbf{R}^2:|\xi_1|\geqslant 2,\left|\frac{\xi_2}{\xi_1}\right|>1\right\}$$

因此,定义一个连续剪切波变换来用于分析水平或垂直连续剪切波系统。当$0<a\leqslant\frac{1}{4}$、$s\in\mathbf{R}$、$t\in\mathbf{R}^2$时,定义(小尺度)自适应圆锥连续剪切波变换从$f\in L^2(\mathbf{R}^2\backslash[-2,2]^2)^{\vee}$映射到$\mathscr{SH}_{\psi}f$,即

$$\mathscr{SH}_{\psi}f(a,s,t)=\begin{cases}\mathscr{SH}_{\psi}^{(h)}f(a,s,t)=\langle f,\psi_{a,s,t}^{(h)}\rangle, & |s|\leqslant 1\\ \mathscr{SH}_{\psi}^{(v)}f(a,\dfrac{1}{s},t)=\langle f,\psi_{a,s,t}^{(v)}\rangle, & |s|>1\end{cases}$$

小尺度是指这个剪切波变换只在$0<a\leqslant\frac{1}{4}$定义。事实上,分析平面区域的边界时,只对推导当a趋近于0时的渐近估计感兴趣。

最后,假设剪切波生成元$\psi^{(h)}$、$\psi^{(v)}$是局域优化函数,并且需要1.1节中一些其他的假设。出于完整性考虑,总结函数ψ_1、ψ_2完整假设。假设:

(1)$\hat{\psi}_1\in C_c^{\infty}(\mathbf{R})$,supp $\hat{\psi}_1\subset\left[-2,-\frac{1}{2}\right]\cup\left[\frac{1}{2},2\right]$在$\left[\frac{1}{2},2\right]$是非负奇函数,并且对几乎所有$\xi\in\mathbf{R}$,满足

$$\int_0^{\infty}|\hat{\psi}_1(a\xi)|^2\frac{\mathrm{d}a}{a}=1 \tag{3.6}$$

(2)$\hat{\psi}_2\in C_c^{\infty}(\mathbf{R})$,supp $\hat{\psi}_2\subset\left[-\frac{\sqrt{2}}{4},\frac{\sqrt{2}}{4}\right]$在$\left[0,\frac{\sqrt{2}}{4}\right)$是递减的非负偶函数,并且

$$\|\psi_2\|_2=1 \tag{3.7}$$

在证明一般描述结果前,需要检查S是一个圆盘的情况。这种情况和一般情况相比,具有更简单的几何结构,可以利用一个更直接的参数。

3.2.1　圆形边缘的剪切波分析

令D_R是在$\mathbf{R}^2$上半径$R\geqslant R_0>0$、中心在原点的球,并且令$B_R=\chi_{D_R}$。文献[6]表明B_R的连续剪切波变换恰好具有曲线∂D_R的特征(文献[12]有不完整的证明)。

定理1　令$t\in P=\left\{t=(t_1,t_2)\in\mathbf{R}^2:\left|\frac{t_1}{t_2}\right|\leqslant 1\right\}$。如果对$|\theta_0|\leqslant\frac{\pi}{4}$有

$$t=t_0=R(\cos\theta_0,\sin\theta_0)$$

则

$$\lim_{a\to 0^+} a^{-\frac{3}{4}} \mathcal{SH}_\psi B_R(a,\tan\theta_0,t_0) \neq 0 \tag{3.8}$$

如果 $t = t_0$，且 $s \neq \tan\theta_0$ 或者 $t \notin \partial D(0,R)$，对所有的 $N > 0$，有

$$\lim_{a\to 0^+} a^{-N} \mathcal{SH}_\psi B_R(a,s,t) = 0 \tag{3.9}$$

证明（概要） 简要描述证明的主要思想，因为这个结果只是定理 2 的一个特殊情况。也只考虑水平剪切波系统 $\{\psi_{a,s,t}^{(h)}\}$，因为垂直剪切波的分析在本质上是相同的。为了简化符号，去掉上标(h)。

直接计算得到

$$\begin{aligned}\mathcal{SH}_\psi B_R(a,s,t) &= \langle \hat{B}_R, \hat{\psi}_{a,s,t}\rangle \\ &= a^{\frac{3}{4}} \int_{\mathbf{R}}\int_{\mathbf{R}} \hat{\psi}_1(a\xi_1)\hat{\psi}_2\left(a^{-\frac{1}{2}}\left(\frac{\xi_2}{\xi_1} - s\right)\right) \mathrm{e}^{2\pi i\langle \xi,t\rangle} \hat{B}_R(\xi_1,\xi_2)\,\mathrm{d}\xi_1\mathrm{d}\xi_2\end{aligned} \tag{3.10}$$

当 $R = 1$ 时，傅里叶变换 $\hat{B}_1(\xi_1,\xi_2)$ 是径向函数：

$$\hat{B}_1(\xi_1,\xi_2) = |\xi|^{-1} J_1(2\pi|\xi|)$$

其中，J_1 是一阶贝塞尔函数，当 $|\xi| \mapsto \infty$，它的渐近性能满足[17]

$$J_1(2\pi|\xi|) = \frac{1}{\pi}|\xi|^{-\frac{1}{2}}\cos\left(2\pi|\xi| - \frac{3\pi}{4}\right) + O(|\xi|^{-\frac{3}{2}})$$

利用极坐标表示积分式(3.10)。当 $\left|\frac{t_2}{t_1}\right| \leqslant 1$、$|s| \leqslant \frac{3}{2}$，并且 $\frac{1}{2}R \leqslant r \leqslant 2R$ 时，将 $t = (t_1,t_2)$ 写作 $r(\cos\theta_0,\sin\theta_0)\left(0 \leqslant |\theta_0| \leqslant \frac{\pi}{4}\right)$。因此

$$\begin{aligned}&\mathcal{SH}_\psi B_R(a,s,r,\theta_0) \\ &= a^{\frac{3}{4}} \int_0^\infty\int_0^{2\pi} \hat{\psi}_1(a\rho\cos\theta)\hat{\psi}_2(a^{-\frac{1}{2}}(\tan\theta - s))\mathrm{e}^{2\pi i\rho r\cos(\theta-\theta_0)} R^2\hat{B}_1(R\rho)\,\mathrm{d}\theta\rho\,\mathrm{d}\rho \\ &= R^2 a^{-\frac{5}{4}} \int_0^\infty\int_0^{2\pi} \hat{\psi}_1(\rho\cos\theta)\hat{\psi}_2(a^{-\frac{1}{2}}(\tan\theta - s))\mathrm{e}^{2\pi i\frac{\rho r}{a}\cos(\theta-\theta_0)} \hat{B}_1\left(\frac{R\rho}{a}\right)\mathrm{d}\theta\rho\,\mathrm{d}\rho \\ &= R^2 a^{-\frac{5}{4}} \int_0^\infty \eta(\rho,a,s,r,\theta_0)\hat{B}_1\left(\frac{R\rho}{a}\right)\rho\,\mathrm{d}\rho\end{aligned} \tag{3.11}$$

其中

$$\begin{aligned}\eta(\rho,a,s,r,\theta_0) &= \int_0^{2\pi} \hat{\psi}_1(\rho\cos\theta)\hat{\psi}_2(a^{-\frac{1}{2}}(\tan\theta - s))\mathrm{e}^{2\pi i\frac{\rho r}{a}\cos(\theta-\theta_0)}\mathrm{d}\theta \\ &= \eta_1(\rho,a,s,r,\theta_0) - \eta_2(\rho,a,s,r,\theta_0) \\ \eta_1(\rho,a,s,r,\theta_0) &= \int_{-\frac{\pi}{2}}^{\frac{\pi}{2}} \hat{\psi}_1(\rho\cos\theta)\hat{\psi}_2(a^{-\frac{1}{2}}(\tan\theta - s))\mathrm{e}^{2\pi i\frac{\rho r}{a}\cos(\theta-\theta_0)}\mathrm{d}\theta\end{aligned} \tag{3.12}$$

$$\eta_2(\rho,a,s,r,\theta_0)=\int_{-\frac{\pi}{2}}^{\frac{\pi}{2}}\hat{\psi}_1(\rho\cos\theta)\hat{\psi}_2(a^{-\frac{1}{2}}(\tan\theta-s))\mathrm{e}^{-2\pi\mathrm{i}\frac{\rho r}{a}\cos(\theta-\theta_0)}\mathrm{d}\theta \tag{3.13}$$

在式(3.13),可以利用 $\hat{\psi}_1$ 是奇函数这个性质。利用 J_1 的渐近估计,对很小的 a 有

$$\mathscr{SH}_{\psi}B_R(a,s,r,\theta_0)=a^{\frac{1}{4}}\frac{R^{\frac{1}{2}}}{\pi}(I(a,s,r,\theta_0)+E(a,s,r,\theta_0))$$

其中

$$I(a,s,r,\theta_0)=\int_0^{\infty}\eta(\rho,a,s,r,\theta_0)\cos\left(\frac{2\pi R\rho}{a}-\frac{3\pi}{4}\right)\rho^{-\frac{1}{2}}\mathrm{d}\rho$$

$$E(a,s,r,\theta_0))=\int_0^{\infty}\eta(\rho,a,s,r,\theta_0)O\left(\left(\frac{R\rho}{a}\right)^{-\frac{3}{2}}\right)\rho^{-\frac{1}{2}}\mathrm{d}\rho$$

利用在 $\hat{\psi}_1$ 和 $\hat{\psi}_2$ 支撑域上的假设,对所有的 s、r、R,每个 $\beta\in(0,1)$,有

$$a^{-\beta}E=O(a^{\frac{3}{2}-\beta})\to 0$$

当 $a\to 0$ 时,$\mathscr{SH}_{\psi}B_R(a,s,r,\theta_0)$ 的渐近性能是由积分 $I(a,s,r,\theta_0)$ 控制的。根据 s 和 r 的值,证明的其余部分分为以下几个情况。

(1)$s\neq\tan\theta_0$(非法线方向)。

在这种情况,因为式(3.12)和式(3.13)的指数相位的倒数不等于零,部分论证的积分表明对任何 $N>0$,有 $|\eta(\rho,a,s,r,\theta_0)|\leqslant C_N a^N$。表明当 $a\to 0$ 时,$I(a,s,r,\theta_0)$ 有快速的渐近衰减。

(2)$s=\tan\theta_0(r\neq R)$(远离边界)。

最初的讨论在文献[6]中,引理2为这种情况提供了一个更简单的证明。

(3)$s=\tan\theta_0,r=R$(法线方向)。

令 $s=\tan\theta_0$、$t=R(\cos\theta_0,\sin\theta_0)$,计算推出以下表达式:

$$\begin{aligned}\lim_{a\to 0}a^{-\frac{3}{4}}|\mathscr{SH}_{\psi}B_R(a,s,t)| &=\lim_{a\to 0}a^{-\frac{3}{4}}|\mathscr{SH}_{\psi}B_R(a,\tan\theta_0,R,\theta_0)|\\ &=\left|-\frac{\mathrm{e}^{-\frac{3\pi\mathrm{i}}{4}}}{2}\int_0^{\infty}\hat{\psi}_1(\rho\cos\theta_0)\rho^{-\frac{1}{2}}\overline{h(\rho,R)}\mathrm{d}\rho+\right. &(3.14)\\ &\left.\frac{\mathrm{e}^{\frac{3\pi\mathrm{i}}{4}}}{2}\int_0^{\infty}\hat{\psi}_1(\rho\cos\theta_0)\rho^{-\frac{1}{2}}h(\rho,R)\mathrm{d}\rho\right| &(3.15)\end{aligned}$$

其中

$$h(\rho,R)=\frac{R^{\frac{1}{2}}}{\pi}\int_{-1}^{1}\hat{\psi}_2(u\sec^2\theta_0)\mathrm{e}^{-\pi\mathrm{i}\rho Ru^2}\mathrm{d}u$$

结合式(3.14) 和式(3.15)，并利用 $\hat{\psi}_2$ 是偶函数，可得

$$\lim_{a\to 0} a^{-\frac{3}{4}} | \mathscr{SH}_\psi B_R(a,\tan\theta_0,R,\theta_0) |$$
$$= \frac{\sqrt{2R}}{\pi} \left| \int_0^\infty \hat{\psi}_1(\rho\cos\theta_0)\rho^{-\frac{1}{2}}\int_0^1 \hat{\psi}_2(u\sec^2\theta_0)(\sin(\pi\rho Ru^2) + \cos(\pi\rho Ru^2))\,\mathrm{d}u\mathrm{d}\rho \right|$$

利用 $\hat{\psi}_2$ 是递减的和引理 1 来完成这个证明，也可以见文献[7]。

引理1 令 $\psi_2 \in L^2(\mathbf{R})$，$\|\psi_2\|_2 = 1$，$\mathrm{supp}\,\hat{\psi}_2 \subset [-1,1]$，并且 $\hat{\psi}_2$ 是偶函数，在[0,1] 上是非负递减的，则对每一个 $\rho > 0$ 有

$$\int_0^1 \hat{\psi}_2(u)(\sin(\pi\rho u^2) + \cos(\pi\rho u^2))\,\mathrm{d}u > 0$$

3.2.2 一般二维(2D) 边界

二维区域边界描述的结果适用于一般的有界平面区域 $S \in \mathbf{R}^2$，其中它的边界是分段光滑的。

更准确地说，假设 S 的边界集合，记为 ∂S，它是一个简单的曲线，有限长度 L，除了可能有有限多拐点外，它是光滑的。为了更加准确地定义拐点，对 ∂S 进行参数化，即令 $\alpha(t)$ 是 ∂S 关于弧长 t 的参数。对任意 $t_0 \in (0,L)$ 和任意 $j \geqslant 0$，假设 $\lim\limits_{t\to t_0^-} \alpha^{(j)}(t) = \alpha^{(j)}(t_0^-)$ 和 $\lim\limits_{t\to t_0^+} \alpha^{(j)}(t) = \alpha^{(j)}(t_0^+)$ 存在。令 $n(t^-)$、$n(t^+)$ 分别是 ∂S 在 $\alpha(t)$ 左右两边的外法线方向，如果二者相等，可以都写成 $n(t)$。类似对 ∂S 的曲率，可以用符号 $\boldsymbol{\kappa}(t^-)$、$\boldsymbol{\kappa}(t^+)$ 和 $\boldsymbol{\kappa}(t)$ 表示。

如果 $\alpha'(t_0^-) \neq \pm\alpha'(t_0^+)$ 或者 $\alpha'(t_0^-) = \pm\alpha'(t_0^+)$ 满足其中一个，可以说 $p = \alpha(t_0)$ 是 ∂S 的拐点，但是 $\boldsymbol{\kappa}(t_0^-) \neq \boldsymbol{\kappa}(t_0^+)$。当 $\alpha'(t_0^-) \neq \pm\alpha'(t_0^+)$ 成立，p 是第一类型的拐点；当 $\alpha'(t_0^-) = \pm\alpha'(t_0^+)$ 成立，p 是第二类型的拐点。如果 $\alpha(t)$ 在 t_0 无限多次可微，可以认为 $\alpha(t_0)$ 是 ∂S 的一个正则点，如果 $\alpha(t)(0 \leqslant t \leqslant L)$ 除了有限的拐点外是正则点，则认为边界曲线 $\alpha(t)$ 是分段光滑的。

正则点的假设可以放宽，假设 ∂S 的正则点是 M 次可微($M \in \mathbf{N}$)，而不是无限可微，接下来的结果都能适应分段 C^M 边界曲线的情况($M \geqslant 3$)。

令 $p = \alpha(t_0)$ 是一个正则点，$s = \tan\theta_0\left(\theta \in \left(-\frac{\pi}{2},\frac{\pi}{2}\right)\right)$，令 $\Theta(\theta_0) = (\cos\theta_0,\sin\theta_0)$，如果 $\Theta(\theta_0) = \pm\boldsymbol{n}(t_0)$，$s$ 对应于 ∂S 在点 p 的法线方向。当 $\alpha(t_0)$ 是一个拐点时也可以这样认为，然而，在这种情况可能有两个外法线方向 $\boldsymbol{n}(t_0^-)$ 和 $\boldsymbol{n}(t_0^+)$。

接下来介绍文献[7] 的下述结果。

定理2　令 $B=\chi_S$，其中 $S\subset\mathbf{R}^2$ 满足上述性质。

(1) 如果 $p\notin\partial S$，对所有的 $N>0$，有

$$\lim_{a\to0^+}a^{-N}\mathcal{SH}_\psi B(a,s_0,p)=0 \tag{3.16}$$

(2) 如果 $p\in\partial S$ 是一个正则点，并且 $s=s_0$ 不对应于 ∂S 在点 p 的法线方向，对所有的 $N>0$，有

$$\lim_{a\to0^+}a^{-N}\mathcal{SH}_\psi B(a,s_0,p)=0 \tag{3.17}$$

(3) 如果 $p\in\partial S$ 是一个正则点，并且 $s=s_0$ 对应于 ∂S 在点 p 的法线方向，则

$$\lim_{a\to0^+}a^{-\frac{3}{4}}\mathcal{SH}_\psi B(a,s_0,p)\neq0 \tag{3.18}$$

在 $p\in\partial S$ 是一个拐点的情况，有以下结论(定理3)。

定理3　令 $B=\chi_S$，$S\subset\mathbf{R}^2$ 满足上述讨论的性质。

(1) 如果 p 是属于第一类型的拐点，并且 $s=s_0$ 并不对应于 ∂S 在点 p 的任何法线方向，则

$$\lim_{a\to0^+}a^{-\frac{9}{4}}\mathcal{SH}_\psi B(a,s_0,p)<\infty \tag{3.19}$$

(2) 如果 p 是属于第二类型的拐点，并且 $s=s_0$ 并不对应于 ∂S 在点 p 的任何法线方向，则

$$\lim_{a\to0^+}a^{-\frac{9}{4}}\mathcal{SH}_\psi B(a,s_0,p)\neq0 \tag{3.20}$$

(3) 如果 $s=s_0$ 对应于 ∂S 在点 p 的其中一个法线方向，则

$$\lim_{a\to0^+}a^{-\frac{3}{4}}\mathcal{SH}_\psi B(a,s_0,p)\neq0 \tag{3.21}$$

定理2表明如果 $p\in\partial S$ 是一个正则点，对于 $a\to0$，连续剪切波变换快速渐近衰减，除了 $s=s_0$ 对应于 ∂S 在点 p 的法线方向，在这样的情况下，连续剪切波变换衰减为

$$\mathcal{SH}_\psi B(a,s_0,p)\sim O(a^{\frac{3}{4}})$$

这个结果包括 B 是一个圆形平面的特殊情况。

定理3表明，在拐点 p 连续剪切波变换的渐近衰减取决于在点 p 的切线和曲率。如果 $s=s_0$ 对应于 ∂S 在点 p 的其中一个法线方向，当 $a\to0$ 时，连续剪切波变换衰减为

$$\mathcal{SH}_\psi B(a,s_0,p)\sim O(a^{\frac{3}{4}})$$

当 s_0 对应于法线方向(现在有两个法线方向)时，对正则点来说有相同的衰减率。如果 p 是属于第二类型的拐点，并且 s 不对应任何一个法线方向，当 $a\to0$ 时，连续剪切波变换衰减为

$$\mathcal{SH}_\psi B(a,s_0,p) \sim O(a^{\frac{9}{4}})$$

它的衰减速率比在法线方向的情况更快。如果 p 是属于第一类型的拐点，并且 s_0 不对应于任何法线方向，那么根据定理，只知道 $|\mathcal{SH}_\psi B(a,s_0,p)|$ 的渐近衰减不比 $O(a^{\frac{9}{4}})$ 慢，衰减可能比 $O(a^{\frac{9}{4}})$ 快。正如文献[7] 中所述，如果 p 是半圆的拐点，当 s_0 不对应于法线方向，且 $a\to 0$ 时，连续剪切波变换衰减为

$$\mathcal{SH}_\psi B(a,s_0,p) \sim O(a^{\frac{9}{4}})$$

当 p 是多边形 S 的拐点并且 S_0 不对应于法线方向，当 $a\to 0$ 时，对任何 $N\in\mathbf{N}$，存在一个常数 $C_N>0$ 使

$$|\mathcal{SH}_\psi B(a,s_0,p)| \leqslant C_N a^N$$

3.2.3 定理 2 和定理 3 的证明

3.2.1 节用于圆形的证明不能直接扩展到这个情况，因为讨论需要一个区域的傅里叶变换的明确公式。相反利用散度定理，可以表示一般区域 $B\subset\mathbf{R}^2$ 的傅里叶变换为

$$\begin{aligned}\hat{B}(\xi) = \hat{\chi}_S(\xi) &= -\frac{1}{2\pi\mathrm{i}|\xi|}\int_{\partial S}\mathrm{e}^{-2\pi\mathrm{i}\langle\xi,x\rangle}\boldsymbol{\Theta}(\theta)\cdot\boldsymbol{n}(x)\,\mathrm{d}\sigma(x)\\ &= -\frac{1}{2\pi\mathrm{i}\rho}\int_0^L \mathrm{e}^{-2\pi\mathrm{i}\rho\boldsymbol{\Theta}(\theta)\cdot\alpha(t)}\boldsymbol{\Theta}(\theta)\cdot\boldsymbol{n}(t)\,\mathrm{d}t \end{aligned}\tag{3.22}$$

式中，$\xi=\rho\boldsymbol{\Theta}(\theta)$，$\rho\boldsymbol{\Theta}(\theta)=(\cos\theta,\sin\theta)$。

注意，此方法用于表示有界区域特征函数的傅里叶变换，如文献[13]。

因此，利用式(3.22)，可以得到

$$\begin{aligned}\mathcal{SH}_\psi B(a,s,p) = \langle B,\psi_{a,s,p}\rangle &= \int_0^{2\pi}\int_0^{\infty}\hat{B}(\rho,\theta)\,\overline{\hat{\psi}^{(d)}_{a,s,p}}(\rho,\theta)\rho\,\mathrm{d}\rho\,\mathrm{d}\theta\\ &= -\frac{1}{2\pi\mathrm{i}}\int_0^{2\pi}\int_0^{\infty}\int_0^L\overline{\hat{\psi}^{(d)}_{a,s,p}}(\rho,\theta)\mathrm{e}^{-2\pi\mathrm{i}\rho\boldsymbol{\Theta}(\theta)\cdot\alpha(t)}\boldsymbol{\Theta}(\theta)\cdot\boldsymbol{n}(t)\,\mathrm{d}t\,\mathrm{d}\rho\,\mathrm{d}\theta\end{aligned}\tag{3.23}$$

其中，当 $|s|\leqslant 1$，$\overline{\hat{\psi}^{(d)}_{a,s,p}}$ 的上标 $d=h$；当 $|s|>1$，$d=v$。

当 $a\to 0$ 时，剪切波变换 $\mathcal{SH}_\psi B(a,s,p)$ 的渐近衰减只由边界 ∂S 趋近于 p 的值决定。为了陈述这个事实，令 $D(\varepsilon,p)(\varepsilon>0)$ 是在 $\mathbf{R}^2$ 上半径为 ε、中心为 p 的球体，并且 $D^c(\varepsilon,p)=\mathbf{R}^2\backslash D(\varepsilon,p)$。因此，利用式(3.23)，可以将 B 的剪切波变换写为

$$\mathcal{SH}_\psi B(a,s,p) = I_1(a,s,p) + I_2(a,s,p)$$

其中

$$I_1(a,s,p) = -\frac{1}{2\pi i}\int_0^{2\pi}\int_0^{\infty}\int_{\partial S\cap D(\varepsilon,p)} \overline{\hat{\psi}_{a,s,p}^{(d)}}(\rho,\theta)\mathrm{e}^{-2\pi i\rho\Theta(\theta)\alpha(t)}\Theta(\theta)\cdot \boldsymbol{n}(t)\mathrm{d}t\mathrm{d}\rho\mathrm{d}\theta \tag{3.24}$$

$$I_2(a,s,p) = -\frac{1}{2\pi i}\int_0^{2\pi}\int_0^{\infty}\int_{\partial S\cap D^c(\varepsilon,p)} \overline{\hat{\psi}_{a,s,p}^{(d)}}(\rho,\theta)\mathrm{e}^{-2\pi i\rho\Theta(\theta)\alpha(t)}\Theta(\theta)\cdot \boldsymbol{n}(t)\mathrm{d}t\mathrm{d}\rho\mathrm{d}\theta \tag{3.25}$$

局部化引理表明 I_2 在小尺度有快速渐近衰减。

引理2(局部化引理)　由式(3.25)得到 $I_2(a,s,p)$。对任意正整数 N,存在一个常数 $C_N > 0$,使

$$|I_2(a,s,p)| \leqslant C_N a^{\frac{N}{2}}$$

当 $a \to 0$ 时,对所有 $s \in \mathbf{R}$ 一致收敛。

证明　观察对 $|s| \leqslant 1$ 的 $I_2(a,s,p)$ 的表现(在这个情况,用水平剪切波变换),对 $|s| > 1$ 情况是一样的,有

$$\begin{aligned}
I_2(a,s,p) &= -\frac{1}{2\pi i}\int_{\partial S\cap D^c(\varepsilon,p)}\int_0^{2\pi}\int_0^{\infty} \overline{\hat{\psi}_{a,s,p}^{(h)}}(\rho,\theta)\mathrm{e}^{-2\pi i\rho\Theta(\theta)\alpha(t)}\Theta(\theta)\cdot \boldsymbol{n}(t)\mathrm{d}t\mathrm{d}\rho\mathrm{d}\theta \\
&= \frac{-a^{\frac{3}{4}}}{2\pi i}\int_{\partial S\cap D^c(\varepsilon,p)}\int_0^{2\pi}\int_0^{\infty}\hat{\psi}_1(a\rho\cos\theta)\hat{\psi}_2(a^{-\frac{1}{2}}(\tan\theta - s))\cdot \\
&\quad \mathrm{e}^{2\pi i\rho\Theta(\theta)\cdot p}\mathrm{d}\rho\mathrm{d}\theta\mathrm{e}^{-2\pi i\rho\Theta(\theta)\alpha(t)}\Theta(\theta)\cdot\boldsymbol{n}(t)\mathrm{d}t \\
&= \frac{-a^{-\frac{1}{4}}}{2\pi i}\int_{\partial S\cap D^c(\varepsilon,p)}\int_0^{2\pi}\int_0^{\infty}\hat{\psi}_1(\rho\cos\theta)\hat{\psi}_2(a^{-\frac{1}{2}}(\tan\theta - s))\cdot \\
&\quad \mathrm{e}^{2\pi i\frac{\rho}{\alpha}\Theta(\theta)\cdot(p-\alpha(t))}\Theta(\theta)\cdot\boldsymbol{n}(t)\mathrm{d}\rho\mathrm{d}\theta\mathrm{d}t
\end{aligned}$$

假设对所有 $\alpha(t) \in \partial S \cap D^c(\varepsilon,p)$,有 $\|p - \alpha(t)\| \geqslant \varepsilon$。因此,有一个常数 C_p 使

$$\inf_{x\in\partial S\cap D^c(\varepsilon,p)} |p - x| = C_p$$

令

$$\mathscr{F} = \{\theta : |\tan\theta - s| \leqslant a^{\frac{1}{2}}\}$$

$$\mathscr{F}_1 = \left\{\theta : |\Theta(\theta)\cdot(p - x)| \geqslant \frac{C_p}{\sqrt{2}}\right\} \cap \mathscr{F}$$

因为向量 $\Theta(\theta)$、$\Theta'(\theta)$ 组成 $\mathbf{R}^2$ 内的正交基,有 $\mathscr{F}_2 = \mathscr{F}\backslash\mathscr{F}_1$,在 $\mathscr{F}_2$ 集合上,有

$$|\Theta'(\theta)(p - x)| \geqslant \frac{C_p}{\sqrt{2}}$$

将积分 I_2 表示成其中的一项($\theta \in \mathscr{F}_1$)和另一项($\theta \in \mathscr{F}_2$)的总和,并且按照分步积分。在 $\mathscr{F}_1$ 上,对变量 ρ 分步积分;在 $\mathscr{F}_2$ 上,对变量 θ 分步积分。反复操作,得到对任意正整数 N,$|I_2(a,s,p)| \leqslant C_N a^{\frac{N}{2}}$,在 s 上一致收敛,完成了引理的证明。

令 $\alpha(t)$ 是 $0 \leqslant t \leqslant L$ 的边界曲线 ∂S。假设 $L>1$,并且 $p=(0,0)=\alpha(1)$。当 p 是 ∂S 的一个拐点,可以记

$$\mathscr{C} = \partial S \cap D(\varepsilon,(0,0)) = \mathscr{C}^- \cup \mathscr{C}^+$$

其中

$$\begin{aligned} \mathscr{C}^- &= \{\alpha(t): 1-\varepsilon \leqslant t \leqslant 1\} \\ \mathscr{C}^+ &= \{\alpha(t): 1 \leqslant t \leqslant 1+\varepsilon\} \end{aligned} \tag{3.26}$$

当 p 是 ∂S 的一个拐点,并且 s 对应于 ∂S 在点 p 的一个法线方向,可以用点 p 两边的二级泰勒多项式代替在点 p 附近部分 ∂S。这两个多项式不一定是相同的,因为 p 是一个拐点。

另一方面,对正则点 $p \in \partial S$,令 $\mathscr{C}^+ = \{(G^+(u),u), 0 \leqslant u \leqslant \varepsilon\}$ 并且 $\mathscr{C}^- = \{(G^-(u),u), -\varepsilon \leqslant u \leqslant 0\}$,不利用弧长表示,其中 $G^+(u)$ 和 $G^-(u)$ 分别是在 $[0,\varepsilon]$ 和 $[-\varepsilon,0]$ 上的光滑函数。没有损失通用性,假设 $p=(0,0)$,使 $u_0=0$ 并且 $G(0)=0$。因此,定义 S 在 $p=(0,0)$ 附近的二次逼近为 $\partial S_0=(G_0(u),u)$,其中 G_0 是 G 在原点的二级泰勒多项式,记为

$$G_0(u) = G'(0)u + \frac{1}{2}G''(0)u^2$$

定义 $B_0=\chi_{S_0}$,其中 S_0 是通过点 $p=(0,0)$ 附近的二次曲线 ∂S_0 代替在 $B=\chi_S$ 的曲线 ∂S 得到的。如果 p 是一个拐点,S_0 是通过将 p 附近的 ∂S 曲线替换为 p 附近的左右二次曲线 ∂S_0 得到的。为了简化,只证明对一个正则点 p 的以下结果,对拐点 p 的讨论类似。

引理 3　对任意 $|s| \leqslant \frac{3}{2}$,有

$$\lim_{a \to 0^+} a^{-\frac{3}{4}} |\mathscr{SH}_\psi B(a,s,0) - \mathscr{SH}_\psi B_0(a,s,0)| = 0$$

证明　注意,假设 $|s| \leqslant \frac{3}{2}$,所以只利用水平剪切波系统。

选择一个 γ,使 $\frac{3}{8} < \gamma < \frac{1}{2}$,并且假设 a 足够小,使 $a^\gamma < \varepsilon$。计算表明

$$\begin{aligned} &|\mathscr{SH}_\psi B(a,s,0) - \mathscr{SH}_\psi B_0(a,s,0)| \\ &\leqslant \int_{\mathbf{R}^2} |\psi_{a,s,0}^{(h)}(x)| \, |\chi_S(x) - \chi_{S_0}(x)| \, \mathrm{d}x \end{aligned}$$

$$= T_1(a) + T_2(a)$$

其中 $x = (x_1, x_2) \in \mathbf{R}^2$,并且

$$T_1(a) = a^{-\frac{3}{4}} \int_{D(a^\gamma,(0,0))} |\psi^{(h)}(M_{as}^{-1}x)||\chi_S(x) - \chi_{S_0}(x)| \,\mathrm{d}x$$

$$T_2(a) = a^{-\frac{3}{4}} \int_{D^c(a^\gamma,(0,0))} |\psi^{(h)}(M_{as}^{-1}x)||\chi_S(x) - \chi_{S_0}(x)| \,\mathrm{d}x$$

观察到

$$T_1(a) \leqslant Ca^{-\frac{3}{4}} \int_{D(a^\gamma,(0,0))} |\chi_S(x) - \chi_{S_0}(x)| \,\mathrm{d}x$$

为了估计上式的数量级,计算区域 S 和 S_0 之间的区域是足够的。因为 G_0 是 G 的二级泰勒多项式,可以得到

$$T_1(a) \leqslant Ca^{-\frac{3}{4}} \int_{|x|<a^\gamma} |x|^3 \mathrm{d}x \leqslant Ca^{4\gamma-\frac{3}{4}}$$

$\gamma > \dfrac{3}{8}$,上述估计表明 $T_1(a) = O(a^{\frac{3}{4}})$。

对剪切波系统$\{\psi_{a,s,t}^{(h)}\}$的生成函数$\psi^{(h)}$的假设表明,对每一个$N>0$,有一个常数 $C_N > 0$,使 $|\psi^{(h)}(x)| \leqslant C_N(1+|x|^2)^{-N}$。已知$(M_{as})^{-1} = A_aB_s$,其中 $B_s = \begin{pmatrix} 1 & s \\ 0 & 1 \end{pmatrix}$,$A_a = \begin{pmatrix} a^{-1} & 0 \\ 0 & a^{-\frac{1}{2}} \end{pmatrix}$。而且,对所有的$|s| \leqslant \dfrac{3}{2}$,有一个常数$C_0>0$,使 $\|B_sx\|^2 \geqslant C_0\|x\|^2$,或者对所有的 $x \in \mathbf{R}^2$,有

$$(x_1 + sx_2)^2 + x_2^2 \geqslant C_0(x_1^2 + x_2^2)$$

因此,对 $a < 1$,可以估计 $T_2(a)$ 为

$$\begin{aligned}
T_2(a) &\leqslant Ca^{-\frac{3}{4}} \int_{D^c(a^\gamma,(0,0))} |\psi^{(h)}(M_{as}x)| \,\mathrm{d}x \\
&\leqslant C_Na^{-\frac{3}{4}} \int_{D^c(a^\gamma,(0,0))} (1 + (a^{-1}(x_1 + sx_2))^2 + (a^{-\frac{1}{2}}x_2)^2)^{-N}\mathrm{d}x \\
&\leqslant C_Na^{-\frac{3}{4}} \int_{D^c(a^\gamma,(0,0))} ((a^{-\frac{1}{2}}(x_1 + sx_2))^2 + (a^{-\frac{1}{2}}x_2)^2)^{-N}\mathrm{d}x \\
&= C_Na^{N-\frac{3}{4}} \int_{D^c(a^\gamma,(0,0))} (x_1^2 + x_2^2))^{-N}\mathrm{d}x \\
&= C_Na^{N-\frac{3}{4}} \int_{a^\gamma}^{\infty} r^{1-2n}\mathrm{d}r \\
&= C_Na^{2N(\frac{1}{2}-\gamma)}\ a^{2\gamma-\frac{3}{4}}
\end{aligned}$$

式中,常数 C_N 包含常数 C_0。

因为$\gamma < \dfrac{1}{2}$并且 N 任意大,可得到 $T_2(a) = O(a^{\frac{3}{4}})$。

继续定理 2 的证明。定理 3 的证明只需要检查水平剪切波的情况，垂直情况可以用相同方式处理。

1. 定理 2 的证明

定理 2 的证明需要考虑三个方面。

（1）直接遵循引理 2。

（2）假设 $s = s_0$ 不对应于 ∂S 在 $p = (0,0)$ 处的任何法线方向。

记 $s_0 = \tan\theta_0$，假设 $|\theta_0| \leqslant \frac{\pi}{4}$；另外，对 $\frac{\pi}{4}|\theta_0| \leqslant \frac{\pi}{2}$ 的情况，可以利用垂直剪切波变换，并且讨论和本节将要呈现得非常相似，有

$$I_1(a,s_0,0) = -\frac{a^{-\frac{1}{4}}}{2\pi \mathrm{i}}\int_0^{\infty}\int_0^{2\pi}\hat{\psi}_1(\rho\cos\theta)\hat{\psi}_2(a^{-\frac{1}{2}}(\tan\theta - \tan\theta_0))\cdot K(a,\rho,\theta)\,\mathrm{d}\theta\mathrm{d}\rho$$

其中

$$K(a,\rho,\theta) = \int_{1-\varepsilon}^{1+\varepsilon}\mathrm{e}^{-2\pi \mathrm{i}\frac{\rho}{a}\Theta(\theta)\alpha(t)}\Theta(\theta)\cdot \boldsymbol{n}(t)\,\mathrm{d}t$$

令 $G(t) \in C_0^{\infty}(\mathbf{R})$，当 $|t-1| \leqslant \frac{\varepsilon}{4}$ 时，$G(t)=1$；当 $|t-1| > \frac{3\varepsilon}{4}$ 时，$G(t)=0$。记

$$I_1(a,s_0,0) = I_{11}(a,s_0,0) + I_{12}(a,s_0,0)$$

其中

$$I_{11}(a,s_0,0) = -\frac{a^{-\frac{1}{4}}}{2\pi \mathrm{i}}\int_0^{\infty}\int_0^{2\pi}\hat{\psi}_1(\rho\cos\theta)\hat{\psi}_2(a^{-\frac{1}{2}}(\tan\theta - \tan\theta_0))\cdot K_1(a,\rho,\theta)\,\mathrm{d}\theta\mathrm{d}\rho$$

$$I_{12}(a,s_0,0) = -\frac{a^{-\frac{1}{4}}}{2\pi \mathrm{i}}\int_0^{\infty}\int_0^{2\pi}\hat{\psi}_1(\rho\cos\theta)\hat{\psi}_2(a^{-\frac{1}{2}}(\tan\theta - \tan\theta_0))\cdot K_2(a,\rho,\theta)\,\mathrm{d}\theta\mathrm{d}\rho$$

并且

$$K_1(a,\rho,\theta) = \int_{1-\varepsilon}^{1+\varepsilon}\mathrm{e}^{-2\pi \mathrm{i}\frac{\rho}{a}\Theta(\theta)\alpha(t)}\Theta(\theta)\cdot \boldsymbol{n}(t)G(t)\,\mathrm{d}t$$

$$K_2(a,\rho,\theta) = \int_{1-\varepsilon}^{1+\varepsilon}\mathrm{e}^{-2\pi \mathrm{i}\frac{\rho}{a}\Theta(\theta)\alpha(t)}\Theta(\theta)\cdot \boldsymbol{n}(t)(1-G(t))\,\mathrm{d}t$$

通过 $G(t)$ 的定义，可以得到对 $|t-1| \leqslant \frac{\varepsilon}{4}$，有 $1-G(t)=0$。因为边界曲线 $\{\alpha(t), 0 \leqslant t \leqslant L\}$ 单一，并且 $p=(0,0)=\alpha(1)$，可以存在一个 $c_0 > 0$，使得对所有的 $t(\frac{\varepsilon}{4} \leqslant |t-1| \leqslant \varepsilon)$，都有 $\|\alpha(t)\| \geqslant c_0$。用 $\{\alpha(t), \frac{\varepsilon}{4} \leqslant |t-1| \leqslant$

$\varepsilon\}$ 集合代替集合 $D^c(\varepsilon,p)$，重复引理 2 对 $I_{12}(a,s_0,0)$ 的讨论可得到对任何 $N>0$，有 $|I_{12}(a,s_0,0)|\leqslant C_N a^N$。

当 $a\to0$，有 $\theta\to\theta_0$。s_0 不对应在点 p 的任何法线方向，因此可以选择足够小的 ε，使得对 $|t-1|\leqslant\varepsilon$ 和所有小 a（因此 θ 在 θ_0 附近），有 $\Theta(\theta)\cdot\alpha'(t)\neq0$；也可以通过关于 $G(t)$ 的假设得到，对所有 $n\geqslant0$，有 $G^{(n)}(1-\varepsilon)=0$ 和 $G^{(n)}(1+\varepsilon)=0$。记

$$\mathrm{e}^{-2\pi\mathrm{i}\frac{\rho}{a}\Theta(\theta)\alpha(t)}=\frac{-a}{2\pi\mathrm{i}\rho\Theta(\theta)\alpha'(t)}\left(\mathrm{e}^{-2\pi\mathrm{i}\frac{\rho}{a}\Theta(\theta)\alpha(t)}\right)'$$

由此可见

$$\begin{aligned}K_1(a,\rho,\theta)&=-\frac{a}{2\pi\mathrm{i}\rho}\int_{1-\varepsilon}^{1+\varepsilon}\left(\mathrm{e}^{-2\pi\mathrm{i}\frac{\rho}{a}\Theta(\theta)\alpha(t)}\right)'\frac{\Theta(\theta)\cdot\boldsymbol{n}(t)}{\Theta(\theta)\cdot\alpha'(t)}G(t)\,\mathrm{d}t\\&=\frac{ai}{2\pi\rho}\left\{\left(\mathrm{e}^{-2\pi\mathrm{i}\frac{\rho}{a}\Theta(\theta)\alpha(t)}\frac{\Theta(\theta)\cdot\boldsymbol{n}(t)}{\Theta(\theta)\cdot\alpha'(t)}G(t)\right)\Bigg|_{1-\varepsilon}^{1+\varepsilon}+K_3(a,\rho,\theta)\right\}\\&=\frac{ai}{2\pi\rho}K_3(a,\rho,\theta)\end{aligned}$$

利用 $G(1-\varepsilon)=0$、$G(1+\varepsilon)=0$。

重复对 $K_3(a,\rho,\theta)$ 的讨论并利用归纳法，由此可见对所有的 $N>0$，存在一个 $C_N>0$ 使 $|K_1(a,\rho,\theta)|\leqslant C_N a^N$，因此 $|I_{11}(a,s_0,0)|\leqslant C_N a^N$。

（3）假设对 $|\theta_0|\leqslant\dfrac{\pi}{4}$，有 $p=(0,0)$ 和 $s=\tan\theta_0$。按照引理 3 定义 S、G、S_0、G_0，在曲线 $\mathscr{C}$ 上，可以利用 $G_0(u)$ 代替 $G^+(u)$，因为近似误差为 $o(a^{\frac{3}{4}})$。为了简化符号，用 G 代替 G^+。

利用极坐标，表示在 S_0 上的估计值 $I_1(a,0,0)$ 为

$$\begin{aligned}I_1(a,0,0)=&-\frac{1}{2\pi\mathrm{i}a^{\frac{1}{4}}}\int_0^{\infty}\int_0^{2\pi}\hat{\psi}_1(\rho\cos\theta)\hat{\psi}_1(a^{-\frac{1}{2}}(\tan\theta-\tan\theta_0))\cdot\\&\int_{-\varepsilon}^{\varepsilon}\mathrm{e}^{-2\pi\mathrm{i}\frac{\rho}{a}(\cos\theta G_0(u)+\sin\theta u)}(-\cos\theta+\sin\theta G'_0(u))\,\mathrm{d}u\mathrm{d}\theta\mathrm{d}\rho\end{aligned}$$

根据引理 2 和引理 3，为了完成证明，说明

$$\lim_{a\to0^+}a^{-\frac{3}{4}}I_1(a,0,0)\neq0$$

令 $H_\theta(u)=\cos\theta G_0(u)+u\sin\theta$，并且 $A=\dfrac{1}{2}G''(0)$。因为 $s=\tan\theta_0$ 对应 S_0 在 $p=(0,0)$ 处的法线方向，可得 $H'_{\theta_0}(0)=0$，意味着 $G'(0)=-\tan\theta$，所以

$$\begin{aligned}H_\theta(u)&=\cos\theta(-u\tan\theta_0+Au^2)+u\sin\theta\\&=Au^2\cos\theta+u(\sin\theta-\cos\theta\tan\theta_0)\end{aligned}$$

分别考虑 $A \neq 0$ 和 $A = 0$ 的情况。

①$A \neq 0$。

在这个情况下，假设 $A > 0$，$A < 0$ 情况是相似的。有

$$\int_{-\varepsilon}^{\varepsilon} e^{-2\pi i\frac{\rho}{a}(G_0(u)\cos\theta + u\sin\theta)}(-\cos\theta + G'_0(u)\sin\theta)\mathrm{d}u$$

$$= e^{\frac{\rho\pi i}{a}\frac{(\sin\theta - \cos\theta\tan\theta_0)^2}{2A\cos\theta}}\int_{-\varepsilon}^{\varepsilon} e^{-2\pi i\frac{\rho}{a}A(u-u_\theta)^2\cos\theta}(2Au\sin\theta - \cos\theta - \sin\theta\tan\theta_0)\mathrm{d}u$$

$$= K_0(\theta,a) + K_1(\theta,a)$$

其中

$$u_\theta = -\frac{\sin\theta - \cos\theta\tan\theta_0}{2A\cos\theta} = -\frac{1}{2A}(\tan\theta - \tan\theta_0)$$

$$K_0(\theta,a) = -(\cos\theta + \sin\theta\tan\theta_0)e^{\frac{\rho\pi i}{2A}\frac{(\tan\theta - \tan\theta_0)^2}{a}}\int_{-\varepsilon}^{\varepsilon} e^{-2\pi i\frac{\rho}{a}\cos\theta A(u-u_\theta)^2}\mathrm{d}u$$

$$K_1(\theta,a) = 2A\sin\theta e^{\frac{\rho\pi rmi}{2A}\frac{(\tan\theta - \tan\theta_0)^2}{a}}\int_{-\varepsilon}^{\varepsilon} e^{-2\pi i\frac{\rho}{a}\cos\theta A(u-u_\theta)^2}u\mathrm{d}u$$

在 I_1 的表达式中，对 θ 的积分区间 $[0,2\pi]$ 可以分解为子区间 $\left[-\frac{\pi}{2},\frac{\pi}{2}\right]$ 和 $\left[\frac{\pi}{2},\frac{3\pi}{2}\right]$。在 $\left[\frac{\pi}{2},\frac{3\pi}{2}\right]$ 内，令 $\theta' = \theta - \pi$，所以 $\theta' \in \left[-\frac{\pi}{2},\frac{\pi}{2}\right]$ 和 $\sin\theta = -\sin\theta'$、$\cos\theta = -\cos\theta'$。

利用这个观察结果和 $\hat{\psi}_1$ 是一个奇函数的事实，可以发现

$$I_1(a,0,0) = I_{10}(a,0,0) + I_{11}(a,0,0)$$

其中，对 $j = 0,1$，有

$$I_{1j}(a,0,0) = -\frac{1}{2\pi i a^{\frac{1}{4}}}\int_0^\infty\int_{-\frac{\pi}{2}}^{\frac{\pi}{2}}\hat{\psi}_1(\rho\cos\theta)\hat{\psi}_2(a^{-\frac{1}{2}}(\tan\theta))K_j(\theta,a)\mathrm{d}\theta\mathrm{d}\rho +$$

$$\frac{1}{2\pi i a^{\frac{1}{4}}}\int_0^\infty\int_{-\frac{\pi}{2}}^{\frac{\pi}{2}}\hat{\psi}_1(\rho\cos\theta)\hat{\psi}_2(a^{-\frac{1}{2}}(\tan\theta))K_j(\theta+\pi,a)\mathrm{d}\theta\mathrm{d}\rho$$

对 $\theta \in \left(-\frac{\pi}{2},\frac{\pi}{2}\right)$，令 $t = a^{-\frac{1}{2}}(\tan\theta - \tan\theta_0)$，并且 $a^{-\frac{1}{2}}u = u'$。因为 $a \to 0$ 意味着 $\theta \to \theta_0$，得到

$$\lim_{a\to 0^+} a^{-\frac{1}{2}}K_0(\theta,a) = -\sec\theta_0 e^{\frac{i\pi\rho}{2A}t^2}\int_{-\infty}^{+\infty} e^{-2\pi i\rho A\cos\theta_0\left(u-\frac{t}{2A}\right)^2}\mathrm{d}u$$

$$= -\sec\theta_0 e^{\frac{i\pi\rho}{2A}t^2}\int_{-\infty}^{+\infty} e^{-2\pi i\rho A\cos\theta_0 u^2}\mathrm{d}u$$

相似地，有

$$\lim_{a\to 0^+} a^{-\frac{1}{2}}K_0(\theta+\pi,a)=\sec\theta_0 \mathrm{e}^{-\frac{\mathrm{i}\pi\rho}{2A}t^2}\int_{-\infty}^{+\infty}\mathrm{e}^{2\pi\mathrm{i}\rho A\cos\theta_0 u^2}\mathrm{d}u$$

计算 $K_0(\theta,a)$ 和 $K_0(\theta+\pi,a)$，根据在 K_1 积分内的附加因子 u，得 $K_1(\theta,a)=O(a)$ 和 $K_1(\theta+\pi,a)=O(a)$。因此得到

$$\lim_{a\to 0^+}\frac{2\pi\mathrm{i}}{a^{\frac{3}{4}}}I_1(a,0,0)=\lim_{a\to 0^+}\frac{2\pi\mathrm{i}}{a^{\frac{3}{4}}}I_{10}(a,0,0)$$

$\hat{\psi}_1$ 是奇函数，有

$$\begin{aligned}&\lim_{a\to 0^+}2\pi\mathrm{i}a^{-\frac{3}{4}}I_1(a,0,0)\\&=\sec\theta_0\int_0^\infty\hat{\psi}_1(\rho)\int_{-1}^1\mathrm{e}^{\frac{\pi\mathrm{i}\rho}{2A}t^2}\hat{\psi}_2(t)\mathrm{d}t\int_{-\infty}^\infty\mathrm{e}^{-2\pi\mathrm{i}\rho A\cos\theta_0 u^2}\mathrm{d}u\mathrm{d}\rho+\\&\quad\sec\theta_0\int_0^\infty\hat{\psi}_1(\rho)\int_{-1}^1\mathrm{e}^{-\frac{\pi\mathrm{i}\rho}{2A}t^2}\hat{\psi}_2(t)\mathrm{d}t\int_{-\infty}^\infty\mathrm{e}^{2\pi\mathrm{i}\rho A\cos\theta_0 u^2}\mathrm{d}u\mathrm{d}\rho\\&=\sec\theta_0\int_0^\infty\hat{\psi}_1(\rho)\int_{-1}^1\hat{\psi}_2(t)2\Re\left\{\mathrm{e}^{\frac{\pi\mathrm{i}\rho}{2A}t^2}\int_{-\infty}^\infty\mathrm{e}^{-2\pi\mathrm{i}\rho A\cos\theta_0 u^2}\mathrm{d}u\right\}\mathrm{d}t\mathrm{d}\rho\end{aligned}$$

根据菲涅尔积分公式：

$$\int_{-\infty}^\infty\cos\left(\frac{\pi}{2}x^2\right)\mathrm{d}x=\int_{-\infty}^\infty\sin\left(\frac{\pi}{2}x^2\right)\mathrm{d}x=1$$

由此可见

$$\begin{aligned}\int_{-\infty}^\infty\cos(2\pi\rho A\cos\theta_0 x^2)\mathrm{d}x&=\int_{-\infty}^\infty\sin(2\pi\rho A\cos\theta_0 x^2)\mathrm{d}x\\&=\frac{1}{2\sqrt{\rho A\cos\theta_0}}\end{aligned}$$

因此，得出结论：

$$\begin{aligned}&\lim_{a\to 0^+}2\pi\mathrm{i}a^{-\frac{3}{4}}I_1(a,0,0)\\&=\frac{(\sec\theta_0)^{\frac{3}{2}}}{\sqrt{A}}\int_0^\infty\frac{\hat{\psi}_1(\rho)}{\sqrt{\rho}}\left(\int_{-1}^1\cos\left(\frac{\pi\rho}{2A}t^2\right)\hat{\psi}_2(t)\mathrm{d}t+\int_{-1}^1\sin\left(\frac{\pi\rho}{2A}t^2\right)\hat{\psi}_2(t)\mathrm{d}t\right)\mathrm{d}\rho\end{aligned}$$

通过引理1和 $\hat{\psi}_1$ 的性质，得到最后的表达式是严格正数。

②$A=0$。

在这个情况下，$G_0(u)=-u\tan\theta_0$ 并且 $G'_0(u)=-\tan\theta_0$，由此可得

$$\begin{aligned}&\int_{-\varepsilon}^{\varepsilon}\mathrm{e}^{-2\pi\mathrm{i}\frac{\rho}{a}(G_0(u)\cos\theta+u\sin\theta)}(-\cos\theta+G'_0(u)\sin\theta)\mathrm{d}u\\&=-(\cos\theta+\sin\theta\tan\theta_0)\int_{-\varepsilon}^{\varepsilon}\mathrm{e}^{-2\pi\mathrm{i}\frac{\rho}{a}u\sin\theta}\mathrm{d}u\end{aligned}$$

直接计算得到

$$2\pi \mathrm{i} I_1(a,0,0) = -a^{-\frac{1}{4}}\int_0^{\infty}\int_0^{2\pi}\hat{\psi}_1(\rho\cos\theta)\hat{\psi}_2(a^{-\frac{1}{2}}(\tan\theta-\tan\theta_0))\cdot$$

$$\left(-(\cos\theta+\sin\theta\tan\theta_0)\int_{-\varepsilon}^{\varepsilon}\mathrm{e}^{-2\pi\mathrm{i}\frac{\rho}{a}(\sin\theta-\cos\theta\tan\theta_0)u}\mathrm{d}u\right)\mathrm{d}\theta\mathrm{d}\rho$$

$$= a^{-\frac{1}{4}}\int_0^{\infty}\int_{-\varepsilon}^{\varepsilon}\int_0^{2\pi}\hat{\psi}_1(\rho\cos\theta)\hat{\psi}_2(a^{-\frac{1}{2}}(\tan\theta-\tan\theta_0))\cdot$$

$$\mathrm{e}^{-2\pi\mathrm{i}\frac{\rho}{a}\sin\theta u}(\cos\theta+\sin\theta\tan\theta_0)\mathrm{d}\theta\mathrm{d}u\mathrm{d}\rho$$

$$= a^{-\frac{1}{4}}\int_0^{\infty}\int_{-\varepsilon}^{\varepsilon}\int_{-\frac{\pi}{2}}^{\frac{\pi}{2}}\hat{\psi}_1(\rho\cos\theta)\hat{\psi}_2(a^{-\frac{1}{2}}(\tan\theta-\tan\theta_0))\cdot$$

$$\mathrm{e}^{-2\pi\mathrm{i}\frac{\rho}{a}(\sin\theta-\cos\theta\tan\theta_0)u}(\cos\theta+\sin\theta\tan\theta_0)\mathrm{d}\theta\mathrm{d}u\mathrm{d}\rho$$

$$= a^{-\frac{1}{4}}\int_0^{\infty}\int_{-\varepsilon}^{\varepsilon}\int_{-\frac{\pi}{2}}^{\frac{\pi}{2}}\hat{\psi}_1(\rho\cos\theta)\hat{\psi}_2(a^{-\frac{1}{2}}(\tan\theta-\tan\theta_0))\cdot$$

$$\mathrm{e}^{2\pi\mathrm{i}\frac{\rho}{a}(\sin\theta-\cos\theta\tan\theta_0)u}(\cos\theta+\sin\theta\tan\theta_0)\mathrm{d}\theta\mathrm{d}u\mathrm{d}\rho$$

利用变量 $t = a^{-\frac{1}{2}}(\tan\theta - \tan\theta_0)$ 的变化和 $a^{-\frac{1}{2}}u = u'$，从上式得到

$$\lim_{a\to 0^+} 2\pi\mathrm{i}a^{-\frac{3}{4}}I_1(a,0,0) = \int_0^{\infty}\int_0^{\infty}\hat{\psi}_1(\rho)\int_{-1}^{1}\hat{\psi}_2(t)\mathrm{e}^{-2\pi\mathrm{i}\cos\theta_0\rho t u}\mathrm{d}t\mathrm{d}u\mathrm{d}\rho +$$

$$\int_0^{\infty}\int_0^{\infty}\hat{\psi}_1(\rho)\int_{-1}^{1}\hat{\psi}_2(t)\mathrm{e}^{2\pi\mathrm{i}\cos\theta_0\rho t u}\mathrm{d}t\mathrm{d}u\mathrm{d}\rho$$

$$= \sec\theta_0\hat{\psi}_2(0)\int_0^{\infty}\frac{\hat{\psi}_1(\rho)}{\rho}\mathrm{d}\rho > 0$$

完成了式(3.3) 的证明和定理 2 的证明。

证明定理 3，注意定理 3 中(1) 和(3) 的证明是通过修改定理 2 中(2) 和(3) 的参数得到的。

2. 定理 3 的证明

证明定理 3 需要考虑三个方面。

(1) 此部分证明和定理 2 中(2) 的证明从本质上是相同的。

假设 $s = s_0$ 不对应于 ∂S 在 $p = (0,0)$ 处的任何法线方向。在证明定理 2 中，假设 $s_0 = \tan\theta_0(|\theta_0| \leqslant \frac{\pi}{4})$。

将区间 $\left[-\frac{\pi}{2},\frac{3\pi}{2}\right]$ 分解为 $\left[-\frac{\pi}{2},\frac{\pi}{2}\right]$ 和 $\left[\frac{\pi}{2},\frac{3\pi}{2}\right]$，改变在 $\left[\frac{\pi}{2},\frac{3\pi}{2}\right]$ 上积分的变量 $\theta = \theta' + \pi$，由式(3.24) 可以将 I_1 写为

$$I_1(a,s_0,(0,0)) = I_{11}(a,s_0,(0,0)) + I_{12}(a,s_0,(0,0))$$

其中，对 $j = 1,2$，有

$$I_{1j}(a,s_0,(0,0)) = -\frac{a^{-\frac{1}{4}}}{2\pi\mathrm{i}}\int_0^{\infty}\int_{-\frac{\pi}{2}}^{\frac{\pi}{2}}\hat{\psi}_1(\rho\cos\theta)\hat{\psi}_2(a^{-\frac{1}{2}}(\tan\theta - \tan\theta_0)) \cdot K_j(a,\rho,\theta)\,\mathrm{d}\theta\mathrm{d}\rho$$

并且

$$K_j(a,\rho,\theta) = K_{j1}(a,\rho,\theta) + K_{j2}(a,\rho,\theta)$$

其中

$$K_{11}(a,\rho,\theta) = \int_{1-\varepsilon}^{1}\mathrm{e}^{-2\pi\mathrm{i}\frac{\rho}{a}\boldsymbol{\Theta}(\theta)\alpha(t)}\boldsymbol{\Theta}(\theta)\cdot\boldsymbol{n}(t)\,\mathrm{d}t$$

$$K_{12}(a,\rho,\theta) = \int_{1}^{1+\varepsilon}\mathrm{e}^{-2\pi\mathrm{i}\frac{\rho}{a}\boldsymbol{\Theta}(\theta)\alpha(t)}\boldsymbol{\Theta}(\theta)\cdot\boldsymbol{n}(t)\,\mathrm{d}t$$

$$K_{21}(a,\rho,\theta) = \int_{1-\varepsilon}^{1}\mathrm{e}^{2\pi\mathrm{i}\frac{\rho}{a}\boldsymbol{\Theta}(\theta)\alpha(t)}\boldsymbol{\Theta}(\theta)\cdot\boldsymbol{n}(t)\,\mathrm{d}t$$

$$K_{22}(a,\rho,\theta) = \int_{1}^{1+\varepsilon}\mathrm{e}^{2\pi\mathrm{i}\frac{\rho}{a}\boldsymbol{\Theta}(\theta)\alpha(t)}\boldsymbol{\Theta}(\theta)\cdot\boldsymbol{n}(t)\,\mathrm{d}t$$

根据 $\hat{\psi}_2$ 的支撑条件，当 $a\to 0$ 时，有 $\theta\to\theta_0$。因为 $s_0=\tan\theta_0$ 不对应 ∂S 在 $(0,0)$ 处的任何法线方向，由此可见 $\boldsymbol{\Theta}(\theta_0)\cdot\alpha'(1)\neq 0$。因此，对任意小的 a（θ 趋近于 θ_0），有足够小的 $\varepsilon>0$，使得在 θ_0 附近的 θ 和 $t\in[1-\varepsilon,1+\varepsilon]$，有 $\boldsymbol{\Theta}(\theta_0)\cdot\alpha'(1)\neq 0$，记

$$\mathrm{e}^{-2\pi\mathrm{i}\frac{\rho}{a}\boldsymbol{\Theta}(\theta)\alpha(t)} = \frac{-a}{2\pi\mathrm{i}\rho\boldsymbol{\Theta}(\theta)\alpha'(t)}\left(\mathrm{e}^{-2\pi\mathrm{i}\frac{\rho}{a}\boldsymbol{\Theta}(\theta)\alpha(t)}\right)'$$

K_{11} 关于 t 的积分分两步进行，得到

$$\begin{aligned}K_{11}(a,\rho,\theta) &= -\frac{a}{2\pi\mathrm{i}\rho}\int_{1-\varepsilon}^{1}\left(\mathrm{e}^{-2\pi\mathrm{i}\frac{\rho}{a}\boldsymbol{\Theta}(\theta)\alpha(t)}\right)'\frac{\boldsymbol{\Theta}(\theta)\cdot\boldsymbol{n}(t)}{\boldsymbol{\Theta}(\theta)\cdot\alpha'(t)}\mathrm{d}t\\ &= K_{111}(a,\rho,\theta) + K_{112}(a,\rho,\theta) + K_{113}(a,\rho,\theta) + O(a^3)\end{aligned}$$

其中

$$K_{111}(a,\rho,\theta) = -\frac{a}{2\pi\mathrm{i}\rho}\mathrm{e}^{-2\pi\mathrm{i}\frac{\rho}{a}\boldsymbol{\Theta}(\theta)\alpha(1^-)}\frac{\boldsymbol{\Theta}(\theta)\cdot\boldsymbol{n}(1^-)}{\boldsymbol{\Theta}(\theta)\cdot\alpha'(1^-)}$$

$$K_{112}(a,\rho,\theta) = \frac{a}{2\pi\mathrm{i}\rho}\mathrm{e}^{-2\pi\mathrm{i}\frac{\rho}{a}\boldsymbol{\Theta}(\theta)\alpha(1-\varepsilon)}\frac{\boldsymbol{\Theta}(\theta)\cdot\boldsymbol{n}(1-\varepsilon)}{\boldsymbol{\Theta}(\theta)\cdot\alpha'(1-\varepsilon)}$$

$$K_{113}(a,\rho,\theta) = \frac{a^2}{(2\pi\mathrm{i}\rho)^2}\left(\mathrm{e}^{-2\pi\mathrm{i}\frac{\rho}{a}\boldsymbol{\Theta}(\theta)\alpha(t)}\frac{1}{\boldsymbol{\Theta}(\theta)\cdot\alpha'(t)}\left(\frac{\boldsymbol{\Theta}(\theta)\cdot\boldsymbol{n}(t)}{\boldsymbol{\Theta}(\theta)\cdot\alpha'(t)}\right)'\right)\Bigg|_{1-\varepsilon}^{1}$$

类似地，可以写出

$$K_{12}(a,\rho,\theta) = K_{121}(a,\rho,\theta) + K_{122}(a,\rho,\theta) + K_{123}(a,\rho,\theta) + O(a^3)$$

对应地，写出

$$I_{11}(a,s_0,p) = I_{111}(a,s_0,p) + I_{112}(a,s_0,p) + I_{113}(a,s_0,p) + O(a^3)$$

其中，对 $l=1,2,3$，有

$$I_{11l}(a,s_0,p)=-\frac{a^{-\frac{1}{4}}}{2\pi \mathrm{i}}\int_0^{\infty}\int_0^{2\pi}\hat{\psi}_1(\rho\cos\theta)\hat{\psi}_2(a^{-\frac{1}{2}}(\tan\theta-\tan\theta_0))\cdot$$
$$(K_{11l}(a,\rho,\theta)+K_{12l}(a,\rho,\theta))\mathrm{d}\theta\mathrm{d}\rho$$

类似地，积分 I_{12} 写成

$$I_{12}(a,s_0,p)=I_{121}(a,s_0,p)+I_{122}(a,s_0,p)+I_{123}(a,s_0,p)+O(a^3)$$

其中，对 $l=1,2,3$，有

$$I_{12l}(a,s_0,p)=-\frac{a^{-\frac{1}{4}}}{2\pi \mathrm{i}}\int_0^{\infty}\int_0^{2\pi}\hat{\psi}_1(\rho\cos\theta)\hat{\psi}_2(a^{-\frac{1}{2}}(\tan\theta-\tan\theta_0))\cdot$$
$$(K_{21l}(a,\rho,\theta)+K_{22l}(a,\rho,\theta))\mathrm{d}\theta\mathrm{d}\rho$$

并且，对应于 K_{11l} 和 K_{12l} 项生成 K_{21l} 和 K_{22l} 项。

直接计算得到

$$K_{111}(a,\rho,\theta)+K_{121}(a,\rho,\theta)+K_{211}(a,\rho,\theta)+K_{221}(a,\rho,\theta)=0$$

并且这意味着①

$$I_{111}(a,s_0,p)+I_{121}(a,s_0,p)=0$$

因为 ∂S 简单，所以 $\alpha(1-\varepsilon)\neq(0,0)$ 和 $\alpha(1+\varepsilon)\neq(0,0)$。利用引理2证明中的讨论，对任何 $N>0$，当 $a\to 0$ 时，有

$$|I_{112}(a,s_0,p)|\leqslant C_N a^N$$

类似地，当 $a\to 0$ 时，有

$$|I_{122}(a,s_0,p)|\leqslant C_N a^N$$

只需要分析 I_{113} 和 I_{123} 项。每一个 K_{113}、K_{123}、K_{213}、K_{223} 包含两项，一个在 $t=1\pm\varepsilon$ 处，一个在 $t=1$ 处。积分 $I_{112}(a,s_0,p)$ 和 $I_{122}(a,s_0,p)$，当 $a\to 0$ 时，在 $t=1\pm\varepsilon$ 处估计的 K 项有快速渐近衰减，并且包含在可以忽略的部分 $O(a^3)$ 中。因此，为了确定 $I_{113}(a,s_0,p)+I_{123}(a,s_0,p)$ 的渐近衰减率，只需要分析在 $t=1$ 时相应的 K 项。令 $\kappa(t)$ 是 ∂S 在 $\alpha(t)$ 处的曲率，利用 Frenet 公式[3]，有

$$\alpha''(t)=\kappa(t)\boldsymbol{n}(t),\quad \boldsymbol{n}'(t)=-\kappa(t)\alpha'(t)$$

利用上式和 $\{\alpha'(t),\boldsymbol{n}(t)\}$ 是 $\mathbf{R}^2$ 的标准正交基，有

$$\left(\frac{\boldsymbol{\Theta}(\theta)\cdot\boldsymbol{n}(t)}{\boldsymbol{\Theta}(\theta)\cdot\alpha'(t)}\right)'$$

---

① 注意：$\hat{\psi}_1$ 是奇函数的假设使得这个约分成为可能。相比之下，在极坐标定义的曲波系统的生成函数，不具有这个特性。

$$=\frac{(\Theta(\theta)\cdot\boldsymbol{n}'(t))(\Theta(\theta)\cdot\alpha'(t))-(\Theta(\theta)\cdot\alpha''(t))(\Theta(\theta)\cdot\boldsymbol{n}(t))}{(\Theta(\theta)\cdot\alpha'(t))^2}$$

$$=-\frac{\kappa(t)((\Theta(\theta)\cdot\alpha'(t))(\Theta(\theta)\cdot\alpha'(t))+(\Theta(\theta)\cdot\boldsymbol{n}(t))(\Theta(\theta)\cdot\boldsymbol{n}(t)))}{(\Theta(\theta)\cdot\alpha'(t))^2}$$

$$=-\frac{\kappa(t)\mid\Theta(\theta)\mid^2}{(\Theta(\theta)\cdot\alpha'(t))^2}=-\frac{\kappa(t)}{(\Theta(\theta)\cdot\alpha'(t))^2}$$

根据观察可得

$$\lim_{a\to0^+}\left(\frac{\rho}{a}\right)^2(K_{113}^-(a,s_0,p)+K_{123}^+(a,s_0,p))$$
$$=\frac{1}{(2\pi\mathrm{i})^2}\left(\frac{\kappa(1^+)}{(\Theta(\theta_0)\cdot\alpha'(1^+))^3}-\frac{\kappa(1^-)}{(\Theta(\theta_0)\cdot\alpha'(1^-))^3}\right)\quad(3.27)$$

类似地

$$\lim_{a\to0^+}\left(\frac{\rho}{a}\right)^2(K_{213}^-(a,s_0,p)+K_{223}^+(a,s_0,p))$$
$$=\frac{1}{(2\pi\mathrm{i})^2}\left(\frac{\kappa(1^+)}{(\Theta(\theta_0)\cdot\alpha'(1^+))^3}-\frac{\kappa(1^-)}{(\Theta(\theta_0)\cdot\alpha'(1^-))^3}\right)\quad(3.28)$$

最后，改变 I_{113} 和 I_{123} 中变量 $u=a^{-\frac{1}{2}}(\tan\theta-\tan\theta_0)$，并利用式(3.27)和式(3.28)，得到

$$\lim_{a\to0^+}a^{-\frac{9}{4}}(I_{113}(a,s_0,p)+I_{123}(a,s_0,p))=-A$$

其中

$$A=\frac{\cos^2\theta_0}{2\pi^2}\left(\frac{\kappa(1^+)}{(\Theta(\theta_0)\cdot\alpha'(1^+))^3}-\frac{\kappa(1^-)}{(\Theta(\theta_0)\cdot\alpha'(1^-))^3}\right)\times$$
$$\int_0^\infty\hat{\psi}_1(\rho\cos\theta_0)\mathrm{d}\rho\int_{-1}^1\hat{\psi}_2(u)\mathrm{d}u<\infty\quad(3.29)$$

完成了第(1)部分的证明。

(2) 如果 p 是一个第二类型的拐点，那么 $A\neq0$，A 由式(3.29)给出。

事实上

$$\alpha'(1^+)=\alpha'(1^-)\text{ 或 }\alpha'(1^+)=-\alpha'(1^-)$$

如果 $\alpha'(1^+)=\alpha'(1^-)$，根据 $\kappa(1^+)\neq\kappa(1^-)$，有

$$A=\frac{\cos^2\theta_0}{2\pi^2}\frac{\kappa(1^+)-\kappa(1^-)}{(\Theta(\theta_0)\cdot\alpha'(1))^3}\int_0^\infty\hat{\psi}_1(\rho\cos\theta_0)\mathrm{d}\rho\int_{-1}^1\hat{\psi}_2(u)\mathrm{d}u\neq0$$

另一种情况，如果 $\alpha'(1^+)=-\alpha'(1^-)$，由此可见 $\boldsymbol{n}(1^+)=-\boldsymbol{n}(1^-)$。因为

$$\alpha''(1^+)=-\kappa(1^+)\boldsymbol{n}(1^-),\quad\alpha''(1^-)=\kappa(1^-)\boldsymbol{n}(1^-)$$

并且 $\kappa(1^+)\neq\kappa(1^-)$，所以不可能有 $\kappa(1^+)=\kappa(1^-)=0$。因为 $\kappa(1^+)\geqslant0$ 并

且 $\kappa(1^-) \geq 0$，所以 $\kappa(1^+) + \kappa(1^-) > 0$。在这个情况下，有

$$A = \frac{\cos^2\theta_0}{2\pi^2}\frac{\kappa(1^+) + \kappa(1^-)}{(\Theta(\theta_0)\cdot\alpha'(1^+))^3}\int_0^\infty \hat{\psi}_1(\rho\cos\theta_0)\,\mathrm{d}\rho\int_{-1}^1 \hat{\psi}_2(u)\,\mathrm{d}u \neq 0$$

完成了第(2)部分的证明。

(3)通过假设拐点，如果 s 对应 p 处 $\mathscr{C}^-$，那么其不可能对应 p 处 $\mathscr{C}^+$。通过第(1)部分，考虑 $\mathscr{C}^-$ 或者 $\mathscr{C}^+$ 是足够的。因此，假设 s 对应 $\mathscr{C}^+$ 在 $p=(0,0)$ 处的外法线方向，这个情况的讨论和定理 2 的第(3)部分的讨论非常相似，为了节省符号假设 $\theta_0 = 0$，所以 $s = 0$。

按照引理 3 定义 S、G、S_0、G_0。根据引理 3，关于 $\mathscr{C}^+$，用 $G_0(u)$ 代替 $G^+(u)$，因为渐近误差是 $O(a^{\frac{3}{4}})$。为了简化，本节用 G 来表示 G^+。

利用极坐标，表示在 S_0 上估计的 $I_1(a,0,0)$ 为

$$I_1(a,0,0) = -\frac{1}{2\pi\mathrm{i}a^{\frac{1}{4}}}\int_0^\infty\int_0^{2\pi}\hat{\psi}_1(\rho\cos\theta)\hat{\psi}_2(a^{-\frac{1}{2}}\tan\theta)\int_0^\varepsilon \mathrm{e}^{-2\pi\mathrm{i}\frac{\rho}{a}(\cos\theta G_0(u)+\sin\theta\cdot u)}\cdot$$
$$(-\cos\theta + \sin\theta G'_0(u))\,\mathrm{d}u\mathrm{d}\theta\mathrm{d}\rho$$

通过引理 2 和引理 3，完成的证明足以说明

$$\lim_{a\to 0^+} a^{-\frac{3}{4}}I_1(a,0,0) \neq 0$$

因为 $\theta_0 = 0$，有 $\boldsymbol{n}(p) = (1,0)$。由此可见 $G_0(0)=0$、$G'_0(0)=0$，使 $G_0(u) = \frac{1}{2}G''(0)u^2$。令 $A = \frac{1}{2}G''(0)$，分别考虑 $A \neq 0$ 的情况和 $A = 0$ 的情况。

①$A \neq 0$。

在这个情况下，假设 $A > 0$，$A < 0$ 是相似的，有

$$\int_0^\varepsilon \mathrm{e}^{-2\pi\mathrm{i}\frac{\rho}{a}(G_0(u)\cos\theta + u\sin\theta)}(-\cos\theta + G'_0(u)\sin\theta)\,\mathrm{d}u$$
$$= \mathrm{e}^{\frac{\rho\pi\mathrm{i}}{a}\frac{\sin^2\theta}{2\cos\theta A}}\int_0^\varepsilon \mathrm{e}^{-2\pi\mathrm{i}\frac{\rho}{a}\cos\theta A(u-u_\theta)^2}(-\cos\theta + 2Au\sin\theta)\,\mathrm{d}u$$
$$= K_0(\theta,a) + K_1(\theta,a)$$

式中，$u_\theta = -\frac{\sin\theta}{2A\cos\theta}$ 和

$$K_0(\theta,a) = -\cos\theta\,\mathrm{e}^{\frac{\rho\pi\mathrm{i}}{a}\frac{\sin^2\theta}{2A\cos\theta}}\int_0^\varepsilon \mathrm{e}^{-2\pi\mathrm{i}\frac{\rho}{a}\cos\theta A(u-u_\theta)^2}\,\mathrm{d}u$$

$$K_1(\theta,a) = 2A\sin\theta\,\mathrm{e}^{\frac{\rho\pi\mathrm{i}}{a}\frac{\sin^2\theta}{2A\cos\theta}}\int_0^\varepsilon \mathrm{e}^{-2\pi\mathrm{i}\frac{\rho}{a}\cos\theta A(u-u_\theta)^2}u\,\mathrm{d}u$$

在 I_1 表达式中，对 θ 的积分区间 $[0,2\pi]$ 可以分解为子区间 $\left[-\frac{\pi}{2},\frac{\pi}{2}\right]$ 和

$\left[\frac{\pi}{2},\frac{3\pi}{2}\right]$。在$\left[\frac{\pi}{2},\frac{3\pi}{2}\right]$，令 $\theta'=\theta-\pi$，所以 $\theta'\in\left[-\frac{\pi}{2},\frac{\pi}{2}\right]$，并且$\sin\theta=-\sin\theta'$，$\cos\theta=-\cos\theta'$。利用这个观察结果和 $\hat{\psi}_1$ 是奇函数，得到

$$I_1(a,0,0)=I_{10}(a,0,0)+I_{11}(a,0,0)$$

对 $j=0,1$，有

$$I_{1j}(a,0,0)=-\frac{1}{2\pi\mathrm{i}a^{\frac{1}{4}}}\int_0^\infty\int_{-\frac{\pi}{2}}^{\frac{\pi}{2}}\hat{\psi}_1(\rho\cos\theta)\hat{\psi}_2(a^{-\frac{1}{2}}(\tan\theta))K_j(\theta,a))\mathrm{d}\theta\mathrm{d}\rho+$$
$$\frac{1}{2\pi\mathrm{i}a^{\frac{1}{4}}}\int_0^\infty\int_{-\frac{\pi}{2}}^{\frac{\pi}{2}}\hat{\psi}_1(\rho\cos\theta)\hat{\psi}_2(a^{-\frac{1}{2}}(\tan\theta))K_j(\theta+\pi,a))\mathrm{d}\theta\mathrm{d}\rho$$

对 $\theta\in\left(-\frac{\pi}{2},\frac{\pi}{2}\right)$，令 $t=a^{-\frac{1}{2}}\tan\theta(a^{-\frac{1}{2}}u=u')$。当 $a\to0$ 时，θ 趋近于 $\theta_0=0$，所以 $\cos\theta\to1$，得到

$$\lim_{a\to0^+}a^{-\frac{1}{2}}K_0(\theta,a)=-\mathrm{e}^{\frac{\mathrm{i}\pi\rho}{2A}t^2}\int_0^\infty\mathrm{e}^{-2\pi\mathrm{i}\rho A\left(u-\frac{t}{2A}\right)^2}\mathrm{d}u$$
$$=-\mathrm{e}^{\frac{\mathrm{i}\pi\rho}{2A}t^2}\int_0^\infty\mathrm{e}^{-2\pi\mathrm{i}\rho Au^2}\mathrm{d}u-\mathrm{e}^{\frac{\mathrm{i}\pi\rho}{2A}t^2}\int_{-\frac{t}{2A}}^0\mathrm{e}^{-2\pi\mathrm{i}\rho Au^2}\mathrm{d}u$$

类似地，得到

$$\lim_{a\to0^+}a^{-\frac{1}{2}}K_0(\theta+\pi,a)=-\mathrm{e}^{-\frac{\mathrm{i}\pi\rho}{2A}t^2}\int_0^\infty\mathrm{e}^{2\pi\mathrm{i}\rho Au^2}\mathrm{d}u+\mathrm{e}^{-\frac{\mathrm{i}\pi\rho}{2A}t^2}\int_{-\frac{t}{2A}}^0\mathrm{e}^{2\pi\mathrm{i}\rho Au^2}\mathrm{d}u$$

因为 $\sin\theta=O(a^{\frac{1}{2}})$（由 $\hat{\psi}$ 的支撑条件决定），基于计算 $K_0(\theta,a)$ 和 $K_0(\theta+\pi,a)$，得到 $K_1(\theta,a)=O(a)$，$K_1(\theta+\pi,a)=O(a)$，因此

$$\lim_{a\to0^+}\frac{2\pi\mathrm{i}}{a^{\frac{3}{4}}}I_1(a,0,0)=\lim_{a\to0^+}\frac{2\pi\mathrm{i}}{a^{\frac{3}{4}}}I_{10}(a,0,0)$$

利用$\hat{\psi}_2$ 是偶函数，函数$\int_{-\frac{t}{2A}}^0\mathrm{e}^{2\pi\mathrm{i}\rho Au^2}\mathrm{d}u$ 是关于 t 的奇函数，在证明定理2中的 Fresnel 积分公式后，得出结论：

$$\lim_{a\to0^+}2\pi\mathrm{i}a^{-\frac{3}{4}}I_1(a,0,0)=\int_0^\infty\hat{\psi}_1(\rho)\int_{-1}^1\mathrm{e}^{\frac{\pi\mathrm{i}\rho}{2A}t^2}\hat{\psi}_2(t)\mathrm{d}t\int_0^\infty\mathrm{e}^{-2\pi\mathrm{i}\rho Au^2}\mathrm{d}u\mathrm{d}\rho+$$
$$\int_0^\infty\hat{\psi}_1(\rho)\int_{-1}^1\mathrm{e}^{-\frac{\pi\mathrm{i}\rho}{2A}t^2}\hat{\psi}_2(t)\mathrm{d}t\int_0^\infty\mathrm{e}^{2\pi\mathrm{i}\rho Au^2}\mathrm{d}u\mathrm{d}\rho$$
$$=\frac{1}{\sqrt{A}}\int_0^\infty\frac{\hat{\psi}_1(\rho)}{\sqrt{\rho}}\left(\int_{-1}^1\cos\left(\frac{\pi\mathrm{i}\rho}{2A}t^2\right)\hat{\psi}_2(t)\mathrm{d}t+\int_{-1}^1\sin\left(\frac{\pi\mathrm{i}\rho}{2A}t^2\right)\hat{\psi}_2(t)\mathrm{d}t\right)\mathrm{d}\rho$$

根据引理 1 和 $\hat{\psi}_1$ 的性质，最后一个表达式是严格正数的。

②$A=0$。

在这个情况下，$G_0(u)=0$，得到

$$\int_0^{\varepsilon} e^{-2\pi i\frac{\rho}{a}(G_0(u)\cos\theta+u\sin\theta)}(-\cos\theta+G'_0(u)\sin\theta)\mathrm{d}u$$
$$=-\cos\theta\int_0^{\varepsilon} e^{-2\pi i\frac{\rho}{a}u\sin\theta}\mathrm{d}u$$

由此可见

$$2\pi i I_1(a,0,0)$$
$$=-a^{-\frac{1}{4}}\int_0^{\infty}\int_0^{2\pi}\hat{\psi}_1(\rho\cos\theta)\hat{\psi}_2(a^{-\frac{1}{2}}\tan\theta)\left(-\cos\theta\int_0^{\varepsilon}e^{-2\pi i\frac{\rho}{a}\sin\theta\cdot u}\mathrm{d}u\right)\mathrm{d}\theta\mathrm{d}\rho$$
$$=a^{-\frac{1}{4}}\int_0^{\infty}\int_0^{\varepsilon}\int_0^{2\pi}\hat{\psi}_1(\rho\cos\theta)\hat{\psi}_2(a^{-\frac{1}{2}}\tan\theta)e^{-2\pi i\frac{\rho}{a}\sin\theta\cdot u}\cos\theta\mathrm{d}\theta\mathrm{d}u\mathrm{d}\rho$$
$$=a^{-\frac{1}{4}}\int_0^{\infty}\int_0^{\varepsilon}\int_{-\frac{\pi}{2}}^{\frac{\pi}{2}}\hat{\psi}_1(\rho\cos\theta)\hat{\psi}_2(a^{-\frac{1}{2}}\tan\theta)e^{-2\pi i\frac{\rho}{a}\sin\theta\cdot u}\cos\theta\mathrm{d}\theta\mathrm{d}u\mathrm{d}\rho+$$
$$a^{-\frac{1}{4}}\int_0^{\infty}\int_0^{\varepsilon}\int_{-\frac{\pi}{2}}^{\frac{\pi}{2}}\hat{\psi}_1(\rho\cos\theta)\hat{\psi}_2(a^{-\frac{1}{2}}\tan\theta)e^{2\pi i\frac{\rho}{a}\sin\theta\cdot u}\cos\theta\mathrm{d}\theta\mathrm{d}u\mathrm{d}\rho$$

通过改变变量 $t=a^{-\frac{1}{2}}\tan\theta(a^{-\frac{1}{2}}u=u')$，得到

$$\lim_{a\to0^+}2\pi i a^{-\frac{3}{4}}I_1(a,0,0)=\int_0^{\infty}\int_0^{\infty}\hat{\psi}_1(\rho)\int_{-1}^{1}\hat{\psi}_2(t)e^{-2\pi i\rho tu}\mathrm{d}t\mathrm{d}u\mathrm{d}\rho+$$
$$\int_0^{\infty}\int_0^{\infty}\hat{\psi}_1(\rho)\int_{-1}^{1}\hat{\psi}_2(t)e^{2\pi i\rho tu}\mathrm{d}t\mathrm{d}u\mathrm{d}\rho$$
$$=(\hat{\psi}_2(0))^2\int_0^{\infty}\frac{\hat{\psi}_1(\rho)}{\rho}\mathrm{d}\rho>0$$

完成了第(3) 部分和定理 3 的证明。

3.2.4 扩展和推广

3.2.3 节限于分析特征函数集的连续剪切波变换。向包含边缘的图像提供一个更实际的模型，考虑一个更通用的紧支撑函数集，不一定是常数或者分段常数。

但是这种情况的分析更复杂，并且不能利用已有的方法直接推导，因为推导定理 2 和定理 3 的主要技术工具是发散定理（见文献[22]），可以方便地表示 $B=\chi_S$ 的傅里叶变换和 S 的特征函数集。如果用 $g\chi_S$ 代替 χ_S，在傅里叶域生成一个卷积，并且对用到的所有参数都有影响，甚至在简化的情况下可以

利用一个泰勒多项式来扩展 g。

尽管分段光滑函数的奇异点的特性描述一般结果现在是未知的,但仍可能推导出一些有用的观察结果,利用连续剪切波变换的方向敏感性,根据文献[6]的方法,令 Ω 是在 $\mathbf{R}^2$ 上的有界开子集并且假设一个光滑的分割,为

$$\Omega=\bigcup_{n=1}^{L},\quad \Omega_n\cup\Gamma$$

其中

(1) 对每一个 $n=1,\cdots,L,\Omega_n$ 是连贯的开放域。

(2) 每一个边界 $\partial_\Omega\Omega_n$ 是由 C^3 曲线 γ_n 生成的,并且每一个边界曲线 γ_n 可以参数化为 $(\rho(\theta)\cos\theta,\rho(\theta)\sin\theta)$,其中 $\rho(\theta):[0,2\pi)\rightarrow[0,1]$ 是一个径向函数。

(3) $\Gamma=\bigcup_{n=1}^{L}\partial_\Omega\Omega_n$,其中 $\partial_\Omega X$ 表示 $X\subset\Omega$ 的 Ω 的相对拓扑边界。

定义空间 $E^{1,3}(\Omega)$ 是函数集,这些函数在 Ω 上紧支撑,并且有

$$f(x)=\sum_{n=1}^{L}f_n(x)\chi_{\Omega_n}(x),\quad x\in\Omega\backslash\Gamma$$

对每一个 $n=1,\cdots,L$,有 $f_n\in C_0^1(\Omega)$;对一些 $\sum_{|\alpha|\leqslant1}\|D^\alpha f_n\|_\infty\leqslant C(C>0)$,并且 Ω_n 集在尺度上是两两不相交的。函数 $E^{1,3}(\Omega)$ 是类似卡通图像的随机变量,Γ 描述不同对象的边界。相似图片模型是通用的,如在图像处理中的变分法。每一项 $u_n(x)=f_n(x)\chi_{\Omega_n}(x)$ 建模在单个对象相对均匀的内部,并且定义没有指定边界集 Γ 的函数值。

对每一个在 Γ 的 C^3 分量中的 x,定义 f 在 x 处有跳跃,表示成 $[f]_x$,即

$$[f]_x=\lim_{\varepsilon\rightarrow0^+}f(x+\varepsilon v_x)-f(x-\varepsilon v_x)$$

式中,v_x 为 Γ 在 x 处的单位法向量。

对 $x\in\mathbf{R}^2,L>0$,用 $Q(x,L)$ 表示中心 x、边长为 $2L$ 的立方体,即

$$Q(x,L)=[-L,L]^2+x$$

对 $k=(k_1,k_2)\in\mathbf{Z}^2$,令 $m\in\mathbf{N}$ 足够大,如果 $Q\left(\frac{k}{M},\frac{1}{M}\right)\cap\Gamma\neq\varnothing$,每一个边界曲线 γ_n 在 $Q\left(\frac{k}{M},\frac{1}{M}\right)$ 可以参数化为 $(E(t_2),t_2)$ 或者 $(t_1,E(t_1))$,之后介绍来自文献[6]的结果定理4。

定理4　令 $f\in E^{1,3}(\Omega)$,假设 n 边界曲线 γ_n 可以参数化在 $Q\left(\frac{k}{M},\frac{1}{M}\right)$ 中的 $(E(t_2),t_2)$,对于一些 $k\in\mathbf{Z}^2$,并且对一些 t_2,有

$$t=(E(t_2),t_2)\in Q\left(\frac{k}{M},\frac{1}{M}\right)$$

如果 $s=-E'(t_2)$，存在正常数 C_1 和 C_2 使

$$C_1\mid[f]_t\mid\leqslant\lim_{a\to 0^+}a^{-\frac{3}{4}}\mid\mathcal{SH}_\psi f(a,s,t)\mid\leqslant C_2\mid[f]_t\mid\tag{3.30}$$

如果 $s\neq-E'(t_2)$，则

$$\lim_{a\to 0^+}a^{-\frac{3}{4}}\mid\mathcal{SH}_\psi f(a,s,t)\mid=0\tag{3.31}$$

表明了在不连续的曲线上，如果 s 对应于法线方向，则 f 的连续剪切波变换衰减到 $O(a^{-\frac{3}{4}})$，$\mid[f]_t\mid\neq 0$；然而，如果 s 不对应于法线方向，只能认为 $\mathcal{SH}_\psi f(a,s,t)$ 比 $O(a^{-\frac{3}{4}})$ 衰减得更快。

3.3 扩展到更高维数

由于更复杂的几何结构，二维情况的讨论不能直接引用，用连续剪切波变换描述边界区域扩展到三维[8,9]。更准确来说，主要的困难是处理固体区域边界的不规则点，仍存在一些未解决的问题。

3.3.1 三维连续剪切波变换

剪切波系统的三维构造在本质上和二维是相同的。在这个情况下，使用在频域不同分区上定义的单独剪切波系统是方便的。在锥形区域定义三个锥形系统：

$$\mathcal{F}_1=\left\{(\xi_1,\xi_2,\xi_3)\in\mathbf{R}^3:\mid\xi_1\mid\geqslant 2,\left|\frac{\xi_2}{\xi_1}\right|\leqslant 1,\left|\frac{\xi_3}{\xi_1}\right|\leqslant 1\right\}$$

$$\mathcal{F}_2=\left\{(\xi_1,\xi_2,\xi_3)\in\mathbf{R}^3:\mid\xi_1\mid\geqslant 2,\left|\frac{\xi_2}{\xi_1}\right|>1,\left|\frac{\xi_3}{\xi_1}\right|\leqslant 1\right\}$$

$$\mathcal{F}_3=\left\{(\xi_1,\xi_2,\xi_3)\in\mathbf{R}^3:\mid\xi_1\mid\geqslant 2,\left|\frac{\xi_2}{\xi_1}\right|\leqslant 1,\left|\frac{\xi_3}{\xi_1}\right|>1\right\}$$

对 $\xi=(\xi_1,\xi_2,\xi_3)\in\mathbf{R}^3(\xi_1\neq 0)$，令 $\psi^{(d)}(d=1,2,3)$ 定义为

$$\hat{\psi}^{(1)}(\xi)=\hat{\psi}^{(1)}(\xi_1,\xi_2,\xi_3)=\hat{\psi}_1(\xi_1)\hat{\psi}_2\left(\frac{\xi_2}{\xi_1}\right),\hat{\psi}_2\left(\frac{\xi_3}{\xi_1}\right)$$

$$\hat{\psi}^{(2)}(\xi)=\hat{\psi}^{(2)}(\xi_1,\xi_2,\xi_3)=\hat{\psi}_1(\xi_2)\hat{\psi}_2\left(\frac{\xi_1}{\xi_2}\right),\hat{\psi}_2\left(\frac{\xi_3}{\xi_2}\right)$$

$$\hat{\psi}^{(3)}(\xi)=\hat{\psi}^{(3)}(\xi_1,\xi_2,\xi_3)=\hat{\psi}_1(\xi_3)\hat{\psi}_2\left(\frac{\xi_2}{\xi_3}\right),\hat{\psi}_2\left(\frac{\xi_1}{\xi_3}\right)$$

式中，ψ_1 和 ψ_1 满足在二维情况下相同的假设。因此，对 $L^2(\mathscr{F}_d)^\vee$ $(d=1,2,3)$ 的三维锥形连续剪切波系统为

$$\left\{\psi_{a,s_1,s_2,t}^{(d)}: 0 \leqslant a \leqslant \frac{1}{4}, -\frac{3}{2} \leqslant s_1 \leqslant \frac{3}{2}, -\frac{3}{2} \leqslant s_2 \leqslant \frac{3}{2}, t \in \mathbf{R}^3\right\} \tag{3.32}$$

其中

$$\psi_{a,s_1,s_2,t}^{(d)}(x) = |\det M_{as_1s_2}^{(d)}|^{-\frac{1}{2}}\psi^{(d)}((M_{as_1s_2}^{(d)})^{-1}(x-t))$$

并且

$$M_{as_1s_2}^{(1)} = \begin{pmatrix} a & -a^{\frac{1}{2}}s_1 & -a^{\frac{1}{2}}s_2 \\ 0 & a^{\frac{1}{2}} & 0 \\ 0 & 0 & a^{\frac{1}{2}} \end{pmatrix}$$

$$M_{as_1s_2}^{(2)} = \begin{pmatrix} a^{\frac{1}{2}} & 0 & 0 \\ -a^{\frac{1}{2}}s_1 & a & -a^{\frac{1}{2}}s_2 \\ 0 & 0 & a^{\frac{1}{2}} \end{pmatrix}$$

$$M_{as_1s_2}^{(3)} = \begin{pmatrix} a^{\frac{1}{2}} & 0 & 0 \\ 0 & a^{\frac{1}{2}} & 0 \\ -a^{\frac{1}{2}}s_1 & -a^{\frac{1}{2}}s_2 & a \end{pmatrix}$$

剪切波系统 $\psi_{a,s_1,s_2,t}^{(d)}$ 的元素是由 a 控制各种尺度，两个剪切变量 s_1、s_2 控制不同方向，由 t 控制不同位置。类似于二维情况，在每一个锥形区域中剪切变量只允许在一个紧集内变化。

对 $f \in L^2(\mathbf{R}^3)$，定义三维（小尺度）金字塔基的连续剪切波变换，$f \to \mathscr{SH}_\psi f(a,s_1,s_2,t)$ $(a>0, s_1,s_2 \in \mathbf{R}, t \in \mathbf{R}^3)$ 为

$$\mathscr{SH}_\psi f(a,s_1,s_2,t) = \begin{cases} \langle f, \psi_{a,s_1,s_2,t}^{(1)} \rangle, & |s_1|、|s_2| \leqslant 1 \\ \left\langle f, \psi_{a,\frac{1}{s_1},\frac{s_2}{s_1},t}^{(2)} \right\rangle, & |s_1| > 1, |s_2| \leqslant |s_1| \\ \left\langle f, \psi_{a,\frac{s_1}{s_2},\frac{1}{s_2},t}^{(3)} \right\rangle, & |s_2| > 1, |s_2| > |s_1| \end{cases}$$

也就是说，基于剪切变量的值，三维连续剪切波变换对应于一个特殊的金字塔基剪切波系统。当 a 趋近于0时，只对小尺度连续剪切波变换感兴趣，只需要分析 f 的奇异点。

3.3.2 三维边界的特性

三维连续剪切波变换和二维情况一样,具有描述一个函数或者分布 f 的奇异点集合的几何特性的能力,可以推导一些一般的固体区域的边界集合的特性。

为了呈现这些结果,定义要考虑的表面类型。令 $B=\chi_\Omega$,其中 Ω 是 $\mathbf{R}^3$ 的子集,边界 $\partial\Omega$ 是一个二维的拓扑面,存在以下条件时,认为 $\partial\Omega$ 是分段光滑的。

(1) 除了在 $\partial\Omega$ 上有限分开的 C^3 曲线 $\partial\Omega$ 是一个 C^∞ 的拓扑面。

(2) 在分开曲线的每一个点上,$\partial\Omega$ 有两个不在相同一条线上的外法线向量。

除了位置变量 t 是在 $\partial\Omega$ 上,并且剪切变量 (s_1,s_2) 对应在 t 处的法线方向 $B=\chi_\Omega$ 的连续剪切波变换有快速渐近衰减。在这种情况下,当 $a\to 0$ 时,$\mathcal{SH}_\psi B(a,s_1,s_2,t)\sim a$。

令 $\partial\Omega$ 的外法线向量是 $\boldsymbol{n}_p=\pm(\cos\theta_0\sin\phi_0,\sin\theta_0\sin\phi_0,\cos\theta_0)$ $(\theta_0\in[0,2\pi],\phi_0\in[0,\pi])$,如果 $s_1=a^{-\frac{1}{2}}\tan\theta_0$,$s_2=a^{-\frac{1}{2}}\cot\phi_0\sec\theta_0$,认为 $s=(s_1,s_2)$ 对应于法线方向 $\boldsymbol{n}_p$。这个定义排除了包含尖点的表面(如一个锥的顶点),因为目前还没有处理这种类型点的讨论。

定理 5 表明了三维连续剪切波变换的性质和二维情况相同,即一个在 $\mathbf{R}^3$ 内,边界是分段光滑的二维拓扑面的边界区域,当 $a\to 0$ 时,B 的连续剪切波变换表示成 $\mathcal{SH}_\psi B(a,s_1,s_2,t)$,有快速渐近衰减。对所有的位置 $t\in\mathbf{R}^3$(除了 t 在 Ω 的边界上),方向变量 s_1、s_2 对应在 t 处边界表面的法线方向;或者 t 在一个单独的曲线上,方向变量 s_1、s_2 对应在 t 处边界表面的法线方向(图 3.3)。正如在二维的情况,连续剪切波变换通过在小尺度 $\mathcal{SH}_\psi B(a,s_1,s_2,0)$ 的渐近衰减描述的几何结构。

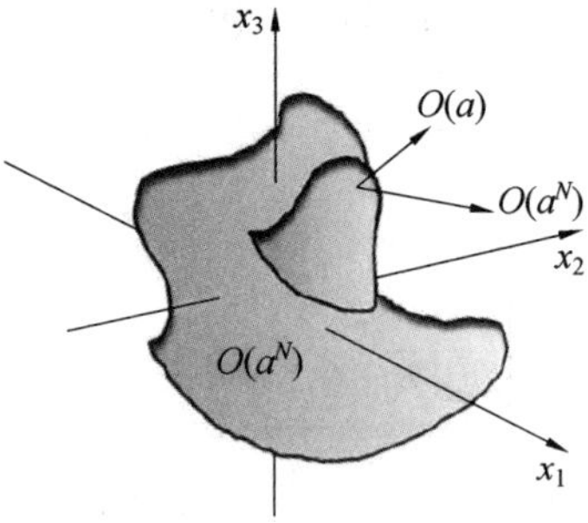

图 3.3 有分段光滑边界 $\partial\Omega$ 的一般区域 $\Omega\in\mathbf{R}^3$

定理5　令 Ω 是在 $\mathbf{R}^3$ 上的边界区域，并且 $\partial\Omega$ 表示它的边界。假设 $\partial\Omega$ 是一个分段光滑的二维拓扑面，令 $\gamma_j(j=1,2,\cdots,m)$ 是 $\partial\Omega$ 的分离曲线，有四种情况。

(1) 对所有 $N>0$，如果 $t\notin\partial\Omega$，则

$$\lim_{a\to 0^+} a^{-N}\mathcal{SH}_\psi B(a,s_1,s_2,t)=0$$

(2) 对所有 $N>0$，如果 $t\in\partial\Omega\backslash\bigcup_{j=1}^{m}\gamma_j$，并且 (s_1,s_2) 不对应 $\partial\Omega$ 在 t 处的法线方向，则

$$\lim_{a\to 0^+} a^{-N}\mathcal{SH}_\psi B(a,s_1,s_2,t)=0$$

(3) 如果 $t\in\partial\Omega\backslash\bigcup_{j=1}^{m}\gamma_j$，$(s_1,s_2)$ 对应 $\partial\Omega$ 在 t 处的法线方向或 $t\in\bigcup_{j=1}^{m}\gamma_j$，$(s_1,s_2)$ 对应 $\partial\Omega$ 在 t 处的两个法线方向之一，则

$$\lim_{a\to 0^+} a^{-1}\mathcal{SH}_\psi B(a,s_1,s_2,t)\neq 0$$

(4) 如果 $t\in\gamma_j$，并且 (s_1,s_2) 不对应 $\partial\Omega$ 在 t 处的法线方向，则存在一个常数(可能 $C=0$)使

$$\lim_{a\to 0^+} a^{-\frac{3}{2}}\mathcal{SH}_\psi B(a,s_1,s_2,t)=C$$

因此，类似于二维情况，连续剪切波变换在非法线方向，远离边界或在边界上快速衰减，衰减率对于法线方向，在边界上只是 $O(a^1)$。然而，关于表面的分离曲线的情况并不明显，对法线方向，衰减率是 $O(a^1)$，但是在非法线方向，认为衰减率是按顺序衰减或比 $O(a^{\frac{3}{2}})$ 更快(C 可能是0)。有一些关于分离曲线的衰减率在非法线方向上正好是 $O(a^{\frac{3}{2}})$($C\neq 0$) 的例子。因此，在定理5的(4)中 $a^{\frac{3}{2}}$ 比率无法改善，下面对证明进行一些说明，读者可以查阅文献[9]了解这个结果的完整证明。

正如在二维的情况，始点是散度定理，通过散度定理，将 B 的傅里叶变换写为

$$\hat{B}(\xi)=\hat{\chi}_\Omega(\xi)=-\frac{1}{2\pi\mathrm{i}|\xi|^2}\int_{\partial\Omega}\mathrm{e}^{-2\pi\mathrm{i}\langle\xi,x\rangle}\xi\cdot\boldsymbol{n}(x)\mathrm{d}\sigma(x)$$

式中，$\boldsymbol{n}$ 为 $\partial\Omega$ 在 x 处的外法线向量。

利用球坐标，有

$$\mathcal{SH}_\psi B(a,s_1,s_2,t)=\langle B,\psi_{a,s_1,s_2,t}\rangle=I_1(a,s_1,s_2,t)+I_2(a,s_1,s_2,t)$$

其中

$$I_1(a,s_1,s_2,t)=\int_0^{2\pi}\int_0^{\pi}\int_0^{\infty}T_1(\rho,\theta,\phi)\,\overline{\hat{\psi}_{a,s_1,s_2,t}}(\rho,\theta,\phi)\rho^2\sin\phi\mathrm{d}\rho\mathrm{d}\phi\mathrm{d}\theta$$

$$I_2(a,s_1,s_2,t)=\int_0^{2\pi}\int_0^{\pi}\int_0^{\infty}T_2(\rho,\theta,\phi)\,\overline{\hat{\psi}_{a,s_1,s_2,t}}(\rho,\theta,\phi)\rho^2\sin\phi\mathrm{d}\rho\mathrm{d}\phi\mathrm{d}\theta$$

并且

$$T_1(\rho,\theta,\phi)=-\frac{1}{2\pi\mathrm{i}\rho}\int_{P_\varepsilon(t)}\mathrm{e}^{-2\pi\mathrm{i}\rho\Theta(\theta,\phi)\cdot x}\Theta(\theta,\phi)\cdot\boldsymbol{n}(x)\mathrm{d}\sigma(x)$$

$$T_2(\rho,\theta,\phi)=-\frac{1}{2\pi\mathrm{i}\rho}\int_{\partial\Omega\backslash P_\varepsilon(t)}\mathrm{e}^{-2\pi\mathrm{i}\rho\Theta(\theta,\phi)\cdot x}\Theta(\theta,\phi)\cdot\boldsymbol{n}(x)\mathrm{d}\sigma(x)$$

式中，$P_\varepsilon(t)=\partial\Omega\cap\beta_\varepsilon(t)$，$\beta_\varepsilon(t)$ 为以 t 为中心、ε 为半径的球。I_2 和连续剪切波变换在远离位置 t 估计的 T_2 相关。因此，类似于引理 2 的局部化结果表明，当 $a\to 0$ 时，I_2 是快速减小的。当 t 是 $\partial\Omega$ 的一个正则点时，证明类似于定理 2。相比之下，t 在分离曲线上的情况与定理 3 证明中包含的部分相比，需要一个不同方法。

本章参考文献

[1] E. Candès and D. Donoho. Continuous curvelet transform: I. Resolution of the wavefront set, Appl. Comput. Harmon. Anal. 19 (2005), 162-197.

[2] T. Chan and J. Shen. Image Processing and Analysis, SIAM, Philadelphia, 2005.

[3] M. Do Carmo. Differential geometry of Curves and Surfaces, Prentice Hall, 1976.

[4] P. Grohs. Continuous shearlet frames and resolution of the wavefront set, Monatsh. Math. 164 (2011), 393-426.

[5] G. Easley, K. Guo, and D. Labate. Analysis of Singularities and Edge Detection using the Shearlet Transform, Proceedings of SAMPTA‘09, Marseille 2009.

[6] K. Guo, D. Labate and W. Lim. Edge Analysis and identification using the Continuous Shearlet Transform, Appl. Comput. Harmon. Anal. 27 (2009), 24-46.

[7] K. Guo, and D. Labate. Characterization and analysis of edges using the continuous shearlet transform, SIAM Journal on Imaging Sciences 2 (2009), 959-986.

[8] K. Guo, and D. Labate. Analysis and Detection of Surface Discontinuities using the 3D Con-tinuous Shearlet Transform, Appl. Comput. Harmon.

Anal. 30 (2011), 231-242.

[9] K. Guo, and D. Labate. Characterization of Piecewise-Smooth Surfaces Using the 3D Continuous Shearlet Transform, to appear in J. Fourier Anal. Appl. (2012)

[10] S. Jaffard, Y. Meyer. Wavelet methods for pointwise regularity and local oscillations of functions, Memoirs of the AMS, 123 n. 587 (1996).

[11] S. Jaffard. Pointwise smoothness, two-microlocalization and wavelet coefficients, Publications Matematiques 35 (1991), 155-168.

[12] G. Kutyniok and D. Labate. Resolution of the wavefront set using continuous shearlets, Trans. Amer. Math. Soc. 361 (2009), 2719-2754.

[13] C. Herz. Fourier transforms related to convex sets, Ann. of Math. 75 (1962), 81-92.

[14] M. Holschneider. Wavelets. Analysis tool, Oxford University Press, Oxford, 1995.

[15] S. Mallat. A Wavelet Tour of Signal Processing, Academic Press, San Diego, 1998.

[16] Y. Meyer, Wavelets and Operators. Cambridge Stud. Adv. Math. vol. 37, Cambridge Univ. Press, Cambridge, UK, 1992.

[17] E. M. Stein. Harmonic Analysis: real-variable methods, orthogonality, and oscillatory integrals, Princeton University Press, Princeton, NJ, 1993.

[18] S. Yi, D. Labate, G. R. Easley, and H. Krim. A Shearlet approach to Edge Analysis and Detection, IEEE Trans. Image Process 18(5) (2009), 929-941.

第 4 章　多变量剪切波变换、剪切波 coorbit 空间和它们的结构特性

本章主要介绍连续剪切波变换到高维的一般形式，并且构建关联平滑空间来分析它们的结构特性。为了构建规范尺度的平滑空间（即所谓的剪切波 coorbit 空间）以及关联原子分解和 Banach 构架，已证实 Feichtinger 和 Gröchenig 的一般 coorbit 空间理论适用于所提出的剪切波设定。二维的情况下存在很大一部分 Sobolev 嵌入的变体；此外，证实剪切波 coorbit 空间的自然子集在一定意义上相当于圆锥适应性剪切波，即存在齐次 Besov 空间的嵌入点；坐标轴上相同子类的轨迹也可以在齐次 Besov 空间识别。这些结果基于 Besov 空间有关原子分解的性质，以及具有紧支撑的剪切波可以作为剪切波 coorbit 空间向量分析的论证，得出多变量剪切波变换可以用来描绘某些奇异点特征的结论。

4.1　概　　述

在方向信号分析和信息检索的背景下，信息恢复的方法可以有脊波[3]、曲波[4]、轮廓波[17]和剪切波[29]等方法。在所有方法中，剪切波变换与组理论相关，从而显得非常突出，即这种变换对于一个固定组 $\mathscr{S}$（即剪切波组，见文献[10]）可以派生出一个平方可积的表示方法 $\pi:\mathscr{S}\to\mathscr{U}(L_2(\mathbf{R}^2))$，遵循这个组的允许函数称为剪切波。因此，在剪切波变换的背景下，可以利用群表示理论的所有工具。

对于在 $\mathbf{R}^d(d\geqslant 3)$ 中的分析数据，需要推广剪切波变换到更高维度。高维剪切波变换的第一步是识别一个合适的剪切波矩阵，给定一个 d 维矢量空间 V 和一个 V 的 k 维子空间 W，一个合理的模型如：剪切应固定在 W 空间进行，将所有矢量转换成平行于 W 的形式。即对于 $V=W\oplus W'$ 与 $v=w+w'$，剪切操作 S 可以描述为 $S(v)=w+(w'+s(w'))$，其中 s 是一个从 W' 到 W 的线性映射。因此，遵循一个恰当的 V 的基，剪切操作 S 与块矩阵相关关系如下：

$$S = \begin{pmatrix} I_k & s^{\mathrm{T}} \\ 0 & I_{d-k} \end{pmatrix}, \quad s \in \mathbf{R}^{d-k,k}$$

之后的问题是怎样选择块s。既然希望以平方可积的组表示,那么就更需要谨慎。通常情况下,参数的数量和空间的维度相适应;此外,最终的组既不能太大也不能太小。d 自由度和转换相关,1 自由度和扩张相关,$d-1$ 自由度的剪切元素将是最优的。因此,选择是$s \in \mathbf{R}^{d-1,1}$,即$k=1$。事实上,这种方法的相关多变量剪切波变换可以理解为一个平方可积组表示的$2d$参数组,完全的剪切波组。值得注意的是,这种选择在某种意义上是规范的,其他 $d-1$ 参数的选择也许有很好的组结构,但是表示方法通常不是平方可积的。这里不做讨论另一个方法,因为涉及 Toeplitz 形式的剪切矩阵,有兴趣的读者可以参考文献[9,14]。

通过一个平方可积的组表示联想到另一个概念,称为 coorbit 空间理论,由 Feichtinger 和 Gröcheni 在文献[18,19,20,21,24]引入。通过 coorbit 空间理论的方法,得到和组表示相关的平滑空间的尺度。在这个设定里,函数的平滑性是通过相关声音转换的衰减来测量的;此外,通过一种复杂的离散的表示方法,得到平滑空间(Banach)的构架。可以证实,对于多变量连续剪切波变换,可以建立所有应用于 coorbit 空间理论所必要的条件,所以最终可以得到新的规范平滑空间、多变量剪切 coorbit 空间和它们的原子分解以及空间的 Banach 构架。

一旦建立新的平滑空间,问题随之而来。这些空间看起来像什么?会有很好的设定使函数在这些空间稠密么?这些和经典平滑空间,如 Besov 空间的关系是什么?这里存在 Besov 空间的嵌入点么?这里存在 Sobolev 嵌入理论对于剪切波 coorbit 空间的一般化形式么?此外,相关联的迹线空间可以被检测么?本章提供这些问题的答案。本章关注的是二维的情况,在二维情况下发现,对于剪切波 coorbit 空间(和圆锥适应性剪切波相关)的自然子空间,存在齐次 Besov 空间的嵌入点,并且在相同的子空间,坐标轴的痕迹也可以被齐次 Besov 空间识别。一般的 d 维情况需要提出更复杂的技术,这将是未来工作的内容,见文献[8]。

最后,一个二维连续剪切波变换的趣现象是它可以用来分析奇异点。在文献[32]的概述和文献[5]的曲波,都可以证实连续剪切波变换的衰减准确地描述了某些奇异点的位置和方向信息。通过二维连续剪切波变换将这些特性带到了更高的维度。

4.2 多元连续剪切波变换

本节介绍在 $L_2(\mathbf{R}^d)$ 上的剪切波变换，需要抛物线扩张矩阵和剪切矩阵的推广。从4.2.1节的一个剪切波组的一般定义开始，在4.2.2节将这些组限制为具有平方可积的表示。

让 I_d 表示 (d,d) 识别矩阵，分别用 0_d、1_d 表示 d 维的矢量 0 和 1。

4.2.1 剪切组的单位表示

定义扩张矩阵依赖一个参数 $a \in \mathbf{R}^* := \mathbf{R}\setminus\{0\}$，定义如下：

$$A_a := \operatorname{diag}(a_1(a), \cdots, a_d(a))$$

式中，$a_1(a) := a$ 并且 $a_j(a) := a^{\alpha_j}, \alpha_j \in (0,1)(j = 2, \cdots, d)$。

为了具有方向选择性，A_a 对角线的扩张因子应该为各向异性，即 $|a_k(a)|$ $(k = 2, \cdots, d)$，当 $a \to \infty$ 时，在 a 的增加应小于线性增加，理想的选择应该是

$$A_a := \begin{pmatrix} a & 0_{d-1}^{\mathrm{T}} \\ 0_{d-1} & \operatorname{sgn}(a) \mid a \mid^{\frac{1}{d}} I_{d-1} \end{pmatrix} \tag{4.1}$$

在4.6节中这个选择将导致当 $|a \mapsto 0$ 时，剪切波变换在超平面奇异点增加，因此有能力检测特别的方向信息。对于固定的 $k \in \{1, \cdots, d\}$，定义剪切矩阵为

$$S_s = \begin{pmatrix} I_k & s^{\mathrm{T}} \\ 0_{d-k,k} & I_{d-k} \end{pmatrix}, \quad s \in \mathbf{R}^{d-k,k} \tag{4.2}$$

该剪切矩阵形成了 $GL_d(\mathbf{R})$ 的子组。

备注1 在 $\mathbf{R}^d$ 上的剪切矩阵也可以见文献[28]、文献[34]。想要显示这些矩阵和式(4.2)关系，在文献[28]里作者在当

$$(I_d - S)^2 = 0_{d,d} \tag{4.3}$$

时称满足上述条件的 $S \in \mathbf{R}^{d,d}$ 为一般的剪切矩阵，在式(4.2)中的矩阵实现了这个条件。式(4.3)等价于 S 分解的事实，即

$$S = P^{-1}\operatorname{diag}(J_1, \cdots, J_r, 1_{d-2r})P, \quad J_j := \begin{pmatrix} 1 & 1 \\ 0 & 1 \end{pmatrix}, r \leqslant \frac{d}{2}$$

式中，$P := (p_1, \cdots, p_d)$ 并且 $P^{-1} := (p_1, \cdots, p_d)^{\mathrm{T}}$ 可以写作

$$S = I_d + \sum_{j=1}^{r} q_{2j-1} p_{2j}^{\mathrm{T}}$$

其中

$$p_{2j}^{\mathrm{T}}q_{2i-1}=0,\quad i,j=1,\cdots,r$$

具有 $S_{qp}:=I_d+qp^{\mathrm{T}}$ 形式，且 $p^{\mathrm{T}}q=0$ 成立的矩阵称为元素剪切矩阵。一般的剪切矩阵不能形成一个组，仅当 $p_1^{\mathrm{T}}q=p_2^{\mathrm{T}}q=0$ 成立的矩阵称为元素剪切矩阵。两个元素剪切矩阵的产物 $S_{q_1p_1}$ 和 $S_{q_2p_2}$ 才是剪切矩阵，此时

$$S_{q_1p_1}S_{q_2p_2}=I_n+\sum_{j=1}^{2}q_jp_j^{\mathrm{T}}$$

为真。因此发现一般的剪切矩阵都是元素剪切矩阵的产物。在文献[28]中，经过有限多次的成对交换元素矩阵生成的任意 $GL_d(\mathbf{R})$ 的子组称为剪切组。一个剪切组如果不是其他剪切组的子组，那么它就是最大的。不难发现最大的剪切组是如下形式：

$$G:=\{I_d+(\sum_{i=1}^{k}c_iq_i)(\sum_{j=1}^{d-k}d_jp_j^{\mathrm{T}}):c_i,d_j\in\mathbf{R}\},\quad p_j^{\mathrm{T}}q_i=0$$

线性独立矢量 $q_i(i=1,\cdots,k)$ 以及 $p_j(j=1,\cdots,k)$，让 $\{\tilde{q}_i:i=1,\cdots,k\}$ 是 $\{q_i:i=1,\cdots,k\}$ 在线性空间 V 的一个对偶基，遍历这些矢量；让 $\{\tilde{p}_j:j=1,\cdots,d-k\}$ 是 $\{p_j:j=1,\cdots,d-k\}$ 在 $V^{\perp}$ 的对偶基。令 $P:=(q_1,\cdots,q_k,\tilde{p}_1,\cdots,\tilde{p}_{d-k})$，那么 $P^{-1}=(\tilde{q}_1,\cdots,\tilde{q}_k,p_1,\cdots,p_{d-k})^{\mathrm{T}}$。此时，得到对于所有的 $S\in G$，有

$$P^{-1}SP=\begin{pmatrix}I_k & cd^{\mathrm{T}}\\ 0_{d-k} & I_{d-k}\end{pmatrix},\quad c=(c_1,\cdots,c_k)^{\mathrm{T}},d=(d_1,\cdots,d_{d-k})^{\mathrm{T}}$$

换句话说，最大剪切组 G 与式(4.2)中的分块矩阵相一致的情况取决于基变换。

注意：在文献[6]中检验了 Heisenberg 群和辛群的半直积的容许子群。多变量方向系统构建的一些重要发展可以从文献[2]中的曲波以及文献[35]中的表面波得到。

对于剪切波变换，需要将扩张矩阵和剪切矩阵结合。让 $A_{a,1}:=\mathrm{diag}(a_1,\cdots,a_k)$ 并且 $A_{a,2}:=\mathrm{diag}(a_{k+1},\cdots,a_d)$。使用以下关系：

$$S_s^{-1}=\begin{pmatrix}I_k & -s^{\mathrm{T}}\\ 0_{d-k,R} & I_{d-k}\end{pmatrix}\text{ 以及 }S_sA_aS_{s'}A_{a'}=S_{s+A_{a,2}^{-1}s'A_{a,1}}A_{aa'}\tag{4.4}$$

对于式(4.1)中的特殊设置，上式可以简化为

$$S_sA_aS_{s'}A_{a'}=S_s+|a|^{1-\frac{1}{d}s'}A_{aa'}$$

引理 1　设 $\mathbf{R}^*\times\mathbf{R}^{d-k,k}\times\mathbf{R}^d$ 被赋予以下操作：

$$(a,s,t)\circ(a',s',t')=(aa',s+A_{a,2}^{-1}s'A_{a,1},t+S_sA_at')$$

是一个局部紧支撑组 $\mathbf{S}$。在 $\mathbf{S}$ 上的左 Haar 和右 Haar 测度由下式给定：

$$\mathrm{d}\mu_l(a,s,t)=\frac{|\det A_{a,2}|^{k-1}}{|a||\det A_{a,1}|^{d-k+1}}\mathrm{d}a\mathrm{d}s\mathrm{d}t$$

$$\mathrm{d}\mu_r(a,s,t)=\frac{1}{|a|}\mathrm{d}a\mathrm{d}s\mathrm{d}t$$

证明 在式(4.4)的左侧关系表明，$e:=(1,0_{d-k,k},0_d)$ 是 $\mathbf{S}$ 中的中立元素，$(a,s,t)\in\mathbf{R}^*\times\mathbf{R}^{d-1}\times\mathbf{R}^d$ 的逆通过下式给定：

$$(a,s,t)^{-1}=(a^{-1},\ -A_{a,2}sA_{a,1}^{-1},\ -A_a^{-1}S_s^{-1}t)$$

通过计算检查出乘法运算是相关的。

此外，有一个 $\mathbf{S}$ 上的函数，即

$$\int_{\mathbf{S}}F((a',s',t')\circ(a,s,t))\mathrm{d}\mu_l(a,s,t)$$

$$=\int_{\mathbf{R}}\int_{\mathbf{R}^{k(d-k)}}\int_{\mathbf{R}^d}F(a'a,s'+A_{a',2}^{-1}sA_{a',1},t'+S_{s'}A_{a'}t)\mathrm{d}\mu_l(a,s,t)$$

通过取代 $\tilde{t}:=t'=S_{s'}A_{a'}t$，即 $\mathrm{d}\tilde{t}=|\det A_{a'}|\mathrm{d}t$ 以及 $\tilde{s}=s'+A_{a',2}^{-1}sA_{a',1}$，也是 $\mathrm{d}\tilde{s}=|\det A_{a',1}|^{d-k}/|\det A_{a',2}|^k\mathrm{d}s$ 和 $\tilde{a}:=a'a$，上式可以重写为

$$\int_{\mathbf{R}}\int_{\mathbf{R}^{k(d-k)}}\int_{\mathbf{R}^d}F(\tilde{a},\tilde{s},\tilde{t})\frac{1}{|\det A_{a'}|}\frac{|\det A_{a',2}|^k}{|\det A_{a',1}|^{d-k}}\frac{1}{|a'|}\cdot$$

$$\frac{|a'||\det A_{a',1}|^{d-k+1}}{|\det A_{a',2}|^{k-1}}\mathrm{d}\mu_l(\tilde{a},\tilde{s},\tilde{t})$$

因此 $\mathrm{d}\mu_l$ 确实为 $\mathbf{S}$ 上的左 Haar 测度，类似可以证实 $\mathrm{d}\mu_r$ 是 $\mathbf{S}$ 上的右 Haar 测度。

只使用左 Haar 测度，并缩写 $\mathrm{d}\mu=\mathrm{d}\mu_l$。对于 $f\in L_2(\mathbf{R}^d)$ 定义

$$\pi(a,s,t)f(x)=f_{a,s,t}(x):=|\det A_a|^{-\frac{1}{2}}f(A_a^{-1}S_s^{-1}(x-t))\qquad(4.5)$$

$\pi:\mathbf{S}\to\mathscr{U}(L_2(\mathbf{R}^d))$ 是在 $L_2(\mathbf{R}^d)$ 上的酉算子从 $\mathbf{S}$ 映射到组 $\mathscr{U}(L_2(\mathbf{R}^d))$。在希尔伯特空间 $\mathscr{H}$ 上具有左 Haar 测度 μ 的局部紧密组 G 的酉表示是同态 π 从 G 到在 $\mathscr{H}$ 上的酉算子 $\mathscr{U}(\mathscr{H})$ 组，是连续的强算子拓扑。

引理 2 在式(4.5)中定义的映射 π 是 $\mathbf{S}$ 的酉表示。

证明 证实 π 是同态的，让 $\psi\in L_2(\mathbf{R}^d)$，$x\in\mathbf{R}^d$，并且 (a,s,t)，$(a',s',t')\in\mathbf{S}$。使用式(4.4)得到

$$\pi(a,s,t)(\pi(a',s',t')\psi)(x)$$

$$=|\det A_a|^{-\frac{1}{2}}(\pi(a',s',t')\psi)(A_a^{-1}S_s^{-1}(x-t))$$

$$=|\det A_{aa'}|^{-\frac{1}{2}}\psi(A_{a'}^{-1}S_{s'}^{-1}(A_a^{-1}S_s^{-1}(x-t)-t')$$

$$=|\det A_{aa'}|^{-\frac{1}{2}}\psi(A_{a'}^{-1}S_{s'}^{-1}A_a^{-1}S_s^{-1}(x-(t+S_sA_at')))$$

$$=|\det A_{aa'}|^{-\frac{1}{2}}\psi(A_{aa'}^{-1}S_{s+A_{a,2}^{-1}s'A_{a,1}}^{-1}(x-(t+S_sA_at')))$$
$$=\pi((a,s,t)\circ(a',s',t'))\psi(x)$$

4.2.2　剪切波组的平方可积表示方法

一个非平凡的函数 $\psi\in L_2(\mathbf{R}^d)$ 称为可容许函数，如

$$\int_{\mathbf{S}}|\langle\psi,\pi(a,s,t)\psi\rangle|^2\mathrm{d}\mu(a,s,t)<\infty$$

如果 π 是不可复归的，那么在 $\psi\in L_2(\mathbf{R}^d)$ 上存在至少一个可容许函数，此时 π 称为平方可积。通过备注2，会在剩余章节考虑一个特殊的情况。

备注2　假设有式(4.2)形式的剪切波矩阵，即 $s^{\mathrm{T}}=(s_{ij})_{i,j=1}^{k,d-k}\in\mathbf{R}^{k,d-k}$。让 s 有 N 个不同条目(变量)。必须有一个扩张参数，假设 $N\geqslant d-1$，否则组会变得太小，将式(4.12)取而代之得到

$$\int_{\mathbf{S}}|\langle f,\psi_{a,s,t}\rangle|^2\mathrm{d}\mu(a,s,t)$$
$$=\int_{\mathbf{R}}\int_{\mathbf{R}^d}\int_{\mathbf{R}^N}|\hat{f}(\omega)|^2|\det A_a|\left|\hat{\psi}\left(A_a\begin{pmatrix}\tilde{\omega}\\\tilde{\omega}_2+s\tilde{\omega}_1\end{pmatrix}\right)\right|^2\mathrm{d}\mu(a,s,t)\tag{4.6}$$

式中，$\tilde{\omega}_1:=(\omega_1,\cdots,\omega_k)^{\mathrm{T}}$；$\tilde{\omega}_2:=(\omega_{k+1},\cdots,\omega_d)^{\mathrm{T}}$。

傅里叶变换 $\mathscr{F}f_{a,s,t}=\hat{f}_{a,s,t}$ 中的 $f_{a,s,t}$，由下式给定：

$$\hat{f}_{a,s,t}(\omega)=\int_{\mathbf{R}^d}f_{a,s,t}(x)\mathrm{e}^{-2\pi\mathrm{i}\langle x,\omega\rangle}\mathrm{d}x$$
$$=|\det A_a|^{\frac{1}{2}}\mathrm{e}^{-2\pi\mathrm{i}\langle t,\omega\rangle}\hat{f}(A_a^{\mathrm{T}}S_s^{\mathrm{T}}\omega)$$
$$=|\det A_a|^{\frac{1}{2}}\mathrm{e}^{-2\pi\mathrm{i}\langle t,\omega\rangle}\hat{f}\left(A_a\begin{pmatrix}\tilde{\omega}\\\tilde{\omega}_2+s\tilde{\omega}_1\end{pmatrix}\right)\tag{4.7}$$

可以使用下式的替代过程：

$$\xi_{k+1}:=(\omega_{k+1}+s_{11}\omega_1+\cdots+s_{1k}\omega_k)\tag{4.8}$$

也就是 $\mathrm{d}\xi_{k+1}=|\omega_1|\mathrm{d}s_{11}$，并且当 $s_{1j}(j>1)$ 和 s_{11} 相同，就进行相应的修改，用以式(4.8)的形式出现时的 s_{11} 在 $\tilde{\omega}_2+s\tilde{\omega}_1$ 的其他行代替 s_{11}；接下来，如果它包含整数变量 $s(\neq s_{11})$ 时，继续在第二行代替变量；这个替代过程直至最后一行，最终将 $d-k$ 在 $\tilde{\psi}$ 的值，通过 $d-r(r\leqslant k)$、变量 $\xi_1=\xi_{j_1},\cdots,\xi_{j_{d-r}}$ 和只依赖于 $a,\omega,\xi_{j_1},\cdots,\xi_{j_{d-r}}$ 函数取代为低 k 值。因此，被积函数只依赖于这些函数。然而，需要在 $a,\omega,\xi_{j_1},\cdots,\xi_{j_{d-r}}$，以及其余 s 上的 $N-(d-r)$ 变量上积分，除非 $N=d-r$，否则式(4.6)是无限的。由于 $d-1\leqslant N$，意味着 $r=k=1$，即在 S_s 上选择式(4.9)。

通过备注 2 只处理 $k = 1$ 的剪切矩阵，即

$$S = \begin{pmatrix} 1 & s^{\mathrm{T}} \\ 0_{d-1} & I_{d-1} \end{pmatrix}, \quad s \in \mathbf{R}^{d-1} \tag{4.9}$$

通过式(4.1) 的扩张矩阵，有

$$\mathrm{d}\mu(a,s,t) = \frac{1}{|a|^{d+1}}\mathrm{d}a\mathrm{d}s\mathrm{d}t$$

定理 1 显示了定义的酉表示 π 是平方可积的。

定理 1　一个函数 $\psi \in L_2(\mathbf{R}^d)$ 只有在满足以下条件时是可容许的：

$$C_\psi := \int_{\mathbf{R}^d} \frac{|\hat{\psi}(\omega)|^2}{|\omega_1|^d}\mathrm{d}\omega < \infty \tag{4.10}$$

如果 ψ 是可容许的，那么对于任意的 $f \in L_2(\mathbf{R}^d)$，下式成立：

$$\int_{\mathbf{S}} |\langle f, \psi_{a,s,t}\rangle|^2 \mathrm{d}\mu(a,s,t) = C_\psi \|f\|^2_{L_2(\mathbf{R}^d)} \tag{4.11}$$

事实上，酉表示 π 是不可约的，因此是平方可积的。

证明　通过 Plancherel 定理和式(4.7)，得到

$$\int_{\mathbf{S}} |\langle f, \psi_{a,s,t}\rangle|^2 \mathrm{d}\mu(a,s,t) = \int_{\mathbf{S}} |f * \psi^*_{a,s,0}(t)|^2 \mathrm{d}t\mathrm{d}s \frac{\mathrm{d}a}{|a|^{d+1}}$$

$$= \int_{\mathbf{R}}\int_{\mathbf{R}^{d-1}}\int_{\mathbf{R}^d} |\hat{f}(\omega)|^2 |\hat{\psi}^*_{a,s,0}(\omega)|^2 \mathrm{d}\omega\mathrm{d}s \frac{\mathrm{d}a}{|a|^{d+1}}$$

$$= \int_{\mathbf{R}}\int_{\mathbf{R}^{d-1}}\int_{\mathbf{R}^d} |\hat{f}(\omega)|^2 |\det A_a| |\hat{\psi}(A_a^{\mathrm{T}}S_s^{\mathrm{T}}\omega)|^2 \mathrm{d}\omega\mathrm{d}s \frac{\mathrm{d}a}{|a|^{d+1}}$$

$$= \int_{\mathbf{R}}\int_{\mathbf{R}^{d-1}}\int_{\mathbf{R}^d} |\hat{f}(\omega)|^2 \frac{|\det A_{a,2}|}{|a|^d} \left|\hat{\psi}\begin{pmatrix} a\omega_1 \\ A_{a,2}(\tilde{\omega} + s\omega_1)\end{pmatrix}\right|^2 \mathrm{d}s\mathrm{d}\omega\mathrm{d}a \tag{4.12}$$

式中，$\psi^*_{a,s,0}(x) = \overline{\psi_{a,s,0}(-x)}$，代替 $\tilde{\xi} := A_{a,2}(\tilde{\omega} + \omega_1 s)$，即

$$|\det A_{a,2}| |\omega_1|^{d-1}\mathrm{d}s = \mathrm{d}\xi$$

得到

$$\int_{\mathbf{S}} |\langle f, \psi_{a,s,t}\rangle|^2 \mathrm{d}\mu$$

$$= |a|^{-d}\int_{\mathbf{R}}\int_{\mathbf{R}^d}\int_{\mathbf{R}^{d-1}} |\hat{f}(\omega)|^2 |\omega_1|^{-(d-1)} \left|\hat{\psi}\begin{pmatrix} a\omega_1 \\ \xi\end{pmatrix}\right|^2 \mathrm{d}\xi\mathrm{d}\omega\mathrm{d}a$$

假设 $\xi_1 := a\omega_1$，也就是 $\omega_1\mathrm{d}a = \mathrm{d}\xi_1$，结果是

$$\int_{\mathbf{S}} |\langle f, \psi_{a,s,t}\rangle|^2 \mathrm{d}\mu$$

$$= \int_{\mathbf{R}}\int_{\mathbf{R}^d}\int_{\mathbf{R}^{d-1}} |\hat{f}(\omega)|^2 \frac{|\omega_1|^d}{|\xi_1|^d |\omega_1|^d} \left|\hat{\psi}\begin{pmatrix} \xi_1 \\ \tilde{\xi}\end{pmatrix}\right|^2 \mathrm{d}\tilde{\xi}\mathrm{d}\omega\mathrm{d}\xi_1$$

$= C_\psi \| f \|^2_{L_2(\mathbf{R}^d)}$

令 $f := \psi$，只有当 C_ψ 是有限时，ψ 是可容许的。

π 的不可约性遵循式(4.11)，并且和式(4.11)是相同的方式。

4.2.3　连续剪切波变换

函数 $\psi \in L_2(\mathbf{R}^d)$ 满足可约束条件式(4.10)，被称为是连续剪切波变换，对 $\mathcal{SH}_\psi : L_2(\mathbf{R}^d) \to L_2(\mathbf{S})$，有

$$\mathcal{SH}_\psi f(a,s,t) := \langle f, \psi_{a,s,t} \rangle = (f * \psi^*_{a,s,0})(t)$$

连续剪切波变换与 $\mathbf{S}$ 在引理 1 中定义，用式(4.9)表示。

备注 3　连续剪切波变换的例子可以通过以下方式建立。

让 ψ_1 是一个可容许的小波，$\hat{\psi}_1 \in C^\infty(\mathbf{R})$，支撑集 $\hat{\psi}_1 \subseteq \left[-2, -\frac{1}{2}\right] \cup \left[\frac{1}{2}, 2\right]$，并且让 ψ_2 是 $\hat{\psi}_2 \in C^\infty(\mathbf{R}^{d-1})$，支撑集 $\hat{\psi}_2 \subseteq [-1,1]^{d-1}$，此时函数 $\psi \in L^2(\mathbf{R}^d)$ 可以定义为

$$\hat{\psi}(\omega) = \hat{\psi}(\omega_1, \tilde{\omega}) = \hat{\psi}_1(\omega_1)\hat{\psi}_2\left(\frac{1}{\omega_1}\tilde{\omega}\right)$$

上式是一个连续剪切波。剪切波 $\hat{\psi}$ 对于 $\omega_1 \geq 0$ 的描述如图 4.1 所示。

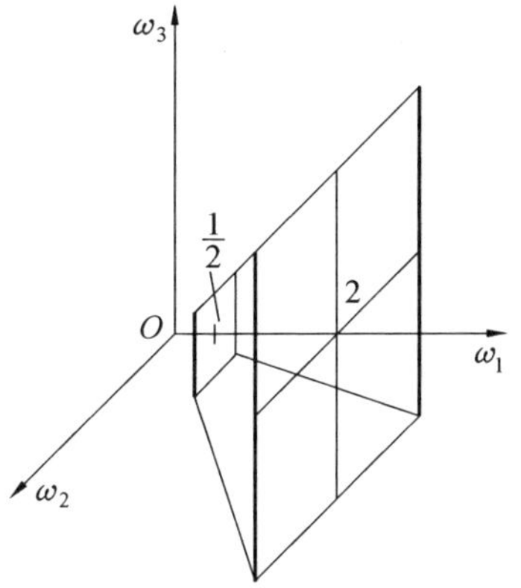

图 4.1　对 $\omega_1 \geq 0$ 在备注 3 里剪切波 $\hat{\psi}$ 的支撑

备注 4　在文献[34]里，作者想到 $GL_d(\mathbf{R})$ 的可容许子组 G，即这些子组的半直积与变换组上升到一个平方可积的表示方法为

$$\pi(g,t)f(x) = |\det g|^{-\frac{1}{2}} f(g^{-1}(x-t))$$

让 Δ 表示 G 上的模块化函数，即

$$d\mu_l(g) = \Delta(g)\, d\mu_r(g)$$

并且记$\Delta \equiv |\det|$即对于所有的$g \in G$，都有$\Delta(g) = |\det g|$。在文献[34]包含了以下结果。

(1) 如果G是可容许的，则$\Delta \neq |\det|$并且$G_x^0 := \{g \in G : gx = x\}$对任意$x \in \mathbf{R}^d$是紧凑的。

(2) 如果$\Delta \neq |\det|$，并且对于任意的$x \in \mathbf{R}^d$存在$\varepsilon(x) > 0$，使G_x^ε: $\{g \in G : |gx - x| \leqslant \varepsilon(x)\}$是紧凑的，则$G$是可容许的。

由于ε间隙的紧支撑条件，上述条件不能成为一个可容许的表征。在这种情况下，有$\Delta \neq |\det|$，在$|a| \neq 1$有$|a|^{-d} \neq |a||a|^{\alpha_2+\cdots+\alpha_d}$。进一步，$G_x^0 = (1, 0_{d-1})$并且对于一些小的$\varepsilon_j$，有

$$G_x^\varepsilon = \{(a,s) : |a| \in [1-\varepsilon_1, 1+\varepsilon_1], s_j \in [-\varepsilon_j, \varepsilon_j], j = 2, \cdots, d\}$$

这样结果(1)中的必要条件和结果(2)中的充分条件可以满足。

4.3 coorbit 空间理论的一般概念

本节简单地回忆由 Feichtinger 和 Gröchenig 在文献[18,19,20,21]提出的与 coorbit 理论相关的最基本的概念，这个理论基于平方可积组表示法且具有以下优势。

(1) 该理论在特定情况是普遍的：给定一个希尔伯特空间$\mathscr{H}$、一个G上的平方可积表达方式和分析函数的非空集，可以应用整个抽象机制。

(2) 这个理论提供平滑空间的自然集合，即 coorbit 空间。由于与组表示法相关的声音变换有特定的衰减，coorbit 理论被定义在希尔波特空间$\mathscr{H}$的元素集合里。在很多情况下，如对于仿射组以及 Weyl - Heisenberg 组、coorbit 空间与一些经典的平滑空间（如 Besov 及它的调整空间）是相符合的。

(3) Feichtinger-Gröchenig 理论不仅在$\mathscr{H}$引入希尔伯特构架，也引入了相关 coorbit 空间的尺度构架；此外，不仅能处理希尔伯特空间，也能处理 Banach 空间。

(4) 离散化产生构架不会发生在$\mathscr{H}$（可能看起来比较复杂），但会发生在拓扑群（通常是一个更方便的对象），通过组表达式赋值给$\mathscr{H}$。

4.3.1 节中解释了怎样建立 coorbit 空间，在 4.3.2 节讨论了离散化问题，即建立了在这些空间构建 Banach 构架的基本步骤，这些事实主要来自文献[24]。

4.3.1　一般的 coorbit 空间

在希尔伯特空间 $\mathscr{H}$ 上固定一个不可约、单位、连续的 σ 紧密组 G 的连续表达方式 π。让 ω 是一个真值、连续、$\mathbf{S}$ 上的子乘法权重,即对于所有的 g、$h \in \mathbf{S}$,有 $w(gh) \leqslant w(g)w(h)$;此外,假设加权函数 w 满足文献[24,2.2 节]描述的所有的 coorbit 理论条件。为了定义 coorbit 空间,需要设置

$$\mathscr{A}_w := \{\psi \in L_2(\mathbf{R}^d): V_\psi(\psi): \langle \psi, \pi(\cdot)\psi \rangle \in L_{1,w}\}$$

用来分析矢量。假设加权是考虑模块化加权对称的,也就是说,$w(g) = w(g^{-1})\Delta(g^{-1})$。从普通的加权函数 w 出发,它的对称版本可以通过

$$w^{\#}(g) := w(g)w(g^{-1})\Delta(g^{-1})$$

得到。这在文献[18]中的引理 2.4 证明了,即 $\mathscr{A}_w = \mathscr{A}_{w^{\#}}$。

对于一个分析矢量 ψ,可以考虑如下空间:

$$\mathscr{H}_{1,w} := \{f \in L_2(\mathbf{R}^d): V_\psi(f) = \langle f, \pi(\cdot)\psi \rangle \in L_{1,w}(G)\}$$

它的规范为

$$\| f \|_{\mathscr{H}_{1,w}} := \| V_\psi(f) \|_{L_{1,w}(G)}$$

它的非双原为 $\mathscr{H}_{1,w}^{\sim}$,所有 $\mathscr{H}_{1,w}$ 上的连续共轭线性函数的空间。空间 $\mathscr{H}_{1,w}$ 和 $\mathscr{H}_{1,w}^{\sim}$ 都是具有连续植入 $\mathscr{H}_{1,w} \to \mathscr{H} \to \mathscr{H}_{1,w}^{\sim}$ 的 π 常量 Banach 空间,这样在 $L_2(\mathbf{R}^d) \times L_2(\mathbf{R}^d)$ 的内积将延伸到一个在 $\mathscr{H}_{1,w}^{\sim} \times \mathscr{H}_{1,w}$ 上半双线性的形式。因此对于 $\psi \in \mathscr{H}_{1,w}$ 和 $f \in \mathscr{H}_{1,w}^{\sim}$,延伸表达系数

$$V_\psi(f)(g) := \langle f, \pi(g)\psi \rangle_{\mathscr{H}_{1,w}^{\sim} \times \mathscr{H}_{1,w}}$$

可以很好地定义。

让 m 是一个 G 上 w 适度的权重,意味着对于所有的 x、y、$z \in G$,有

$$m(xyz) \leqslant w(x)m(y)w(z)$$

此外对于 $1 \leqslant p \leqslant \infty$,使

$$L_{p,m}(G) := \{F \text{ 测量}: Fm \in L_p(G)\}$$

可以定义 Banach 空间,又称为 coorbit 空间

$$\mathscr{H}_{p,w} := \{f \in \mathscr{H}_{1,w}^{\sim}: V_\psi(f) \in L_{p,m}(G)\}$$

$$\| f \|_{\mathscr{H}_{p,m}} := \| V_\psi(f) \|_{L_{p,m}(G)}$$

发现 $\mathscr{H}_{p,m}$ 的定义与分析矢量 ψ 和权重 w 是独立的,就某种意义而言,对于所有的 $g \in G$,$\tilde{w}$ 随着 $w(g) \leqslant C\tilde{w}(g)$ 以及 $\mathscr{A}_{\tilde{w}} \neq 0$ 产生了相同的空间,见文献[18,定理 4.2]。在应用中,从子乘法加权 m 开始,对于定义 $\mathscr{A}_w$,使用对称加权 $w := m^{\#}$。很显然,m 是 w 适度的。

4.3.2 原子分解以及 Banach 构架

Feichtinger-Gröchenig 理论也提供了 coorbit 空间上构建原子分解和 Banach 构架。为了达到这个目的，$\mathscr{A}_w$ 的子集 $\mathscr{B}_w$ 必须是非空的：

$$\mathscr{B}_w := \{\psi \in L_2(\mathbf{R}^d) : V_\psi(\psi) \in \mathscr{W}(C_0, L_{1,w})\}$$

式中，$\mathscr{W}(C_0, L_{1,w})$ 为 Wiener - Amalgam 空间，表示为

$$\mathscr{W}(C_0, L_{1,w}) := \{F : \| (L_x\chi_{\mathscr{D}})F \|_\infty \in L_{1,w}\}$$

$$\| L_x\chi_{\mathscr{D}}F \|_\infty = \sup_{y \in x\mathscr{D}} | F(y) |$$

$L_xf(y) := f(x^{-1}y)$ 表示左平移，$\mathscr{D}$ 为一个 G 上识别元素的一个相关紧支撑邻域，见文献[24]。一般的 $\mathscr{B}_w$ 是根据 Wiener - Amalgam 空间的右版本，有

$$\mathscr{W}^R(C_0, L_{1,w}) := \{F : \| (R_x\chi_Q)F \|_\infty = \sup_{y \in x\mathscr{D}x^{-1}} | F(y) | \in L_{1,w}\}$$

$R_xf(y) := f(yx)$ 表示右平移。由于 $V_\psi(\psi)(g) = V_\psi(\psi)(g^{-1})$，并假设 $\mathscr{D} = \mathscr{D}^{-1}$ 与 $\mathscr{B}_w$ 里的定义一致，它遵循 $\mathscr{B}_w \subset \mathscr{H}_{1,w}$。

此外，一个 G 上的可数集合 $X = (g_\lambda)_{\lambda \in \Lambda}$ 在 $\bigcup_{\lambda \in \Lambda} g_\lambda U = G$ 是 U 稠密的，并且对于 e 上的一些紧凑的邻域 Q 是可分离的，有

$$g_iQ \cap g_jQ = \varnothing, \quad i \neq j$$

并且如果 X 是在分离集合上有限集合，它是相对分离的。

分解理论在文献[18,19,20]里一般设置里被证明过，通过 U - dense（U - 密集）的离散表示方法，产生了在 $\mathscr{H}_{p,m}$ 上的原子分解。通过给定一个原子分解，给这个定理提供了一个条件，在这个条件下，函数 f 的结果取决于它在 $\langle f, \pi(g)\psi \rangle$ 的值，以及 f 在这些时刻是怎样重构的。

定理 2 令 $1 \leqslant p \leqslant \infty$ 并且 $\psi \in \mathscr{B}_w, \psi \neq 0$，存在一个（充分小）$e$ 上的邻域 U，对任意的 U - dense 以及相对分离集合 $X = (g_\lambda)_{\lambda \in \Lambda}$，集合 $\{\pi(g_\lambda)\psi : \lambda \in \Lambda\}$ 提供了一个原子分解以及对于 $\mathscr{H}_{p,m}$ 的 Banach 构架。

原子分解 如果 $f \in \mathscr{H}_{p,m}$，那么

$$f = \sum_{\lambda \in \Lambda} c_\lambda(f)\pi(g_\lambda)\psi$$

系数序列取决于 f 的线性，并且满足

$$\| (c_\lambda(f))_{\lambda \in \Lambda} \|_{\ell_{p,m}} \leqslant C \| f \|_{\mathscr{H}_{p,m}}$$

常数 C 只取决于 ψ，$\ell_{p,m}$ 通过下式定义：

$$\ell_{p,m} := \{c = (c_\lambda)_{\lambda \in \Lambda} : \| c \|_{\ell_{p,m}} := \| cm \|_{\ell_p} < \infty\}$$

$m = (m(g_\lambda))_{\lambda \in \Lambda}$，相反如果 $(c_\lambda(f))_{\lambda \in \Lambda} \in \ell_{p,m}$，那么 $f = \sum_{\lambda \in \Lambda} c_\lambda \pi(g_\lambda)\psi$ 在 $\mathscr{H}_{p,m}$ 中，并且

$$\|f\|_{\mathscr{H}_{p,m}} \leqslant C' \|(c_\lambda(f))_{\lambda\in\Lambda}\|_{\ell_{p,m}}$$

Banach 构架　集合$\{\pi(g_\lambda)\psi:\lambda\in\Lambda\}$是对于$\mathscr{H}_{p,m}$的一个Banach构架，意味着以下几个特性。

(1) 只有当$(\langle f,\pi(g)\psi\rangle_{\mathscr{H}_{\tilde{1},m}\times\mathscr{H}_{1,m}})_{\lambda\in\Lambda}\in\ell_{p,m}$时，有$f\in\mathscr{H}_{p,m}$。

(2) 存在两个常数$0\leqslant D\leqslant D'<\infty$，有

$$D\|f\|_{\mathscr{H}_{p,m}} \leqslant \|(\langle f,\pi(g_\lambda)\psi\rangle_{\mathscr{H}_{\tilde{1},m}\times\mathscr{H}_{1,m}})_{\lambda\in\Lambda}\|_{\ell_{p,m}} \leqslant D'\|f\|_{\mathscr{H}_{p,m}}$$

(3) 存在一个界限，线性重构操作$\mathscr{R}$是从$\ell_{p,m}$到$\mathscr{H}_{p,m}$，以至于

$$\mathscr{R}((\langle f,\pi(g_\lambda)\psi\rangle_{\mathscr{H}_{\tilde{1},m}\times\mathscr{H}_{1,m}})_{\lambda\in\Lambda})=f$$

4.4　多变量剪切波 coorbit 理论

本节想建立 coorbit 理论，基于式(4.1)和式(4.9)定义的剪切组的平方可积表示式(4.5)，本节主要遵循文献[11]和文献[12]。

4.4.1　剪切波 coorbit 空间

在a和s是局部可积的情况下，考虑权重函数$w(a,s,t)=w(a,s)$，即$w\in L_1^{\mathrm{loc}}(\mathbf{R}^d)$并且满足在4.3.1节开始所提的要求。

为了构建与剪切波组相关的 coorbit 空间，确保存在一个函数$\psi\in L_2(\mathbf{R}^d)$，有

$$\mathscr{SH}_\psi(\psi)=\langle\psi,\pi(a,s,t)\psi\rangle\in L_{1,w}(\mathbf{S}) \tag{4.13}$$

考虑群表示的可积性，提出文献[26]。为此，需要文献[12]中支持ψ的初步引理。

引理3　令$a_1\geqslant a_0\geqslant\alpha>0$，并且$b=(b_1,\cdots,b_{d-1})^{\mathrm{T}}$是一个具有正元素的矢量，假设支撑集

$$\hat{\psi}\subseteq([-a_1,-a_0]\cup[a_0,a_1])\times Q_b$$

其中

$$Q_b:=[-b_1,b_1]\times\cdots\times[-b_{d-1},b_{d-1}])$$

$\hat{\psi}\hat{\psi}_{a,s,0}\neq 0$表示$a\in\left[-\dfrac{a_1}{a_0},-\dfrac{a_0}{a_1}\right]\cup\left[\dfrac{a_0}{a_1},\dfrac{a_1}{a_0}\right]$，并且

$$s\in Q_c\left(c:=\frac{1+\left(\dfrac{a_1}{a_0}\right)^{\frac{1}{d}}}{a_0}b\right)$$

可以证明需要的式(4.13)的属性$\mathscr{SH}_\psi(\psi)$。

定理 3　令 ψ 是一个 Schwarz 函数，有支撑集为

$$\hat{\psi} \subseteq ([-a_1, -a_0] \cup [a_0, a_1]) \times Q_b$$

有 $\mathcal{SH}_\psi(\psi) \in L_{1,w}(\mathbf{S})$，即

$$\|(\psi, \pi(\cdot)\psi)\|_{L_{1,w}(\mathbf{S})} = \int_{\mathbf{S}} |\mathcal{SH}_\psi(\psi)(a,s,t)| w(a,s,t) \mathrm{d}\mu(a,s,t) < \infty$$

证明　计算得到

$$\begin{aligned}
\|(\psi, \pi(\cdot)\psi)\|_{L_{1,w}(\mathbf{S})} &= \int_{\mathbf{R}} \int_{\mathbf{R}^{d-1}} \int_{\mathbf{R}^d} |\langle \psi, \psi_{a,s,t} \rangle| w(a,s) \mathrm{d}t \mathrm{d}s \frac{\mathrm{d}a}{|a|^{d+1}} \\
&= \int_{\mathbf{R}} \int_{\mathbf{R}^{d-1}} \int_{\mathbf{R}^d} |\langle \psi * \psi^*_{a,s,0}(t) \rangle| w(a,s) \mathrm{d}t \mathrm{d}s \frac{\mathrm{d}a}{|a|^{d+1}} \\
&= \int_{\mathbf{R}} \int_{\mathbf{R}^{d-1}} \int_{\mathbf{R}^d} |\mathcal{F}^{-1}\mathcal{F}\langle \psi * \psi^*_{a,s,0}(t) \rangle| \mathrm{d}t w(a,s) \mathrm{d}s \frac{\mathrm{d}a}{|a|^{d+1}} \\
&= \int_{\mathbf{R}} \int_{\mathbf{R}^{d-1}} \|\mathcal{F}\langle \psi * \psi^*_{a,s,0} \rangle\|_{\mathcal{F}^{-1}L_1} w(a,s) \mathrm{d}s \frac{\mathrm{d}a}{|a|^{d+1}} \\
&= \int_{\mathbf{R}} \int_{\mathbf{R}^{d-1}} \|\hat{\psi} \overline{\hat{\psi}}_{a,s,0}\|_{\mathcal{F}^{-1}L_1} w(a,s) \mathrm{d}s \frac{\mathrm{d}a}{|a|^{d+1}}
\end{aligned}$$

其中

$$\|f\|_{\mathcal{F}^{-1}L_1(\mathbf{R}^d)} := \int_{\mathbf{R}^d} |\mathcal{F}^{-1}f(x)| \mathrm{d}x$$

由定理 3 重写为

$$\begin{aligned}
&\|\langle \psi, \pi(\cdot)\psi \rangle\|_{L_{1,w}(\mathbf{S})} \\
&= \left(\int_{-\frac{a_1}{a_0}}^{-\frac{a_0}{a_1}} + \int_{\frac{a_0}{a_1}}^{\frac{a_1}{a_0}} \right) \int_{Q_c} \|\hat{\psi} \hat{\psi}^*_{a,s,0}\|_{\mathcal{F}^{-1}L_1(\mathbf{R}^d)} w(a,s) \mathrm{d}s \frac{\mathrm{d}a}{|a|^{d+1}}
\end{aligned}$$

很明显是个有限值。

为了满足式(4.13)的 ψ，可以考虑空间

$$\mathcal{H}_{1,w} = \{f \in L_2(\mathbf{R}^d) : \mathcal{SH}_\psi(f) \in L_{1,w}(\mathbf{S})\}$$

以及它的非双源 $\mathcal{H}_{1,w}^{\sim}$。根据 4.3.1 节，扩展表达系数为

$$\mathcal{SH}_\psi(f)(a,s,t) = \langle f, \pi(a,s,t)\psi \rangle_{\mathcal{H}_{1,w}^{\sim} \times \mathcal{H}_{1,w}}$$

扩展表达系数已经被很好地定义了，并且对于 $1 \leqslant p \leqslant \infty$，可以定义 Banach 空间，也称为剪切波 coorbit 空间，为

$$\mathcal{SC}_{p,m} := \{f \in \mathcal{H}_{1,w}^{\sim} : \mathcal{SH}_\psi(f) \in L_{p,m}(\mathbf{S})\}$$

规定

$$\|f\|_{\mathcal{SC}_{p,m}} := \|\mathcal{SH}_\psi f\|_{L_{p,m}(\mathbf{S})}$$

4.4.2　剪切波原子分解以及剪切波 Banach 构架

首先需要确定，对于一个$e \in \mathbf{S}$紧密的邻域U，内部为非空，U - dense设定见4.3.2 节。

引理4　让U是一个已经定义的$\mathbf{S}$的邻域，让$\alpha > 1$和β、$\tau > 0$定义如下：

$$[\alpha^{\frac{1}{d}-1},\alpha^{\frac{1}{d}}) \times \left[-\frac{\beta}{2},\frac{\beta}{2}\right)^{d-1} \times \left[-\frac{\tau}{2},\frac{\tau}{2}\right)^{d} \subseteq U$$

序列有

$$\{\varepsilon\alpha^{j},\beta\alpha^{j(1-\frac{1}{d})}k,S_{\beta\alpha^{j(1-\frac{1}{d})}k}A_{\alpha_j}\tau m):j \in \mathbf{Z},k \in \mathbf{Z}^{d-1},m \in \mathbf{Z}^{d},\varepsilon \in \{-1,1\}\} \tag{4.14}$$

式(4.14) 是 U - dense 且相对分离。

证明可以见文献[12]，在文献[12] 中分解理论表明，通过U -dense 设置离散化的表示方式产生了一种$\mathscr{SC}_{p,m}$的原子分解。

定理4　令$1 \leqslant p \leqslant \infty$并且$\psi \in \mathscr{B}_w(\psi \neq 0)$。存在一个(充分小)$e$的邻域$U$，以至对于任意 U - dense 和相对分离集$X = ((a,s,t)_\lambda)_{\lambda \in \Lambda}$，设定$\{\pi(g_\lambda)\psi:\lambda \in \Lambda\}$给$\mathscr{SC}_{p,m}$提供了一种原子分解和 Banach 构架。

原子分解　如果$f \in \mathscr{SC}_{p,m}$，那么

$$f = \sum_{\lambda \in \Lambda} c_\lambda(f)\pi((a,s,t)_\lambda)\psi \tag{4.15}$$

序列的系数取决于f上的线性，并且满足

$$\|(c_\lambda(f)_{\lambda \in \Lambda}\|_{\ell_{p,m}} \leqslant C\|f\|_{\mathscr{SC}_{p,m}}$$

相反$(c_\lambda(f))_{\lambda \in \Lambda} \in \ell_{p,m}$，并且$f = \sum\limits_{\lambda \in \Lambda} c_\lambda(f)\pi((a,s,t)_\lambda)\psi$是在$\mathscr{SC}_{p,m}$里，并且

$$\|f\|_{\mathscr{SC}_{p,m}} \leqslant C'\|(c_\lambda(f)_{\lambda_\Lambda}\|_{\ell_{p,m}}$$

Banach 构架　对于$\mathscr{SC}_{p,m}$，$\{\pi(g_\lambda)\psi:\lambda \in \Lambda\}$是一个Banach构架，意味着以下几个特性。

(1) 只有当$(\langle f,\pi(a,s,t)_\lambda\psi\rangle_{\mathscr{H}_{\tilde{1},w}\times\mathscr{H}_{1,w}})_{\lambda \in \Lambda} \in \ell_{p,m}$时，有$f \in \mathscr{SC}_{p,m}$。

(2) 存在两个常数$0 < D \leqslant D' < \infty$，以至于

$$D\|f\|_{\mathscr{SC}_{p,m}} \leqslant \|(\langle f,\pi(a,s,t)_\lambda\psi\rangle_{\mathscr{H}_{\tilde{1},w}\times\mathscr{H}_{1,w}})_{\lambda \in \Lambda}\|_{\ell_{p,m}} \leqslant D'\|f\|_{\mathscr{SC}_{p,m}}$$

(3) 存在一个界限，线性重构操作$\mathscr{R}$从$\ell_{p,m}$到$\mathscr{SC}_{p,m}$，以至于

$$\mathscr{R}((\langle f,\pi(a,s,t)_\lambda\psi\rangle_{\mathscr{H}_{\tilde{1},w}\times\mathscr{H}_{1,w}})_{\lambda \in \Lambda}) = f$$

4.4.3　非线性估计

4.2 节通过特殊的离散化剪切波系统$(\psi_\lambda)_{\lambda \in \Lambda}(\Lambda \subset \mathbf{S})$，从剪切 coorbit 空

间 $\mathscr{SC}_{p,m}$ 建立了一个原子分解函数。从计算的角度引起思考，使用有限的 $(\psi_\lambda)_{\lambda\in\Lambda}$ 元素产生在 $\mathscr{SC}_{p,m}$ 近似方案的精度问题。

本节关注最佳阶估计的非线性近似法，即对于 $\mathscr{SC}_{p,m}$ 上的估计函数 f，通过 $(\psi_\lambda)_{\lambda\in\Lambda}$ 上精度 N 的元素以一种最优的方式线性结合。为了学习最佳阶估计的效果，需要对渐进行为的近似误差进行证明估计。

讨论需要考虑的具体情况。让 U 是上 $\mathbf{S}$ 特定抽取的小邻域 e；另外 $\Lambda\subset\mathbf{S}$ 是一个相对分离的 U - dense 的序列，在引理 4 中出现。此时，相关的剪切波系统为

$$\{\psi_\lambda=\psi_{a,s,t}:\lambda=(a,s,t)\in\Lambda\} \tag{4.16}$$

它适用于 $\mathscr{SC}_{p,m}(1\leqslant p\leqslant\infty)$ 上的原子分解元素，通过定理4，对于任意的 $f\in\mathscr{SC}_{p,m}$，有

$$f=\sum^{\lambda\in\Lambda}c_\lambda\psi_\lambda$$

$(c_\lambda)_{\lambda\in\Lambda}$ 线性地取决于 f，并且

$$C_1\|f\|_{\mathscr{SC}_{p,m}}\leqslant\|(c_\lambda)_{\lambda\in\Lambda}\|_{\ell_{p,m}}\leqslant C_2\|f\|_{\mathscr{SC}_{p,m}}$$

常数 C_1,C_2 是独立于 f 的。通过非线性嵌入式 $\sum_n(n\in\mathbf{N})$ 估计剪切波空间 $\mathscr{SC}_{p,m}$ 的函数，包含了所有的函数 $S\in\mathscr{SC}_{p,m}$，它们的扩张遵循式(4.16)中的剪切波系统 $(\psi_\lambda)_{\lambda\in\Lambda}$，具有最多 n 个非零系数，即

$$\sum_n:=\{S\in\mathscr{SC}_{p,m}:S=\sum_{\lambda\in\Gamma}d_\lambda\psi_\lambda,\Gamma\subseteq\Lambda,\#\Gamma\leqslant n\}$$

此时，对于误差的渐进行为非常感兴趣，误差可表示为

$$E_n(f)_{\mathscr{SC}_{p,m}}:=\inf_{S\in\Sigma_n}\|f-S\|_{\mathscr{SC}_{p,m}}$$

通常情况下，估计的顺序可以通过一些相关平滑空间测量出的近似函数的正则性得到。如对于非线性小波估计，集合的顺序取决于在 Besov 的特定尺度测量出来的正则性，见文献[15]；对于基于 Gabor 构架的非线性估计，在文献[27]中最正确的平滑空间是由调制空间的特定尺度给定的。这些与系统关系的延伸是根据文献[7]中的 Weyl - Heisenerg 组以及 α 调制空间。

在例子中证明了文献[27]的结果，即在一个方向的估计代替所有。理论证明最基本的部分是根据引理 5，可以见文献[27]和文献[16]。

引理 5 令 $0<p<q\leqslant\infty$。，存在一个常量 $D_p>0$ 独立于 q，并且对于所有的正数 $a=(a_i)_{i=1}^\infty$ 的递减序列，有

$$2^{-\frac{1}{p}}\|a\|_{\ell_p}\leqslant\left(\sum_{n=1}^\infty\frac{1}{n}(n^{\frac{1}{p}-\frac{1}{q}}E_{n,q}(a))^p\right)^{\frac{1}{p}}\leqslant D_p\|a\|_{\ell_p}$$

其中

$$E_{n,q}(a):(\sum_{n=1}^{\infty} a_i^q)^{\frac{1}{q}}$$

定理 5 在文献[11] 中提供了证明,它对于 $E_n(f)_{\mathscr{SC}_{p,m}}$ 的渐进行为提供了一个上估计。

定理 5　令$(\psi_\lambda)_{\lambda \in \Lambda}$ 是一个离散剪切波系统,和式(4.16) 一样,令 $1 \leqslant p < q < \infty$。存在一个常数 $C = C(p,q) < \infty$,对于所有的$f \in \mathscr{SC}_{p,m}$,有

$$\left(\sum_{n=1}^{\infty} \frac{1}{n}(n^{\frac{1}{p}-\frac{1}{q}}E_n(f)_{\mathscr{SC}_{p,m}})^p\right)^{\frac{1}{p}} \leqslant C \| f \|_{\mathscr{SC}_{p,m}}$$

4.5　剪切 coorbit 空间的结构

本节提供了一些剪切 coorbit 空间的第一结构特性。使用$f \lesssim g$ 表示关系 $f \leqslant Cg(C \geqslant 0)$,标记“ ~ ”代表不依赖涉及参数的常量。

之后的分析限制在二维的情况下(更多普遍的定义在文献[8] 提供),有三个方面。

(1) 对于大类的加权,有很多 Sobolev 嵌入存在。

(2) 对于在某种程度和圆锥适应性剪切波[32] 相关的自然子集,存在(齐次)Besov 空间的嵌入式。

(3) 对于相同的子集,坐标轴的痕迹也可以用齐次 Besov 空间鉴定。

二维方法很大程度上取决于原子分解技术。coorbit 空间理论引导至 Banach 构架,因此通过使用相关规则等价,上述所有标记的任务都可以通过加权序列规则的方式来研究,特别是基于文献[30] 的标准分析,最近这项技术应用于推导 Besov 空间的新嵌入式和跟踪结果[36]。

为了使这个方法更加有效,使用紧支撑块非常方便,甚至有时必须使用。在剪切波的情况下是一个不平凡的问题,通常情况下分析剪切波是带限函数,见定理3。对于圆锥适应性剪切波的特定情况下,文献[31] 提供了第一个解决方法,对于细节方面的讨论参考文献[33]。由于圆锥适应性剪切波不是真正适应组理论的设定,本节提供了一个紧支撑剪切波的新结构。事实上,一个有充足光滑和足够的消失时刻的紧支撑函数可以提供一个剪切波 coorbit 空间的分析矢量,即显示包含紧支撑的剪切波。从文献[25] 的引理 11.1.1,得到的引理 6 如下。

引理 6　对于 $r > 1$ 和 $\alpha > 0$,下式是正确的:

$$I(x) := \int_{\mathbf{R}} (1+|t|)^{-r}(1+\alpha|x-t|)^{-r}\mathrm{d}t$$
$$\leqslant C\left(\frac{1}{\alpha}(1+|x|)^{-r} + (1+\alpha|x|)^{-r}\right)$$

证明　令

$$\mathcal{N}_x := \left\{t \in \mathbf{R}: |t-x| \leqslant \frac{|x|}{2}\right\}$$
$$\mathcal{N}_x^c := \left\{t \in \mathbf{R}: |t-x| > \frac{|x|}{2}\right\}$$

对于 $t \in \mathcal{N}_x$，通过 $|x|-|t| \leqslant |t-x| \leqslant \frac{|x|}{2}$ 以及 $|t| \geqslant \frac{|x|}{2}$ 得到结果：

$$(1+|t|)^{-r} \leqslant \left(1+\frac{|x|}{2}\right)^{-r} \leqslant 2^r(1+|x|)^{-r}$$

上式的整数可以通过下式估计：

$$I(x) = \int_{\mathcal{N}_x}(1+|t|)^{-r}(1+\alpha|x-t|)^{-r}\mathrm{d}t + \int_{\mathcal{N}_x^c}(1+|t|)^{-r}(1+\alpha|x-t|)^{-r}\mathrm{d}t$$
$$\leqslant 2^r(1+|x|)^{-r}\int_{\mathcal{N}_x}(1+\alpha|x-t|)^{-r}\mathrm{d}t + \left(1+\alpha\frac{|x|}{2}\right)^{-r}\int_{\mathcal{N}_x^c}(1+|t|)^{-r}\mathrm{d}t$$
$$\leqslant 2^r\frac{1}{\alpha}(1+|x|)^{-r}\int_{\mathbf{R}}(1+|u|)^{-r}\mathrm{d}u + 2^r(1+\alpha|x|)^{-r}\int_{\mathbf{R}}(1+|t|)^{-r}\mathrm{d}t$$

和断言相符。

定理 6　对于一些 $D > 0$，让 $Q_D := [-D,D] \times [-D,D]$，让 $\psi(x) \in L_2(\mathbf{R}^2)$ 符合支撑集 $\psi \in Q_D$ 的条件。假设权重函数对于 $\rho_1, \rho_2 \geqslant 0$，满足

$$w(a,s,t) = w(a) \leqslant |a|^{-\rho_1} + |a|^{\rho_2}$$

并且有

$$|\hat{\psi}(\omega_1,\omega_2)| \lesssim \frac{|\omega_1|^n}{(1+|\omega_1|)^r}\frac{1}{(1+|\omega_2|)^r}$$

式中，$n \geqslant \max\left(\frac{1}{4}+\rho_2, \frac{9}{4}+\rho_1\right)$；$r > n + \max\left(\frac{7}{4}+\rho_2, \frac{9}{4}+\rho_1\right)$。

此时有 $\mathcal{SH}_\psi(\psi) \in L_{1,w}(\mathbf{S})$，即

$$I := \int_{\mathbf{S}} |\mathcal{SH}_\psi(\psi)(g)| w(g)\mathrm{d}\mu(g) < \infty$$

证明　有 ψ 的支撑特性，即 $\mathcal{SH}_\psi(\psi) = \langle \psi, \psi_{a,s,t}\rangle \neq 0$，要求 $(x_1,x_2) \in Q_D$，并且

$$-D \leqslant \frac{\operatorname{sgn} a}{\sqrt{|a|}}(x_2 - t_2) \leqslant D$$

$$-D \leqslant \frac{1}{a}(x_1 - t_1 - s(x_2 - t_2)) \leqslant D$$

$\langle \psi, \psi_{a,s,t} \rangle \neq 0$ 意味着

$$-D(1 + \sqrt{|a|}) \leqslant t_2 \leqslant D(1 + \sqrt{|a|})$$

$$-D(1 + |a| + |s|(2 + \sqrt{|a|}) \leqslant t_1 \leqslant D(1 + |a| + |s|(2 + \sqrt{|a|})$$

得到

$$I \leqslant \int_{\mathbf{R}^*}\int_{\mathbf{R}} 4D^2(1 + \sqrt{|a|})(1 + |a| + |s|(2 + \sqrt{|a|})) \cdot |\langle \psi, \psi_{a,s,t} \rangle| \,\mathrm{d}s w(a) \frac{\mathrm{d}a}{|a|^3}$$

Plancherel 等式以及式(4.7) 里 $\hat{\psi}$ 的延迟假设,服从

$$I \leqslant C\int_{\mathbf{R}^*}\int_{\mathbf{R}} (1 + \sqrt{|a|})(1 + |a| + |s|(2 + \sqrt{|a|})) \cdot |\langle \psi, \psi_{a,s,t} \rangle| \,\mathrm{d}s w(a) \frac{\mathrm{d}a}{|a|^3}$$

$$\leqslant C\int_{\mathbf{R}^*}\int_{\mathbf{R}} (\underbrace{1 + |a|^{\frac{1}{2}} + |a| + |a|^{\frac{3}{2}}}_{=:p_3(|a|^{\frac{1}{2}})} + |s| \underbrace{(2 + 3|a|^{\frac{1}{2}} + a)}_{=:p_2(|a|^{\frac{1}{2}})}) J(a,s) \,\mathrm{d}s w(a) \frac{\mathrm{d}a}{|a|^3}$$

$p_k \in \prod_k$ 是次数 $\leqslant k$ 的多项式,$|\mathcal{SH}_{\psi}\psi(a,s,t)| \leqslant J(a,s)$,并且

$$J(a,s) := |a|^{\frac{3}{4}}\int_{\mathbf{R}}\int_{\mathbf{R}} \frac{|\omega_1|^n}{(1 + |\omega_1|)^r} \frac{1}{(1 + |\omega_2|)^r} \frac{|a\omega_1|^n}{(1 + |a\omega_1|)^r} \cdot \frac{1}{(1 + \sqrt{|a|}\,|s\omega_1 + \omega_2|)^r} \mathrm{d}\omega_2 \mathrm{d}\omega_1$$

$$= \int_{\mathbf{R}} \frac{|\omega_1|^n}{(1 + |\omega_1|)^r} \frac{|a\omega_1|^n}{(1 + |a\omega_1|)^r} \cdot \int_{\mathbf{R}} \frac{1}{(1 + |\omega_2|)^r} \frac{1}{(1 + \sqrt{|a|}\,|s\omega_1 + \omega_2|)^r} \mathrm{d}\omega_2 \mathrm{d}\omega_1$$

内部的整数可以通过引理 6 估计,结果是

$$J(a,s) \leqslant C|a|^{n+\frac{3}{4}}\int_{\mathbf{R}} \frac{|\omega_1|^n}{(1 + |\omega_1|)^r} \frac{|\omega_1|^n}{(1 + |a\omega_1|)^r} \cdot \left(\frac{1}{\sqrt{|a|}(1 + |s\omega_1|)^r} + \frac{1}{(1 + \sqrt{|a|}\,|s\omega_1|)^r}\right) \mathrm{d}\omega_1$$

得到

$$I \leqslant C\left(\int_{\mathbf{R}^*}\int_{\mathbf{R}}\int_{\mathbf{R}} |a|^{n-\frac{11}{4}}(p_3+|s|p_2)\frac{|\omega_1|^{2n}}{(1+|\omega_1|)^r(1+|a\omega_1|)^r}\cdot\right.$$

$$\frac{w(a)}{(1+|s\omega_1|)^r}\mathrm{d}s\mathrm{d}\omega_1\mathrm{d}a+$$

$$\int_{\mathbf{R}^*}\int_{\mathbf{R}}\int_{\mathbf{R}} |a|^{n-\frac{9}{4}}(p_3+|s|p_2)\frac{|\omega_1|^{2n}}{(1+|\omega_1|)^r(1+|a\omega_1|)^r}\cdot$$

$$\left.\frac{w(a)}{(1+\sqrt{|a|}\,|s\omega_1|)^r}\mathrm{d}s\mathrm{d}\omega_1\mathrm{d}a\right)$$

由于被积函数 ω_1、s、a 是偶数，更进一步简化为

$$I \leqslant C\left(\int_0^\infty a^{n-\frac{11}{4}}p_3(\sqrt{a})\int_0^\infty \frac{\omega_1^{2n}}{(1+\omega_1)^r(1+a\omega_1)^r}\int_0^\infty \frac{w(a)}{(1+s\omega_1)^r}\mathrm{d}s\mathrm{d}\omega_1\mathrm{d}a+\right.$$

$$\int_0^\infty a^{n-\frac{11}{4}}p_2(\sqrt{a})\int_0^\infty \frac{\omega_1^{2n}}{(1+\omega_1)^r(1+a\omega_1)^r}\int_0^\infty \frac{w(a)s}{(1+s\omega_1)^r}\mathrm{d}s\mathrm{d}\omega_1\mathrm{d}a+$$

$$\int_0^\infty a^{n-\frac{9}{4}}p_3(\sqrt{a})\int_0^\infty \frac{\omega_1^{2n}}{(1+\omega_1)^r(1+a\omega_1)^r}\int_0^\infty \frac{w(a)}{(1+\sqrt{a}s\omega_1)^r}\mathrm{d}s\mathrm{d}\omega_1\mathrm{d}a+$$

$$\left.\int_0^\infty a^{n-\frac{9}{4}}p_2(\sqrt{a})\int_0^\infty \frac{\omega_1^{2n}}{(1+\omega_1)^r(1+a\omega_1)^r}\int_0^\infty \frac{w(a)s}{(1+\sqrt{a}s\omega_1)^r}\mathrm{d}s\mathrm{d}\omega_1\mathrm{d}a\right)$$

在前两个被积函数中将 $t:=s\omega_1$ 用 $\mathrm{d}t=\omega_1\mathrm{d}s$ 取代，在后两个被积函数中将 $t:=\sqrt{a}s\omega_1$ 用 $\mathrm{d}t=\sqrt{a}\omega_1\mathrm{d}s$ 用取代，对于 $r>2$ 得到

$$I \leqslant C\left(\int_0^\infty \frac{\omega_1^{2n-1}}{(1+\omega_1)^r}\int_0^\infty a^{n-\frac{11}{4}}p_3(\sqrt{a})\frac{w(a)}{(1+a\omega_1)^r}\mathrm{d}a\mathrm{d}\omega_1+\right.$$

$$\int_0^\infty \frac{\omega_1^{2n-2}}{(1+\omega_1)^r}\int_0^\infty a^{n-\frac{11}{4}}p_2(\sqrt{a})\frac{w(a)}{(1+a\omega_1)^r}\mathrm{d}a\mathrm{d}\omega_1+$$

$$\int_0^\infty \frac{\omega_1^{2n-1}}{(1+\omega_1)^r}\int_0^\infty a^{n-\frac{11}{4}}p_3(\sqrt{a})\frac{w(a)}{(1+a\omega_1)^r}\mathrm{d}a\mathrm{d}\omega_1+$$

$$\left.\int_0^\infty \frac{\omega_1^{2n-2}}{(1+\omega_1)^r}\int_0^\infty a^{n-\frac{13}{4}}p_2(\sqrt{a})\frac{w(a)}{(1+a\omega_1)^r}\mathrm{d}a\mathrm{d}\omega_1\right)$$

将 $b:=a\omega_1$ 用 $\mathrm{d}b=\omega_1\mathrm{d}a$ 代替，对于边界框 w 为

$$I \leqslant C\left(\int_0^\infty \frac{\omega_1^{n+\frac{3}{4}+\rho_1}}{(1+\omega_1)^r}\int_0^\infty p_3\left(\sqrt{\frac{b}{\omega_1}}\right)\frac{b^{n-\frac{11}{4}-\rho_1}}{(1+b)^r}\mathrm{d}b\mathrm{d}\omega_1+\right.$$

$$\int_0^\infty \frac{\omega_1^{n-\frac{1}{4}+\rho_1}}{(1+\omega_1)^r}\int_0^\infty p_2\left(\sqrt{\frac{b}{\omega_1}}\right)\frac{b^{n-\frac{11}{4}-\rho_1}}{(1+b)^r}\mathrm{d}b\mathrm{d}\omega_1+$$

$$\int_0^\infty \frac{\omega_1^{n+\frac{1}{4}+\rho_1}}{(1+\omega_1)^r}\int_0^\infty p_2\left(\sqrt{\frac{b}{\omega_1}}\right)\frac{b^{n-\frac{13}{4}-\rho_1}}{(1+b)^r}\mathrm{d}b\mathrm{d}\omega_1+$$

$$\int_0^\infty \frac{\omega_1^{n+\frac{3}{4}-\rho_2}}{(1+\omega_1)^r}\int_0^\infty p_2\left(\sqrt{\frac{b}{\omega_1}}\right)\frac{b^{n-\frac{11}{4}-\rho_2}}{(1+b)^r}\mathrm{d}b\mathrm{d}\omega_1 +$$

$$\int_0^\infty \frac{\omega_1^{n-\frac{1}{4}-\rho_2}}{(1+\omega_1)^r}\int_0^\infty p_2\left(\sqrt{\frac{b}{\omega_1}}\right)\frac{b^{n-\frac{11}{4}-\rho_2}}{(1+b)^r}\mathrm{d}b\mathrm{d}\omega_1 +$$

$$\int_0^\infty \frac{\omega_1^{n+\frac{1}{4}-\rho_2}}{(1+\omega_1)^r}\int_0^\infty p_2\left(\sqrt{\frac{b}{\omega_1}}\right)\frac{b^{n-\frac{13}{4}+\rho_2}}{(1+b)^r}\mathrm{d}b\mathrm{d}\omega_1 \Bigg)$$

由于 $p_k \in \prod_k (k=2,3)$，则如果 $n \geqslant \max\left(\frac{1}{4}+\rho_2, \frac{9}{4}+\rho_1\right)$ 并且 $r > n + \max\left(\frac{7}{4}+\rho_2, \frac{9}{4}+\rho_1\right)$，那么积分是有限的，证明结束。

通过文献[13]中证明过的推论，本节附加确立 $\psi \in \mathscr{B}_w$，并证明了原子分解和 $\mathscr{SC}_{p,m}$ 的 Banach 构架的存在。

推论 1　让 $\psi(x) \in L_2(\mathbf{R}^d)$ 达到支撑集 $\psi \in Q_D$，假设加权函数满足

$$w(a,s,t) = w(a) \leqslant |a|^{-\rho_1} + |a|^{\rho_2}$$

则对于 $\rho_1, \rho_2 > 0$，有

$$|\hat{\psi}(\omega_1,\omega_2)| \lesssim \frac{|\omega_1|^n}{(1+|\omega_1|)^r}\frac{1}{(1+|\omega_2|)^r}$$

对于充足大的 n 和 r，有

$$\psi \in \mathscr{B}_w$$

4.5.1　对于 Besov 空间的原子分解

文献[23]的齐次 Besov 空间的 $B^\sigma_{p,q}$ 特性，也可以见文献[30,37]；对于非齐次 Besov 空间，可以见文献[36]。对于 $\alpha > 1, D > 1$ 并且 $K \in \mathbf{N}_0$，如果下列两个条件满足，则 $\mathbf{R}^d$ 上一个 K 倍可微函数 a 称为一个 K - 原子。

(1) 对于 $m \in \mathbf{R}^d$，有支撑集 $a \subset DQ_{j,m}(\mathbf{R}^d)$。$Q_{j,m}(\mathbf{R}^d)$ 表示在 $\mathbf{R}^d$ 以 $\alpha^{-j}m$ 为中心的立方，它的边缘平行于坐标轴，边缘的长度为 $2\alpha^{-j}$。

(2) 对于 $|\gamma| \leqslant K$，有 $|D^\gamma a(x)| \leqslant \alpha^{|\gamma|j}$。

齐次 Besov 空间特点见定理 7。

定理 7　令 $D > 1, \sigma > 0$ 并且 $K \in \mathbf{N}_0$ 以及 $K \geqslant 1 + \lfloor \sigma \rfloor$ 是固定的，让 $1 \leqslant p \leqslant \infty$，此时 $f \in B^\sigma_{p,q}$ 可被表示为①

① 再分布的意义上，对于 $p < \infty$，后验意味着规范收敛。

$$f(x)=\sum_{j\in\mathbf{Z}}\sum_{l\in\mathbf{Z}^d}\lambda(j,l)a_{j,l}(x) \tag{4.17}$$

其中 $a_{j,l}$ 是 K - 原子，支撑集 $a_{j,l}\subset DQ_{j,l}(\mathbf{R}^d)$，并且

$$\|f\|_{B^{\sigma}_{p,q}}\sim\inf\Big(\sum_{j\in\mathbf{Z}}\alpha^{j(\sigma-\frac{d}{p})q}\Big(\sum_{l\in\mathbf{Z}^d}|\lambda(j,l)|^p\Big)^{\frac{q}{p}}\Big)^{\frac{1}{q}}$$

式(4.17)应用于所有可接受的表示形式。

本节主要感兴趣于加权

$$m(a,s,t)=m(a):=|a|^{-r},\quad r\geqslant 0$$

并且使用缩写

$$\mathscr{SC}_{p,r}:=\mathscr{SC}_{p,m}$$

为了简化，进一步假设在 U - dense，相对分离设定式(4.14)使用 $\beta=\tau=1$，并且限制为 $\varepsilon=1$，换句话说，假设 $f\in\mathscr{SC}_{p,r}$ 可以写为

$$f(x)=\sum_{j\in\mathbf{Z}}\sum_{k\in\mathbf{Z}}\sum_{l\in\mathbf{Z}^2}c(j,k,l)\pi(\alpha^{-j},\beta\alpha^{-\frac{j}{2}}k,S_{\alpha^{-\frac{j}{2}}k}A_{\alpha^{-j}}l)\psi(x)=$$

$$\sum_{j\in\mathbf{Z}}\sum_{k\in\mathbf{Z}}\sum_{l\in\mathbf{Z}^2}c(j,k,l)a^{\frac{3}{4}j}\psi(\alpha^{-j}x_1,-\alpha^{\frac{j}{2}}kx_2-l_1,\alpha^{\frac{j}{2}}x_2-l_2) \tag{4.18}$$

为了派生合理的迹线和嵌入理论介绍 $\mathscr{SC}_{p,r}$ 的子集。对于固定的 $\psi\in B_w$，通过 $\mathscr{SC}_{p,r}$ 闭合子集 $\mathscr{SCC}_{p,r}$ 来标记式(4.18)表示的函数，其中整数 $|k|\leqslant\alpha^{\frac{j}{2}}$。在这一系列中，空间 $\mathscr{SCC}_{p,r}$ 嵌入在相同尺度的 Besov 空间，对于痕迹理论也一样正确。

4.5.2　一个密度结果

在大部分的经典平滑空间(如 Sobolev 和 Besov 空间)，密度子集良好的函数可以被识别出来。通常，Schwartz 函数集合 S 就是这样一个密度子集，参考文献[1]和 Hans Triebel 的书来寻找更多的信息。定理 8 对于剪切波 coorbit 空间也同样适用。

定理 8　令

$$S_0:=\left\{f\in S:|\hat{f}(\omega)|\leqslant\frac{\omega_1^{2\alpha}}{(1+\|\omega\|^2)^{2\alpha}}\forall\alpha>0\right\}$$

对于一些 $r\in\mathbf{R}$、$n\geqslant 0$，有

$$m(a,s,t)=m(a,s):=|a|^r\left(\frac{1}{|a|}+|a|+|s|\right)^n$$

Schwartz 函数的设定形成了剪切波 coorbit 空间 $f\in\mathscr{SC}_{p,m}$ 的密度子集。

证明　在文献[11，定理 4.7]知道 $\mathscr{SC}_{p,m}$ 至少包含 S_0(在文献[11]中不比 1 小的权重函数 $\left(\frac{1}{|a|}+|a|\right)^r\left(\frac{1}{|a|}+|a|+|s|\right)^n(r,n>0)$ 被考虑

了),它依然显示密度。从定理3观察某些带限 Schwartz 函数可以用来分析剪切波。式(4.15)中原子分解可以理解为根据剪切波 coorbit 规范的限制性的有限线性结合,然而 Schwartz 函数的有限线性集合也是 Schwartz 函数,因此式(4.15)对于任意的 $f \in \mathscr{SC}_{p,m}$,可以汇集至 f Schwartz 函数的序列。

4.5.3　在实际轴上的痕迹

本节基于文献[13],分别研究了对应垂直和水平轴的在 $\mathscr{SC}_{p,r}$ 固定子集上的函数,通过技术也能证明遵循一般情况的痕迹理论。

定理9　让 $\mathrm{Tr}_h f$ 表示(水平)x_1 轴上 f 的限制,即

$$(\mathrm{Tr}_h f)(x_1) := f(x_1, 0)$$

然后

$$\mathrm{Tr}_h(\mathscr{SCC}_{p,r} \subset B_{p,p}^{\sigma_1}(\mathbf{R}) + B_{p,p}^{\sigma_2}(\mathbf{R})$$

其中

$$B_{p,p}^{\sigma_1}(\mathbf{R}) + B_{p,p}^{\sigma_2}(\mathbf{R}) := \{h \mid h = h_1 + h_2, h_1 \in B_{p,p}^{\sigma_1}(\mathbf{R}), h_2 \in B_{p,p}^{\sigma_2}(\mathbf{R})\}$$

并且参数 σ_1 和 σ_2 满足条件

$$\sigma_1 = r - \frac{5}{4} + \frac{3}{2p}$$

$$\sigma_2 = r - \frac{3}{4} + \frac{1}{p}$$

对于 $p \geqslant 2$,有 $\sigma_1 \leqslant \sigma_2$。

证明　使用式(4.18)将 f 分离为 $f = f_1 + f_2$,得到

$$f_1(x_1, x_2) := \sum_{j \geqslant 0} \sum_{|k| \leqslant \alpha^{\frac{j}{2}}} \sum_{l \in \mathbf{Z}^2} c(j,k,l) \alpha^{\frac{3}{4}j} \psi(\alpha^j x_1 - \alpha^{\frac{j}{2}} k x_2 - l_1, \alpha^{\frac{j}{2}} x_2 - l_2) \tag{4.19}$$

$$f_2(x_1, x_2) := \sum_{j \geqslant 0} \sum_{l \in \mathbf{Z}^2} c(j,0,l) \alpha^{\frac{3}{4}j} \psi \mid (\alpha^j x_1 - l_1, \alpha^{\frac{j}{2}} x_2 - l_2) \tag{4.20}$$

通过推论1选择对于 $D > 1$,ψ 紧支撑在 $[-D, D] \times [-D, D]$;此外,假设对于 $0 \leqslant \gamma \leqslant k := \max\{K_1, K_2\}$,有 $|D_1^{\gamma} \psi| \leqslant 1$,其中 $K_1 := 1 + \lfloor \sigma_1 \rfloor$、$K_2 := 1 + \lfloor \sigma_2 \rfloor$,并且 $D_1 \psi$ 为遵循第一元素 ψ 的派生。$\mathrm{Tr}_h f$ 可以被写为

$$\begin{aligned}
\mathrm{Tr}_h f(x_1) = f(x_1, 0) &= \sum_{j \in \mathbf{Z}} \sum_{|k| \leqslant \alpha^{\frac{j}{2}}} \sum_{l \in \mathbf{Z}^2} c(j,k,l) \alpha^{\frac{3}{4}j} \psi(\alpha^j x_1 - l_1, -l_2) \\
&= \sum_{j \in \mathbf{Z}} \sum_{l_1 \in \mathbf{Z}} \sum_{|k| \leqslant \alpha^{\frac{j}{2}}} \sum_{|l_2| \leqslant D} c(j,k,l_1,l_2) \alpha^{\frac{3}{4}j} \psi(\alpha^j x_1 - l_1, -l_2) \\
&= \sum_{j \geqslant 0} \sum_{l \in \mathbf{Z}} \lambda(j, l_1) a_{j,l_1}(x_1) + \sum_{j < 0} \sum_{l_1 \in \mathbf{Z}} \lambda(j, l_1) a_{j,l_1}(x_1) \\
&= \mathrm{Tr}_h f_1(x_1) + \mathrm{Tr}_h f_2(x_1)
\end{aligned}$$

对于 $j \geqslant 0$,有

$$a_{j,l_1}(x_1) := \begin{cases} \lambda(j,l_1)^{-1}\alpha^{\frac{3}{4}j}\sum\limits_{|k|\leqslant\alpha^{\frac{j}{2}}}\sum\limits_{|l_2|\leqslant D}c(j,k,l_1,l_2)\psi(\alpha^j x_1 - l_1 - l_2), & \lambda(j,l_1)\neq 0 \\ 0, & \text{其他} \end{cases}$$

$$\lambda(j,l_1) := \alpha^{\frac{3}{4}j}\sum_{|k|\leqslant\alpha^{\frac{j}{2}}}\sum_{|l_2|\leqslant D}|c(j,k,l_1,l_2)|$$

对于 $j < 0$,有

$$a_{j,l_1}(x_1) := \begin{cases} \lambda(j,l_1)^{-1}\alpha^{\frac{3}{4}j}\sum\limits_{|l_2|\leqslant D}c(j,0,l_1,l_2)\psi(\alpha^j x_1 - l_1 - l_2), & \lambda(j,l_1)\neq 0 \\ 0, & \text{其他} \end{cases}$$

$$\lambda(j,l_1) := \alpha^{\frac{3}{4}j}\sum_{|l_2|\leqslant D}|c(j,0,l_1,l_2)|$$

有支撑集 $\psi(\alpha^j x_1 - l_1, -l_2) \subset DQ_{j,l_1}(\mathbf{R})$ 对于所有的 a_{j,l_1} 都是可行的,并且结构上知道

$$|D^\gamma a_{j,l_1}| \leqslant \alpha^{j\gamma}, \quad 0 \leqslant \gamma \leqslant K$$

因此 a_{j,l_1} 是 $\mathbf{R}$ 上的 K_1 原子。之后考虑

$$\begin{aligned} \| Tr_h f_1 \|_{B^{\sigma_1}_{p,p}} &\lesssim \sum_{j\geqslant 0}\alpha^{j\left(\sigma_1-\frac{1}{p}\right)p}\sum_{l_1\in\mathbf{Z}}|\lambda(j,l_1)^p|^{\frac{1}{p}} \\ &= \left(\sum_{j\geqslant 0}\alpha^{jp\left(\sigma_1+\frac{3}{4}-\frac{1}{p}\right)}\sum_{l_1\in\mathbf{Z}}\left(\sum_{|k|\leqslant\alpha^{\frac{j}{2}}}\sum_{|l_2|\leqslant D}|c(j,k,l_1,l_2)|^p\right)\right)^{\frac{1}{p}} \end{aligned}$$

由于 $\left(\sum\limits_{i=1}^{N}|z_i|\right)^p \leqslant N^{p-1}\sum\limits_{i=1}^{N}|z_i|^p$,并且设定 $\{k\in\mathbf{Z}: |k|\leqslant\alpha^{\frac{j}{2}}\}$ 包含了 $C\alpha^{\frac{j}{2}}$ 元素,可以估计

$$\begin{aligned} \| Tr_h f_1 \|_{B^{\sigma_1}_{p,p}} &\lesssim \left(\sum_{j\geqslant 0}\alpha^{jp\left(\sigma_1+\frac{5}{4}-\frac{3}{2p}\right)}\sum_{|k|\leqslant\alpha^{\frac{j}{2}}}\sum_{l\in\mathbf{R}^2}|c(j,k,l)|^p\right)^{\frac{1}{p}} \\ &\lesssim \left(\sum_{j\in\mathbf{Z}}\alpha^{jpr}\sum_{k\in\mathbf{Z}}\sum_{l\in\mathbf{R}^2}|c(j,k,l)^p|\right)^{\frac{1}{p}} \lesssim \|f\|_{\mathscr{SC}_{p,r}} \end{aligned}$$

式中,$r = \sigma_1 + \dfrac{5}{4} - \dfrac{3}{2p}$。

用同样的方式得到

$$\begin{aligned} \| Tr_h f_2 \|_{B^{\sigma_2}_{p,p}} &\lesssim \left(\sum_{j<0}\alpha^{jp\left(\sigma_2+\frac{3}{4}-\frac{1}{p}\right)}\sum_{l\in\mathbf{R}^2}|c(j,0,l)^p|\right)^{\frac{1}{p}} \\ &\lesssim \left(\sum_{j\in\mathbf{Z}}\alpha^{jpr}\sum_{k\in\mathbf{Z}}\sum_{l\in\mathbf{R}^2}|c(j,k,l)^p|\right)^{\frac{1}{p}} \lesssim \|f\|_{\mathscr{SC}_{p,r}} \end{aligned}$$

式中,$r = \sigma_2 + \dfrac{3}{4} - \dfrac{1}{p}$。

完成了证明。

通过推论 2 知道，对于 $p=1$，$\mathscr{SCC}_{p,r}$ 的限制不必要。

推论 2　对于 $p=1$，嵌入式 $\mathrm{Tr}_h(\mathscr{SC}_{1,r})\subset B_{1,1}^{\sigma_1}(\mathbf{R})$，并且 $\sigma=r_2-\dfrac{3}{4}+\dfrac{1}{p}$ 是正确的。

证明　之后是之前的证明，这里的 k 满足它的和是超过 $\mathbf{Z}$，得到

$$\| Tr_h f\|_{B_{1,1}^{\sigma}}\leqslant\Big(\sum_{j\in\mathbf{Z}}\alpha^{j((\sigma+\frac{3}{4})p-1)}\sum_{l_1\in\mathbf{Z}}\sum_{k\in\mathbf{Z}}\sum_{|l_2|\leqslant D}|c(j,k,l_1,l_2)|\leqslant\|f\|_{\mathscr{SC}_{1,r}}$$

式中，$r=\sigma+\dfrac{3}{4}-\dfrac{1}{p}$。

证明结束。

转到垂直轴的痕迹见定理 10。

定理 10　让 $\mathrm{Tr}_v f$ 表示（垂直）x_2 轴对 f 的限制，即

$$(\mathrm{Tr}_v f)(x_2):=f(0,x_2)$$

然后，嵌入

$$\mathrm{Tr}_v(\mathscr{SCC}_{p,r})\subset B_{p,p}^{\sigma_1}(\mathbf{R})+B_{p,p}^{\sigma_2}(\mathbf{R})$$

是正确的，其中 σ_1 是最大的数字，有

$$\sigma_1+\lfloor\sigma_1\rfloor\leqslant 2r-\frac{9}{2}+\frac{3}{p}$$

$$\sigma_2=2r-\frac{3}{2}+\frac{1}{p}$$

证明　如同式(4.19)和式(4.20)，将 f 分解为 $f=f_1+f_2$。对于 $D>1$ 选择 ψ 紧支撑在 $[-D,D]\times[-D,D]$，并且标准化使序列 $0\leqslant\gamma\leqslant K$ 以及 $K:=\max\{K_1,K_2\}$ 的派生都不大于 1，其中 $K_1:=1+\lfloor\sigma_1\rfloor$ 以及 $K_2:=1+\lfloor\sigma_2\rfloor$。通过 ψ 上的假设支撑有

$$\alpha^{-\frac{j}{2}}(l_2-D)\leqslant x_2\leqslant\alpha^{-\frac{j}{2}}(l_2+D)$$
$$-kl_2-D(1+|k|)\leqslant l_1\leqslant -kl_2+D(1+|k|)$$

令 $I_{k,l_2}:=\{r\in\mathbf{Z}:|r+kl_2|\leqslant D(1+|k|)\}$。得到

$$\mathrm{Tr}_v f(x_2)=f(0,x_2)=\Big(\sum_{j\in\mathbf{Z}}\sum_{|k|\leqslant\alpha^{\frac{j}{2}}}\sum_{l\in\mathbf{R}^2}c(j,k,l)\alpha^{\frac{3}{4}j}\psi(-\alpha^{\frac{j}{2}}kx_2-l_1,\alpha^{\frac{j}{2}}x_2-l_2)$$

它可以被写为

$$\begin{aligned}f(0,x_2)&=\sum_{j\geqslant 0}\sum_{l_2\in\mathbf{Z}}\lambda(j,l_2)a_{j,l_2}(x_2)+\sum_{j<0}\sum_{l_2\in\mathbf{Z}}\lambda(j,l_2)a_{j,l_2}(x_2)\\&=\mathrm{Tr}_v f_1(x_2)+\mathrm{Tr}_v f_2(x_2)\end{aligned}$$

对于 $j\geqslant 0$，有

$$a_{j,l_2}(x_2)=\lambda(j,l_2)^{-1}\alpha^{\frac{3+2K_1}{4}j}\sum_{|k|\leqslant\alpha^{\frac{j}{2}}}\sum_{l_1\in I_{k,l_2}}c(j,k,l_1,l_2)\cdot$$
$$\alpha^{-\frac{K_1 j}{2}}\psi(-\alpha^{\frac{j}{2}}kx_2-l_1,\alpha^{\frac{j}{2}}x_2-l_2)$$

如果 $\lambda(j,l_2)\neq 0$，并且 $a_{j,l_2}(x_2)=0$，有

$$\lambda(j,l_2)\coloneqq\alpha^{\frac{3+2K_1}{4}j}\sum_{|k|\leqslant\alpha^{\frac{j}{2}}}\sum_{l_1\in I_{k,l_2}}|c(j,k,l_1,l_2)|$$

对于

$$a_{j,l_2}(x_2)=\lambda(j,l_2)^{-1}\alpha^{\frac{3}{4}j}\sum_{|l_1|\leqslant D}c(j,0,l_1,l_2)\psi(-l_1,\alpha^{\frac{j}{2}}x_2-l_2)$$

如果 $\lambda(j,l_2)\neq 0$ 并且 $a_{j,l_2}(x_2)=0$，有

$$\lambda(j,l_2)\coloneqq\alpha^{\frac{3}{4}j}\sum_{|l_1|\leqslant D}|c(j,0,l_1,l_2)|$$

有

$$\operatorname{supp}\psi(-\alpha^{\frac{j}{2}}kx_2-l_1,\alpha^{\frac{j}{2}}x_2-l_2)\subset DQ_{j,l_2}(\mathbf{R})$$

这里立方体被认为是遵循$\sqrt{a}$ 的，对于 a_{j,l_2} 也适用。对于 $j\geqslant 0$，通过 $|k|\leqslant\alpha^{\frac{j}{2}}$ 总结，有

$$\alpha^{-\frac{Kj}{2}}|D^\gamma\psi(-\alpha^{\frac{j}{2}}kx_2-l_1,\alpha^{\frac{j}{2}}x_2-l_2)|\leqslant\alpha^{\frac{j}{2}\gamma}$$

结果是 $|D^\gamma\alpha_{j,l_2}|\leqslant\alpha^{\frac{j}{2}\gamma}(\gamma\leqslant K_1)$。对于 $j<0$，$|D^\gamma\alpha_{j,l_2}|\leqslant\alpha^{\frac{j}{2}\gamma}$，因此 a_{j,l_2} 是 K_1 - 原子的，有

$$\begin{aligned}
\|\mathrm{Tr}_u f_1\|_{B^{\sigma_1}_{p,p}} &\lesssim\Big(\sum_{j\in\mathbf{Z}}\alpha^{\frac{j}{2}(\sigma_1-\frac{1}{p})p}\sum_{l_2\in\mathbf{Z}}|\lambda(j,l_2)|^p\Big)^{\frac{1}{p}}\\
&\leqslant\Big(\sum_{j\geqslant 0}\alpha^{\frac{j}{2}(\sigma_1-\frac{1}{p})p}\alpha^{\frac{j}{2}(\frac{3+2K_1}{2})p}\alpha^{\frac{j}{2}(2-\frac{2}{p})p}\sum_{|k|\leqslant\alpha^{\frac{j}{2}}}\sum_{l\in\mathbf{R}^2}|c(j,k,l)|^p\Big)^{\frac{1}{p}}\\
&\leqslant\Big(\sum_{j\in\mathbf{Z}}\alpha^{\frac{j}{2}(\sigma_1+\frac{7}{2}+K_1-\frac{3}{p})p}\sum_{|k|\leqslant\alpha^{\frac{j}{2}}}\sum_{l\in\mathbf{R}^2}|c(j,k,l)|^p\Big)^{\frac{1}{p}}\\
&\leqslant\Big(\sum_{j\in\mathbf{Z}}\alpha^{\frac{j}{2}(\sigma_1+\frac{7}{2}+1+\lfloor\sigma_1\rfloor-\frac{3}{p})p}\sum_{|k|\leqslant\alpha^{\frac{j}{2}}}\sum_{l\in\mathbf{R}^2}|c(j,k,l)|^p\Big)^{\frac{1}{p}}\\
&\leqslant\Big(\sum_{j\in\mathbf{Z}}\alpha^{jpr}\sum_{|k|\leqslant\mathbf{Z}}\sum_{l\in\mathbf{R}^2}|c(j,k,l)|^p\Big)^{\frac{1}{p}}\\
&\lesssim\|f\|_{\mathscr{SC}_{p,r}}
\end{aligned}$$

$r\geqslant\dfrac{1}{2}\Big(\sigma_1+\lfloor\sigma_1\rfloor+\dfrac{9}{2}-\dfrac{3}{p}\Big)$，类似可以计算

$$\begin{aligned}
\|\mathrm{Tr}_u f_2\|_{B^{\sigma_2}_{p,p}} &\lesssim\Big(\sum_{j\in\mathbf{Z}}\alpha^{\frac{j}{2}(\sigma_2-\frac{1}{p})p}\sum_{l_2\in\mathbf{Z}}|\lambda(j,l_2)|^p\Big)^{\frac{1}{p}}\\
&\leqslant\Big(\sum_{j<0}\alpha^{\frac{j}{2}(\sigma_2+\frac{3}{2}-\frac{1}{p})p}\sum_{l\in\mathbf{R}^2}|c(j,0,l)|^p\Big)^{\frac{1}{p}}
\end{aligned}$$

$$\leqslant \left(\sum_{j \in \mathbf{Z}} \alpha^{jpr} \sum_{|k| \leqslant \mathbf{Z}} \sum_{l \in \mathbf{R}^2} | c(j,k,l) |^p \right)^{\frac{1}{p}}$$
$$\lesssim \| f \|_{\mathcal{SC}_{p,r}}$$

式中，$r = \frac{1}{2}\left(\sigma_2 + \frac{3}{2} - \frac{1}{p}\right)$ 。结束证明。

备注 5　得到痕迹结果的另一个方式是需要应用 Besov 嵌入，这在第 5 章进行讨论，之后是对于齐次 Besov 空间的经典痕迹理论，简单讨论不同方法之间的关系。为了简化，限制在正的尺度和 x_2 轴的痕迹。通常，在 Besov 空间的痕迹理论导致损失了 $1/p$ 级数的光滑性，为

$$\mathrm{Tr}(B_{pp}^{s}(\mathbf{R}^d)) = B_{pp}^{s-\frac{1}{p}}(\mathbf{R}^{d-1})$$

见文献[23]。coorbit 空间的光滑指数 r 是固定的，依靠于 r 和 p 具体的值，方向性和非方向性的方法可以产生相同结果。然而，在特殊情况下，使用方向性方法的结果更好，得到一些光滑性：

$$2r - \frac{9}{2} + \frac{3}{p} = 2\kappa + \alpha, \quad \kappa \in \mathbf{Z}, a \in [0,2)$$

通过定理10 得到，在 $\alpha \in [0,1)$ 的情况下，有 $\sigma_1 = \kappa + \alpha$。从另一个角度说，在 $\alpha + \frac{1}{p} \in [1,2)$ 的情况下，定理 11 的应用服从 $\mathcal{SCC}_{p,r} \subset B_{pp}^{\tilde{\sigma}_1}$，对于任意小的 $\varepsilon > 0$，有 $\tilde{\sigma}_1 = \kappa + 1 - \varepsilon$，最终适用于 Besov 空间的痕迹理论服从光滑理论

$$\tilde{\sigma}_1 - \frac{1}{p} = \kappa + 1 - \varepsilon - \frac{1}{p} < \kappa + \alpha = \sigma_1$$

4.5.4　嵌入结果

本节证明剪切波 coorbit 空间固定子空间的嵌入结果是在齐次 Besov 空间，提供了一个在剪切波 coorbit 空间中嵌入的结果。在文献[18,5.7 节]给定了一些 $L_{p,m}$ coorbit 空间的嵌入理论，特别是作者提到了对于一个固定的权重 m，空间随单调递增，推论 3 是在这个方向上一个特殊的结果。

推论3　对于 $1 \leqslant p_1 \leqslant p_2 \leqslant \infty$ 嵌入 $\mathcal{SC}_{p_1,r} \subset \mathcal{SC}_{p_2,r}$ 是正确的，引入了光滑空间 $\mathcal{G}_p^r := \mathcal{SC}_{p,r+(\frac{1}{2}-\frac{1}{p})}$，表示了连续嵌入点，如果 $r_1 - \frac{d}{p_1} = r_2 - \frac{d}{p_2}$，则有

$$\mathcal{G}_{p_1}^{r_1} \subset \mathcal{G}_{p_2}^{r_2}$$

为了方便，加入了简单的证明。

证明　通过定理 4 得到

$$\| f \|_{\mathcal{SC}_{p_2,r}} \lesssim \| c_\varepsilon(j,k,l) \|_{\ell_{p_2,r}} \lesssim \left(\sum_{j \in \mathbf{Z}} \alpha^{jrp_2} \sum_{\substack{k,l \\ \varepsilon \in \{-1,1\}}} | c_\varepsilon(j,k,l) |^{p_2} \right)^{\frac{1}{p_2}}$$

式中，$c_\varepsilon(j,k,l)$ 是式(4.15)的系数，它的值服从于式(4.14)的函数 $\pi(\varepsilon\alpha^{-1},\sigma\alpha^{-\frac{j}{2}}k,S_{\sigma\alpha^{-\frac{j}{2}}k}A_{\alpha^{-j}}\tau l)\psi$。由于 $\ell_{p_1}\subset\ell_{p_2}$，对于 $p_1\leqslant p_2$，得到

$$\|f\|_{\mathscr{SC}_{p_2,r}}\lesssim\Big(\sum_{j\in\mathbf{Z}}\alpha^{jrp_2}\Big(\sum_{\substack{k,l\\ \varepsilon\in\{-1,1\}}}|c_\varepsilon(j,k,l)|^{p_1}\Big)^{\frac{p_2}{p_1}}\Big)^{\frac{1}{p_2}}$$

$$\lesssim\Big(\sum_{j\in\mathbf{Z}}\alpha^{jrp_1}\sum_{\substack{k,l\\ \varepsilon\in\{-1,1\}}}|c_\varepsilon(j,k,l)|^{p_1}\Big)^{\frac{1}{p_1}}$$

$$\lesssim\|f\|_{\mathscr{SC}_{p_1,r}}$$

定理 11 陈述最终的结果。

定理 11 嵌入式 $\mathscr{SCC}_{p,r}\subset B^{\sigma_1}_{p,p}(\mathbf{R}^2)+B^{\sigma_2}_{p,p}(\mathbf{R}^2)$ 为真，其中 σ_1 是最大的数字，有

$$\sigma_1+\lfloor\sigma_1\rfloor\leqslant 2r-\frac{9}{2}+\frac{4}{p}$$

$$\sigma_2-\frac{\lfloor\sigma_2\rfloor}{2}\leqslant r+\frac{3}{2p}+\frac{1}{4}$$

证明 通过式(4.18)知道 $f\in\mathscr{SCC}_{p,r}$，可以写作

$$f(x)=\sum_{j\in\mathbf{Z}}\sum_{|k|\leqslant\alpha^{\frac{j}{2}}}\sum_{l\in\mathbf{Z}^2}c(j,k,l)\alpha^{\frac{3}{4}j}\psi(\alpha^jx_1-\alpha^{\frac{j}{2}}kx_2-l_1,\alpha^{\frac{j}{2}}x_2-l_2)$$

可以选择对于 $D>1$，ψ 是紧支撑在 $[-D,D]\times[-D,D]$，并且使之标准化，让它的派生序列

$$0\leqslant|\gamma|\leqslant K:\max\{K_1,K_2\},K_1=1+\lfloor\sigma_1\rfloor,K_2:=1+\lfloor\sigma_2\rfloor$$

都不大于 1。

将 $f\in\mathscr{SCC}_{p,r}$（像式(4.19)和式(4.20)一样）分离成 f_1 和 f_2，得到指数变换 $l_1=r_1-kl_2$，为

$$f_1(x)=\sum_{j\geqslant 0}\sum_{|k|\leqslant\alpha^{\frac{j}{2}}}\sum_{l_2\in\mathbf{Z}}\sum_{n_1\in\mathbf{Z}}\sum_{r_1\in I(j,n_1)}c(j,k,r_1-kl_2,l_2)\alpha^{\frac{3}{4}j}\cdot$$
$$\psi(\alpha^jx_1-\alpha^{\frac{j}{2}}kx_2-r_1+kl_2,\alpha^{\frac{j}{2}}x_2-l_2)$$

其中

$$I(j,n_1):=\{r\in\mathbf{Z}:\alpha^{\frac{j}{2}}(n_1-1)<r\leqslant\alpha^{\frac{j}{2}}n_1\}$$

对于 $j\geqslant 0$ 设置

$$a_{j,n_1,l_2}(x):=\lambda(j,n_1,l_2)^{-1}\alpha^{\frac{3+2K_1}{4}j}\sum_{|k|\leqslant\alpha^{\frac{j}{2}}}\sum_{r_1\in I(j,n_1)}c(j,k,r_1-kl_2,l_2)\cdot$$
$$\alpha^{-\frac{K_1j}{2}}\psi(\alpha^jx_1-\alpha^{\frac{j}{2}}kx_2-r_1+kl_2,\alpha^{\frac{j}{2}}x_2-l_2)$$

如果 $\lambda(j,n_1,l_2)\neq 0$，并且 $a_{j,n_1,l_2}(x)=0$，有

$$\lambda(j,n_1,l_2)^{-1}:=\alpha^{\frac{3+2K_1}{4}j}\sum_{|k|\leqslant\alpha^{\frac{j}{2}}}\sum_{r_1\in I(j,n_1)}c(j,k,r_1-kl_2,l_2)$$

通过ψ上的支撑假设,定义a_{j,n_1,m_2}的函数在下列条件满足时是非零的:

$$-D\leqslant\alpha^{\frac{j}{2}}x_2-l_2\leqslant D$$

$$\alpha^{-\frac{j}{2}}(l_2-D)\leqslant x_2\leqslant\alpha^{-\frac{j}{2}}(l_2+D)$$

并且

$$-D\leqslant\alpha^{j}x_1-\alpha^{\frac{j}{2}}x_2-r_1+kl_2\leqslant D$$

$$\alpha^{-j}r_1-\alpha^{-j}k(\alpha^{\frac{j}{2}}x_2-l_2)-\alpha^{-j}D\leqslant x_1\leqslant\alpha^{-j}r_1+\alpha^{-j}k(\alpha^{\frac{j}{2}}x_2-l_2)\alpha^{-j}D$$

$$\alpha^{-j}r_1-\alpha^{-\frac{j}{2}}(2D)\leqslant x_1\leqslant\alpha^{-j}r_1-\alpha^{-\frac{j}{2}}(2D)$$

$$\alpha^{-\frac{j}{2}}n_1-\alpha^{-\frac{j}{2}}(3D)\leqslant x_1\leqslant\alpha^{-\frac{j}{2}}n_1-\alpha^{-\frac{j}{2}}(2D)$$

a_{j,n_1,l_2}支撑在$3DQ_{j,n_1,l_2}$,立方体被看作是遵循$\sqrt{\alpha}$的,适当的界限$|D^{\gamma}a_{j,n_1,l_2}|\leqslant a^{\frac{j}{2}|\gamma|}(|\gamma|\leqslant K_1)$可以在之前的证明里得到,因此,函数$a_{j,n_1,l_2}$是$K_1$的元素。

对于

$$f_1(x)=\sum_{j\geqslant0}\sum_{l_2\in\mathbf{Z}}\sum_{n_1\in\mathbf{Z}}\lambda(j,n_1,l_2)a_{j,n_1,l_2}(x)$$

有

$$\begin{aligned}\|f_1\|^p_{B^{\sigma}_{p,\mathfrak{p}}}&\lesssim\sum_{j\in\mathbf{Z}}\alpha^{\frac{j}{2}(\sigma_1-\frac{2}{p})p}\sum_{l_2\in\mathbf{Z}}\sum_{n_1\in\mathbf{Z}}|\lambda(j,n_1,l_2)|^p\\&=\sum_{j\in\mathbf{Z}}\alpha^{\frac{j}{2}(\sigma_1-\frac{2}{p})p}\alpha^{\frac{j}{2}(\frac{3+2K_1}{2})p}\sum_{l_2\in\mathbf{Z}}\sum_{n_1\in\mathbf{Z}}\left|\sum_{|k|\leqslant\alpha^{\frac{j}{2}}}\sum_{r_1\in I(j,n_1)}c(j,k,r_1-kl_2,l_2)\right|^p\\&\leqslant\sum_{j\in\mathbf{Z}}\alpha^{\frac{j}{2}p(\sigma_1+\frac{7}{2}+K_1-\frac{4}{p})}\sum_{l_2\in\mathbf{Z}}\sum_{n_1\in\mathbf{Z}}\sum_{|k|\leqslant\alpha^{\frac{j}{2}}}\sum_{r_1\in I(j,n_1)}c(j,k,r_1-kl_2,l_2)^p\\&=\sum_{j\in\mathbf{Z}}\alpha^{\frac{j}{2}p(\sigma_1+\frac{9}{2}+\lfloor\sigma_1\rfloor-\frac{4}{p})}\sum_{|k|\leqslant\alpha^{\frac{j}{2}}}\sum_{l_1\in\mathbf{Z}}\sum_{l_2\in\mathbf{Z}}|c(j,k,l_1,l_2)|^p\\&\lesssim\|f\|^p_{\mathscr{SC}_{p,r}}\end{aligned}$$

在$j<0$的情况下,得到

$$J(j,n_2):=\{r:\alpha^{-\frac{j}{2}(n_2-1)\leqslant r\leqslant\alpha^{-\frac{j}{2}n_2}}\}$$

有

$$\begin{aligned}f_2(x)&=\sum_{j<0}\sum_{l_1\in\mathbf{Z}}\sum_{l_2\in\mathbf{Z}^2}c(j,0,l_1,l_2)\alpha^{\frac{3}{4}j}\psi(\alpha^{j}x_1-l_1,\alpha^{\frac{j}{2}}x_2-l_2)\\&=\sum_{j<0}\sum_{l_1\in\mathbf{Z}}\sum_{n_2\in\mathbf{Z}}\sum_{r_2\in J(j,n_2)}c(j,0,l_1,r_2)\alpha^{\frac{3}{4}j}\psi(\alpha^{j}x_1-l_1,\alpha^{\frac{j}{2}}x_2-r_2)\end{aligned}$$

$$= \sum_{j<0} \sum_{l_1 \in \mathbf{Z}} \sum_{n_2 \in \mathbf{Z}} \lambda(j,0,l_1,n_2) \alpha_{j,l_1,n_2}(x)$$

其中

$$a_{j,l_1,n_2}(x) := \lambda(j,l_1,n_2)^{-1} \alpha^{\frac{3-2K_2}{4}j} \sum_{r_2 \in J(j,n_2)} c(j,0,l_1,r_2) \cdot$$

$$\alpha^{\frac{jk_2}{2}} \psi(\alpha^j x_1 - l_1, \alpha^{\frac{j}{2}} x_2 - r_2)$$

$$\lambda(j,l_1,n_2) := \alpha^{\frac{3-2K_2}{4}j} \sum_{r_2 \in J(j,n_2)} | c(j,0,l_1,r_2) |$$

并且如果 $\lambda_{j,l_1,n_2} = 0$，有

$$a_{j,l_1,n_2}(x) := 0$$

通过 ψ 上的假设支撑得到

$$\alpha^{-j}(l_1 - D) \leqslant x_1 \leqslant \alpha^{-j}(l_1 + D)$$

$$\alpha^{-\frac{j}{2}}(r_2 - D) \leqslant x_2 \leqslant \alpha^{-\frac{j}{2}}(r_2 + D), \text{i. e}$$

$$\alpha^{-j}(n_2 - 2D) \leqslant x_2 \leqslant \alpha^{-j}(n_2 + D)$$

a_{j,l_1,n_2} 是支撑在 $2DQ_{j,l_1,n_2}$。对于 $0 \leqslant | \gamma | \leqslant K_2$，并且 $j < 0$，已知

$$1 \geqslant \alpha^{\frac{j|\gamma|}{2}} \geqslant \alpha^{j|\gamma|} \geqslant \alpha^{jK_2}$$

进一步得到

$$| D^{\gamma} a_{j,n_1,l_2} | \leqslant \alpha^{\frac{jK_2}{2}} \alpha^{\frac{j|\gamma|}{2}} \leqslant \alpha^{j|\gamma|}$$

a_{j,l_1,n_2} 是 K_2 原子。因此

$$\begin{aligned}
\| f_2 \|_{B^{\sigma_2}_{p,p}}^p &\lesssim \sum_{j \in \mathbf{Z}} \alpha^{\frac{j}{2}\left(\sigma_2 - \frac{2}{p}\right) p} \sum_{l_2 \in \mathbf{Z}} \sum_{n_2 \in \mathbf{Z}} | \lambda(j,l_1,n_2) |^p \\
&\leqslant \sum_{j<0} \alpha^{j\left(\sigma_2 - \frac{2}{p} + \frac{3+2K_2}{4}\right) p} \sum_{l_1 \in \mathbf{Z}} \sum_{n_2 \in \mathbf{Z}} \left| \sum_{r_2 \in J(j,n_2)} c(j,0,l_1,r_2) \right|^p \\
&\leqslant \sum_{j<0} \alpha^{j\left(\sigma_2 - \frac{3}{2p} + \frac{1}{4} - \frac{K_2}{2}\right) p} \sum_{l \in \mathbf{R}^2} | c(j,0,l) |^p \\
&\leqslant \sum_{j \in \mathbf{Z}} \alpha^{jpr} \sum_{k \in \mathbf{Z}} \sum_{l \in \mathbf{R}^2} | c(j,k,l) |^p \\
&\lesssim \| f \|_{\mathscr{S}\mathscr{C}_{p,r}}^p
\end{aligned}$$

其中

$$r = \sigma_2 - \frac{3}{2p} - \frac{1}{4} - \frac{\lfloor \sigma_2 \rfloor}{2}$$

备注 6　Besov 空间的嵌入结果在 Borup 和 Nielsen 提出的曲波设定文献[2] 里展现，然而，这些作者使用的技术完全不同，和本书的方法相反，它们在频域工作，本书因时域具有灵活的原子分解等原因而考虑使用时域，时域技术提供了一个在傅里叶域很困难甚至不可能的自然的派生痕迹理论；此外，

由于本节研究的紧支撑原子,对剪切波 coorbit 空间在有界的域,包括嵌入和痕迹理论似乎可控。

事实证明,本节使用的方法对更高维度来说具有优势。对于剪切波 coorbit 空间在 $\mathbf{R}^d(d \geqslant 3)$,痕迹理论应用到更高维度的超平面不是简单直接的,因为不清楚这些痕迹也将包含在 Besov 空间。一个推测是 $\mathbf{R}^3$ 剪切波 coorbit 空间在二维超平面上的轨迹同样是剪切波 coorbit 空间,这个推论在文献[8]中证明。如预期的那样,灵活的原子和分子分解技术在剪切波 coorbit 空间可以应用。

4.6 奇异点分析

本节将处理剪切波变换在超平面奇异点以及 $\mathbf{R}^d$ 上特殊的单一奇异点的衰减。对于剪切波变换在 $\mathbf{R}^2$ 上奇异点的行为,可以参考文献[32,38]。

4.6.1 超平面奇异点

考虑 $\mathbf{R}^d, m=1,\cdots,d-1$ 上的 $(d-m)$ 维超平面,有

$$\underbrace{\begin{pmatrix} x_1 \\ \vdots \\ x_m \end{pmatrix}}_{x_A} + P \underbrace{\begin{pmatrix} x_{m+1} \\ \vdots \\ x_d \end{pmatrix}}_{x_E} = \begin{pmatrix} 0 \\ \vdots \\ 0 \end{pmatrix}, \quad P := \begin{pmatrix} p_1^{\mathrm{T}} \\ \vdots \\ p_m^{\mathrm{T}} \end{pmatrix} \in \mathbf{R}^{m,d-m} \tag{4.21}$$

这个设定排除了一些特殊的超平面,如对于 $d=3, m=1$ 平面包含了 x_1 轴,对于 $d=3, m=2$ 包括在了 x_1x_2 平面。为了检测这样一个超平面奇异点,需要在剪切波设定里展示一个简单的变量交换或者类似文献[32]定义的圆锥适应性剪切波。

让 δ 表示 Delta 分布,得到

$$v_m := \delta(x_A + Px_E)$$

有

$$\begin{aligned} \hat{v}_m(\omega) &= \int_{\mathbf{R}^d} \delta(x_A + Px_E)\, \mathrm{e}^{-2\pi \mathrm{i}(\langle x_A, \omega_A\rangle + \langle x_E, \omega_E\rangle)}\, \mathrm{d}x \\ &= \int_{\mathbf{R}^{d-m}} \mathrm{e}^{-2\pi \mathrm{i}(-\langle Px_E, \omega_A\rangle + \langle x_E, \omega_E\rangle)}\, \mathrm{d}x_E \\ &= \delta(\omega_E - P^{\mathrm{T}}\omega_A) \end{aligned} \tag{4.22}$$

定理12介绍了剪切波变换在超平面奇异点的衰减。当 $a \to 0$ 时使用标记 $\mathcal{SH}_\psi f(a,s,t) \sim |a|^r$,如果存在一个常数 $0 < c < C < \infty$,当 $a \to 0$,使

$$c|a|^r \leqslant |\mathcal{SH}_\psi f(a,s,t)| \leqslant C|a|^r$$

定理 12 令 $\psi \in L_2(\mathbf{R}^d)$ 是一个满足 $\hat{\psi} \in C^\infty(\mathbf{R}^d)$ 的剪切波，假设

$$\hat{\psi}(\omega) = \hat{\psi}_1(\omega_1)\hat{\psi}_2\left(\frac{\hat{\omega}}{\omega_1}\right)$$

对于 $a_1 > a_0 > \alpha > 0$，有支撑集 $\hat{\psi}_1 \in [-a_1, a_0] \cup [a_0, a_1]$，并且支撑集 $\hat{\psi}_2 \in Q_b$，如果

$$\begin{aligned}(s_m, \cdots, s_{d-1}) &= (-1, s_1, \cdots, s_{m-1})P \\ (t_1, \cdots, t_m) &= -(t_{m+1}, \cdots, t_d)P^{\mathrm{T}}\end{aligned} \tag{4.23}$$

那么，当 $a \to 0$，有

$$\mathcal{SH}_\psi v_m(a,s,t) \sim |a|^{\frac{1-2m}{2d}} \tag{4.24}$$

另外，剪切波变换 $\mathcal{SH}_\psi v_m$ 非常迅速衰减，也就是说，当 $a \to 0$ 比任何多项式都快。

式(4.23) 要求剪切波与式(4.21) 的超平面相匹配，并且 t 在超平面内，$\hat{\psi}_1$ 和 $\hat{\psi}_2$ 的条件对于一个衰减迅速的函数可以放宽。

证明 Plancherel 的理论的一种应用以及式(4.22) 和式(4.7) 服从

$$\begin{aligned}\mathcal{SH}_\psi v_m(a,s,t) &:= \langle v_m, \psi_{a,s,t}\rangle = \langle \hat{v}_m, \hat{\psi}_{a,s,t}\rangle \\ &= \int_{\mathbf{R}^d} \delta(\omega_E - P^{\mathrm{T}}\omega_A)\, |a|^{1-\frac{1}{2d}} \mathrm{e}^{2\pi\mathrm{i}\langle t,\omega\rangle} \cdot \\ &\quad \overline{\hat{\psi}}(a\omega_1, \mathrm{sgn}(a)\,|a|^{\frac{1}{d}}(\omega_1 s + \tilde{\omega}))\,\mathrm{d}\omega \\ &= |a|^{1-\frac{1}{2d}} \int_{\mathbf{R}^m} \mathrm{e}^{2\pi\mathrm{i}\langle t_A + P t_E, \omega_A\rangle} \times \\ &\quad \overline{\hat{\psi}}\left(a\omega_1, \mathrm{sgn}(a)\,|a|^{\frac{1}{d}}\left(\omega_1 s + \begin{pmatrix}\tilde{\omega}_A \\ P^{\mathrm{T}}\omega_A\end{pmatrix}\right)\right)\mathrm{d}\omega_A\end{aligned}$$

对于 $m \geqslant 2$，有

$$\tilde{\omega}_A = (\omega_2, \cdots, \omega_m)^{\mathrm{T}}$$

在 $m \geqslant 2$ 的情况下。如果 $m = 1$，可以直接忽略 $\tilde{\omega}_A$，并且陈述并遵照类似的方式。通过 $\tilde{\psi}$ 的定义，可以重写为

$$|a|^{1-\frac{1}{2d}} \int_{\mathbf{R}^d} \mathrm{e}^{2\pi\mathrm{i}\langle t_A + P t_E, \omega_A\rangle} \overline{\hat{\psi}}_1(a\omega_1) \overline{\hat{\psi}}_2\left(|a|^{\frac{1}{d}-1}\left(s + \frac{1}{\omega}\begin{pmatrix}\tilde{\omega}_A \\ P^{\mathrm{T}}\omega_A\end{pmatrix}\right)\right)\mathrm{d}\omega_A$$

替代 $\tilde{\xi}_A = (\xi_2, \cdots, \xi_m)^{\mathrm{T}} := \tilde{\omega}_A/\omega_1$，即 $\mathrm{d}\tilde{\omega}_A = |\omega_1|^{m-1}\mathrm{d}\xi_A$，得到

$$\begin{aligned}\mathcal{SH}_\psi v_m(a,s,t) &= |a|^{1-\frac{1}{d}} \int_{\mathbf{R}} \int_{\mathbf{R}^{m-1}} \mathrm{e}^{2\pi\mathrm{i}\omega_1\langle t_A + P t_E, (1, \tilde{\xi}_A^{\mathrm{T}})^{\mathrm{T}}\rangle} \overline{\hat{\psi}}_1(a\omega_1)\, |\omega_1|^{m-1} \cdot \\ &\quad \overline{\hat{\psi}}_2\, |a|^{\frac{1}{d}-1}\left(s + \begin{pmatrix}\tilde{\xi}_A \\ P^{\mathrm{T}}(1, \tilde{\xi}_A^{\mathrm{T}})^{\mathrm{T}}\end{pmatrix}\right)\mathrm{d}\tilde{\xi}_A \mathrm{d}\omega_1\end{aligned}$$

更进一步，通过替代 $\xi_1 := a\omega_1$

$$\mathcal{SH}_{\psi}v_m(a,s,t)=|a|^{1-m-\frac{1}{2d}}\int_{\mathbf{R}^{m-1}}\int_{\mathbf{R}}e^{2\pi i\frac{\xi_1}{a}\langle t_A+Pt_E,(1,\tilde{\xi}_A^{\mathrm{T}})^{\mathrm{T}}\rangle}|\xi_1|^{m-1}\overline{\hat{\psi}}_1(\xi_1)\mathrm{d}\xi_1\cdot$$
$$\overline{\hat{\psi}}_2\left(|a|^{\frac{1}{d}-1}\left(s+\begin{pmatrix}\tilde{\xi}_A\\P^{\mathrm{T}}(1,\tilde{\xi}_A^{\mathrm{T}})^{\mathrm{T}}\end{pmatrix}\right)\right)\mathrm{d}\tilde{\xi}_A$$

最后,通过替代 $\tilde{\omega}_A:=|a|^{\frac{1}{d}-1}(\tilde{\xi}_A+s_a)$,其中 $s_a:=(s_1,\cdots,s_{m-1})^{\mathrm{T}}$,并且 $s_e:=(s_m,\cdots,s_{d-1})^{\mathrm{T}}$,得到

$$\mathcal{SH}_{\psi}v_m(a,s,t)=|a|^{\frac{1-2m}{2d}}\int_{\mathbf{R}^{m-1}}\int_{\mathbf{R}}e^{2\pi i\frac{\xi_1}{a}\langle t_A+Pt_E,(1,|a|^{1-\frac{1}{d}}\tilde{\omega}_A^{\mathrm{T}}-s_a^{\mathrm{T}})\rangle}|\xi_1|^{m-1}\overline{\hat{\psi}}_1(\xi_1)\mathrm{d}\xi_1\cdot$$
$$\overline{\hat{\psi}}_2\begin{pmatrix}\tilde{\omega}_A\\|a|^{\frac{1}{d}-1}\left(s_e-P^{\mathrm{T}}\begin{pmatrix}-1\\s_a\end{pmatrix}\right)+P^{\mathrm{T}}\begin{pmatrix}0\\\tilde{\omega}_A\end{pmatrix}\end{pmatrix}\mathrm{d}\tilde{\omega}_A$$

如果矢量

$$s_e-P^{\mathrm{T}}\begin{pmatrix}-1\\s_a\end{pmatrix}\neq 0_{d-m}\tag{4.25}$$

那么 $|a|^{\frac{1}{d}-1}$ 乘积中至少一个元素可以在 $a\to 0$ 时取任意大;另外,通过 $\hat{\psi}_2$ 的支撑特性总结出,$\hat{\psi}_2(\tilde{\omega}_A,\cdot)$ 在当 $\tilde{\omega}_A$ 不在 $Q_{(b_1,\cdots,b_{m-1})}\subset\mathbf{R}^{m-1}$ 里为0,但是对于所有的 $\tilde{\omega}_A\in Q_{(b_1,\cdots,b_{m-1})}$,至少有一个

$$|a|^{\frac{1}{d}-1}\left(s_e-P^{\mathrm{T}}\begin{pmatrix}1\\s_a\end{pmatrix}\right)+P^{\mathrm{T}}\begin{pmatrix}0\\\tilde{\omega}_A\end{pmatrix}$$

的元素,对于 a 充分小时,不在 $\hat{\psi}_2$ 的支撑内,以致 $\hat{\psi}_2$ 又变为0。假设有式(4.25)的等式,那么

$$\mathcal{SH}_{\psi}v_m(a,s,t)=|a|^{\frac{1-2m}{2d}}\int_{\mathbf{R}^{m-1}}\int_{\mathbf{R}}e^{2\pi i\frac{\xi_1}{a}\langle t_A+Pt_E,(1,|a|^{1-\frac{1}{d}}\tilde{\omega}_A^{\mathrm{T}}-s_a^{\mathrm{T}})\rangle}|\xi_1|^{m-1}\cdot$$
$$\overline{\hat{\psi}}_1(\xi_1)\mathrm{d}\xi_1\overline{\hat{\psi}}_2\begin{pmatrix}\tilde{\omega}_A\\P^{\mathrm{T}}\begin{pmatrix}0\\\tilde{\omega}_A\end{pmatrix}\end{pmatrix}\mathrm{d}\tilde{\omega}_A$$
$$=C|a|^{\frac{1-2m}{2d}}\int_{\mathbf{R}^{m-1}}\tilde{\psi}_1^{(m-1)}\left(\frac{\langle t_A+Pt_E,(1,|a|^{1-\frac{1}{d}}\tilde{\omega}_A^{\mathrm{T}}-s_A^{\mathrm{T}})\rangle}{a}\right)\cdot$$
$$\overline{\hat{\psi}}_2\begin{pmatrix}\tilde{\omega}_A\\P^{\mathrm{T}}\begin{pmatrix}0\\\tilde{\omega}_A\end{pmatrix}\end{pmatrix}\mathrm{d}\tilde{\omega}_A$$

$$\mathcal{SH}_{\psi}v_m(a,s,t)=C|a|^{\frac{1-2m}{2d}}\int_{\mathbf{R}^{m-1}}\tilde{\psi}_1^{(m-1)}\left(\left\langle t_A+Pt_E,\begin{pmatrix}|a|^{\frac{1}{d}-1}\\\tilde{\omega}_A^{\mathrm{T}}-|a|^{\frac{1}{d}-1}s_a\end{pmatrix}\right\rangle\cdot\right.$$

$$|a|^{-\frac{1}{d}}\Bigg)\overline{\hat{\psi}}_2\left(\begin{array}{c}\tilde{\omega}_A\\ P^{\mathrm{T}}\begin{pmatrix}0\\ \tilde{\omega}_A\end{pmatrix}\end{array}\right)\mathrm{d}\tilde{\omega}_A$$

$\tilde{\psi}_1$ 对于 $\xi_1\geqslant 0$，有傅里叶变换 $\hat{\tilde{\psi}}_1(\xi_1):=\overline{\hat{\psi}}_1(\xi_1)$，并且对于 $\xi_1<0$，有 $\hat{\tilde{\psi}}_1(\xi_1):=-\overline{\hat{\psi}}_1(\xi_1)$。在假设中，$\hat{\psi}_1$ 的支撑是远离原点的有界区域，可以看到 $\hat{\tilde{\psi}}_1$ 也在 $C^{\infty}(\mathbf{R})$。如果 $t_A+Pt_E\neq 0_m$，那么由于 $\hat{\psi}_1\in C^{\infty}$，对于所有的在有界域的 $\tilde{\omega}_A$，函数 $\tilde{\psi}_1^{(m-1)}$ 在 $a\to 0$ 时衰减迅速，$\hat{\psi}_2$ 不会变成0。因此，剪切波变换的值迅速衰减。如果 $t_A+Pt_E=0_m$，那么

$$\mathscr{SH}_{\psi}v_m(a,s,t)=C|a|^{\frac{1-2m}{2d}}\tilde{\psi}_1^{(m-1)}(0)\int_{\mathbf{R}^{m-1}}\overline{\hat{\psi}}_2\left(\begin{array}{c}\tilde{\omega}_A\\ P^{\mathrm{T}}\begin{pmatrix}0\\ \tilde{\omega}_A\end{pmatrix}\end{array}\right)\mathrm{d}\tilde{\omega}_A\sim|a|^{\frac{1-2m}{2d}}$$

结束证明。

备注 7　扩张矩阵的其他选择也是可能的，如

$$A_a:=\begin{pmatrix}a & 0_{d-1}^{\mathrm{T}}\\ 0_{d-1} & \operatorname{sgn}(a)\sqrt{|a|}I_{d-1}\end{pmatrix}$$

需要通过 $|a|^{\frac{d-2m-1}{4}}$ 代替式(4.24)，这对于 $d<2m+1$ 在 $a\to 0$ 时有提升，因此倾向选择式(4.24)。

4.6.2　四面体奇异点

处理圆锥 $\mathscr{C}$ 在以下给定的 $\mathbf{R}^3$ 的第一象限：

$$\mathscr{C}:=\{x=Ct:t\geqslant 0\}$$

其中

$$C:=(p\quad q\quad r)=\begin{pmatrix}1&1&1\\ p_1&q_1&r_1\\ p_2&q_2&r_2\end{pmatrix},\quad p_j,q_j,r_j>0,j=1,2$$

矢量 p、q、r 都是线性独立的，为

$$n_{pq}:=\left(1,\frac{p_2-q_2}{p_1q_2-p_2q_1},\frac{q_1-p_1}{p_1q_2-p_2q_1}\right)^{\mathrm{T}}=(1,\tilde{n}_{pq}^{\mathrm{T}})^{\mathrm{T}}$$

上式是由 p 和 q 扩张具有多种法向量的平面。使用标记 n_{pr}、n_{qr} 作为相应的垂直于 pr 和 qr 平面的向量，让 $\chi_{\mathscr{C}}$ 表示圆锥 $\mathscr{C}$ 的特征函数，四面体函数 H 的傅里叶变换为

$$\hat{H}(\omega)=\frac{1}{2\pi \mathrm{i}}pv\left(\frac{1}{\omega}\right)+\sqrt{\frac{\pi}{2}}\delta(\omega)$$

见文献[22,340 页],得到

$$\begin{aligned}
\hat{\chi}_{\mathscr{C}}(\omega)&=\int_{\mathscr{C}}\mathrm{e}^{-2\pi \mathrm{i}\langle x,\omega\rangle}\mathrm{d}x=|\det C|\int_{\mathbf{R}_+^3}\mathrm{e}^{-\pi \mathrm{i}\langle t,C^{\mathrm{T}}\omega\rangle}\mathrm{d}t\\
&=c_1\left(\frac{1}{p^{\mathrm{T}}\omega}\frac{1}{q^{\mathrm{T}}\omega}\frac{1}{r^{\mathrm{T}}\omega}\right)+c_2\left(\frac{1}{p^{\mathrm{T}}\omega}\frac{1}{q^{\mathrm{T}}\omega}\delta(r^{\mathrm{T}}\omega)+\right.\\
&\quad\left.\frac{1}{p^{\mathrm{T}}\omega}\frac{1}{r^{\mathrm{T}}\omega}\delta(q^{\mathrm{T}}\omega)+\frac{1}{q^{\mathrm{T}}\omega}\frac{1}{r^{\mathrm{T}}\omega}\delta(p^{\mathrm{T}}\omega)\right)+\\
&\quad c_3\left(\frac{1}{p^{\mathrm{T}}\omega}\delta(q^{\mathrm{T}}\omega)\delta(r^{\mathrm{T}}\omega)+\frac{1}{q^{\mathrm{T}}\omega}\delta(p^{\mathrm{T}}\omega)\delta(r^{\mathrm{T}}\omega)+\right.\\
&\quad\left.\frac{1}{r^{\mathrm{T}}\omega}\delta(q^{\mathrm{T}}\omega)\delta(p^{\mathrm{T}}\omega)\right)+c_4(\delta(p^{\mathrm{T}}\omega)\delta(q^{\mathrm{T}}\omega)\delta(r^{\mathrm{T}}\omega))
\end{aligned}\tag{4.26}$$

非零常数 $c_j(j=1,2,3,4)$ 为了简化符号,省略了 p_v,这可以用来证明定理 13。

定理 13　令 $\psi\in L_2(\mathbf{R}^3)$ 是一个满足 $\hat{\psi}\in C^\infty(\mathbf{R}^3)$ 的剪切波,假设

$$\hat{\psi}(\omega)=\hat{\psi}(\omega_1)\hat{\psi}\left(\frac{\tilde{\omega}}{\omega_1}\right)$$

对于 $a_1>a_0\geqslant\alpha>0$,有支撑集 $\hat{\psi}_1\in[-a_1,a_0]\cup[a_0,a_1]$,以及支撑集 $\hat{\psi}_2\in Q_b$。令 $a>0$,如果

$$1-p_1s_1-p_2s_2\neq 0,\quad 1-q_1s_1-q_2s_2\neq 0,\quad 1-r_1s_1-r_2s_2\neq 0$$

并且 $t=(0,0,0)^{\mathrm{T}}$,有

$$\mathscr{SH}_\psi\chi_{\mathscr{C}}(a,s,t)\sim a^{\frac{13}{9}}$$

如果

$$1-p_1s_1-p_2s_2=0,\quad 1-q_1s_1-q_2s_2\neq 0,\quad 1-r_1s_1-r_2s_2\neq 0$$

或者

$$1-q_1s_1-q_2s_2=0,\quad 1-p_1s_1-p_2s_2\neq 0,\quad 1-r_1s_1-r_2s_2\neq 0$$

或者

$$1-r_1s_1-r_2s_2=0,\quad 1-p_1s_1-p_2s_2\neq 0,\quad 1-q_1s_1-q_2s_2\neq 0$$

并且 $t_1-t_2s_1-t_3s_2=0$,在特殊的情况下,分别当 $t=cp$、$c=cq$、$t=cr$,有

$$\mathscr{SH}_\psi\chi_{\mathscr{C}}(a,s,t)\lesssim a^{\frac{3}{2}}$$

如果

$$s=-\tilde{n}_{pq},n_{pq}^{\mathrm{T}}t=0\text{ 或者 }s=-\tilde{n}_{pr},n_{pr}^{\mathrm{T}}t=0\text{ 或者 }s=-\tilde{n}_{qr},n_{qr}^{\mathrm{T}}t=0$$

那么

$$\mathscr{SH}_\psi\chi_{\mathscr{C}}(a,s,t)\lesssim a^{\frac{5}{6}}$$

另外，剪切波变换 $\mathcal{SH}_\psi\chi_{\mathscr{C}}(a,s,t)$ 在 $a\to 0$ 时衰减迅速。

图 4.2 表示了剪切波变换的衰减。

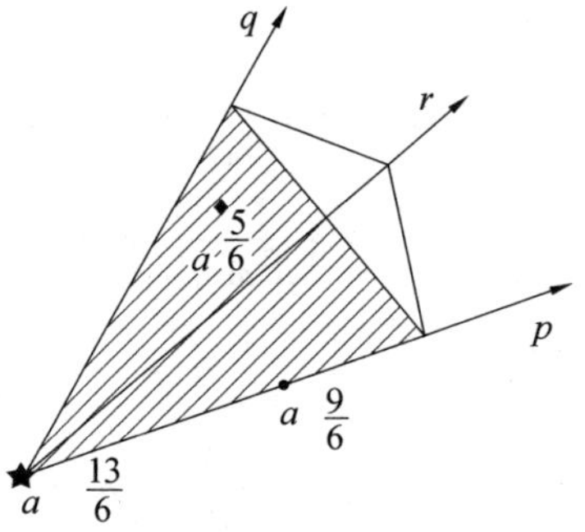

图 4.2　圆锥 $\mathscr{C}$ 的特征函数剪切波变换的衰减

如图4.2所示，对于 $\hat{s}\not\perp p$、q、r 用 $*$ 代替，对于 $\hat{s}\perp p$ 但是 $\hat{s}\not\perp q$、r 用 · 代替，如果 $\hat{s}\perp p$、q，用 ◇ 代替，其中 $\hat{s}:=(1,-s_1,-s_2)^{\mathrm{T}}$ 垂直与包含最大剪切波值的平面。

证明　为了确定当 $a\to 0$ 时，$\mathcal{SH}_\psi\chi_{\mathscr{C}}(a,s,t)=\langle\hat{\chi}_{\mathscr{C}},\hat{\psi}_{a,s,t}\rangle$ 的衰减，分别考虑式(4.26)的四个部分。

(1) 由于 p、q、r 是线性独立的，通过 $\hat{\psi}$ 的支撑有

$$\langle\delta(p^{\mathrm{T}}\cdot)\delta(q^{\mathrm{T}}\cdot)\delta(r^{\mathrm{T}}\cdot),\hat{\psi}_{a,s,t}\rangle=\hat{\psi}_{a,s,t}(0)=0$$

(2) 得到

$$\begin{aligned}&\langle\delta(p^{\mathrm{T}}\cdot)\delta(q^{\mathrm{T}}\cdot)\frac{1}{r^{\mathrm{T}}},\hat{\psi}_{a,s,t}\rangle\\&=a^{\frac{5}{6}}\frac{1}{r^{\mathrm{T}}n_{pq}}\int_{\mathbf{R}^d}\mathrm{e}^{2\pi\mathrm{i}\omega_1\langle t,n_{pq}\rangle}\frac{\overline{\hat{\psi}}_1(a\omega_1)}{\omega_1}\overline{\hat{\psi}}_2(a^{-\frac{2}{3}}(s+\tilde{n}_{pq}))\mathrm{d}\omega_1\\&\sim a^{\frac{5}{6}}\overline{\hat{\psi}}_2(a^{-\frac{2}{3}}(s+\tilde{n}_{pq}))\int_{\mathbf{R}^d}\mathrm{e}^{-2\pi\mathrm{i}\xi_1\frac{\langle t,n_{pq}\rangle}{a}}\frac{\overline{\hat{\psi}}_1(\xi_1)}{\xi_1}\mathrm{d}\xi_1\end{aligned}\tag{4.27}$$

如果 $s\neq-\tilde{n}_{pq}$，由于 $\overline{\hat{\psi}}_2$ 是紧支撑的，那么式(4.27)对于充分小的一个 a 会成为0。如果 $s=-\tilde{n}_{pq}$，那么

$$\langle\delta(p^{\mathrm{T}}\cdot)\delta(q^{\mathrm{T}}\cdot)\frac{1}{r^{\mathrm{T}}},\hat{\psi}_{a,s,t}\rangle\sim a^{\frac{5}{6}}\phi_1\left(\frac{\langle t,n_{pq}\rangle}{a}\right)$$

通过 $\hat{\phi}_1(\xi):=\overline{\hat{\psi}}_1(\xi)/\xi\in\mathscr{C}$ 定义的 ϕ_1 是一个快速衰减，因此，上式在 $a\to 0$ 时衰减迅速，除了 $n_{pq}^{\mathrm{T}}t=0$，即 t 是在 pq 平面上的，衰减为 $a^{\frac{5}{6}}$。

(3) 对于 $I_3:=\langle\delta(p^{\mathrm{T}}\cdot)\frac{1}{q^{\mathrm{T}}}\frac{1}{r^{\mathrm{T}}},\hat{\psi}_{a,s,t}\rangle$ 和 $\omega_3=(-\omega_1+p\omega_2)/p_2$，得到

$$I_3=a^{\frac{5}{6}}\int_{\mathbf{R}^2}\mathrm{e}^{2\pi\mathrm{i}\langle t,\omega\rangle}\overline{\hat{\psi}}_1(a\omega_1)\overline{\hat{\psi}}_2\left(a^{-\frac{2}{3}}\left(s+\frac{1}{\omega_1}\begin{pmatrix}\omega_2\\\omega_3\end{pmatrix}\right)\right)\frac{1}{q^{\mathrm{T}}\omega}\frac{1}{r^{\mathrm{T}}\omega}\mathrm{d}\omega_1\mathrm{d}\omega_2$$

将第一个替代 $\xi_2 := a^{-\frac{2}{3}}\left(s_1 + \frac{\omega_2}{\omega_1}\right)$，并且 $\xi_1 := a\omega_1$ 变成

$$I_3 = a^{\frac{2}{3}}\int_{\mathbf{R}^2} \mathrm{e}^{2\pi i\xi_1\left(t_1-\frac{t_3}{p_2}-s_1\left(t_2-\frac{p_1t_3}{p_2}\right)\right)/a}\mathrm{e}^{2\pi i\xi_1\xi_2\left(t_2-\frac{p_1t_3}{p_2}\right)/a^{\frac{1}{3}}}\frac{\overline{\hat{\psi}}_1(\xi_1)}{\xi_1}\cdot$$

$$\overline{\hat{\psi}}_2\begin{pmatrix}\xi_2\\ a^{-\frac{2}{3}}\left(-\frac{1}{p_2}+\frac{p_1}{p_2}s_1+s_2\right)-\frac{p_1}{p_2}\xi_2\end{pmatrix}\frac{1}{g_{pq}(\xi_2)}\frac{1}{g_{pr}(\xi_2)}\mathrm{d}\xi_1\mathrm{d}\xi_2$$

其中

$$g_{pq}(\xi_2) := 1 - \frac{q_2}{p_2} - s_1\left(q_1 - \frac{p_1q_2}{p_2}\right) + a^{\frac{2}{3}}\xi_2\left(q_1 - \frac{p_1q_2}{p_2}\right)$$

如果

$$1 - p_1s_2 - p_2s_2 \neq 0$$

那么对于在 $\hat{\psi}_2$ 支撑集的一个充分小的 a

$$\overline{\hat{\psi}}_2\left(\left(\xi_2, a^{-\frac{2}{3}}\left(-\frac{1}{p_2}+\frac{p_1}{p_2}s_1+s_2\right)-\frac{p_1}{p_2}\xi_2\right)^{\mathrm{T}}\right)$$

为 0.

令 $1 - p_1s_1 - p_2s_2 = 0$。

① 如果 $1 - \frac{q_2}{p_2} - s_1\left(q_1 - \frac{p_1q_2}{p_2}\right) \neq 0$，也就是 $s_1 \neq -\frac{p_2 - q_2}{p_1q_2 - p_2q_1}$，并且

$$1 - \frac{r_2}{p_2} - s_1\left(r_1 - \frac{p_1r_2}{p_2}\right) \neq 0$$

即 $s_1 \neq -\frac{p_2 - r_2}{p_1r_2 - p_2r_1}$，那么通过

$$\hat{\phi}_2 := \frac{\overline{\hat{\psi}}_2\left(\xi_2\left(1, -\frac{p_1}{p_2}\right)^{\mathrm{T}}\right)}{g_{pq}(\xi_2)g_{pr}(\xi_2)} \in \mathscr{S}$$

定义的 ϕ_2 快速的衰减，得到

$$I_3 = a^{\frac{2}{3}}\int_{\mathbf{R}^1} \mathrm{e}^{2\pi i\xi_1\left(t_1-\frac{t_3}{p_2}-s_1\left(t_2-\frac{p_1t_3}{p_2}\right)\right)/a}\frac{\overline{\hat{\psi}}_1(\xi_1)}{\xi_1}\phi_2\left(\frac{\xi_1(t_2p_2 - p_1t_3)}{p_2a^{\frac{1}{3}}}\right)\mathrm{d}\xi_1$$

如果 $t_2p_2 - p_1t_3 \neq 0$，那么

$$\phi_2\left(\frac{\xi_1(t_2p_2 - p_1t_3)}{p_2a^{\frac{1}{3}}}\right) \leqslant C\frac{a^{\frac{2r}{3}}}{a^{\frac{2r}{3}} + \|\xi_1(t_2 - p_1t_3/p_2)\|^{2r}}, \quad \forall r \in \mathbf{N}$$

并且由于对于 $\xi_1 \in [-a_0, a_0]$，有 $\overline{\hat{\psi}}_1(\xi_1) = 0$，$I_3$ 在 $a \to 0$ 时衰减迅速。如果

$t_2p_2 - p_1t_3 = 0$，那么

$$I_3 \sim a^{\frac{3}{2}}\phi_1\left(\frac{t_1 - \frac{t_3}{p_2}}{a}\right)$$

在 $a\to 0$ 时衰减迅速，除了 $t_1p_2 = t_3$ 的情况。$t_2p_2 - p_1t_3 = 0$ 和 $t_1p_2 = t_3$ 意味着 $t = cp(c\in\mathbf{R})$，在这种情况下有 $I_3 \sim a^{\frac{3}{2}}$。

② 如果 $s_1 = \dfrac{p_2 - q_2}{p_1q_2 - p_2q_1}$ 并且造成 $s = -\tilde{n}_{pq}$，那么

$$\begin{aligned}
I_3 &\sim a^{\frac{5}{6}}\int_{\mathbf{R}^2} e^{2\pi i\xi_1\left(t_1-\frac{t_3}{p_2}-s_1\left(t_2-\frac{p_1t_3}{p_2}\right)\right)/a} e^{2\pi i\xi_1\xi_2\left(t_2-\frac{p_1t_3}{p_2}\right)/a^{\frac{1}{3}}}\frac{\overline{\hat{\psi}}_1(\xi_1)}{\xi_1}\cdot \\
&\quad \frac{\overline{\hat{\psi}}_2\left(\xi_2\left(1, -\frac{p_1}{p_2}\right)^{\mathrm{T}}\right)}{g_{pr}(\xi_2)}\frac{1}{\xi_2}\mathrm{d}\xi_1\mathrm{d}\xi_2 \\
&\sim a^{\frac{5}{6}}\int_{\mathbf{R}} e^{2\pi i\xi_1\left(t_1-\frac{t_3}{p_2}-s_1\left(t_2-\frac{p_1t_3}{p_2}\right)\right)/a}\frac{\overline{\hat{\psi}}_1(\xi_1)}{\xi_1}(\phi_2 * \mathrm{sgn})\left(\frac{\xi_1(p_2t_2 - p_1t_3)}{p_2a^{\frac{1}{3}}}\right)\mathrm{d}\xi_1 \\
&\lesssim a^{\frac{5}{6}}\phi_1\left(\frac{t_1 - \frac{t_3}{p_2} - s_1\left(t_2 - \frac{p_1t_3}{p_2}\right)}{a}\right)
\end{aligned}$$

ϕ_2 和 ϕ_1 通过

$$\hat{\phi}_2(\xi_2) := \frac{\overline{\hat{\psi}}_2\left(\xi_2\left(1, -\frac{p_1}{p_2}\right)^{\mathrm{T}}\right)}{g_{pr}(\xi_2)} \in \mathscr{S}$$

以及

$$\hat{\phi}_1(\xi_1) := \frac{\overline{\hat{\psi}}_1(\xi_1)}{\xi_1} \in \mathscr{S}$$

定义。最后的表达式在 $a\to 0$ 时迅速衰减，除了对于

$$t_1 - \frac{t_3}{p_2} - s_1\left(t_2 - \frac{p_1t_3}{p_2}\right) = 0$$

这里 $I_3 \lesssim a^{\frac{5}{6}}$，与 s 的条件一起，后者是当 $n_{pq}^{\mathrm{T}}t = 0$ 的情况。

(4) 检查 $I_4 := \langle \frac{1}{p^{\mathrm{T}}\cdot}\frac{1}{q^{\mathrm{T}}\cdot}\frac{1}{r^{\mathrm{T}}\cdot}, \hat{\psi}_{a,s,t}\rangle$，得到

$$I_4 = a^{\frac{5}{6}}\int_{\mathbf{R}^3} e^{2\pi i\langle t,\omega\rangle}\overline{\hat{\psi}}_1(a\omega_1)\overline{\hat{\psi}}_2\left(a^{-\frac{2}{3}}\left(s + \frac{1}{\omega_1}\begin{pmatrix}\omega_2\\ \omega_3\end{pmatrix}\right)\right)\frac{1}{p^{\mathrm{T}}\omega}\frac{1}{q^{\mathrm{T}}\omega}\frac{1}{r^{\mathrm{T}}\omega}\mathrm{d}\omega$$

进一步替代 $\xi_j := a^{-\frac{2}{3}}\left(s_{j-1} + \frac{\omega_j}{\omega_1}\right)$ $(j=2,3)$，并且 $\xi_1 := a\omega_1$，得到

$$I_4 = a^{\frac{13}{6}}\int_{\mathbf{R}^3} \mathrm{e}^{2\pi \mathrm{i}\xi_1(t_1+t_2(a^{\frac{2}{3}}\xi_2-s_1)+t_3(a^{\frac{2}{3}}\xi_3-s_2))/a} \frac{\overline{\hat{\psi}}_1(\xi_1)}{\xi_1}\cdot$$

$$\frac{\overline{\hat{\psi}}_2((\xi_2,\xi_3)^{\mathrm{T}})}{g_p(\xi_2,\xi_3)g_q(\xi_2,\xi_3)g_r(\xi_2,\xi_3)}\mathrm{d}\xi$$

其中

$$g_p(\xi_2,\xi_3) := 1 - p_1 s_1 - p_2 s_2 + a^{\frac{2}{3}}(\xi_2 p_1 + \xi_3 p_2)$$

① 如果 $1 - p_1 s_1 - p_2 s_2 \neq 0$、$1 - q_1 s_1 - q_2 s_2 \neq 0$，并且 $1 - r_1 s_1 - r_2 s_2 \neq 0$，那么通过

$$\hat{\phi}_2(\xi_2,\xi_3) := \frac{\overline{\hat{\psi}}_1((\xi_2,\xi_3)^{\mathrm{T}})}{g_p(\xi_2,\xi_3)g_q(\xi_2,\xi_3)g_r(\xi_2,\xi_3)} \in \mathscr{S}$$

定义的 ϕ_2 在迅速的衰减并且

$$I_4 = a^{\frac{13}{6}}\int_{\mathbf{R}} \mathrm{e}^{2\pi \mathrm{i}\xi_1(t_1-t_2s_1-t_3s_2)/a} \frac{\overline{\hat{\psi}}_1(\xi_1)}{\xi_1}\phi_2\left(\frac{\xi_1(t_2,t_3)}{a^{\frac{1}{3}}}\right)\mathrm{d}\xi_1$$

与之前相似。如果 $(t_2,t_3) \neq (0,0)$，在 $a\to 0$ 时 I_4 迅速衰减。对于 $t_2 = t_3 = 0$ 总结出 $I_4 \sim a^{\frac{13}{6}}\phi_1((t_1 - t_2 s_1 - t_3 s_2)/a)$。即除了 $t_1 - t_2 s_1 - t_3 s_2 = 0$ 情况外，其他时候右侧在 $a\to 0$ 迅速衰减，即对于 $t = (0,0,0)^{\mathrm{T}}$，有 $I_4 \sim a^{\frac{13}{6}}$。

② 如果 $1 - p_1 s_1 - p_2 s_2 = 0$，并且 $1 - q_1 s_1 - q_2 s_2 \neq 0$、$1 - r_1 s_1 - r_2 s_2 \neq 0$，在

$$\hat{\phi}_2(\xi_2,\xi_3) := \frac{\overline{\hat{\psi}}_1((\xi_2,\xi_3)^{\mathrm{T}})}{g_q(\xi_2,\xi_3)g_r(\xi_2,\xi_3)} \in \mathscr{S}$$

的情况下，得到

$$I_4 = a^{\frac{3}{2}}\int_{\mathbf{R}^3} \mathrm{e}^{2\pi \mathrm{i}\xi_1(t_1-t_2s_1-t_3s_2)/a}\mathrm{e}^{2\pi \mathrm{i}\xi_1(t_2\xi_2+t_3\xi_3)/a^{\frac{1}{3}}} \frac{\overline{\hat{\psi}}_1(\xi_1)}{\xi_1}\cdot$$

$$\hat{\phi}_2(\xi_2,\xi_3)\frac{1}{p_1\xi_2 + p_2\xi_3}\mathrm{d}\xi$$

$$\sim a^{\frac{3}{2}}\int_{\mathbf{R}} \mathrm{e}^{2\pi \mathrm{i}\xi_1(t_1-t_2s_1-t_3s_2)/a} \frac{\overline{\hat{\psi}}_1(\xi_1)}{\xi_1}(\phi_2 * h)\left(\frac{\xi_1(t_2,t_3)}{a^{\frac{1}{3}}}\right)\mathrm{d}\xi_1$$

$$\lesssim a^{\frac{3}{2}}\phi_1(t_1 - t_2 s_1 - t_3 s_2)/a$$

这里

$$h(u,v) := \operatorname{sgn}(-v/p_2)\delta(t_2 - p_1 t_3/p_2)$$

因此除了对于 $t_1 - t_2 s_1 - t_3 s_2 = 0$ 的情况，I_4 在 $a\to 0$ 时迅速衰减。

③ 让 $1-p_1s_1-p_2s_2=0$ 并且 $1-q_1s_1-q_2s_2=0$，即 $s=-\tilde{n}_{pq}$。在

$$\hat{\phi}_2(\xi_2,\xi_3):=\frac{\bar{\hat{\psi}}_1((\xi_2,\xi_3)^{\mathrm{T}})}{g_r(\xi_2,\xi_3)}\in\mathscr{S}$$

的情况下，得到

$$\begin{aligned}I_4&=a^{\frac{5}{6}}\int_{\mathbf{R}^3}\mathrm{e}^{2\pi\mathrm{i}\xi_1(t_1-t_2s_1-t_3s_2)/a}\mathrm{e}^{2\pi\mathrm{i}\xi_1(t_2\xi_2+t_3\xi_3)/a^{\frac{1}{3}}}\frac{\bar{\hat{\psi}}_1(\xi_1)}{\xi_1}\cdot\\&\quad\hat{\phi}_2(\xi_2,\xi_3)\frac{1}{p_1\xi_2+p_2\xi_3}\frac{1}{q_1\xi_2+q_2\xi_3}\mathrm{d}\xi\\&=a^{\frac{5}{6}}\int_{\mathbf{R}}\mathrm{e}^{2\pi\mathrm{i}\xi_1(t_1-t_2s_1-t_3s_2)/a}\frac{\bar{\hat{\psi}}_1(\xi_1)}{\xi_1}(\phi_2*h)\left(\frac{\xi_1(t_2,t_3)}{a^{\frac{1}{3}}}\right)\mathrm{d}\xi_1\\&\lesssim a^{\frac{5}{6}}\phi_1(t_1-t_2s_1-t_3s_2)/a\end{aligned}$$

$$h(u,v):=\operatorname{sgn}\frac{p_2u-p_1v}{p_1q_2-q_1p_2}\operatorname{sgn}\frac{q_2u-q_1v}{p_1q_2-q_1p_2}$$

如果 $t_1-t_2s_1-t_3s_2=0$，即 $n_{pq}^{\mathrm{T}}t=0$，此时 $I_4\lesssim a^{\frac{5}{6}}$，否则在 $a\to0$ 时衰减迅速。结束证明。

本章参考文献

[1] R. A. Adams. Sobolev Spaces, Academic Press, Now York, 1975.

[2] L. Borup and M. Nielsen, Frame decomposition of decomposition spaces, J. Fourier Anal. Appl. 13 (2007), 39-70.

[3] E. J. Candès and D. L. Donoho. Ridgelets: a key to higher-dimensional intermittency, Phil. Trans. R. Soc. Lond. A. 357 (1999), 2495-2509.

[4] E. J. Candès and D. L. Donoho. Curvelets-A surprisingly effective nonadaptive representation for objects with edges, in Curves and Surfaces, L. L. Schumaker et al., eds., Vanderbilt University Press, Nashville, TN (1999).

[5] E. J. Candès and D. L. Donoho. Continuous curvelet transform: I. Resolution of the wavefront set, Appl. Comput. Harmon. Anal. 19 (2005), 162-197.

[6] E. Cordero, F. De Mari, K. Nowak and A. Tabacco. Analytic features of reproducing groups for the metaplectic representation. J. Fourier Anal. Appl., 12(2) (2006), 157-180.

[7] S. Dahlke, M. Fornasier, H. Rauhut, G. Steidl, and G. Teschke.

Generalized coorbit theory, Banach frames, and the relations to alpha-modulation spaces, Proc. Lond. Math. Soc. 96(2008), 464-506.
[8] S. Dahlke, S. Häuser, G. Steidl, and G. Teschke. coorbit spaces: traces and embeddings in higher dimensions, Preprint 11-2, Philipps Universitat Marburg (2011).
[9] S. Dahlke, S. Häuser, and G. Teschke. coorbit space theory for the Toeplitz shearlet transform, to appear in Int. J. Wavelets Multiresolut. Inf. Process.
[10] S. Dahlke, G. Kutyniok, P. Maass, C. Sagiv, H.-G. Stark, and G. Teschke. The uncertainty principle associated with the continuous shearlet transform, Int. J. Wavelets Multiresolut. Inf. Process. 6 (2008), 157-181.
[11] S. Dahlke, G. Kutyniok, G. Steidl, and G. Teschke. Shearlet coorbit spaces and associated Banach frames, Appl. Comput. Harmon. Anal. 27/2 (2009), 195-214.
[12] S. Dahlke, G. Steidl, and G. Teschke. The continuous shearlet transform in arbitrary space dimensions, J. Fourier Anal. Appl. 16 (2010), 340-354.
[13] S. Dahlke, G. Steidl and G. Teschke. Shearlet coorbit Spaces: Compactly Supported Analyzing Shearlets, Traces and Embeddings, J. Fourier Anal. Appl., DOI10. 1007/s00041-011-9181-6.
[14] S. Dahlke and G. Teschke. The continuous shearlet transform in higher dimensions: Variations of a theme, in Group Theory: Classes, Representations and Connections, and Applications (C. W. Danelles, Ed.), Nova Publishers, p. 167-175, 2009.
[15] R. DeVore. Nonlinear Approximation, Acta Numerica 7 (1998), 51-150.
[16] R. DeVore and V. N. Temlyakov. Some remarks on greedy algorithms, Adv. in Comput. Math. 5 (1996), 173-187.
[17] M. N. Do and M. Vetterli. The contourlet transform: an efficient directional multiresolution image representation, IEEE Transactions on Image Processing 14(12) (2005), 2091-2106.
[18] H. G. Feichtinger and K. Gröchenig. A unified approach to atomic decompositions via integrable group representations, Proc. Conf. "Function Spaces and Applications", Lund 1986, Lecture Notes in Math. 1302 (1988), 52-73.
[19] H. G. Feichtinger and K. Gröchenig. Banach spaces related to integrable

group representations and their atomic decomposition I, J. Funct. Anal. 86 (1989), 307-340.

[20] H. G. Feichtinger and K. Gröchenig. Banach spaces related to integrable group representations and their atomic decomposition II, Monatsh. Math. 108 (1989), 129-148.

[21] H. G. Feichtinger and K. Gröchenig. Non-orthogonal wavelet and Gabor expansions and group representations, in: Wavelets and Their Applications, M. B. Ruskai et. al. (eds.), Jones and Bartlett, Boston, 1992, 353-376.

[22] G. B. Folland. Fourier Analysis and its Applications, Brooks/Cole Publ. Company, Boston, 1992.

[23] M. Frazier and B. Jawerth. Decomposition of Besov sapces, Indiana University Mathematics Journal 34/4 (1985), 777-799.

[24] K. Gröchenig. Describing functions: Atomic decompositions versus frames, Monatsh. Math. 112 (1991), 1-42.

[25] K. Gröchenig. Foundations of Time-Frequency Analysis, Birkhauser, Boston, Basel, Berlin, 2001.

[26] K. Gröchenig, E. Kaniuth and K. F. Taylor. Compact open sets in duals and projections in L_1-algebras of certain semi-direct product groups, Math. Proc. Camb. Phil. Soc. 111 (1992), 545-556.

[27] K. Gröchenig and S. Samarah. Nonlinear approximation with local Fourier bases, Constr. Approx. 16 (2000), 317-331.

[28] K. Guo, W. Lim, D. Labate, G. Weiss, and E. Wilson. Wavelets with composite dilations and their MRA properties, Appl. Comput. Harmon. Anal. 20 (2006), 220-236.

[29] K. Guo, G. Kutyniok, and D. Labate. Sparse multidimensional representations using anisotropic dilation und shear operators, in Wavelets und Splines (Athens, GA, 2005), G. Chen und M. J. Lai, eds., Nashboro Press, Nashville, TN (2006), 189-201.

[30] L. I. Hedberg and Y. Netrusov. An axiomatic approach to function spaces, spectral synthesis, and Luzin approximation, Memoirs of the American Math. Soc. 188, 1-97 (2007).

[31] P. Kittipoom, G. Kutyniok, and W.-Q Lim. Construction of compactly supported shearlet frames, Preprint, 2009.

[32] G. Kutyniok and D. Labate. Resolution of the wavefront set using

continuous shearlets, Trans. Amer. Math. Soc. 361 (2009), 2719-2754.

[33] G. Kutyniok, J. Lemvig, and W. -Q. Lim. Compactly supported shearlets, Approximation Theory XIII (San Antonio, TX, 2010), Springer, to appear.

[34] R. S. Laugesen, N. Weaver, G. L. Weiss and E. N. Wilson. A characterization of the higher dimensional groups associated with continuous wavelets, The Journal of Geom. Anal. 12/1 (2002), 89-102.

[35] Y. Lu and M. N. Do. Multidimensional directional filterbanks and surfacelets, IEEE Trans. Image Process. 16 (2007), 918-931.

[36] C. Schneider. Besov spaces of positive smoothness, PhD thesis, University of Leipzig, 2009.

[37] H. Triebel. Function Spaces I, Birkhauser, Basel-Boston-Berlin, 2006.

[38] S. Yi, D. Labate, G. R. Easley, and H. Krim. A shearlet approach to edge analysis and detection, IEEE Trans. Image Process. 16 (2007), 918-931.

第5章　剪切波与最优稀疏逼近

各向异性特性通常主导多元函数,如图像边缘或者在传输控制方程解法中的激波前沿。对于压缩目标及有效分析来说,二者的一个共同目标是提供这些方程最优的稀疏近似。近年来,卡通图案作为一种较为合适的模型类别被应用于2D、3D中,并且通过对最佳N阶逼近的L^2误差下的衰减率来决定其近似特性。剪切波系统是迄今为止唯一一个能够在2D与3D中,提供对模型类别最优稀疏逼近的表示系统;此外,与所有其他的定向表示系统相比,对紧支撑剪切波框架理论的推导同样满足最优化准则。本章是对满足带限及紧支撑剪切波框架的卡通类图像的介绍和研究,同时也是对这一研究领域的艺术状况的参考。

5.1　概　　述

随着科技的发展,人们面临着不断增长的海量数据带来的压力,这就需要高复杂度的方法来分析和压缩数据,而数据本身也变得越来越复杂,维度越来越高。而数据最显著的一个特点是奇异性,如通过神经学家的观察发现,人眼对于被锐利的边缘分割的几何区域有着很高的感知度。有趣的是,从单变量数据向多变量数据的这一阶段会引起奇异点特性的巨大改变。然而,一维(1D)函数仅能够表示点的奇异性,而二维(2D)函数已经能够表示点和曲线两种类型的奇异性。实际上,多变量函数通常由各向异性现象主导,如数字图像的边界或者演变的传输控制方程解法的激波前沿,这两个示例也说明,各向异性现象能够发生甚至可以明确或者隐晦的给出数据。

对于压缩的目标以及有效分析来说,二者共同的一个目标是引入各向异性现象,更精确地说,对被各向异性特性控制的多变量函数的"好"的逼近表示系统,这就产生了几个基本问题。

(P1)被各向异性特性所主导的函数合适的模型是什么样子的?

(P2)如何决定一个逼近是"好"的?最优化的基本准则是什么?

(P3)从1D向2D转变的步骤已经是最重要的一步了吗?这个体系是如何随着维数的增加而测量的?

(P4)哪一种表示系统优化性能更好?

本节以更高、更直观的角度来讨论这些问题,之后会通过精确的数学形式推导来进一步说明。

5.1.1 具有各向异性特性模型的选择

每一个模型的设计都需要在实际情况与简单性之间权衡，以实现模型的分析。在文献[6]中，通过以下的方式解决了受各向异性特性主导的函数的模型选择问题。作为一种图像模型，为了在单位矩形域$[0,1]^2$上被支持，它首先要符合$L^2(\mathbf{R}^2)$函数，这些函数应该包含最小（两个）数量的平滑部分。为了避免在闭区域$[0,1]^2$边界人为产生不连续结尾问题，其中一个平滑部分的边界曲线应完全包含在开区域$(0,1)^2$内，还需确定模型函数和边界线光滑部分的规律性都被选择为C^2。因此，对于受各向异性特性主导的函数，其可能的模型应该是在闭区域$[0,1]^2$存在的，除去一个闭合的C^2连续曲线后符合C^2的2D函数，满足这些条件的通常被称为卡通图像（参考本书的简介部分），这就为问题（P1）提供的解答。将该2D模型扩展到分段光滑曲线的内容，见文献[1]，而扩展到三维（3D），甚至具有不同规律性的其他内容，见文献[8，12]有所介绍。

5.1.2 稀疏逼近及最优性的衡量

对于卡通图像来说，其表示系统性能质量，通常是通过非线性逼近的角度来衡量的。更精确来说，给定一个卡通图像与一个具有标准正交基的表示系统，则在阶数N内，选择的度量是通过进行最佳N阶（非线性）逼近，考察其L^2误差下的渐进性来衡量的。这种直观的测量方法，显示出了随着逼近过程维数的增加，其准则下扩张的尾部衰减有多么迅速。如果表示系统没有形成标准正交基而只是一个框架，那么任何一个微小的变动都需要被观察到。在这种情况下，如果系统具有标准正交基，那么使用N个最大系数来进行N阶逼近就可以被看作是最佳N阶逼近，但是实际上也并非总是如此。忽略对数因素的影响，在N阶范围内，对所有卡通图像来说，能够提供尽可能快的衰减率的表示系统，就可以称为最优稀疏逼近，至此，问题（P2）得到了解答。

5.1.3 为什么3D是最重要的维度

对于所有的各向异性特性表现来说，从1D到2D的这一步是十分重要的一步，因此，将处理2D情况的方法相似地应用于对更高维数的处理，这样处理是否有效？或者，是否每一个维度都有其各自的问题？为了回答这些问题，考虑从2D到3D的这一过程，这一过程显示了一个很有趣的现象。一个3D函数可以显示点（可认为是0D）、曲线（可认为是1D）和面（可认为是2D）的奇异性，因此，各向异性特性会突然出现两个不同的维度，如1D以及2D中的特性，因此，3D 的情形需要特殊分析。目前还不清楚对于最优逼近的两种类型的各向异性特性，是需要两种不同的表示系统，还是一个系统就足够了。这就可以说明，从 2D 到 3D 的这一步被看作是至关重要的，一旦知道了如何处理不同维度的各向异性特性，那么从 3D 到 4D，甚至是向更高维度的变换都可以用相似方法进行处理。因此，对于问题（P3），通过分析可以知道，2D 与 3D 是两个至关重要的维度，高维度是源于它们的。

5.1.4 剪切波与其他定向系统的性能

在简要概述的框架内可以知道，小波不能最优的稀疏逼近卡通图像。这引发了一系列包含谐波分析集合体的活动，这些活动旨在发展一种定向表示系统，以此来满足上述基准，当然还满足其他依赖于使用中的理想特性。2004 年，Candés 与 Donoho 引入紧曲波框架，它是一种定向表示系统，对于本书讨论的卡通图像，它能在某种意义上提供可证明稀疏逼近。一年之后，根据由 Do 与 Vetterli 在文献[4] 中介绍的理论，同样得到一个最佳逼近精度。Guo 与 Labate 对（带限）致密剪切波框架进行分析，具体内容见文献[7]，他们证明了剪切波同样可以满足这种基准。在（带限）剪切波的情况下，有了更进一步的发展，Guo 与 Labate 证明了对于 3D 卡通图像，也有着同样相似的结果。在这种情况下，可以将其定义为一个 C^2 和 C^2 不连续面分开的一种函数，即只专注于一种在 3D 中需要面对的各向异性特性。

5.1.5 带限系统与紧支撑系统的比较

5.1.4 节提到的结论只是通过关注带限系统才得到的，尽管紧支撑的轮廓波同样包含在轮廓波的情况中，但是对无限方向消失矩有着要求，因此对于最优稀疏的证明仅仅适用于带限产生器中。然而，对于不同的应用来说，紧支撑的产生器是必不可少的，因此在小波情况中引入紧支撑小波是一项重大进步。对于这种应用来说，比较著名的是在成像学中的应用，如图像去噪时避免平滑边缘、偏微分方程理论、由剪切波作为一个试验空间的生成系统以及紧支撑结构以保证快速计算的实现。

到目前为止，对于满足紧支撑产生器理论及构建紧支撑框架结构的系统来说[10]，剪切波是唯一的系统，相关内容可见文献[13]。值得一提的是，尽管这些框架在某种程度上接近致密，但是在这一点上，紧支撑致密剪切波能否被构建还不是很清楚。有趣的是，文献[14] 中证明了这类剪切波框架同样对 2D 卡通图像模型类提供最优稀疏逼近，这种证明是与文献[7] 中提到的证明完全不同的证明，适应了紧支撑生成器的特殊性质。根据文献[12] 中的内容，可以同时考虑两种不同的各向异性特性（曲线和曲面的奇点），可以说，3D

的情况目前已经被完全理解了。

5.1.6 大纲

在 5.2 节会介绍 2D 与 3D 卡通图像模型类,而对于模型类的最优稀疏逼近将在 5.3 节中讨论。5.4 节是有关满足带限以及紧支撑生成器的 3D 剪切波系统的介绍,而这种类别可提供的最优稀疏逼近特性将在 5.5 节介绍。

5.2 卡通图像等级

定义卡通图像,与本章简介中直观的引入不同,本节给出数学上更精确地推导。本节先介绍对于卡通图像最基本定义,该定义在文献[6]中首次提出,之后对其定义及其在文献[8]中说明的 3D 情况进行介绍,认为维数 $d=2$ 或者 $d=3$。

对于固定的 $\mu>0$,卡通图像的集合 $\mathscr{E}^2(\mathbf{R}^d)$ 是一个函数集 $f:\mathbf{R}^d\to\mathbf{C}$,并且以形式存在,为

$$f=f_0+f_1\chi_B$$

式中,$B\subset[0,1]^d$。

$f_i\in C^2(\mathbf{R}^d)$ 且 $f_0\subset[0,1]^d$,以及对于每一个 $i=0,1$,满足 $\|f_i\|_{C^2}\leqslant\mu$。对于维数 $d=2$,假设 ∂B 是一个曲率边界由 v 规定的封闭的 C^2 曲线;对于维数 $d=3$,不连续的 ∂B 是一个主曲率由 v 界定闭合的 C^2 曲面。任意选择一个卡通图像函数 $f=\chi_B$,其不连续面 ∂B 在 $\mathbf{R}^2$ 中是一个变形的球形,如图 5.1 所示。

由于图像中的对象往往有尖锐的棱角,对于文献[1]中的 2D 情况以及文献[12]中的 3D 情况来说,若 ∂B 仅被假设为在 C^2 上分段光滑,那么不规则图像也是被允许的。更精确来说,∂B 被假设成是由一组有限部分构成的,即 $\partial B_1,\cdots,\partial B_L$,除了在各自边界,它们是不重叠的,并且每一个部分 ∂B_i 可以通过在 C^2 光滑的函数和由 μ 界定的曲率(对于 $d=2$ 来说)或者主曲率(对于 $d=3$ 来说)表示成参数形式。令 $L\in\mathbf{N}$ 表示在 C^2 上部分的数目,卡通画图像的拓展级 $\mathscr{E}^2(\mathbf{R}^d)$ 是在 2D 设置下,具有除了 C^2 上一段不连续曲线外在 C^2 上光滑的卡通图像,以及在 3D 设置下,具有除了 C^2 上一段不连续面外在 C^2 上平滑的卡通图像,这两者所组成的。这一概念对于在 3D 中出现的,系统能够处理两种不同种类的各向异性特性时的性能分析是必要的,相关讨论请参考 5.1.3 节。实际上,在 3D 设置条件下,除了 C^2 上不连续面,该模型能显示曲线 C^2 奇异性以及奇异点,如在图 5.2 中的卡通图像 $f=\chi_B$ 就显示不连续的表面 $\partial B\subset\mathbf{R}^3$,该表面由在交面处具有点和曲线奇异性的 3 个 C^2 平滑面组成。

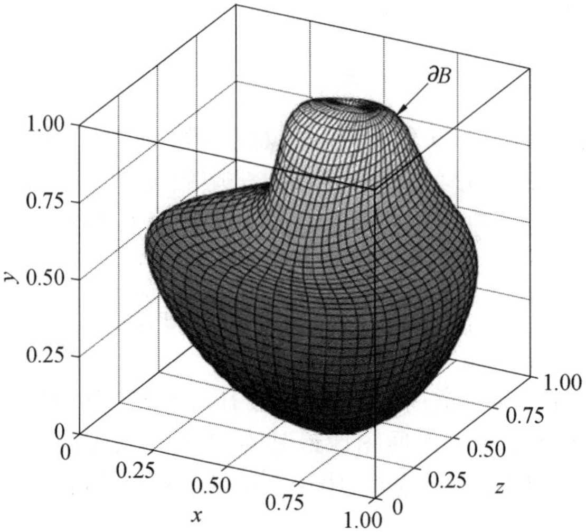

图 5.1　在 $L=1$ 条件下 $d=3$ 时，一个简单的卡通图像 $f=\chi_B\in\mathscr{E}_L^2(\mathbf{R}^3)$，其中不连续曲面 ∂B 是一个变形的球形

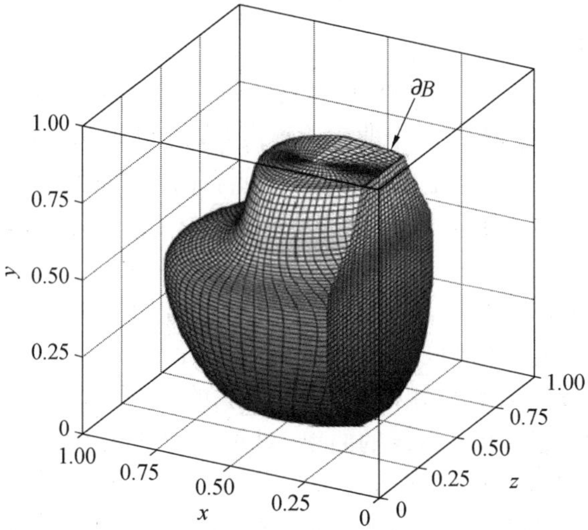

图5.2　在 $L=3$ 条件下的一个卡通图像 $f=\chi_B\in\mathscr{E}_L^2(\mathbf{R}^3)$，其中不连续曲面 ∂B 是分段 C^2 平滑

文献[12]中的模型更进一步，并且考虑在 C^β 上，不同光滑部分的不同规律，以及在 $C^\alpha(1\leqslant\alpha\leqslant\beta\leqslant 2)$ 上平滑部分的不连续性问题。一般化的卡通图像类就可以用 $\mathscr{E}_{\alpha,L}^\beta(\mathbf{R}^d)$ 来表示，其中当 $\mathscr{E}_L^2(\mathbf{R}^d)=\mathscr{E}_{\alpha,L}^\beta(\mathbf{R}^d)$ 时，有 $\alpha=\beta=2$。

为了清楚起见，之后的讨论将会重点放在第一个最基本的卡通化模型上，也就是 $\alpha = \beta = 2$ 的情况，并且会在适当时加入推广（主要内容在5.2.4节）。

5.3　稀疏逼近

在清楚模型的情况之后，讨论如何衡量表示系统的逼近精度，以及在这种情况下，采用何种最优化手段。

5.3.1　（非线性）N 阶逼近

令 $\mathscr{C}$ 表示具有范数 $\|\cdot\| = \langle\cdot,\cdot\rangle^{\frac{1}{2}}$ 的可分的希尔伯特空间 $\mathscr{H}$ 中的给定的一组元素，且 $\boldsymbol{\Phi} = (\phi_i)_{i\in I}$ 为 $\mathscr{H}$ 的一个字典，即生成空间 $\overline{\mathrm{span}\,\boldsymbol{\Phi}} = \mathscr{H}$，有指数集为 I。其中 $\boldsymbol{\Phi}$ 起到了表示系统的作用，之后的 $\mathscr{C}$ 表示卡通图像级，$\boldsymbol{\Phi}$ 表示剪切波框架。但是目前来说，只假设更一般的设定，试着通过系统很少的项，用 $\boldsymbol{\Phi}$ 中元素逼近 $\mathscr{C}$ 中的每一个元素。近似原理提供了最佳 N 阶逼近的方法，也就是本节介绍的方法，对于近似原理更一般的介绍请参看文献[3]。

为此，使 $f \in \mathscr{C}$ 且可任意选择。由于 $\boldsymbol{\Phi}$ 是一个完整的系统，对于任意的 $\varepsilon > 0$，存在一个有限的、来自 $\boldsymbol{\Phi}$ 中元素的线性组合，F 有限且 $F \subset I$，即 $\#|F| < \infty$ 其形式为

$$g = \sum_{i\in F} c_i\phi_i$$

使 $\|f - g\| \leqslant \varepsilon$；另外，如果 $\boldsymbol{\Phi}$ 是带有可数指数集 I 的架构，就存在一个序列 $(c_i)_{i\in I} \in \ell_2(I)$，使

$$f = \sum_{i\in I} c_i\phi_i$$

在希尔伯特空间范数 $\|\cdot\|$ 下收敛。意识到如果 $\boldsymbol{\Phi}$ 没有形成一个基，f 的表示就不可能是唯一的，令 $N \in \mathbf{N}$，目的是仅仅通过 N 个 $\boldsymbol{\Phi}$ 中的项来逼近 f，其中 $I_N \subset I$，$\#|I_N| = N$，也就是通过

$$\sum_{i\in I_N} c_i\phi_i$$

这称为对于 f 的 N 阶逼近。通常这种近似在某种意义上是非线性的，如果在指数集 I_N 上，f_N 是 N 阶逼近且在指数集 J_N 上，g_N 是对 $g \in \mathscr{C}$ 的 N 阶逼近，那么 $f_N + g_N$ 就是在 $I_N = J_N$ 条件下，$f + g$ 的唯一 N 阶逼近。

在希尔伯特空间范数度量下的逼近精度的最佳逼近，定义对于 f 的最佳 N

阶逼近为

$$f_N = \sum_{i \in I_N} c_i \phi_i$$

满足对于所有的 $I_N \subset, \# | I_N | = N$，以及对所有的标量 $(c_i)_{i \in I}$，有

$$\| f - f_N \| \leqslant \| f - \sum_{i \in I_N} c_i \phi_i \|$$

讨论对于特殊情况，如由 Φ 形成的一组标准正交基、一个紧框架结构和一个一般框架的最佳 N 阶逼近概念，并且对这种逼近进行逼近精度误差估计。

1. 标准正交基

令 Φ 为 $\mathscr{H}$ 的一个标准正交基，在这种情况下，可以写出对于 f 的最佳 N 阶逼近 $f_N = \sum_{i \in I_N} c_i \phi_i$。由于在这种情况下，有

$$f = \sum_{i \in I} \langle f, \phi_i \rangle \phi_i$$

并且这种表示是独特的，得到

$$\begin{aligned} \| f - f_N \|_{\mathscr{H}} &= \| \sum_{i \in I} \langle f, \phi_i \rangle \phi_i - \sum_{i \in I_N} c_i \phi_i \| \\ &= \| \sum_{i \in I_N} [\langle f, \phi_i \rangle - c_i] \phi_i + \sum_{i \in I \setminus I_N} \langle f, \phi_i \rangle \phi_i \| \\ &= \| (\langle f, \phi_i \rangle - c_i)_{i \in I_N} \|_{\ell^2} + \| (\langle f, \phi_i \rangle)_{i \in I \setminus I_N} \|_{\ell^2} \end{aligned}$$

第一项 $\| (\langle f, \phi_i \rangle - c_i)_{i \in I_N} \|_{\ell^2}$ 可以对所有的 $i \in I_N$，通过选择 $c_i = \langle f, \phi_i \rangle$ 来达到最小化，第二项 $\| (\langle f, \phi_i \rangle)_{i \in I \setminus I_N} \|_{\ell^2}$ 可以通过从 I_N 中选择合适的指数，使 $\langle f, \phi_i \rangle$ 在量值上获得 N 个最大系数，以此来实现最小化。一些系数 $\langle f, \phi_i \rangle$ 会有相同的量值，因此不能由此唯一的决定 f_N，但是它能够对一些 $f \in \mathscr{C}$ 精确地表征其最佳 N 阶逼近，可以通过下式来完全控制最佳 N 阶近似的误差：

$$\| f - f_N \| = \| (\langle f, \phi_i \rangle)_{i \in I \setminus I_N} \|_{\ell^2} \tag{5.1}$$

2. 紧支撑框架

假设 Φ 构成 $\mathscr{H}$ 的约束条件为 $A = 1$ 的紧支撑框架，在这种情况下，有

$$f = \sum_{i \in I} \langle f, \phi_i \rangle \phi_i$$

但是这一扩展已经不再唯一；此外，该框架的元素不是正交的。像之前考虑的标准正交基的情况，两种情况都不能对最佳 N 阶逼近误差提供分析。实际上，可以得出，在量值上选择 N 个最大的系数 $\langle f, \phi_i \rangle$ 不总是会产生最佳 N 阶逼近，而仅仅是一个 N 阶逼近。为了能够分析逼近的误差，一种典型的做法（也将是接下来的内容中提到的）是选择与最大的 N 个系数 $\langle f, \phi_i \rangle$ 相关的指

数集 I_N,以及在大小上由这些系数确定的 N 阶逼近,即

$$f_N = \sum_{i \in I_N} \langle f, \phi_i \rangle \phi_i$$

这一选择也考虑到在希尔伯特范数内对一些逼近的控制,也将其推延到下一节,以考虑更一般的情况,即任意框架条件下。

3. 总体框架

令 Φ 表示框架约束为 A 和 B 的一个 $\mathscr{H}$ 框架,并且让 $(\tilde{\phi}_i)_{i\in I}$ 表示标准对偶框架,考虑 f 按照该对偶框架的扩展,即

$$f = \sum_{i \in I} \langle f, \phi_i \rangle \tilde{\phi}_i \tag{5.2}$$

也可以考虑

$$f = \sum_{i \in I} \langle f, \tilde{\phi}_i \rangle \phi_i$$

解释为什么在本章中,对第一种形式更感兴趣。根据定义,有 $(\langle f, \tilde{\phi}_i \rangle)_{i\in I} \in \ell^2(I)$ 以及 $(\langle f, \phi_i \rangle)_{i\in I} \in \ell^2(I)$。由于仅考虑在 $\mathscr{H}$ 中,对函数的扩展仍属于子集 $\mathscr{C}$,这至少能够潜在的提高稀疏的衰减率,以使得对于一些 $p < 2$,这些系数可以属于 $\ell^p(I)$,这正是通过稀疏逼近来理解的(在逆问题背景下也可称为可压缩逼近)。因此针对这一性能来分析剪切波,即剪切波系数的衰减率,这也就很自然的形成式(5.2)的形式,在一个紧框架条件下,没有区分的必要,那么对于所有的 $i \in I$,有 $\tilde{\phi}_i = \phi_i$。

正如在紧支撑条件下,是不可能得到一个可用的、最佳 N 阶逼近的显式形式,因此通过选择与最大的 N 个系数 $\langle f, \phi_i \rangle$ 相关的指数集 I_N 以及在大小上由这些系数确定,来粗略得到最佳 N 阶逼近的近似,即

$$f_N = \sum_{i \in I_N} \langle f, \phi_i \rangle \tilde{\phi}_i$$

令人惊讶的是,即使通过这一相当简陋而贪婪的选择过程,仍得到了对剪切波近似率很贴近的结果,这一点将在 5.5 节中介绍。

引理 1 会告诉 N 阶逼近误差是如何通过系数 c_i 平方的尾部来约束的,读者可能想要与在式(5.1)中提到的标准正交基情况下的误差进行对比。

引理 1　令 $(\phi_i)_{i\in I}$ 表示框架约束为 A 与 B 的一个 $\mathscr{H}$ 框架,并且让 $(\tilde{\phi}_i)_{i\in I}$ 表示标准对偶框架。令 $I_N \subset I$ 且满足 $\# | I_N | = N$,同时使 f_N 符合 N 阶逼近且

$$f_N = \sum_{i \in I_N} \langle f, \phi_i \rangle \tilde{\phi}_i$$

那么

$$\| f - f_N \|^2 \leqslant \frac{1}{2} \sum_{i \notin I_N} | \langle f, \phi_i \rangle |^2 \tag{5.3}$$

证明 回想标准对偶框架满足在约束条件 B^{-1} 以及 A^{-1} 下的结构不等式，它对式(5.3)的估计应该直接遵循标准对偶的框架不等式，然而，一旦在式(5.3)中的求和无法在整个指数集 $i \in I$ 上执行，而仅在 $I\backslash I_N$ 可操作，就不会是这种情况。所以，为了证明引理1，首先考虑

$$\begin{aligned}\|f-f_N\| &\leqslant \sup\{|\langle f-f_N,g\rangle| : g \in \mathscr{H}, \|g\|=1\}\\ &= \sup\{|\sum_{i\notin I_N}\langle f,\phi_i\rangle\langle\tilde{\phi}_i,g\rangle| : g \in \mathscr{H}, \|g\|=1\}\end{aligned} \tag{5.4}$$

应用 Cauchy - Schwarz 不等式，得到

$$\begin{aligned}|\sum_{i\notin I_N}\langle f,\phi_i\rangle\langle\tilde{\phi},g\rangle|^2 &\leqslant \sum_{i\notin I_N}|\langle f,\phi_i\rangle|^2\sum_{i\notin I_N}|\langle\tilde{\phi}_i,g\rangle|^2\\ &\leqslant A^{-1}\|g\|^2\sum_{i\notin I_N}|\langle f,\phi_i\rangle|^2\end{aligned}$$

其中，对对偶框架 $(\tilde{\phi}_i)_i$ 应用上部框架不等式，继续式(5.4)并且得到

$$\begin{aligned}\|f-f_N\| &\leqslant \sup\left\{\frac{1}{A}\|g\|^2\sum_{i\notin I_N}|\langle f,\phi_i\rangle|^2 : g \in \mathscr{H}, \|g\|=1\right\}\\ &= \frac{1}{A}\sum_{i\notin I_N}|\langle f,\phi_i\rangle|^2\end{aligned}$$

参考有关系数 $\langle f,\phi_i\rangle$ 衰减的讨论，令 c^* 表示对 $c=(c_i)_{i\in I}=(\langle f,\phi_i\rangle)_{i\in I}$ 的非增（在模值上）重组，即 c_n^* 表示第 n 个模值最大的系数 c。这一重组相当于一个映射 $\pi:\mathbf{N}\to I$，满足

$$\pi:\mathbf{N}\to I,\text{对于所有的 } n\in\mathbf{N} \text{ 有 } c_{\pi(n)}=c_n^*$$

严格来说，重组（及因此的映射 π）可能不是唯一的，只是简单地把 c^* 当成是其中一种重组。由于 $c\in\ell^2(I)$，$c^*\in\ell^2(\mathscr{N})$，假设 $|c_n^*|$ 对于某些 $\alpha>0$ 按下式衰减：

$$|c_n^*| \lesssim n^{\frac{-(\alpha+1)}{2}}$$

式中，$n\to\infty$，而表示 $h(n)\lesssim g(n)$ 意味着存在一个 $C>0$，使 $h(n)\leqslant Cg(n)$，即 $h(n)=O(g(n))$。显然，随后可得 $c^*\in\ell^p(\mathbf{N})$，其中 $p\geqslant\dfrac{2}{\alpha+1}$。根据引理1，$N$ 阶逼近误差也按照下式衰减：

$$\|f-f_N\|^2 \leqslant \frac{1}{A}\sum_{n>N}|c_n^*|^2 \lesssim \sum_{n>N}n^{-\alpha+1} \asymp N^{-\alpha}$$

式中，f_N 为保持了 N 个最大系数的 N 阶逼近，即

$$f_N=\sum_{n=1}^{N}c_n^*\tilde{\phi}_{\pi(n)} \tag{5.5}$$

表示形式 $h(n)\asymp g(n)$，也可以写为 $h(n)=\Theta(g(n))$，使用上面的方法，h 随

着 $n \to \infty$，由 g 的渐进上界以及下界来约束的，即 $h(n) = O(g(n))$ 和 $g(n) = O(h(n))$。

5.3.2　一个最优性的概念

函数空间 $\mathscr{H} = L^2(\mathbf{R}^d)$，其中子集 $\mathscr{C}$ 是卡通图像级，即 $\mathscr{C} = \mathscr{E}_L^2(\mathbf{R}^d)$。以一个基准为目标，即函数稀疏近似的最优性声明，对在 $\mathscr{E}_L^2(\mathbf{R}^d)$ 中函数的稀疏逼近的最优表述。鉴于此，再一次要求表示系统 Φ 是一个字典，假设只有 $\Phi = (\phi_i)_{i \in I}$ 是在 $L^2(\mathbf{R}^d)$ 中子集 I 内的函数完整的一族，而不必是可数的。可以假设元素 ϕ_i 是归一化的，即对于所有的 $i \in I$，有 $\|\phi_i\|_{L^2} = 1$。对于 $f \in \mathscr{E}_L^2(\mathbf{R}^d)$，考虑如下表示形式的扩展：

$$f = \sum_{i \in I_f} c_i \phi_i$$

式中，$I_f \subset I$ 为 I 内的或许取决于 f 的一个可数的选择。

根据以往的描述，$\Phi_f : \{\phi_i\}_{i \in I_f}$ 的前 N 个元素，可以是对 f 最佳 N 阶逼近的，从 Φ 中选出 N 个阶数。

由于需要避免人为的情况，这一过程有以下的限制，通常被称为多项式深度检索：在 Φ_f 中第 n 项仅仅是通过选择 Φ_f 中前 $q(n)$（q 是一个多项式）个元素来得到。此外，选择规则可自适应地取决于 f，并且第 n 个元素也可以自适应地调整和取决于所选元素的前 $(n-1)$ 项，可以表示任意的从根据 $c(f) = (c_i)_i$ 约束的限制中选择的系数 c_i 序列。多项式 q 的作用是，限制被允许检索的字典 Φ_f 里，在逼近中检索下一个元素 ϕ_i 这一过程，可以进行得多远多深。而没有了这一深度检索限制，就可以选择 Φ 为 $L^2(\mathbf{R}^d)$ 中一个可数的稠密子集，会产生任意良好的稀疏逼近，但同时却在实际中不可行的近似。

应用信息论的观点在文献[5,12]中所表明，几乎无论采用何种寻找系数 $c(f)$ 的选择方法，都不能得到在 $d = 2,3$ 时，$p < \dfrac{2(d-1)}{d+1}$ 以为约束的 $\|c(f)\|_{\ell^p}$。

定理 1[5,12]　保留在本小节中的定义以及符号，只允许进行多项式深度检索，可以得到

$$\max_{f \in \mathscr{E}_L^2(\mathbf{R}^d)} \|c(f)\|_{\ell^p} = +\infty, \quad p < \frac{2(d-1)}{d+1}$$

在 Φ 为 $L^2(\mathbf{R}^d)0$ 中标准正交基的情况下，由于能够应用 $c(f) = (c_i)_{i \in I} = (\langle f, \phi_i \rangle)_{i \in I}$，范数 $\|c(f)\|_{\ell^p}$ 一般以 $p \geqslant 2$ 为约束条件。尽管没有明确地说明，但是该证明可以直接从 3D 情况扩展到更高的维度，对于卡通图像也可以

做相似扩展，之后根据定理 1 来分析$\frac{2(d-1)}{d+1}$的情况就变得有趣。随着 $d \to \infty$，可以观察$\frac{2(d-1)}{d+1} \to 2$，因此，对于卡通图像的任意 $c(f)$ 的衰减随着 d 的增加以及对 ℓ^2的接近，变得更加缓慢，是对所有 $\mathscr{E}_L^2(\mathbf{R}^d)$ 速率的保证。

定理 1 是真正能够实现最优稀疏度的表述，对于以上描述的限制，在 $p < \frac{2(d-1)}{d+1}$ 条件下，没有表示系统可以提供满足 $c(f) \in \ell_p$的系数对于 $f \in L^2(\mathbf{R}^d)$ 的近似，这意味着，不能找到一个$\beta > \frac{d+1}{2(d-1)}$以使$|c(f)_n^*| \lesssim n^{-\beta}$成立，其中

$$c(f)^* = (c(f)_n^*)_{n \in \mathbf{N}}$$

是对系数$c(f)$ 递减（模值）的重新组合。因此，所期望的最佳的$c(f)^*$ 衰减应是如下形式：

$$|c(f)^*| \lesssim n^{-\frac{d+1}{2(d-1)}} = \begin{cases} n^{-\frac{3}{2}}, & d = 2 \\ n^{-1}, & d = 3 \end{cases}$$

假设正好有这样一个最优字典 Φ 以提供这一衰减率，并假设它同样是一个框架。令 $\alpha = \frac{2}{d-1}$，那么$\frac{\alpha+1}{2} = \frac{2(d-1)}{d+1}$，因此，$|c(f)_n^*| \lesssim n^{-\frac{\alpha+1}{2}}$。正如在 3.1.3 节中，随着 $N \to \infty$，这意味着

$$\|f - f_N\|_{L_2}^2 \lesssim N^{-\alpha} = N^{-\frac{2}{d-1}}$$

式中，f_N 为f通过保留 N 个最大系数的 N 阶逼近。

另外，对一个矛盾进行假设，随着 $N \to \infty$，有

$$\|f - f_N\|_{L_2}^2 \lesssim N^{-\alpha'}$$

当$\alpha' > \alpha$ 时，上式成立。需要对 Φ 做一个更强的假设，即它是一个 Riesz 基，重新对系数 $c(f)^*$ 排列以满足

$$N|c(f)_{2N}^*|^2 \leqslant \sum_{n>N} |c(f)_n^*|^2 \lesssim \|f - f_N\|_{L_2}^2 \lesssim N^{-\alpha'}, \quad N \in \mathbf{N}$$

这意味着

$$|c(f)_n^*|^2 \lesssim n^{-(\alpha'+1)}, \quad n \in \mathbf{N}$$

因此，对于$\beta = \frac{\alpha'+1}{2} > \frac{\alpha+1}{2}$，有$|c(f)_n^*| \lesssim n^{-\beta}$，但是这与上面得到的结论相矛盾。说明了最佳$N$阶逼近误差 $\|f - f_N\|_{L_2}^2$ 渐进表现为$N^{-\frac{2}{d-1}}$，甚至更糟糕，因此在最好的情况下，最佳可实现速率为 $N^{-\frac{2}{d-1}}$。最优速率可以作为一

种标准,用来衡量不同表示系统的卡通图像的稀疏逼近能力,见定义 1。

定义 1　令 $\Phi=(\phi_i)_{i\in I}$ 是在 $d=2$ 或者 $d=3$ 条件下,是 $L^2(\mathbf{R})$ 内的一个框架。如果对于每一个 $f\in\mathscr{E}_L^2(\mathbf{R}^d)$,通过保持 $c=c(f)=(\langle f,\phi_i\rangle)_{i\in I}$ 中 N 个最大的系数的 N 阶逼近 f_N(参见式(5.5)),随着 $N\to\infty$ 满足

$$\|f-f_N\|_{L_2}^2\lesssim N^{-\frac{2}{d-1}}\tag{5.6}$$

以及,随着 $n\to\infty$,有

$$|c_n^*|\lesssim n^{-\frac{d+1}{2(d-1)}}\tag{5.7}$$

就说 Φ 提供了卡通图像的最优稀疏逼近,忽略了对数因素。

对于框架 Φ,边界自动符合 $|c_n^*|\lesssim n^{-\frac{d+1}{2(d-1)}}$,意味着无论什么时候选择像式(5.5) 中的 f_N,都有 $\|f-f_N\|^2\lesssim N^{-\frac{2}{d-1}}$,这是引理 1 的后续结论,并且估计

$$\sum_{n>N}|c_n^*|^2\lesssim\sum^{n>N}n^{-\frac{d+1}{d-1}}\lesssim\int_N^\infty x^{-\frac{d+1}{d-1}}\mathrm{d}x\leqslant C\cdot N^{-\frac{2}{d-1}}\tag{5.8}$$

进行化简 $-\dfrac{d+1}{d-1}+1=-\dfrac{2}{d-1}$,因此,在搜寻一个表示系统 Φ,其形成了一个框架并且对任何卡通图像提供了,当 $n\to\infty$ 时(取决于对数因素) 满足

$$|c_n^*|^2\lesssim n^{-\frac{d+1}{2(d-1)}}=\begin{cases}n^{-\frac{3}{2}}, & d=2\\ n^{-1}, & d=3\end{cases}\tag{5.9}$$

的 $c=(\langle f,\phi_i\rangle)_{i\in I}$ 的衰减。

5.3.3　通过傅里叶级数和小波进行的逼近

本节介绍两个更具代表性的系统:傅里叶基与小波基。鉴于此,选择函数 $f=\chi_B$,其中 B 是在 $d=2$ 或者 $d=3$ 条件下,在 $[0,1]^d$ 内的一个球域,把这一设定作为在 $L=1$ 时,$\mathscr{E}_L^2(\mathbf{R}^d)$ 内的一个卡通图像样本;然后分析由 N 个最大系数决定的 N 阶逼近 f_N 的误差 $\|f-f_N\|^2$,并且与定义 1 中提到的最优衰减率相比较。它将证明这些系统远不能提供卡通图像的最优稀疏逼近,因此需要引入表示系统来提供最优性;也可以通过参考 5.5 节知道,剪切波被证明足以满足这一属性。

由于傅里叶级数与小波系统是正交基(或者更一般来说是 Riesz 基) 系统,其最佳 N 阶逼近是由 3.1.1 节中讨论的含有 N 个最大系数的情况确定的。

1. 傅里叶级数

一个典型的卡通图像的最佳 N 阶傅里叶级数逼近的误差是以 $N^{-\frac{1}{d}}$ 渐进衰减的。命题 1 表明,在简单的卡通图像中出现特征函数定义在球域上特性。

命题 1 令 $d \in \mathbf{N}$，同时使 $\Phi = (e^{2\pi ikx})_{k \in \mathbf{Z}^d}$。假设 $f = \chi_B$，其中 B 是一个包含在 $[0,1]^d$ 内的球域，那么

$$\| f - f_N \|_{L^2}^2 \asymp N^{-\frac{1}{d}}$$

式中，$N \to \infty$；f_N 是来自 Φ 的最佳 N 阶逼近。

证明 设定一个新的原点在球域 B 的中心，那么 f 是一个对于 $x \in \mathbf{R}^d$ 的径向函数 $f(x) = h(\| x \|_2)$，f 的傅里叶变换仍是一个径向函数且可以被第一类贝塞尔函数精确表示[11,15]：

$$\hat{f}(\xi) = r^{\frac{d}{2}} \frac{J_{\frac{d}{2}}(2\pi r \| \xi \|_2)}{\| \xi \|_2^{\frac{d}{2}}}$$

式中，r 为球 B 的半径。

由于贝塞尔函数 $J_{\frac{d}{2}}(x)$ 随着 $x \to \infty$ 按 $x^{-\frac{1}{2}}$ 的形式衰减，f 的傅里叶变换是在 $\| \xi \|_2 \to \infty$ 时，类似以 $|\hat{f}(\xi)| \asymp \| \xi \|_2^{-\frac{(d+1)}{2}}$ 形式衰减。令 $I_N = \{R \in \mathbf{Z}^d : \| k \|_2 \leqslant N\}$，同时 f_{I_N} 表示 I_N 中项的局部傅里叶和，可以得到

$$\begin{aligned} \| f - f_{I_N} \|_{L_2}^2 &= \sum_{k \notin I_N} |\hat{f}(k)|^2 \asymp \int_{\| \xi \|_2 > N} \| \xi \|_2^{-(d+1)} \mathrm{d}\xi \\ &= \int_N^{\infty} r^{-(d+1)} r^{(d-1)} \mathrm{d}r \\ &= \int_N^{\infty} r^{-2} \mathrm{d}r \\ &= N^{-1} \end{aligned}$$

这一结论由当 $N \to \infty$ 时的 $\# | I_N | \asymp N^d$ 的基数决定。

2. 小波

由于小波的设计是用来提供奇异点的稀疏表示的（可参考本书简介中的内容），希望采用这一方法的系统优于傅里叶方法，事实证明确实如此，然而最优率仍差得很远。对于一个使用小波基的典型的卡通图像的最佳 N 阶逼近来说，其表现只略优于以 $N^{-\frac{1}{d-1}}$ 为渐进表现的傅里叶级数，这一点通过命题 2 来说明。

命题 2 令 $d = 2,3$，同时使 Φ 表示 $L^2(\mathbf{R}^d)$ 或者 $L^2([0,1]^d)$ 中的一个小波基，假设 $f = \chi_B$，其中 B 是一个包含在 $[0,1]^d$ 内的球域，那么对于 $N \to \infty$，有

$$\| f - f_N \|_{L_2}^2 \asymp N^{-\frac{1}{d-1}}$$

式中，f_N 为来自 Φ 的最佳 N 阶逼近。

证明 首先考虑由 $L^2([0,1]^d)$ 上的 Haar 张量小波基进行的小波逼近，

其形式为

$$\{\phi_{0,k}: |k| \leqslant 2^J - 1\} \cup \{\psi_{j,k}^l, \cdots, \psi_{j,k}^{2d-1}: j \geqslant J, |k| \leqslant 2^{j-J} - 1\}$$

式中，$J \in \mathbf{N}; k \in \mathbf{N}_0^d$ 且对于 $g \in L^2(\mathbf{R}^d)$，有 $g_{j,k} = 2^{\frac{jd}{2}} g(2^j \cdot - k)$。仅有有限个形式为 $\langle f, \phi_{0,k} \rangle$ 的系数，因此不需要在渐进估计中考虑。为简单起见，令 $J = 0$。由于 ∂B 表面是有限的并且小波元素的大小为 $2^{-j} \times \cdots \times 2^{-j}$，则在 $j \geqslant 0$ 时，存在 $\Theta(2^{j(d-1)})$ 非零小波系数。

为了说明由计算引出的对逼近误差率的追求，首先考虑 B 为 $[0,1]^d$ 中的一个立方体域，为此，考虑与包含点 $(b, c, \cdots, c)$ 的立方体表面相关联的非零系数。对于范围 j，令 k 满足支集 $\psi_{j,k}^l \cap$ 支集 $f \neq \varnothing$，其中，$\psi^l(x) = h(x_1)p(x_2)\cdots p(x_d)$，$h$ 与 p 分别为 Haar 小波和尺度函数。假设 b 位于区间的 $[2^{-j}k_1, 2^{-j}(k_1+1)]$ 上半部，在另一情况下也可以进行类似的处理，那么

$$|\langle f, \psi_{j,k}^1 \rangle| = \int_{2^{-j}k_1}^{b} 2^{\frac{jd}{2}} \mathrm{d}x_1 \prod_{i=2}^{d} \int_{2^{-j}k_i}^{2^{-j}(k_i+1)} \mathrm{d}x_i = (b - 2^{-j}k_1) 2^{-j(d-1)} 2^{\frac{jd}{2}} \asymp 2^{-\frac{jd}{2}}$$

$b - 2^{-j}k_1$ 通常大小为 $\frac{1}{4}2^{-j}$。对于上式选择的 j 和 k，同样有 $\langle f, \psi_{j,k}^l \rangle = 0 (l = 2, \cdots, 2^d - 1)$。

会有 $2 \cdot [2c2^{j(d-1)}]$ 个在范围 j 下的小波 ψ^1 相关联，大小为 $2^{-\frac{jd}{2}}$ 的非零系数。对于 $l = 2, \cdots, 2^d - 1$ 时的其他小波 ψ^l，有着与上述相同的结论。总结来说，在范围 j 内会有 $C2^{j(d-1)}$ 个大小为 $C2^{-\frac{jd}{2}}$ 的非零系数，在第一个 j_0 范围内，也就是 $j = 0, 1, \cdots, j_0$，有 $\sum_{j=0}^{j_0} 2^{j(d-1)} \asymp 2^{j_0(d-1)}$ 个非零系数。由于第 n 个最大系数 c_n^* 的大小为 $n^{-\frac{d}{2(d-1)}}$，对于 $n = 2^{j(d-1)}$，可得

$$2^{-J\frac{d}{2}} = n^{-\frac{d}{2(d-1)}}$$

因此

$$\|f - f_N\|_{L_2}^2 = \sum_{n>N} |c_n^*|^2 \asymp \sum_{n>N} n^{-\frac{d}{d-1}} \asymp \int_N^{\infty} x^{-\frac{d}{d-1}} \mathrm{d}x = \frac{d}{d-1} N^{-\frac{1}{d-1}}$$

因此，对于使用小波基的 f 的最佳 N 阶逼近 f_N，得到渐进估计

$$\|f - f_N\|_{L^2}^2 = \Theta(N^{-\frac{1}{d-1}}) = \begin{cases} \Theta(N^{-1}), & d = 2 \\ \Theta(N^{-\frac{1}{2}}), & d = 3 \end{cases}$$

考虑 B 是球形域的情况，在这种情况下，可以进行相似（但相比之下不是很显而易见）计算，以产生上述相同的渐进估计。在此就不重复这一计算了，简单来说，$|\langle f, \psi_{j,k}^l \rangle| \asymp 2^{-\frac{jd}{2}}$ 中的上渐进界可以通过下面一般的讨论看到：

$$|\langle f,\psi_{j,k}^{l}\rangle| \leqslant \|f\|_{L^\infty}\|\psi_{j,k}^{l}\|_{L^1} \leqslant \|f\|_{L^\infty}\|\psi^{l}\|_{L^1}2^{-\frac{jd}{2}} \leqslant C2^{-\frac{jd}{2}}$$

保证每一个 $l = 1,\cdots,2d-1$ 成立。

通过计算，可以得出选择另一个小波基不能提高近似率。

备注1　用一个线性逼近的说明来结束本小节。对于f的线性小波逼近，对于一些 $j_0>0$，可用

$$f \approx \langle f,\phi_{0,0}\rangle\phi_{0,0} + \sum_{l=1}^{2^d-1}\sum_{j=0}^{j_0}\sum_{|k|\leqslant 2^j-1}|\langle f,\psi_{j,k}^{l}\rangle\psi_{j,k}^{l}$$

如果限制只用线性逼近，则求和的顺序不允许被改变，因此需要包括所有来自第一个 j_0 范围的系数。在 $j\geqslant 0$ 范围内，存在一个之前考虑的，可被 $C\cdot 2^{-\frac{jd}{2}}$ 约束的总数量为 2^{jd} 个的系数，相对于非线性逼近，有了 2^j 倍的系数量。这意味着，线性 N 阶小波逼近的误差率为 $N^{-\frac{1}{d}}$，与由傅里叶逼近获得的误差率相同。

3. 关键问题

关于傅里叶级数和小波基次优性的关键问题，是这些系统不由各向异性元素产生，在2D小波情况下举例说明。由于对角元素为 $2^j,2^j$ 的变换矩阵，小波元素呈现各向同性，可以很直观地从图5.3(a)、(b)中看到，用各向同性元素逼近曲线比用各向异性元素逼近曲线需要更多单元。

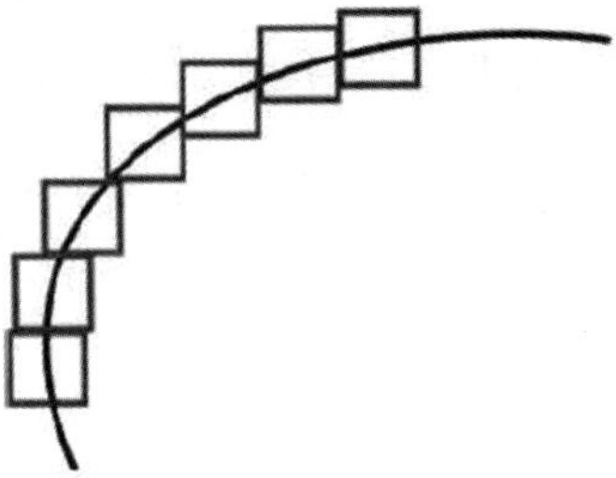

(a) 各向同性元素捕捉不连续曲线

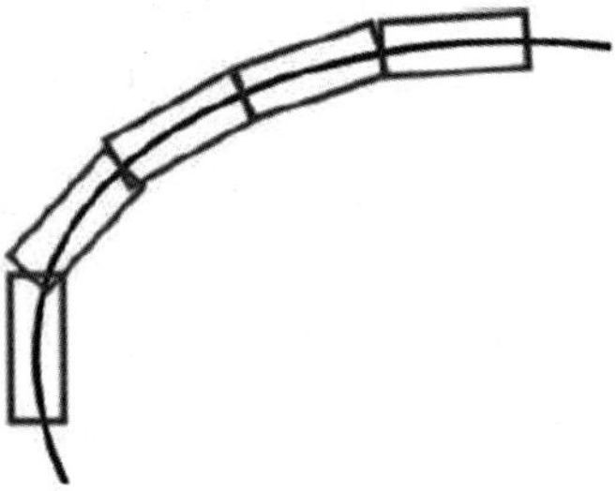

(b) 旋转的各向异性元素捕捉不连续曲线

图5.3　各向同性、异性元素捕捉不连续曲线

考虑具有各向异性尺度的小波，对在一个固定的范围而无法控制元素方向（现为各向异性形状）的情况下无法实现补救。因此，为了捕捉到如图5.3(b)中的不连续曲线，不仅需要各向异性元素，还需要一个位置参数用来定位元素在曲线上的位置，以及一个旋转参数用来调整拉长元素以符合曲线的方向。

解释为什么一个对角元素为 $2^j, 2^{\frac{j}{2}}$ 的抛物线尺度矩阵可以被用作各向异性变换阵。由于卡通图像的不连续曲线是在有界曲率上 C^2 平滑的,可以用局部泰勒展开式写出这一曲线。假设它对一些 $E:\mathbf{R}\to\mathbf{R}$ 有 $(s,E(s))$ 的形式,通过对卡通图像不连续曲线的假设,有

$$E(s)=E(s')+E'(s')s+\frac{1}{2}E''(t)s^2$$

对于在 s' 与 s 之间的 t,近似 $s'=s$。显然,将参数转移定位在 $(s',E(s'))$ 附近的各向异性元素,同时定位参数用来校准 $(1,E'(s')s)$。如果元素的长度是 l,由于 $E''(t)s^2$ 这一项,最优价值的高度是 l^2,实际上,抛物线式尺度关系正是因此而产生,即

$$\text{高度}\approx\text{长度}^2$$

因此,5.4 节主要思想是设计一个系统,由各向异性形状元素和一个定向参数组成,以实现对卡通图像的最优逼近率。

5.4　金字塔适应剪切波系统

在参照卡通图像级 $\mathscr{E}_L^2(\mathbf{R}^d)$ 稀疏逼近的最优准则,设定了定向表示系统基准之后,介绍最优性的剪切波系统级。正如本章介绍中提到的,最优稀疏近似被证明是类带限紧支撑剪切波框架。对于锥形适应离散剪切波的定义,特别是带限以及紧支撑剪切波框架类产生的最优稀疏逼近,参考本书的简介部分。本节中引入 3D 中的离散剪切波的定义,也可直接由 2D 中提到的定义导出。作为特殊情况,之后介绍特殊带限及紧支撑剪切波框架类,这一概念将会提供 $\mathscr{E}_L^2(\mathbf{R}^3)$ 的最优逼近,并且作了一些轻微的修改,这一点将在 5.2.4 节中说明,上述介绍对于在 $1<\alpha\leqslant\beta\leqslant 2$ 时的 $\mathscr{E}_{\alpha,L}^{\beta}(\mathbf{R}^3)$ 同样适用。

5.4.1　基本定义

对锥形适应离散 2D 剪切波定义的第一步,是把一个 2D 频率域划分成两对高频锥形域以及一个低频矩形域,模仿这一步骤把 3D 频率域划分为由下式决定的三对金字塔:

$$\mathscr{P}=\left\{(\xi_1,\xi_2,\xi_3)\in\mathbf{R}^3:|\xi_1|\geqslant 1,\left|\frac{\xi_2}{\xi_1}\right|\leqslant 1,\left|\frac{\xi_3}{\xi_1}\right|\leqslant 1\right\}$$

$$\widetilde{\mathscr{P}}=\left\{(\xi_1,\xi_2,\xi_3)\in\mathbf{R}^3:|\xi_2|\geqslant 1,\left|\frac{\xi_1}{\xi_2}\right|\leqslant 1,\left|\frac{\xi_3}{\xi_2}\right|\leqslant 1\right\}$$

$$\breve{\mathscr{P}} = \{(\xi_1, \xi_2, \xi_3) \in \mathbf{R}^3 : |\xi_3| \geq 1, \left|\frac{\xi_1}{\xi_3}\right| \leq 1, \left|\frac{\xi_2}{\xi_3}\right| \leq 1\}$$

同时其中心立方体为

$$\mathscr{C} = \{(\xi_1, \xi_2, \xi_3) \in \mathbf{R}^3 : \|(\xi_1, \xi_2, \xi_3)\|_\infty < 1\}$$

这种划分在图 5.4 中进行了说明，图 5.4 所示为三部分的金字塔；图 5.5 所示为由三对金字塔 $\mathscr{P}$、$\tilde{\mathscr{P}}$ 和 $\breve{\mathscr{P}}$ 包围的中心立方体的情况。

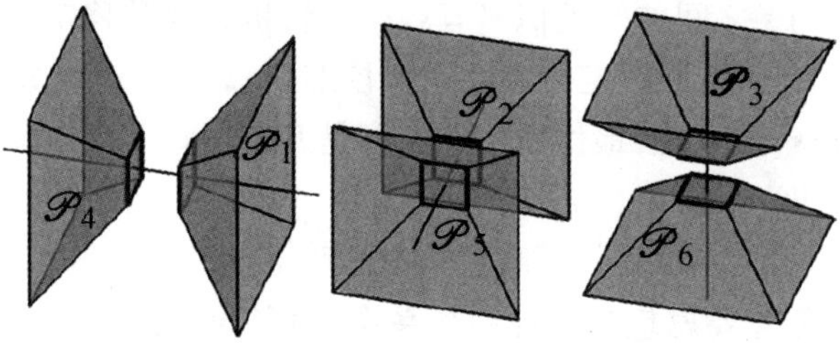

图 5.4 频率域的划分：六个金字塔的顶部

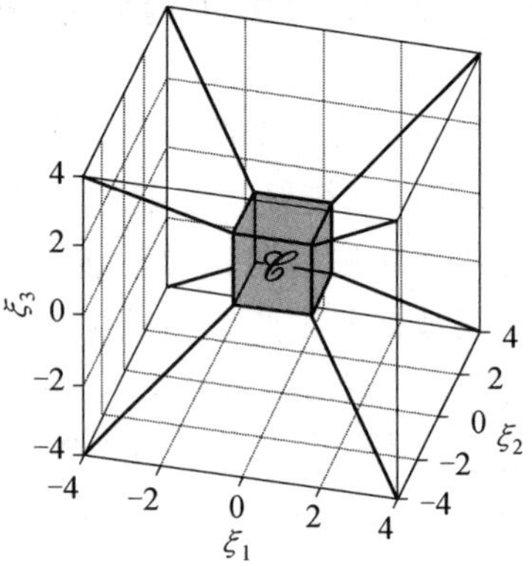

图 5.5 频率域的划分：中央立方体 $\mathscr{C}$

六个金字塔的安排是按照对角线指示的，图 5.4 展示了金字塔的草图。

把频率空间划分成金字塔可以限制剪切参数的范围，如果没有划分，如由剪切波组产生的剪切波系统中，必须允许任意大的剪切参数，这导致了处理后的结果偏向一轴。已定义的分区将剪切参数限制在 $[-\lceil 2^{\frac{j}{2}} \rceil, \lceil 2^{\frac{j}{2}} \rceil]$ 内，像锥形适应离散剪切波系统那样。本节想要强调的是这种方法是充分逼近旋转统一的处理方法。

金字塔适应离散剪切波是根据抛物线尺度关系矩阵 A_{2^j}、$\widetilde{A}_{2^j}$ 或者 $\breve{A}_{2_j}$ 刻画的，$j \in \mathbf{Z}$ 矩阵定义如下：

$$A_{2_j} = \begin{pmatrix} 2^j & 0 & 0 \\ 0 & 2^{\frac{j}{2}} & 0 \\ 0 & 0 & 2^{\frac{j}{2}} \end{pmatrix}, \quad \widetilde{A}_{2_j} = \begin{pmatrix} 2^{\frac{j}{2}} & 0 & 0 \\ 0 & 2^j & 0 \\ 0 & 0 & 2^{\frac{j}{2}} \end{pmatrix}, \quad \breve{A}_{2_j} = \begin{pmatrix} 2^{\frac{j}{2}} & 0 & 0 \\ 0 & 2^{\frac{j}{2}} & 0 \\ 0 & 0 & 2^j \end{pmatrix}$$

方向性是由剪切矩阵 S_k、$\widetilde{S}_k$ 或者 $\breve{S}_k$ 编码，$k = (k_1, k_2) \in \mathbf{Z}^2$，上述剪切矩阵分别表示为

$$S_k = \begin{pmatrix} 1 & k_1 & k_2 \\ 0 & 1 & 0 \\ 0 & 0 & 1 \end{pmatrix}, \quad \widetilde{S}_k = \begin{pmatrix} 1 & 0 & 0 \\ k_1 & 1 & k_2 \\ 0 & 0 & 1 \end{pmatrix}, \quad \breve{S}_k = \begin{pmatrix} 1 & 0 & 0 \\ 0 & 1 & 0 \\ k_1 & k_2 & 1 \end{pmatrix}$$

需要注意的是，这些定义是设定第 4 章中的（离散）特殊情况，平移点阵将通过以下的矩阵来定义：

$$M_c = \mathrm{diag}(c_1, c_2, c_2), \quad \widetilde{M}_c = \mathrm{diag}(c_2, c_1, c_2), \quad \breve{M}_c = \mathrm{diag}(c_2, c_2, c_1)$$

式中，$c_1 > 0$ 且 $c_2 > 0$。

介绍3D 剪切波系统，并用矢量符号 $|k| \leqslant K$，其中 $k = (k_1, k_2)$ 以及 $K > 0$ 来表示 $|k_1| \leqslant K$ 和 $|k_2| \leqslant K$。

定义 2　对于 $c = (c_1, c_2) \in (\mathbf{R}_+)^2$，由 ϕ、ψ、$\widetilde{\psi}$、$\breve{\psi} \in L^2(\mathbf{R}^3)$ 产生的金字塔离散剪切波系统 $\mathrm{SH}(\phi, \psi, \widetilde{\psi}, \breve{\psi}; c)$ 定义为

$$\mathrm{SH}(\phi, \psi, \widetilde{\psi}, \breve{\psi}; c) = \Phi(\phi; c_1) \cup \Psi(\psi; c) \cup \widetilde{\Psi}(\widetilde{\psi}; c) \cup \breve{\Psi}(\breve{\psi}; c)$$

其中

$$\Phi(\phi; c_1) = \{\phi_m = \phi(\cdot - m) : m \in c_1 \mathbf{Z}^3\}$$

$$\Psi(\psi; c) = \{\psi_{j,k,m} = 2^j \psi(S_k A_{2^j} \cdot - m) : j \geqslant 0, |k| \leqslant \lceil 2^{\frac{j}{2}} \rceil, m \in M_c \mathbf{Z}^3\}$$

$$\widetilde{\Psi}(\widetilde{\psi}; c) = \{\widetilde{\psi}_{j,k,m} = 2^j \widetilde{\psi}(\widetilde{S}_k \widetilde{A}_{2^j} \cdot - m) : j \geqslant 0, |k| \leqslant \lceil 2^{\frac{j}{2}} \rceil, m \in \widetilde{M}_c \mathbf{Z}^3\}$$

并且

$$\breve{\Psi}(\breve{\psi}; c) = \{\breve{\psi}_{j,k,m} = 2^j \breve{\psi}(\breve{S}_k \breve{A}_{2^j} \cdot - m) : j \geqslant 0, |k| \leqslant \lceil 2^{\frac{j}{2}} \rceil, m \in \breve{M}_c \mathbf{Z}^3\}$$

其中 $j \in \mathbf{N}_0$ 及 $k \in \mathbf{Z}^2$。为简单起见，有时也表示 ψ_λ，$\lambda = (j, k, m)$。

把重点放在由两类特殊金字塔自适应离散剪切波，这种情况使得剪切波带限，而紧致支撑剪切带的类别对于卡通图像近似性质的最优性将在 5.5 节中证明。

5.4.2 带限 3D 剪切波

令剪切波产生单元 $\Psi \in L^2(\mathbf{R}^3)$ 用下式来定义：

$$\hat{\psi}(\xi) = \hat{\psi}_1(\xi_1)\hat{\psi}_2\left(\frac{\xi_2}{\xi_1}\right)\hat{\psi}_2\left(\frac{\xi_3}{\xi_1}\right) \tag{5.10}$$

其中，ψ_1 和 ψ_2 满足下列假设。

(1) $\hat{\psi}_1 \in C^\infty(\mathbf{R})$，支集 $\hat{\psi}_1 \subset \left[-4, -\frac{1}{2}\right] \cup \left[\frac{1}{2}, 4\right]$，并且

$$\sum_{j \geqslant 0} |\hat{\psi}_1(2^{-j}\xi)|^2 = 1, \quad |\xi| \geqslant 1, \xi \in \mathbf{R} \tag{5.11}$$

(2) $\hat{\psi}_2 \in C^\infty(\mathbf{R})$，支集 $\hat{\psi}_1 \subset [-1, 1]$，并且

$$\sum_{l=-1}^{1} |\hat{\psi}_2(\xi + 1)^2| = 1, \quad |\xi| \leqslant 1, \xi \in \mathbf{R} \tag{5.12}$$

在频域，带限函数 $\Psi \in L^2(\mathbf{R}^3)$ 几乎是具有两个凸起的小波函数的张量积，从而对经典带限 2D 剪切波有一个规范化概括，可以从本书介绍中了解。这意味着在频率域的支持，径向表现为小波产生了像针一样的形状，以保证其高选择性，如图 5.6 所示，图中两个剪切波元素有相同的尺度参数 $j = 2$，有不同的参数 $k = (k_1, k_2)$。来自张量积的推导，即由商 ξ_2/ξ_1 和 ξ_3/ξ_1 分别替代 ξ_2 和 ξ_3，对于剪切算子来说，保证了其良好的特性，同时因频率域的铺展，导致了 $L^2(\mathbf{R}^3)$ 的紧框架。

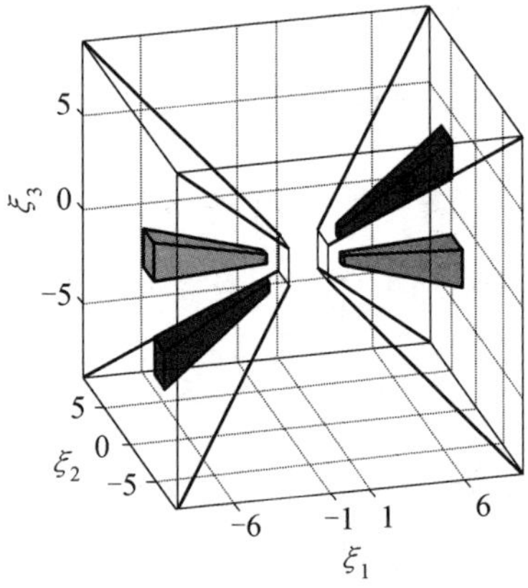

图 5.6 频域 2 个剪切波元素 $\psi_{j,k,m}$ 的支撑

对于这一结果的第一步通过定理 2 观察。

图 5.6 在频率域中，由两个剪切波元素 $\psi_{j,k,m}$ 支撑。这两个剪切元素具有

相同的范围参数 $j=2$，不同的剪切参数 $k=(k_1,k_2)$。

定理 2[8]　令 ψ 表示一个符合本节定义的带限剪切波，那么，函数集 $P_{\mathscr{P}}\Psi(\psi)$ 对于 $\check{L}^2(\mathscr{P}):=\{f\in L^2(\mathbf{R}^3):\operatorname{supp}\hat{f}\subset\mathscr{P}\}$ 形成了一个紧架构，其中 $P_{\mathscr{P}}$ 表示在 $\check{L}^2(\mathscr{P})$ 上的正交投影，同时

$$\Psi(\psi)=\{\psi_{j,k,m}:j\geqslant 0,|k|\leqslant\lceil 2^{\frac{j}{2}}\rceil,m\in\frac{1}{8}\mathbf{Z}^3\}$$

证明　对于每一个 $j\geqslant 0$，式(5.12)意味着

$$\sum_{k=-\lceil 2^{\frac{j}{2}}\rceil}^{\lceil 2^{\frac{j}{2}}\rceil}|\hat{\psi}_2(2^{\frac{j}{2}}\xi+k)|^2=1,\quad |\xi|\leqslant 1$$

因此，联立式(5.11)得到

$$\sum_{j\geqslant 0}\sum_{k_1k_2=-\lceil 2^{\frac{j}{2}}\rceil}^{\lceil 2^{\frac{j}{2}}\rceil}|\hat{\psi}_2(S_k^{\mathrm{T}}A_{2^j}^{-1}\xi)|^2$$

$$=\sum_{j\geqslant 0}|\hat{\psi}_1(2^{-j}\xi_1)|^2\sum_{k_1=-\lceil 2^{\frac{j}{2}}\rceil}^{\lceil 2^{\frac{j}{2}}\rceil}\left|\hat{\psi}_2\left(2^{\frac{j}{2}}\frac{\xi_2}{\xi_1}+k_1\right)\right|^2\sum_{k_2=-\lceil 2^{\frac{j}{2}}\rceil}^{\lceil 2^{\frac{j}{2}}\rceil}\left|\hat{\psi}_2\left(2^{\frac{j}{2}}\frac{\xi_2}{\xi_1}+k_2\right)\right|^2=1$$

式中，$\xi=(\xi_1,\xi_2,\xi_3)\in\mathscr{P}$。

应用上式以及 $\hat{\psi}$ 在 $[-4,4]^3$ 内成立这一条件，可以证明定理 2。

通过定理 2 以及几个变量的变化，分别构建 $\check{L}^2(\mathscr{P})$、$\check{L}^2(\widetilde{\mathscr{P}})$ 和 $\check{L}^2(\breve{\mathscr{P}})$ 的剪切波紧框架；此外，小波理论提供了许多选择，如满足 $\phi\in L^2(\mathbf{R}^3)$ 的 $\Phi\left(\phi;\frac{1}{8}\right)$ 形成的 $\check{L}^2(\mathscr{R})$ 紧框架。由于 $\mathbf{R}^3=\mathscr{R}\cup\mathscr{P}\cup\widetilde{\mathscr{P}}\cup\breve{\mathscr{P}}$是一个不相交的集合，可以用

$$f=P_{\mathscr{R}}f+P_{\mathscr{P}}f+P_{\widetilde{\mathscr{P}}}f+P_{\breve{\mathscr{P}}}f$$

的形式来表示任何满足 $f\in L^2(\mathbf{R}^3)$ 的函数，其中，$P_C(C\subset\mathbf{R}^3)$ 表示对一些可测量集，在闭子空间 $\check{L}^2(C)$ 的正交投影。根据相应的紧框架 $P_{\mathscr{P}}\Psi(\psi)$ 以及相似的其他三个投影，扩展投影 $P_{\mathscr{P}}f$。最后，对于 f 的表示将是这四个扩展结果的和，f 的投影以及在四个子空间的剪切波框架元素可以人为导致慢衰减的剪切波系数；如果 f 是在施瓦茨(Schwartz)级中，情况就会如此。实际上，这一问题不会发生在 5.4.3 节有关对紧支撑剪切波的构建中的。

5.4.3　紧支撑 3D 剪切波

一般形式(式(5.10))并没有在空间域中产生紧支撑的函数，因此需要通

过精确的张量结果作为剪切波产生单元来修改函数，这也会产生额外的好处，即快速算法的实现。然而出现了问题，对于剪切算子来说，剪切波没有表现得与5.4.2节中介绍的那样好，同时产生了一个疑问，是否产生了至少一个 $L^2(\mathbf{R}^3)$ 的框架。定理3表明，对于一个更一般形式的剪切波产生单元，包括紧支撑分离发生单元，这一问题的答案是肯定的。细心的读者会发现定理3适用于4.2节中提到的带限剪切波类。

定理3[12]　令 ϕ、$\varphi \in L^2(\mathbf{R}^3)$ 表示函数，使

$$|\hat{\phi}(\xi)| \leqslant C_1 \min\{1, |\xi_1|^{-\gamma}\} \cdot \min\{1, |\xi_2|^{-\gamma}\} \cdot \min\{1, |\xi_3|^{-\gamma}\}$$

同时

$$|\hat{\psi}(\xi)| \leqslant C_2 \min\{1, |\xi_1|^{\delta}\} \cdot \min\{1, |\xi_1|^{-\gamma}\} \cdot \min\{1, |\xi_2|^{-\gamma}\} \cdot \min\{1, |\xi_3|^{-\gamma}\}$$

上式是对一些常量 $C_1, C_2 > 0$ 以及 $\delta > 2\gamma > 6$ 而言的。当 $x = (x_1, x_2, x_3) \in \mathbf{R}^3$ 时，定义 $\tilde{\psi}(x) = \psi(x_2, x_1, x_3)$ 和 $\breve{\psi}(x) = \psi(x_3, x_2, x_1)$，那么存在一个常量 $c_0 > 0$，使剪切波系统 $\mathrm{SH}(\phi, \psi, \tilde{\psi}, \breve{\psi}; c)$ 形成了一个对于所有的、满足 $c_2 \leqslant c_1 \leqslant c_0$ 的 $c = (c_1, c_2)$ 条件下的 $L^2(\mathbf{R}^3)$ 的框架，条件是存在一个正常量 $M > 0$，使

$$|\hat{\phi}(\xi)| + \sum_{j \geqslant 0} \sum_{k_1, k_2 \in K_j} |\hat{\psi}(S_k^{\mathrm{T}} A_{2^j} \xi)|^2 + |\hat{\tilde{\psi}}(\tilde{S}_k^{\mathrm{T}} \tilde{A}_{2^j} \xi)|^2 + |\hat{\breve{\psi}}(\breve{S}_k^{\mathrm{T}} \breve{A}_{2^j} \xi)|^2 > M \tag{5.13}$$

式中，$\xi \in \mathbf{R}^3$，其中 $K_j := [-\lceil 2^{\frac{j}{2}} \rceil, \lceil 2^{\frac{j}{2}} \rceil]$。

给出一个紧支撑剪切波集的例子，满足定理3的假设。然而，对于应用来讲，通常不仅对系统是否能够形成一个框架感兴趣，同时也关注相关的框架边界比例。就这一点而言，这些剪切波理论可以推导出对这一比例的估计。对该框架边界比例的数值估计表明，这一比例通常在理论推导的边界的基础上，由因子20来提高。然而，理论推导出的边界表明，边界比例可以通过受控的方式表现。

例5.1　令 K、$L \in \mathbf{N}$，使 $L \geqslant 10$，$\frac{3L}{2} \leqslant K \leqslant 3L - 2$，通过下式定义一个剪切波 $\psi \in L^2(\mathbf{R}^3)$，为

$$\hat{\psi}(\xi) = m_1(4\xi_1)\hat{\phi}(\xi_1)\hat{\phi}(2\xi_2)\hat{\phi}(2\xi_3), \quad \xi = (\xi_1, \xi_2, \xi_3) \in \mathbf{R}^3 \tag{5.14}$$

其中函数 m_0 是一个低通滤波器，且满足

$$|m_0(\xi_1)|^2=\cos^{2K}(\pi\xi_1)\sum_{n=0}^{L-1}\binom{K-1+n}{n}\sin^{2n}(\pi\xi_1)$$

$\xi_1\in\mathbf{R}$,函数 m_1 是相关的带通滤波器,定义如下:

$$|m_1(\xi_1)|^2=\left|m_0\left(\xi_1+\frac{1}{2}\right)\right|^2,\quad \xi_1\in\mathbf{R}$$

并且尺度函数 ϕ 由下式给出:

$$\hat{\phi}(\xi_1)\prod_{j=0}^{\infty}m_0(2^{-j}\xi_1),\quad \xi_1=\mathbf{R}$$

在文献[10,12]中,说明了 ϕ 与 ψ 实际上是紧支撑的,还可以得到定理4。

定理 4[12]　假设 $\psi\in L^2(\mathbf{R}^3)$ 定义成式(5.14)中的形式,存在一个取样常量 $c_0>0$,使剪切波系统 $\Psi(\psi;c)$ 能够对于满足 $c=(c_1,c_2)\in(\mathbf{R}_+)^2(c_2\leqslant c_1\leqslant c_0)$ 条件下的任意转移矩阵 M_c 来讲,形成一个 $\check{L}^2(\mathscr{P})$ 的框架。

证明(概述)　应用对三角函数多项式 m_0(见文献[2,10])的绝对值的上限及下限估计,可以知道 ψ 满足定理3以及下式的假设:

$$\sum_{j\geqslant 0}\sum_{k_1,k_2\in K_j}|\hat{\psi}(S_k^{\mathrm{T}}A_{2^j}\xi)|^2>M,\quad \xi\in\mathscr{P}$$

式中,对于一些足够小的 $c_0>0$ 而言,$M>0$ 是个常量。

注意该不等式是在金字塔为 $\mathscr{P}$ 时,对式(5.13)的模拟。因此,通过一个与定理3相似的结果,相似就是把限制条件改为限制在金字塔 $\check{L}^2(\mathscr{P})$ 时,可以得出 $\Psi(\psi;c)$ 是一个框架。

为了获得适合的 $L^2(\mathbf{R}^3)$ 的框架,和定理3一样,设 $\tilde{\psi}(x)=\psi(x_2,x_1,x_3)$ 以及 $\breve{\psi}(x)=\psi(x_3,x_2,x_1)$,并且选择 $\phi(x)=\phi(x_1)\phi(x_2)\phi(x_3)$ 作为 $x=(x_1,x_2,x_3)\in\mathbf{R}^3$ 条件下的尺度函数,相应的剪切波系统 $\mathrm{SH}(\phi,\psi,\tilde{\psi},\breve{\psi};c,\alpha)$ 就形成了一个 $L^2(\mathbf{R}^3)$ 的框架。证明基本遵循文献[2,3.3.2]中提到的对小波框架的 Daubechies 古典估计,同时可以通过对 $\hat{\psi}$ 的有效支撑①应用尺度矩阵 A_{2^j} 以及剪切矩阵 S_k^{T},以得到各向异性特性及剪切窗,以此来覆盖频率域的金字塔 $\mathscr{P}$。同样的讨论可以应用于每一个剪切波产生单元 ψ、$\tilde{\psi}$、$\breve{\psi}$ 以及尺度函数 ϕ,以此来表明对整个频率域的覆盖及金字塔适应剪切波系统的框架特性,详细

① 一般来说,如果比值 $\|f\chi_B\|_{L^2}/\|f\|_{L^2}$ 接近1,那么 $f\in L^2(\mathbf{R}^d)$ 就具有对 B 的有效支撑。

证明见文献[12]。

选择特定参数的框架边界的理论及数值估计见表 5.1。从表中可以看到，由于理论估计比数值估计大了 20 个因子，结果上没有数值估计的比例好。在 2D 中，对框架边界比例的估计大约是表 5.1 中的比例。

表 5.1 例 5.1 中，参数 $K = 39$、$L = 19$ 时的剪切波框架边界比例

理论(B/A)	数值(B/A)	转换常量(c_1,c_2)
345.7	13.42	(0.9,0.25)
226.6	13.17	(0.9,0.20)
226.4	13.16	(0.9,0.15)
226.4	13.16	(0.9,0.10)

5.4.4 对构造问题的一些说明

在空间域中，对于例 5.1 中描述的紧支撑剪切波 $\psi_{j,k,m}$，由于尺度矩阵 A_{2^j} 的影响，其大小是 $2^{-\frac{j}{2}} \cdot 2^{-\frac{j}{2}} \cdot 2^{-j}$，表明剪切波元素随着 $j \to \infty$ 为"类片状"，如图 5.7 所示；另外，带限剪切波不具有紧支撑特性，但是它们在空间域的有效支撑(函数能量集中的地方)，由于在频率域中的平滑特性，带限剪切波也具有同样的大小，即 $2^{-\frac{j}{2}} \cdot 2^{-\frac{j}{2}} \cdot 2^{-j}$。考虑剪切波元素应直观地提供对表面奇异性的稀疏逼近，也可以考虑用尺度矩阵 $A_{2^j} = \operatorname{diag}\ 2^j, 2^j, 2^{\frac{j}{2}}$ 以及对 $\tilde{A}_{2^j}$ 和 $\breve{A}_{2^j}$ 类似的变化来推导在空间域的"类针状"的剪切波元素。相对于发生在 3D 中的其他类型的各向异性特性，即曲线奇异性，其可以很直观地表现优越性。令人惊讶的是，5.2 节中得到对于类平面剪切波的最优稀疏逼近，即应用与剪切波相关的 $A_{2^j} = \operatorname{diag}\ 2^j, 2^{\frac{j}{2}}, 2^{\frac{j}{2}}$，以及类似的 $\tilde{A}_{2^j}$ 和 $\breve{A}_{2^j}$ 都是足够的。

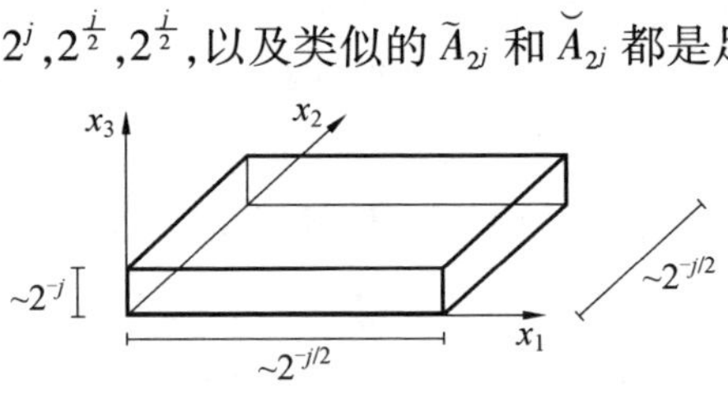

图 5.7 例 5.1 中的剪切波 $\psi_{j,k,m}$ 的支撑

同样考虑当 $0 < a_1$、$a_2 < 1$ 时，以 $A_j = \operatorname{diag}\ 2^j, 2^{a_1 j}, 2^{a_2 j}$ 为形式的非抛物面尺度矩阵。参数 a_1 与 a_2 实现了对范围从板状到针状，剪切波元素纵横比的精确

控制,并且它们的选择应根据应用情况来定,即选择对于所要求数据的集合特性,能实现最佳匹配的剪切波形状。对于 $a_i < 1$ 的情况,则在第 4 章的多维剪切波变换中提及。

通过说明带限(不可分离)紧凑剪切波框架与紧支撑(不密封,但可分离)剪切波框架的对比,来结束本节内容,对剪切波产生单元的紧支撑、相关框架的紧密型以及分离能力做权衡。实际上,即使是在 2D 下,所有已知的致密剪切波框架的结构都不采用可分离单元,并且这些结构可以证明不适用于紧支撑结构的产生单元。据推测,致密性很难在使用紧支撑结构的产生单元下获得,但是可以实现分离性,也就实现了最快速的算法,详细内容见第 7 章。如果应用非紧支撑结构的产生单元,致密性就可以获得,如在4. 2 节中的那样,但是无法同时满足可分离性,就导致了无法实现最快算法的问题。

5.5　最优稀疏逼近

本节将展示在 5. 4 节中定义的带限与紧支撑的剪切波,实际上都可以提供 3. 2 节中描述的卡通图像的最优稀疏逼近率。因此,无论在 2D 还是在 3D 中(详见第 1 章),令 $(\psi_\lambda)_\lambda = (\psi_{j,k,m})_{j,k,m}$ 均表示带限剪切波框架(4. 2 节)及紧支撑剪切波框架(4. 3 节),并且 $d \in \{2,3\}$,旨在证明对所有 $f \in \mathscr{E}_L^2(\mathbf{R}^d)$,有

$$\| f - f_N \|_{L^2}^2 \lesssim N^{-\frac{2}{d-1}}$$

其中,像3. 1 节中,f_N 表示应用 N 个最大系数的 N 阶逼近,因此,在2D 中为了得到 N^{-2} 的逼近率,而在 3D 中,旨在获得 N^{-1} 的逼近率,且均不考虑对数因素。为了证明这些逼近率,第 n 个最大剪切波系数 c_n^* 按照如下方式衰减:

$$| c_n^* | \lesssim n^{-\frac{d+1}{2(d-1)}} = \begin{cases} n^{-\frac{3}{2}}, & d = 2 \\ n^{-1}, & d = 3 \end{cases}$$

根据定义 1,表明在所有的自适应和非自适应表示系统中,对于卡通图像的稀疏逼近,剪切波框架表现出最优性。考虑剪切波系统以及逼近过程的非自适应性,这一方法能够获得最优逼近误差率就很出乎意料。

为了提出必要假设,说明证明的关键思路,以及讨论带限剪切波及紧支撑剪切波的差异,首先关注 2D 剪切波的情况;之后用一个粗略的证明来讨论 3D 的情况,该证明主要讨论与2D 剪切波证明的本质区别,同时强调这一情况的关键性(见第 1. 3 节中的内容)。

5.5.1　应用于2D中的最优稀疏逼近

如5.4节中讨论的一样，在$d=2$的情况下，获得估计$|c_n^*|\lesssim n^{-\frac{3}{2}}$及$\|f-f_N\|_{L^2}^2\lesssim N^{-2}$（由对数因素决定）。首先引入一个试探性分析来讨论剪切波框架可以提供这些逼近率，之后讨论所需的假设以及给出主要的最优结果，最后是证明这一主要结果。

1. 一个试探性分析

针对为什么误差$\|f-f_N\|_{L^2}^2$满足N^{-2}的渐进率这一问题，给出一个试探性的讨论（灵感来自文献[1]中对于曲波的类似讨论）。需要强调的是，这一试探性讨论同时适用于带限及紧支撑情况。

为简单起见，假设$L=1$，并令$f\in\mathscr{E}_L^2(\mathbf{R}^2)$表示一个2D卡通图像。在剪切波系数为$\langle f,\mathring{\psi}_{j,km,}\rangle$时，推导出估计式(5.18)的过程，其中$\mathring{\psi}$表示$\psi$与$\tilde{\psi}$其中之一。仅考虑$\mathring{\psi}=\psi$的情况，其他情况可以通过相似的方法来解决。对于紧支撑剪切波，可以产生单元具有$\psi(x)=\eta(x_1)\phi(x_2)$、$x=(x_1,x_2)$的形式，其中$\eta$是一个小波，$\phi$是一个冲击（或者尺度）函数。与对应的剪切波的“短”的方向相比，小波“点”在x_1轴方向就变得重要。对于带限产生单元来说，认为其具有$\hat{\psi}(\xi)=\hat{\psi}(\xi_2/\xi_1)\hat{\phi}(\xi_2)$的形式（$\xi=(\xi_1,\xi_2)$）。此外，同样仅分析剪切波$\psi_{j,k,m}$，框架元素为$\tilde{\psi}_{j,k,m}$可以通过类似的方法得到解决。

考虑系数$\langle f,\psi_{j,k,m}\rangle$的三种情况。

(1) 剪切波$\psi_{j,k,m}$的支持域不与边界∂B重叠。

(2) 剪切波$\psi_{j,k,m}$的支持域与∂B重叠并且几乎相切。

(3) 剪切波$\psi_{j,k,m}$的支持域与∂B重叠，但是并不相切。

事实证明，只有在情况(2)下结果才是显著的。一般来说，对于情况(2)，小波η在整个剪切波的高度上跨越了不连续的曲线，如图5.8所示。

情况(1)。由于f远离∂B时是C^2平滑的，由于小波η的逼近特性，系数$|\langle f,\psi_{j,k,m}\rangle|$足够小。这一情况在图5.8中有粗略的描述。

情况(2)。在范围$j>0$时，由于剪切波元素的长度为$2^{-\frac{j}{2}}$，厚度为2^{-j}，并且∂B的长度是有限的，所以有$O(2^{\frac{j}{2}})$个系数。通过赫尔德不等式(Holder’s inequality)，可以得到

$$|\langle f,\psi_{j,k,m}\rangle|\leqslant\|f\|_{L^\infty}\|\psi_{j,k,m}\|_{L^1}\leqslant C_1 2^{-\frac{3j}{4}}\|\psi\|_{L^1}\leqslant C_2\cdot 2^{-\frac{3j}{4}}$$

式中，$C_1,C_2>0$。

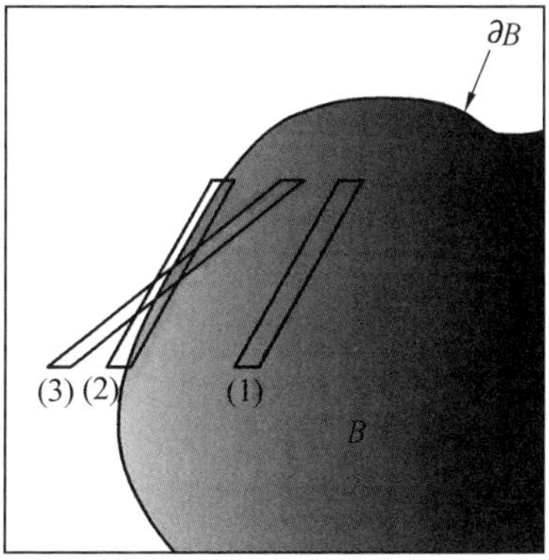

图 5.8　三种情况的粗略描述

换句话说,有 $O(2^{\frac{j}{2}})$ 个以 $C_2 \cdot 2^{-\frac{3j}{4}}$ 为界的系数。假设情况(1) 与情况(3) 的系数是可以忽略不计的,那么第 n 个最大系数 c_n^* 就以下式为界:

$$|c_n^*| \leqslant C \cdot n^{-\frac{3}{2}}$$

与定义 1 中的式(5.7) 相比,上式是想要得到的结果。反过来意味着(见式(5.8)):

$$\sum_{n>N} |c_n^*|^2 \leqslant \sum_{n>N} C \cdot n^{-3} \leqslant C \cdot \int_N^{\infty} x^{-3} \mathrm{d}x \leqslant C \cdot N^{-2}$$

注意只选了一部分非连续的 ∂B 曲线,并且对于带限剪切波的情况也只显示了有效支撑部分。

由引理 1,表示如下:

$$\| f - f_N \|_{L^2}^2 \leqslant \frac{1}{A} \sum_{n>N} |c_n^*|^2 \leqslant C \cdot N^{-2}$$

式中,A 为剪切波框架的最低框架边界。

情况(3)。当剪切波远离情况(2) 中的切线位置时,剪切波会变得很小,这是由于 f 和 ψ_λ 的频率支撑以及在方案 1 或者方案 2 中假设的方向消失矩,在下一小节中介绍。

总结研究结果,认为试探性的剪切波框架提供了对卡通图像的最优稀疏逼近,正如在定义 1 中定义的一样。

2. 所需的假设

在建立了对于为什么可通过剪切波来获得最优稀疏逼近率的直观感觉后,本节将更详细地讨论符合主要结果所需的假设,这将是建立在已经明确了带限与紧支撑情况区别的情况下。

对于这一讨论，主要探讨水平锥形 $\mathscr{C}$，而相应的垂直锥形可通过改变一些变量用同样的方法分析。假设 $f \in L^2(\mathbf{R}^2)$ 是在上一个具有不连续性的分段 C^{L+1} 光滑的，那么函数 f 可以通过两个 $L > 0$ 阶的 2D 多项式很好的估计，$\mathscr{L}$：$x_1 = sx_2 (s \in \mathbf{R})$，其中每个多项式表示 $\mathscr{L}$ 的一边，并且用多项式 $q(x_1, x_2)$ 表示这一分段。通过 $p_t(x_2) = q(sx_2 + t, x_2)$，把 q 限制在 $x_1 = sx_2 + t (t \in \mathbf{R})$，因此，$p_t$ 是一个沿着平行于 $\mathscr{L}$ 的线的 1D 多项式，且通过 $(x_1, x_2) = (t, 0)$，这些线是用图 5.9(b) 中虚线标示的。

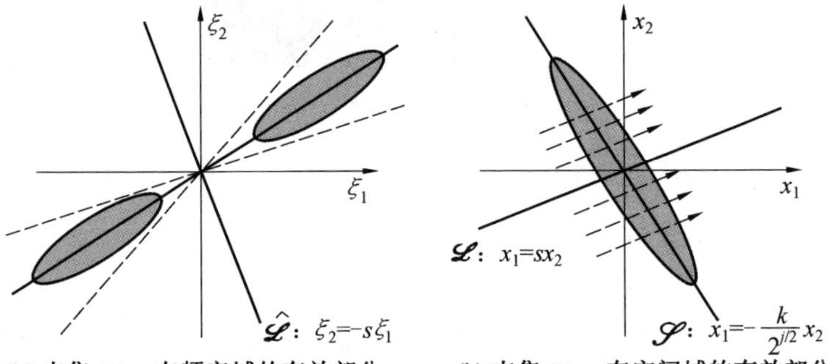

(a) 支集 $\psi_{j,k,m}$ 在频率域的有效部分　　(b) 支集 $\psi_{j,k,m}$ 在空间域的有效部分

图 5.9　支集 $\psi_{j,k,m}$ 不同域的有效部分

通过下式来估计剪切波系数 $\langle f, \psi_{j,k,m} \rangle$ 的绝对值：

$$|\langle f, \psi_{j,k,m} \rangle| \leqslant |\langle q, \psi_{j,k,m} \rangle| + |\langle (q - f), \psi_{j,k,m} \rangle| \tag{5.15}$$

在空间域中受到(分段) 多项式 q 的逼近质量及 ψ 的衰减的影响，$|\langle f, \psi_{j,k,m} \rangle|$ 将会很小，因此，只要关注对 $|\langle q, \psi_{j,k,m} \rangle|$ 的估计就足够了。

鉴于此，考虑沿着方向 $(x_1, x_2) = (s, 1)$ 的线积分：对于固定的 $t \in \mathbf{R}$，定义 $q\psi_{j,k,m}$ 沿着线 $x_1 = sx_2 + t$、$x_2 \in \mathbf{R}$ 积分为

$$I(t) = \int_{\mathbf{R}} p_t(x_2) \psi_{j,k,m}(sx_2 + t, x_2) \mathrm{d}x_2$$

观察 $|\langle q, \psi_{j,k,m} \rangle| = 0$ 等价于 $I \equiv 0$。为简单起见，假设 $m = (0,0)$，有

$$\begin{aligned} I(t) &= 2^{\frac{3}{4}j} \int_{\mathbf{R}} p_t(x_2) \psi(S_k A_{2^j}(sx_2 + t, x_2)) \mathrm{d}x_2 \\ &= 2^{\frac{3}{4}j} \sum_{\ell=0}^{L} c_\ell \int_{\mathbf{R}} x_2^\ell \psi(S_k A_{2^j}(sx_2 + t, x_2)) \mathrm{d}x_2 \\ &= 2^{\frac{3}{4}j} \sum_{\ell=0}^{L} c_\ell \int_{\mathbf{R}} x_2^\ell \psi(A_{2^j} S_{\frac{k}{2^{\frac{j}{2}}} + s}(t, x_2)) \mathrm{d}x_2 \end{aligned}$$

通过傅里叶中心切片定理[9]（也可以见式(5.27)），得到

$$|I(t)| = 2^{\frac{3}{4}j}\left|\sum_{\ell=0}^{L}\frac{2^{-\frac{\ell j}{2}}}{(2\pi)^{\ell}}c_{\ell}\int_{\mathbf{R}}\left(\frac{\partial}{\partial\xi_2}\right)^{\ell}\hat{\psi}(A_{2^j}^{-1}S_{\frac{k}{2^{\frac{j}{2}}}+s}^{-\mathrm{T}}(\xi_1,0))\mathscr{E}^{2\pi i\xi_1 t}\mathrm{d}\xi_1\right|$$

对几乎所有的 $t\in\mathbf{R}$,有

$$\int_{\mathbf{R}}\left(\frac{\partial}{\partial\xi_2}\right)^{\ell}\hat{\psi}(A_{2^j}^{-1}S_{\frac{k}{2^{\frac{j}{2}}}+s}^{-\mathrm{T}}(\xi_1,0))\mathrm{e}^{2\pi i\xi_1 t}\mathrm{d}\xi_1 = 0$$

成立时,对几乎所有的 $\xi_1\in\mathbf{R}$,有

$$\left(\frac{\partial}{\partial\xi_2}\right)^{\ell}\hat{\psi}(A_{2^j}^{-1}S_{\frac{k}{2^{\frac{j}{2}}}+s}^{-\mathrm{T}}(\xi_1,0)) = 0$$

因此,为了保证对于任意阶数 $L>0$ 的1D多项式 p_t,总有 $I(t)=0$,需要保证对几乎所有的 $\xi_1\subset\mathbf{R}$ 及 $\ell=0,\cdots,L$,有

$$\left(\frac{\partial}{\partial\xi_2}\right)^{\ell}\hat{\psi}_{j,k,0}(\xi_1,-s\xi_1) = 0$$

这就是在 $(s,1)$ 方向的方向消失矩(见文献[4]),分别考虑带限剪切波以及紧支撑剪切波两种情况。

如果 ψ 是一个带限剪切波产生单元,得到

$$\left(\frac{\partial}{\partial\xi_2}\right)^{\ell}\hat{\psi}_{j,k,m}(\xi_1,-s\xi_1) = 0$$

其中,如果

$$\left|s+\frac{k}{2^{\frac{j}{2}}}\right|\geqslant 2^{-\frac{j}{2}},\quad \ell=0,\cdots,L \tag{5.16}$$

$\mathrm{supp}\,\hat{\psi}\subset\mathscr{D}$,其中 $\mathscr{D}=\left\{\xi\in\mathbf{R}^2:\left|\frac{\xi_2}{\xi_1}\right|\leqslant 1\right\}$ 如在第1章中讨论的那样。观察 $\mathrm{supp}\,\psi_{j,k,m}$ 的方向是由线性关系 $\mathscr{S}:x_1=-\frac{k}{2^{\frac{j}{2}}}x_2$ 决定的,因此,式(5.16)意味着如果 $\mathrm{supp}\,\psi_{j,k,m}$ 的方向(即 $\mathscr{S}$ 的方向),在 $\left|s+\frac{k}{2^{\frac{j}{2}}}\right|\geqslant 2^{-\frac{j}{2}}$ 成立时不接近 $\mathscr{L}$ 的方向,那么

$$|\langle q,\psi_{j,k,m}\rangle| = 0$$

如果 ψ 是一个紧支撑剪切波产生单元,由于式(5.16)需要满足 $\hat{\psi}\subset\mathscr{D}$,根本不能成立。因此,对于紧支撑产生单元,假设 $\left(\frac{\partial}{\partial\xi_2}\right)^{\ell}\hat{\psi}$ 在 $l=0,1$ 时,在 $\mathscr{D}$ 有足够的衰减产生 $I(t)$,并同时使 $|\langle q,\psi_{j,k,m}\rangle|$ 足够小。需要强调的是,$I(t)$ 的缺点是仅对紧支撑剪切波才满足“小”(由于缺少准确的方向消失矩)这一

特性，将由定位特性补偿，这也能产生最优稀疏性。

因此，发展的条件保证了式(5.15)右侧的两项可以被有效约束。

最优稀疏逼近引出了设定1，先考虑对带限情况的假设。

设定1 产生单元ϕ、ψ、$\tilde{\psi}\in L^2(\mathbf{R}^2)$在频率域是带限且符合$C^\infty$的；此外，剪切波系统$\mathrm{SH}(\phi,\psi,\tilde{\psi};c)$形成了一个对于$L^2(\mathbf{R}^2)$的框架(见第1章中的构建内容或者第4.2小节)。

相对的，紧支撑剪切波的情况如下。

设定2 产生单元ϕ、ψ、$\tilde{\psi}\in L^2(\mathbf{R}^2)$是紧支撑的，同时剪切波系统$\mathrm{SH}(\phi,\psi,\tilde{\psi};c)$形成了一个对于$L^2(\mathbf{R}^2)$的框架；此外，对于所有的$\xi=(\xi_1,\xi_2)\in\mathbf{R}^2$，函数$\psi$满足以下两种：

$$|\hat{\psi}(\xi)|\leqslant C\cdot\min\{1,|\xi_1|^\delta\}\cdot\min\{1,|\xi_1|^{-\gamma}\}\cdot\min\{1,|\xi_2|^{-\gamma}\}$$

$$\left|\frac{\partial}{\partial\xi_2}\hat{\psi}(\xi)\right|\leqslant|h(\xi_1)|\left(1+\frac{|\xi_2|}{|\xi_1|}\right)^{-\gamma}$$

式中，$\delta>6$；$\gamma\geqslant3$；$h\in L^1(\mathbf{R})$；C为一个常量；$\tilde{\psi}$满足与坐标明显变化的相似条件(见4.3节中的构建的叙述)。

在设定2中的两式是在$\left(\frac{\partial}{\partial\xi_2}\right)^l\hat{\psi}(l=0,1)$上的完全衰减假设，保证了对$I(t)$大小的控制。

3. 主要结果

主要结果说明，在设定1或者设定2下，剪切波可以提供对卡通图像的最优稀疏逼近。

定理5[7,14] 假设在设定1或者设定2条件下，令$L\in\mathbf{N}$。对于任意的$v>0$和$\mu>0$，从定义1的意义上来说，剪切波框架$\mathrm{SH}(\phi,\psi,\tilde{\psi};c)$可提供对$f\in\mathscr{E}_L^2(\mathbf{R}^2)$的最优稀疏逼近，即

$$\|f-f_N\|_{L^2}^2=O(N^{-2}(\log N)^3),\quad N\to\infty \tag{5.17}$$

并且

$$|c_n^*|\lesssim n^{-\frac{3}{2}}(\log n)^{\frac{3}{2}},\quad N\to\infty \tag{5.18}$$

其中，$c=\{\langle f,\mathring{\psi}_\lambda\rangle:\lambda\in\Lambda,\mathring{\psi}=\psi$或者$\mathring{\psi}=\tilde{\psi}\}$且$c^*=(c_n^*)_{n\in N}$是对$c$的递减(模值)重排。

4. 带限与紧支撑剪切波的对比

深入研究定理5的证明之前，仔细讨论带限剪切波与紧支撑剪切波之间的主要区别，这需要进一步证明。

在紧支撑剪切波的情况下考虑两种情况：supp $|\mathring{\psi}_\lambda \cap \partial B| \neq 0$ 以及 supp $|\mathring{\psi}_\lambda \cap \partial B| = 0$ 的情况。假使剪切波的支持域与卡通图像的不连续曲线相交，将独立应用在设定 2 中对 $\hat{\mathring{\psi}}$ 的衰减假设来估计每一个剪切波系数 $\langle f, \mathring{\psi}_\lambda \rangle$，应用一个简单的计数估计来获得期望的估计（式(5.17)和式(5.18)）。在其他情况下，剪切波不与非连续曲线相交，只是通过一个 C^2 函数来估计剪切波系数的衰减。此处的讨论是与应用小波框架的平滑函数的逼近相似的，同时其依赖于使用框架特性在所有尺度条件下估计的系数。

对于带限剪切波的情况，所有的剪切波元素 $\mathring{\psi}_\lambda$ 与集合 B 的边界相交，因此不分别考虑 $|\text{supp}\,\mathring{\psi}_\lambda \cap \partial B| = 0$ 及 $|\text{supp}\,\mathring{\psi}_\lambda \cap \partial B| \neq 0$ 的两种情况。实际上，通过应用单位元素的划分，与二进方块有关的紧支撑平滑窗函数来对卡通图像 f 局部化，令 f_Q 表示局部化后的结果，用估计 $\langle f_Q, \mathring{\psi}_\lambda \rangle$ 来取代直接估计剪切波系数 $\langle f, \mathring{\psi}_\lambda \rangle$；此外，在带限剪切波的情况下，还需要估计剪切波系数序列的稀疏性，而不是分析单独稀疏的衰减。

下一小节介绍在 $L = 1$ 时的证明，即卡通图像模型中的不连续曲线是平滑的，首先介绍对带限剪切波的证明，之后是对紧支撑剪切波的证明。在这些证明中，会重复在 $\mathring{\psi} = \psi$ 情况下进行讨论，这是因为 $\mathring{\psi} = \tilde{\psi}$ 对于垂直锥形情况来说，可以采用与处理水平锥形相似的方法来解决。对于扩展到 $L \neq 1$ 的情况，会同时考虑两种条件。

首先介绍证明中用到的符号及一个有帮助的引理，该引理可同时在带限及紧支撑剪切波两种情况中应用。对于一个固定的 j，令 $\mathscr{Z}_j$ 表示一组二次方集合，定义如下：

$$\mathscr{Z}_j = \left\{ Q = \left[\frac{l_1}{2^{\frac{j}{2}}}, \frac{l_1 + 1}{2^{\frac{j}{2}}} \right] \times \left[\frac{l_2}{2^{\frac{j}{2}}}, \frac{l_2 + 1}{2^{\frac{j}{2}}} \right] : l_1, l_2 \in \mathbf{Z} \right\}$$

用 Λ 表示在剪切波系统中所有指数 (j,k,m) 的集合，定义如下：

$$\Lambda_j = \{ (j,k,m) \in \Lambda : -\lceil 2^{\frac{j}{2}} \rceil \leqslant k \leqslant \lceil 2^{\frac{j}{2}} \rceil, m \in \mathbf{Z}^2 \}$$

对于 $\varepsilon > 0$，定义在范围 j 上“相关”指数集为

$$\Lambda_j(\varepsilon) = \{ \lambda \in \Lambda_j : |\langle f, \psi_\lambda \rangle| > \varepsilon \}$$

并且在所有范围上，形式为

$$\Lambda(\varepsilon) = \{ \lambda \in \Lambda : |\langle f, \psi_\lambda \rangle| > \varepsilon \}$$

引理 2　假设满足设定 1 或者设定 2，令 $f \in \mathscr{E}_L^2(\mathbf{R}^2)$，则有两个声明。

(1) 对于一些常量 C,有

$$\#|\Lambda_j(\varepsilon)|=0,j\geqslant\frac{4}{3}\log_2\varepsilon^{-1}+C \tag{5.19}$$

(2) 如果

$$\#|\Lambda_j(\varepsilon)|\lesssim\varepsilon^{-\frac{2}{3}} \tag{5.20}$$

那么 $j\geqslant 0$ 时,有

$$\#|\Lambda_j(\varepsilon)|\lesssim\varepsilon^{-\frac{2}{3}}\log_2\varepsilon^{-1} \tag{5.21}$$

反过来可以得到式(5.17)和式(5.18)。

证明 (1) 由于 $\psi\in L^1(\mathbf{R}^2)$ 同样满足带限及紧支撑设定,可得

$$\begin{aligned}|\langle f,\psi_\lambda\rangle|&=\left|\int_{\mathbf{R}^2}f(x)2^{\frac{3j}{4}}\psi(S_kA_{2^j}x-m)\mathrm{d}x\right|\\&\leqslant 2^{\frac{3j}{4}}\|f\|_\infty\int_{\mathbf{R}^2}\psi(S_kA_{2^j}x-m)\mathrm{d}x\\&=2^{-\frac{3j}{4}}\|f\|_\infty\|\psi\|_1\end{aligned} \tag{5.22}$$

因此,存在一个范围 j_ε,使得当每一个 $j\geqslant j_\varepsilon$ 成立时,有 $|\langle f,\psi_\lambda\rangle|<\varepsilon$,可由式(5.22)得出

$$\#|\Lambda(\varepsilon)|=0,j>\frac{4}{3}\log_2\varepsilon^{-1}+C$$

(2) 通过声明(1)及估计式(5.20),可得

$$\#|\Lambda(\varepsilon)|\leqslant C\varepsilon^{-\frac{2}{3}}\log_2\varepsilon^{-1}$$

据此,ε 可以被写为一个系数数量为 $n=\#|\Lambda(\varepsilon)|$ 的函数。对于足够大的 n,得到

$$\varepsilon(n)\leqslant Cn^{-\frac{3}{2}}(\log_2 n)^{\frac{3}{2}}$$

这意味着

$$|c_n^*|\leqslant Cn^{-\frac{3}{2}}(\log_2 n)^{\frac{3}{2}}$$

以及对于足够大的 N

$$\sum_{n>N}|c_n^*|^2\leqslant CN^{-2}(\log_2 n)^3,\quad N>0$$

其中 c_n^* 与之前提到的一样,用来表示第 n 个模值最大的剪切波系数。

5. 在 $L=1$ 条件下对带限剪切波的证明

假设 $L=1$,可知 $f\in\mathscr{E}_L^2(\mathbf{R}^2)=\mathscr{E}^2(\mathbf{R}^2)$。正如在前面小节中提到的,测量剪切波系数 $\{\langle f,\mathring{\psi}_\lambda\rangle:\lambda\in\Lambda\}$ 的稀疏性。鉴于此,使用弱 ℓ^p 拟范数 $\|\cdot\|_{w\ell^p}$,定义如下。

对于序列 $s=(s_i)_{i\in I}$，令 s_n^* 表示第 n 个在 s 中模值最大的系数，之后定义：

$$\|s\|_{w\ell^p}=\sup_{n>0} n^{\frac{1}{p}}|s_n^*|$$

通过文献[16]可知，这一定义等价于

$$\|s\|_{w\ell^p}=\left(\sup\{\#|\{i:|s_i|>\varepsilon\}|\varepsilon^p:\varepsilon>0\}\right)^{\frac{1}{p}}$$

正如上面提到的那样，仅考虑 $\mathring{\psi}=\psi$ 的情况就足够了，因为 $\mathring{\psi}=\tilde{\psi}$ 情况可用相似的方法解决。为了分析在给定尺度参量 $j\geqslant 0$ 条件下的剪切波系数 $(\langle f,\psi_\lambda\rangle)_\lambda$ 的衰减特性，平滑地局部化靠近二进方域的函数 f，固定尺度参数 $j\geqslant 0$。对于在 $[0,1]^2$ 上的非负 C^∞ 函数 w，定义一个平滑单位元素的划分，为

$$\sum_{Q\in\mathscr{Z}_j} w_Q(x)=1,\quad x\in\mathbf{R}^2$$

对于每一个二进方域 $O\in\mathscr{Z}_j$，有 $w_Q(x)=w(2^{\frac{j}{2}}x_1-l_1,2^{\frac{j}{2}}x_2-l_2)$。将检验局部化函数 $f_Q\coloneqq fw_Q$ 的剪切波系数，有了对函数 f 的局部化结果后，分别考虑 $|\operatorname{supp} w_Q\cap\partial B|=0$ 及 $|\operatorname{supp} w_Q\cap\partial B|\neq 0$ 的情况，令

$$\mathscr{Z}_j=\mathscr{Z}_j^0\cup\mathscr{Z}_j^1$$

其中，集合是不相交的，并且 $\mathscr{Z}_j^0$ 是二进方域 $Q\in\mathscr{Z}_j$ 的聚集，∂B 的边界曲线与 w_Q 的支持域相交。由于每一个 Q 的边长为 $2^{-\frac{j}{2}}$，∂B 的边界曲线是有限长的，则

$$\#|\mathscr{Z}_j^0|\lesssim 2^{\frac{j}{2}}\tag{5.23}$$

类似的，由于 f 在 $[0,1]^2$ 上是紧支撑的，可得

$$\#|\mathscr{Z}_j^1|\lesssim 2^j\tag{5.24}$$

定理 6 分析了对于每一个二进方域 $Q\in\mathscr{Z}_j$ 的剪切波系数的稀疏性。

定理 6[7]　令 $f\in\mathscr{E}^2(\mathbf{R}^2)$，对于 $Q\in\mathscr{Z}_j^0(j\geqslant 0)$，剪切波系数序列 $\{d_\lambda\coloneqq\langle f_Q,\mathring{\psi}_\lambda\rangle:\lambda\in\Lambda_j\}$ 遵循

$$\|(d_\lambda)_{\lambda\in\Lambda_j}\|_{w\ell^{\frac{2}{3}}}\lesssim 2^{-\frac{3j}{4}}$$

定理 7　令 $f\in\mathscr{E}^2(\mathbf{R}^2)$，对于 $Q\in\mathscr{Z}_j^1(j\geqslant 0)$，剪切波系数序列 $\{d_\lambda\coloneqq\langle f_Q,\mathring{\psi}_\lambda\rangle:\lambda\in\Lambda_j\}$ 遵循

$$\|(d_\lambda)_{\lambda\in\Lambda_j}\|_{w\ell^{\frac{2}{3}}}\lesssim 2^{-\frac{3j}{2}}$$

根据定理 6 和定理 7 的结果，可得到定理 8。

定理 8　令 $f\in\mathscr{E}^2(\mathbf{R}^2)$，对于 $j\geqslant 0$，剪切波系数序列 $\{c_\lambda\coloneqq\langle f,\mathring{\psi}_\lambda\rangle:\lambda\in\Lambda_j\}$ 遵循

$$\|(c_\lambda)_{\lambda\in\Lambda_j}\|_{w\ell^{\frac{2}{3}}}\lesssim 1$$

证明　应用定理6和定理7,对弱ℓ^p空间应用p-三角不等式($p \leqslant 1$),有

$$\begin{aligned}\|\langle f,\mathring{\psi}_\lambda\rangle\|_{w\ell^{2/3}}^{2/3} &\leqslant \sum_{Q\in\mathscr{Z}_j}\|\langle f_Q,\mathring{\psi}_\lambda\rangle\|_{w\ell^{2/3}}^{2/3}\\ &= \sum_{Q\in\mathscr{Z}_j^0}\|\langle f_Q,\mathring{\psi}_\lambda\rangle\|_{w\ell^{2/3}}^{2/3}+\sum_{Q\in\mathscr{Z}_j^1}\|\langle f_Q,\mathring{\psi}_\lambda\rangle\|_{w\ell^{2/3}}^{2/3}\\ &\leqslant C\#|\mathscr{Z}_j^0|2^{-\frac{j}{2}}+C\#|\mathscr{Z}_j^1|2^{-j}\end{aligned}$$

联立式(5.23)和式(5.24)完成此证明。

对于带限设定,可以证明定理5。

证明(设定1下的定理5)　根据定理8,有

$$\#|\Lambda_j(\varepsilon)|\leqslant C\varepsilon^{-\frac{2}{3}}$$

对于一些常量$C>0$成立,同时联立引理2,即可完成证明。

6. 在$L=1$条件下对紧支撑剪切波的证明

为了在维度$d=2$的情况下,推导出期望的估计式(5.17)和式(5.18),分别研究两种情形,一种是剪切波元素$\mathring{\psi}_\lambda$不与不连续曲线相交的情形,另一种情况是相交时的情形。同样只考虑$\mathring{\psi}=\psi$的情况,$\mathring{\psi}=\tilde{\psi}$的情况可用相似的方法解决。

(1) 剪切波ψ_λ的紧支撑不与集合B的边界相交,即$|\mathrm{supp}\,\psi_\lambda\cap\partial B|=0$。

(2) 剪切波ψ_λ的紧支撑与集合B的边界相交,即$|\mathrm{supp}\,\psi_\lambda\cap\partial B|\neq 0$。

对于情形1来说,不会关注单个系数$\langle f,\psi_\lambda\rangle$的衰减估计,而是把关注点放在对几个尺度以及所有剪切和转换的系数和衰减上。剪切波系统的框架特性、f的C^2平滑性以及对必要指数λ的粗略计数论证,足以提供所需的逼近率,对于这一点的证明与对C^2平滑函数的小波系数衰减的估计相似。由于这一阐述的空间限制,不深入对该估计进行叙述,而是关注情形2的证明。

对于情形2,需要分别估计每一个系数$\langle f,\psi_\lambda\rangle$,并且估计每一个$|\langle f,\psi_\lambda\rangle|$是如何随着尺度$j$及剪切度$k$衰减的。在一般性的情况下,可以假设$f=f_0+\chi_B f_1(f_0=0)$。令$M$表示$\langle f,\psi_\lambda\rangle$中的积分区域,即

$$M=\mathrm{supp}\,\psi_\lambda\cap B$$

进一步,令$\mathscr{L}$为一个仿射超平面(更简单来说,就是在$\mathbf{R}^2$中的一条直线)与M相交,因此把M分为M_t和M_l两部分,如图5.10所示,得到

$$\langle f,\psi_\lambda\rangle=\langle\chi_M f,\psi_\lambda\rangle=\langle\chi_{M_t}f,\psi_\lambda\rangle+\langle\chi_{M_l}f,\psi_\lambda\rangle \tag{5.25}$$

把满足M_t足够小的区域选为该超平面,M_t应足够小,使下式估计不与式(5.18)相违背:

$$|\langle\chi_{M_t}f,\psi_\lambda\rangle\leqslant\|f\|_{L^\infty}\|\psi_\lambda\|_{L^\infty}$$

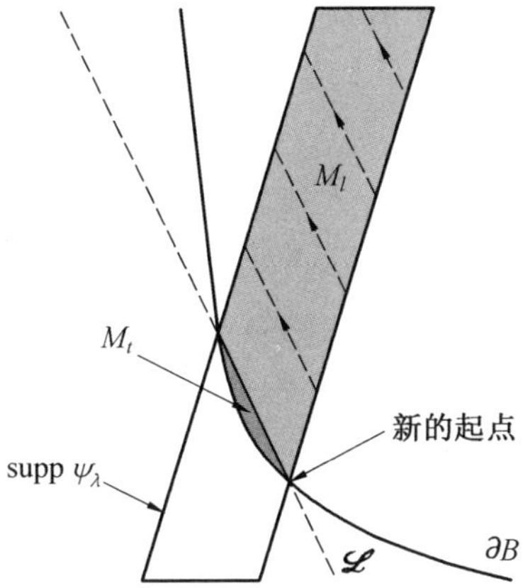

图 5.10　supp ψ_λ、M_l、M_t 和 $\mathscr{L}$ 的概略描绘

$$M_t \leqslant \mu 2^{\frac{3j}{4}} M_t \tag{5.26}$$

如果超平面 $\mathscr{L}$ 如图 5.10 所示,可以通过对区域 M_t 粗略地估计来说明式(5.26) 不与式(5.18) 违背,把积分区域限制在 M 中的一小部分 M_t 这种形式的估计,称为截断估计。假设式(5.25) 可简略为$\langle f,\psi_\lambda\rangle = \langle \chi_{M_l} f,\psi_\lambda\rangle$。

对于$\langle \chi_{M_l} f,\psi_\lambda\rangle$,在 M 的区域 M_l 上积分。为了解决这一问题,考虑利用 ψ_λ 只与 $\chi_{M_l} f$ 沿 M 内一条直线的不连续相互作用,由于$\langle \chi_{M_l} f,\psi_\lambda\rangle$ 中不连续曲线被简化为一条直线,所以这一部分的估计被称为线性化估计。在$\langle \chi_{M_l} f,\psi_\lambda\rangle$ 中,对两个以上的变量积分,对于内部积分,沿着平行于奇异直线 $\mathscr{L}$ 进行积分,如图 5.10 所示。重要的一点是,沿着直线函数 f 在整个积分域区间是 C^2 光滑且没有非连续部分,这就是为什么选择从 M 中移除 M_t 部分的原因。应用傅里叶中心切片定理,把在空间域中沿着 $\mathscr{L}$ 的线积分变为在频率域中的线积分。

考虑 $g:\mathbf{R}^2 \to \mathbf{C}$ 紧支撑及连续性,令 $p:\mathbf{R} \to \mathbf{C}$ 表示 g 投影在 x_2 轴上的投影,即

$$p(x_1) = \int_{\mathbf{R}} g(x_1,x_2)\,\mathrm{d}x_2$$

意味着 $\hat{p}(\xi_1) = \hat{g}(\xi_1,0)$ 也是傅里叶中心切片定理的一个简化形式。通过傅里叶反变换可得

$$\int_{\mathbf{R}} g(x_1,x_2)\,\mathrm{d}x_2 = p(x_1) = \int_{\mathbf{R}} \hat{g}(\xi_1,0)\,\mathrm{e}^{2\pi\mathrm{i}x_1\xi_1}\mathrm{d}\xi_1 \tag{5.27}$$

因此有

$$\int_{\mathbf{R}} |\, g(x_1,x_2)\,| = \int_{\mathbf{R}} \hat{g}(\xi_1,0)\,\mathrm{d}\xi_1 \tag{5.28}$$

式(5.28)左边的部分是 g 沿着垂直直线，x_1 = 常量的积分。通过对坐标 $x \in \mathbf{R}^2$ 进行剪切，把 $\mathscr{L}$ 转换成一个线性形式 $\{x \in \mathbf{R}^2 : x_1 = 常量\}$，可以直接应用式(5.28)。

在对形式 $\langle \chi_{M_t} f, \psi_\lambda \rangle$ 线性项的关键估计证明中，把上述观点更具体的说明。假设截断估计可以忽略不计，可以实现对 $\langle f, \psi_\lambda \rangle$ 的估计。

定理 9 令 $\psi \in L^2(\mathbf{R}^2)$ 是紧支撑的，并假设 ψ 满足设定 2 中的条件。令 λ 满足 $|\operatorname{supp}\psi_\lambda \cap \partial B| \neq \varnothing$，假设 $f \in \mathscr{E}(\mathbf{R}^2)$ 且在 ψ_λ 支持域上，∂B 是线性的，对于一些 $\mathbf{R}^2$ 的仿射超平面 $\mathscr{L}$ 而言，有

$$\operatorname{supp}\psi_\lambda \cap \partial B \subset \mathscr{L}$$

以下三种条件。

(1) 如果 $\mathscr{L}$ 法向量为 $(-1,s)$，且 $|s| \leqslant 3$，有

$$|\langle f, \psi_\lambda \rangle| \lesssim \frac{2^{-\frac{3j}{4}}}{|k + 2^{\frac{j}{2}} s|^3}$$

(2) 如果 $\mathscr{L}$ 法向量为 $(-1,s)$，且 $|s| \geqslant \frac{3}{2}$，有

$$|\langle f, \psi_\lambda \rangle| \lesssim 2^{-\frac{9j}{4}}$$

(3) 如果 $\mathscr{L}$ 法向量为 $(0,s)$，且 $s \in \mathbf{R}$，有

$$|\langle f, \psi_\lambda \rangle| \lesssim 2^{-\frac{11j}{4}}$$

证明 固定 λ，并令 $f \in \mathscr{E}(\mathbf{R}^2)$，假设 f 仅仅是在 B 中非零。

首先考虑条件(1)和条件(2)。在这些情况中，超平面可以被写为

$$\mathscr{L} = \{x \in \mathbf{R}^2 : \langle x - x_0, (-1,s) \rangle = 0\}$$

对于 $x_0 \in \mathbf{R}^2$ 成立，通过在 $s \in \mathbf{R}$ 时，S_{-s} 来剪切超平面，得到

$$\begin{aligned} S_{-s}\mathscr{L} &= \{x \in \mathbf{R}^2 : \langle S_s x - x_0, (-1,s) \rangle = 0\} \\ &= \{x \in \mathbf{R}^2 : \langle x - S_{-s}x_0, (S_s)^{\mathrm{T}}(-1,s) \rangle = 0\} \\ &= \{x \in \mathbf{R}^2 : \langle x - S_{-s}x_0, (-1,0) \rangle = 0\} \\ &= \{x = (x_1, x_2) \in \mathbf{R}^2 : x_1 - \hat{x}_1\} \end{aligned}$$

式中，$\hat{x} = S_{-s}x_0$。

上式是平行于 x_2 轴的一条直线。由于只能考虑线奇异性平行于 x_2 轴的情况，剪切波开始发挥作用了，仍需要修正剪切波的剪切参数，即用新的剪切参数 $\hat{k} = k + 2^{\frac{j}{2}} s$ 考虑下式的右侧：

$$\langle f, \psi_{j,k,m} \rangle = \langle f(S_s \cdot), \psi_{j,\hat{k},m} \rangle$$

$\langle f(S_s \cdot), \psi_{j,\hat{k},m} \rangle$ 中的被积函数有精确定位在直线 $x_1 = \hat{x}_1$，也就是 $S_{-s}\mathscr{L}$ 上

的奇异性平面。

为了简化对被积函数界的表述，在 $S_{-s}\mathscr{L}$ 上选定一个新的原点，在 $x_1=\hat{x}_1$ 上，对于新原点 x_2 的坐标被固定在下一段中。由于 f 仅仅是非零的 B，函数 f 在 $S_{-s}\mathscr{L}$ 的一边上时，即 $x_1<\hat{x}_1$ 时，f 将等于 0，估计

$$\langle f_0(S_s\ \cdot)\chi_\Omega,\psi_{j,\hat{k},m}\rangle$$

式中，$f_0\in C^\beta(\mathbf{R}^d)$；$\Omega=\mathbf{R}_+\times\mathbf{R}$。

假设 $\hat{k}<0$，可以解决另一种情况。

由于 ψ 是紧支撑的，存在 $c>0$，使 $\operatorname{supp}\psi\subset[-c,c]^2$。通过尺度论证法，可以假设 $c=1$，令

$$\mathscr{P}_{j,k}:=\{x\in\mathbf{R}^2:|x_1+2^{-\frac{j}{2}}kx_2|\leqslant2^{-j},|x_2|\leqslant2^{-\frac{j}{2}}\}\tag{5.29}$$

根据式(5.29)，有 $\operatorname{supp}\psi_{j,k,0}\subset\mathscr{P}_{j,k}$。剪切波集 $\mathscr{P}_{j,0}$ 的标准剪切波方向是 $(1,0)$，因此与 $\mathscr{P}_{j,k}$ 相关的剪切元素 $\psi_{j,k,m}$ 的剪切波标准是 $(1,k/2^{\frac{j}{2}})$。确定原点，相对于新原点，满足

$$\operatorname{supp}\psi_{j,\hat{k},m}\subset\mathscr{P}_{j,\hat{k}}+(2^{-j},0)=:\widetilde{\mathscr{P}}_{j,k}$$

$\widetilde{\mathscr{P}}_{j,\hat{k}}$ 的一面与原点相交。

观察平行四边形 $\widetilde{\mathscr{P}}_{j,k}$，$x_2=\pm2^{-\frac{j}{2}}$，有边界

$$2^jx_1+2^{\frac{j}{2}}\hat{k}x_2=0$$

$$2^jx_1+2^{\frac{j}{2}}\hat{k}x_2=2$$

这只是因为尺度选择的关系，为简单起见，用 1 替代最后一个方程的右侧。解决 x_2 的最后两个等式，得到以下直线：

$$L_1:x_2=-\frac{2^{\frac{j}{2}}}{\hat{k}}x_1$$

$$L_2:x_2=-\frac{2^{\frac{j}{2}}}{\hat{k}}x_1+\frac{2^{\frac{j}{2}}}{\hat{k}}$$

从而表明

$$|\langle f_0(S_{s'})\chi_\Omega,\psi_{j,\hat{k},m}\rangle|\lesssim\left|\int_0^{K_1}\int_{L_2}^{L_1}f_0(S_sx)\psi_{j,\hat{k},m}(x)\,\mathrm{d}x_2\mathrm{d}x_1\right|\tag{5.30}$$

其中，对于 x_1 的上积分边界是 $K_1=2^{-j}-2^{-j}\hat{k}$，这是求解对 x_1 的 L_2 及应用条件 $|x_2|\leqslant2^{-\frac{j}{2}}$ 得出的。x_2 的内部积分是沿着平行于奇异线 $\partial\Omega=\{0\}\times\mathbf{R}$ 的直线，这有助于更好的处理奇异性问题，并且这一情况将在本小节中用到很多次。

考虑在 x_2 方向上的每一点 $x=(x_1,x_2)\in L_2$ 的 $f_0(S_s\ \cdot)$1D 泰勒展开式：

$$f_0(S_s x) = a(x_1) + b(x_1)\left(x_2 + \frac{2^{\frac{j}{2}}}{\hat{k}}x_1\right) + c(x_1,x_2)\left(x_2 + \frac{2^{\frac{j}{2}}}{\hat{k}}x_1\right)^2$$

式中，$a(x_1)$、$b(x_1)$ 与 $c(x_1,x_2)$ 均是绝对值由 $C(1+|s|)^2$ 界定的。在式(5.30)中应用泰勒展开式得到

$$|\langle f_0(S_s\cdot)\chi_\Omega,\psi_{j,\hat{k},m}\rangle| \lesssim (1+|s|)^2 \left|\int_0^{K_1}\sum_{l=1}^{3} I_l(x_1)\,\mathrm{d}x_1\right| \tag{5.31}$$

其中

$$I_1(x_1) = \left|\int_{L_1}^{L_2}\psi_{j,\hat{k},m}(x)\,\mathrm{d}x_2\right| \tag{5.32}$$

$$I_2(x_1) = \left|\int_{L_1}^{L_2}(x_2+K_2)\psi_{j,\hat{k},m}(x)\,\mathrm{d}x_2\right| \tag{5.33}$$

$$I_3(x_1) = \left|\int_0^{-2\frac{-j/2}{k}}(x_2)^2\psi_{j,\hat{k},m}(x_1,x_2-K_2)\,\mathrm{d}x_2\right| \tag{5.34}$$

并且

$$K_2 = \frac{2^{j/2}}{\hat{k}}x_1$$

分别估计每一个积分 $I_1 \sim I_3$。

积分 I_1。根据傅里叶中心切片定理，同样可见式(5.27)，通过下式估计积分 $I_1(x_1)$：

$$I_1(x_1) = \left|\int_{\mathbf{R}}\psi_{j,\hat{k},m}(x)\,\mathrm{d}x_2\right| = \left|\int_{\mathbf{R}}\psi_{j,\hat{k},m}(\xi_1,0)\mathrm{e}^{2\pi \mathrm{i} x_1\xi_1}\mathrm{d}\xi_1\right|$$

根据设定 2 中的假设，对于所有的 $\xi=(\xi_1,\xi_2,\xi_3)\in\mathbf{R}^2$，有

$$|\hat{\psi}_{j,\hat{k},m}(\xi_1)| \lesssim 2^{-\frac{3j}{4}}|h(2^{-j}\xi_1)|\left(1+\left|\frac{2^{-\frac{j}{2}}\xi_2}{2^{-j}\xi_1}+\hat{k}\right|\right)^{-\gamma}$$

对于 $h\in L^1(\mathbf{R})$ 成立。通过下式，继续对 I_1 的估计：

$$I_1(x_1) \lesssim \int_{\mathbf{R}} 2^{-\frac{3j}{4}}|h(2^{-j}\xi_1)|(1+|\hat{k}|)^{-\gamma}\mathrm{d}\xi_1$$

更进一步，通过变量的改变，且 $h\in L^1(\mathbf{R})$，可得

$$I_1(x_1) \lesssim \int_{\mathbf{R}} 2^{\frac{j}{4}}|h(\xi_1)|(1+|\hat{k}|)^{-\gamma}\mathrm{d}\xi_1 \lesssim 2^{\frac{j}{4}}(1+|\hat{k}|)^{-\gamma} \tag{5.35}$$

积分 I_2。通过下式开始估计积分 $I_2(x_1)$：

$$I_2(x_1) \leqslant \left|\int_{\mathbf{R}} x_2\psi_{j,\hat{k},m}(x)\,\mathrm{d}x_2\right| + |K_2|\left|\int_{\mathbf{R}}\psi_{j,\hat{k},m}(x)\,\mathrm{d}x_2\right| =: S_1 + S_2$$

应用傅里叶中心切片定理并利用对 $\hat{\psi}$ 衰减的假设，可得

$$S_1 = \left|\int_{\mathbf{R}} x_2\psi_{j,\hat{k},m}(x)\,\mathrm{d}x_2\right| \leqslant \left|\int_{\mathbf{R}}\left(\frac{\partial}{\partial\xi_2}\psi_{j,\hat{k},m}\right)(\xi_1,0)\mathrm{e}^{2\pi \mathrm{i} x_1\xi_1}\mathrm{d}\xi_1\right|$$

$$\lesssim \int_{\mathbf{R}} 2^{-\frac{j}{2}} 2^{-\frac{3j}{4}} |h(2^{-1}\xi_1)| (1+|\hat{k}|)^{-\gamma} \mathrm{d}\xi_1 \lesssim 2^{-\frac{j}{4}}(1+|\hat{k}|)^{-\gamma}$$

因为 $x_1 \leqslant -\hat{k}/2^j$，可得 $K_2 \leqslant 2^{-\frac{j}{2}}$，对于 S_2 的估计就可以直接来自于对 I_1 的估计：

$$S_2 \lesssim |K_2| 2^{\frac{j}{4}}(1+|\hat{k}|)^{-\gamma} \lesssim 2^{-\frac{j}{4}}(1+|\hat{k}|)^{-\gamma}$$

根据最后两个估计，得到结论 $I_2(x_1) \lesssim 2^{-\frac{j}{4}}(1+|\hat{k}|)^{-\gamma}$。

积分 I_3。通过下式估计积分 $I_3(x_1)$：

$$\begin{aligned} I_3(x_1) &\leqslant \left| \int_0^{2^{\frac{-j/2}{k}}} (x_2)^2 \| \psi_{j,\hat{k},m} \|_{L^\infty} \mathrm{d}x_2 \right| \\ &\lesssim 2^{\frac{3j}{4}} \left| \int_0^{-2^{\frac{-j/2}{k}}} (x_2)^2 \mathrm{d}x_2 \right| \lesssim 2^{-\frac{3j}{4}} |\hat{k}|)^{-3} \end{aligned} \tag{5.36}$$

从式(5.36)可知 I_2 衰减比 I_1 要快，因此把 I_2 从要分析的对象中刨除。将式(5.35)、式(5.36)与式(5.31)联立，得到

$$|\langle f_0(S_s \cdot)\chi_\Omega, \psi_{j,\hat{k},m}\rangle| \lesssim (1+|s|)^2 \left(\frac{2^{-\frac{3j}{4}}}{(1+|\hat{k}|)^{\gamma-1}} + \frac{2^{-\frac{7j}{4}}}{|\hat{k}|^2} \right) \tag{5.37}$$

假设 $s \leqslant 3$，那么式(5.37)可以化简为

$$|\langle f, \psi_{j,k,m}\rangle| \lesssim \frac{2^{-\frac{3j}{4}}}{(1+|\hat{k}|)^{\gamma-1}} + \frac{2^{-\frac{7j}{4}}}{|\hat{k}|^2} \lesssim \frac{2^{-\frac{3j}{4}}}{(1+|\hat{k}|)^3}$$

因为 $\gamma \geqslant 4$。也就证明了条件(1)。

如果 $s \geqslant \dfrac{3}{2}$，那么

$$|\langle f, \psi_{j,k,m}\rangle| \lesssim 2^{-\frac{9j}{4}}$$

鉴于此，注意

$$\frac{2^{-\frac{3j}{4}}}{(1+|k+s2^{\frac{j}{2}}|)^3} = \frac{2^{-\frac{9j}{4}}}{\left(2^{-\frac{j}{2}} + \left|\frac{k}{2^{-\frac{j}{2}}}+s\right|\right)^3} = \frac{2^{-\frac{9j}{4}}}{\left|\frac{k}{2^{\frac{j}{2}}}+s\right|^3}$$

并且

$$\left|\frac{k}{2^{\frac{j}{2}}}+s\right| \geqslant |s| - \left|\frac{k}{2^{-\frac{j}{2}}}\right| \geqslant \frac{1}{2} - 2^{-\frac{j}{2}} \geqslant \frac{1}{4}$$

对足够大的 $j \geqslant 0$ 成立，且由于 $|k| \leqslant [2^{\frac{j}{2}}] \leqslant 2^{\frac{j}{2}}+1$，则条件(2)也得到了证明。

最后考虑条件(3)，即超平面 $\mathscr{L}$ 的法向量形式为 $(0,s)$ $(s \in \mathbf{R})$。鉴于此，令 $\widetilde{\Omega} = \{x \in \mathbf{R}^2 : x_2 \geqslant 0\}$，像证明条件(1)时，考虑系数形式为 $\langle \chi_{\widetilde{\Omega}} f_0,$

$\psi_{j,k,m}\rangle$，相对于一些新的原点，$\mathrm{supp}\,\psi_{j,k,m}\subset\mathscr{P}_{j,k}-(2^{-j},0)\widetilde{\mathscr{P}}_{j,k}$，和之前一样，$\widetilde{\mathscr{P}}_{j,k}$ 的边界与原点相交。通过在设定 2 中的假设，可得

$$\left(\frac{\partial}{\partial\xi_1}\right)^{\ell}\hat{\psi}(0,\xi_2)=0,\quad \ell=0,1$$

这意味着

$$\int_{\mathbf{R}}x_1^{\ell}\psi\,\mathrm{d}x_1=0,\quad x_2\in\mathbf{R},\ell=0,1$$

有

$$\int_{\mathbf{R}}x_1^{\ell}\psi(S_kx)\,\mathrm{d}x_1=0,\quad x_2\in\mathbf{R},k\in\mathbf{R},\ell=0,1\tag{5.38}$$

由于剪切操作 S_k 沿着 x_1 轴保留了消失矩，用在 x_1 方向的 f_0 泰勒展开式（即再一次沿着奇异线 $\partial\widetilde{\Omega}$）。通过式(5.38)，泰勒展开式除了最后一项，其余全都消失，得到

$$\langle\chi_{\widetilde{\Omega}}f_0,\psi_{j,k,m}\rangle\lesssim 2^{\frac{3j}{4}}\int_0^{2^{-\frac{j}{2}}}\int_{-2^{-j}}^{2^{-j}}(x_1)^2\mathrm{d}x_1\mathrm{d}x_2\lesssim 2^{\frac{3j}{4}}2^{-\frac{j}{2}}2^{-\frac{j}{2}}2^{-3j}=2^{-\frac{11j}{4}}$$

证明了条件(3)。

说明估计式(5.20)和式(5.21)，通过引理 2(2)完成对定理 5 的证明。

对于 $j\geqslant 0$，固定 $Q\in\mathscr{L}_j^0$，其中 $\mathscr{L}_j^0\subset\mathscr{L}_j$ 是二进方域与 $\mathscr{L}$ 相交的集合，得到下式的计数估计：

$$\#|M_{j,k,Q}|\lesssim|k+2^{\frac{j}{2}}s|+1\tag{5.39}$$

式(5.39)针对每一个 $|k|\leqslant\lceil 2^{\frac{j}{2}}\rceil$，其中

$$M_{j,k,Q}\coloneqq\{m\in\mathbf{Z}^2:|\mathrm{supp}\,\psi_{j,k,m}\cap\mathscr{L}\cap Q|\neq 0\}$$

发现对于一个固定的 j 和 k，需要转换 $m\in\mathbf{Z}^2$ 的次数，其中 $\psi_{j,k,m}$ 的支持域在 Q 中与不连续线 $\mathscr{L}:x_1=sx_2+b(b\in\mathbf{R})$ 相交。可以假设 $Q=[0,2^{-\frac{j}{2}}]^2$、$b=0$ 以及支集 $\boldsymbol{\Psi}_{j,k,0}\subset C\mathscr{P}_{j,k}$，其中 $\mathscr{P}_{j,k}$ 与式(5.29)中定义的相同。剪切波 $\psi_{j,k,m}$ 因此集中在线

$$\mathscr{S}_m:x_1=-\frac{k}{2^{\frac{j}{2}}}x_2+2^{-j}m_1+2^{-\frac{j}{2}}m_2$$

周围，如图 5.9(b)所示。对 $m=(m_1,m_2)\in\mathbf{Z}^2$ 计数，其中这两条线在 Q 中相交，由于该数相当于与独立尺度 j 的一个常数相乘，因此等于 $\#|M_{j,k,Q}|$。

注意 Q 的大小是 $2^{-\frac{j}{2}}\times 2^{-\frac{j}{2}}$，无论 $m_1\in\mathbf{Z}_m$ 什么时候固定，只有有限个 m_2 的转换数目可以使 $S_m\cap\mathscr{L}\cap Q\neq\varnothing$。对于一个固定的 $m_2\in\mathbf{Z}_m$，可以估计相关 m_1 的转换数目。把 $\mathscr{L}$ 及 $\mathscr{S}_m$ 中的 x_1 坐标等值化，可得

$$\left(\frac{k}{2^{\frac{j}{2}}}+s\right)x_2=2^{-j}m_1+2^{-\frac{j}{2}}m_2$$

令 $m_2=0$,可得

$$2^{-j}|m_1|\leqslant 2^{-\frac{j}{2}}|k+2^{\frac{j}{2}}s||x_2|\leqslant 2^{-j}|k+2^{\frac{j}{2}}s|$$

因此 $|m_1|\leqslant|k+2^{\frac{j}{2}}s|$。就完整地证明了所述结论。

对于 $\varepsilon>0$,考虑剪切波系数的绝对值比 ε 大的情况,定义

$$M_{j,k,Q}(\varepsilon)=\{m\in M_{j,k,Q}:|\langle f,\psi_{j,k,m}\rangle|>\varepsilon\}$$

其中 $Q\in\mathscr{Z}_j^0$。由于不连续线 $\mathscr{L}$ 在 $[0,1]^2$ 中有有限的长度,得到估计 $\#|\mathscr{Z}_j^0|\lesssim 2^{\frac{j}{2}}$。假设 $\mathscr{L}$ 具有法向量 $(-1,s)(|s|\leqslant 3)$,通过定理9条件(1),$|\langle f,\psi_{j,k,m}\rangle|>\varepsilon$ 意味着

$$|k+2^{\frac{j}{2}}s|\leqslant\varepsilon^{-\frac{1}{3}}2^{-\frac{j}{4}}\tag{5.40}$$

通过引理2(1)以及估计式(5.39)和式(5.40),有

$$\begin{aligned}\#|\Lambda(\varepsilon)|&\lesssim\sum_{j=0}^{\frac{4}{3}\log_2(\varepsilon^{-1})+C}\sum_{Q\in\mathscr{Z}_j^0}\sum_{\{\hat{k}:|\hat{k}|\leqslant\varepsilon^{-\frac{1}{3}}2^{-\frac{j}{4}}\}}\#|M_{j,k,Q}(\varepsilon)|\\&\lesssim\sum_{j=0}^{\frac{4}{3}\log_2(\varepsilon^{-1})+C}\sum_{Q\in\mathscr{Z}_j^0}\sum_{\{\hat{k}:|\hat{k}|\leqslant\varepsilon^{-\frac{1}{3}}2^{-\frac{j}{4}}\}}(|\hat{k}|+1)\\&\lesssim\sum_{j=0}^{\frac{4}{3}\log_2(\varepsilon^{-1})+C}\#|\mathscr{Z}_j^0|(\varepsilon^{-\frac{2}{3}}2^{-\frac{j}{2}})\\&\lesssim\varepsilon^{-\frac{2}{3}}\sum_{j=0}^{\frac{4}{3}\log_2(\varepsilon^{-1})+C}1\lesssim\varepsilon^{-\frac{2}{3}}\log_2(\varepsilon^{-1})\end{aligned}$$

式中,$\hat{k}=k+s2^{\frac{j}{2}}$。

再通过引理2(2),得到期望的估计。

另外,如果 $\mathscr{L}$ 具有法向量 $(0,1)$ 或者 $(-1,s)(|s|\geqslant 3)$,那么 $|\langle f,\psi_{j,k,m}\rangle|>\varepsilon$ 意味着

$$j\leqslant\frac{4}{9}\log_2(\varepsilon^{-1})$$

上式是根据定理9中条件(2)和条件(3)推导得出的,因此有

$$\#|\Lambda(\varepsilon)|\lesssim\sum_{j=0}^{\frac{4}{9}\log_2(\varepsilon^{-1})}\sum_k\sum_{Q\in\mathscr{Z}_j^0}\#|M_{j,k,Q}(\varepsilon)|$$

注意 $\#|M_{j,k,Q}(\varepsilon)|\lesssim 2^{\frac{j}{2}}$,因此,对于每一个 $Q\in\mathscr{Z}_j$,$\#|\{m\in\mathbf{Z}^2:|$

supp $\psi_\lambda \cap Q| \neq 0\}| \lesssim 2^{\frac{j}{2}}$，并且对于每一个尺度参数 $j \geqslant 0$，剪切参数 k 的数量都是由 $C2^{\frac{j}{2}}$ 界定的，因此

$$\#|\Lambda(\varepsilon)| \lesssim \sum_{j=0}^{\frac{4}{9}\log_2(\varepsilon^{-1})} 2^{\frac{j}{2}}2^{\frac{j}{2}}2^{\frac{j}{2}} = \sum_{j=0}^{\frac{4}{9}\log_2(\varepsilon^{-1})} 2^{\frac{3j}{2}} \lesssim 2^{\frac{4}{9}\cdot\frac{3}{2}\cdot\log_2(\varepsilon^{-1})} \lesssim \varepsilon^{-\frac{2}{3}}$$

通过估计式(5.20)及在 $|s| \leqslant 3$ 条件下，使估计完成了在设定2前提下，$L=1$ 时对定理5的证明。

7. 当条件 $L \neq 1$ 时的情况

考虑在 $L \neq 1$ 条件下，卡通图像 $\mathscr{E}_L^2(\mathbf{R}^2)$ 的扩展类，即其中的奇异曲线只需要在 C^2 上是分段的。如果 ∂B 在 p 内不是 C^2 光滑的，那么 $p \in \mathbf{R}^2$ 就是一个交叉点。主要焦点是研究剪切波与 L 其中一个交叉点的相互作用，学者认为在这个扩展设定中，定理5仍然适合应用。证明的剩余部分是对剪切波不与交叉点相互作用情况的说明，这与5.1.5节及5.1.6节中介绍的相同。

在紧支撑情况下，可以在给定的尺度上，计算剪切波与交叉点相互作用的数量，应用引理2(1)，得到所期望的估计；另外，对于带限情况，需要衡量每一个二进方域局部化后的 f 的剪切波系数的稀疏性，会在本节其余部分中详细说明。

带限剪切波　在这种情况下，只考虑在 $j \geqslant 0$ 时的二进方域 $Q \in \mathscr{Z}_j^0$，使 Q 包含边缘曲线奇异点的条件就足够了。可以假设 j 足够大，并使二进方域 $Q \in \mathscr{Z}_j^0$ 包含一个 ∂B 的单一交叉点，定理10分析了对于这样一个二进方域 $Q \in \mathscr{Z}_j^0$ 剪切波系数的稀疏性。

定理10　令 $f \in \mathscr{E}_L^2(\mathbf{R}^2)$ 且在 $j \geqslant 0$ 时，$Q \in \mathscr{Z}_j^0$ 表示一个二进方域，其包含一条含有一个奇点的边界曲线，剪切波系数序列 $\{d_\lambda := \langle f_Q, \mathring{\psi}_\lambda \rangle : \lambda \in \Lambda_j\}$ 遵循

$$\|(d_\lambda)_{\lambda \in \Lambda_j}\|_{w\ell^{\frac{2}{3}}} \leqslant C$$

定理10的证明是基于对曲波模拟结果(文献[1])的证明。尽管在文献[1]中的证明仅考虑了曲波系数，但在本质上讨论的过程是相同的，只需对剪切波设定加以修改，就可以应用在定理10的证明中。

注意包含一个 ∂B 奇点的二进方域 $Q \in \mathscr{Z}_j^0$ 的数量是由不依赖于 j 的常量来界定的，如把 L 当作一个常量。因此，应用定理10以及重复在5.1.5节中的讨论就可以完成在设定1条件下、$L \neq 1$ 时定理5的证明。

紧支撑剪切波　在这种情况下，考虑以下两种情况。

(1) 情况1。剪切波 ψ_λ 穿过一个交叉点，也就是两个 C^2 上的曲线 ∂B_0 和

∂B_1 相交的点(图 5.11(a))。

(2) 情况2。剪切波 ψ_λ 同时穿过两条边界曲线 ∂B_0 和 ∂B_1,但是不穿过交叉点(图 5.11(b))。

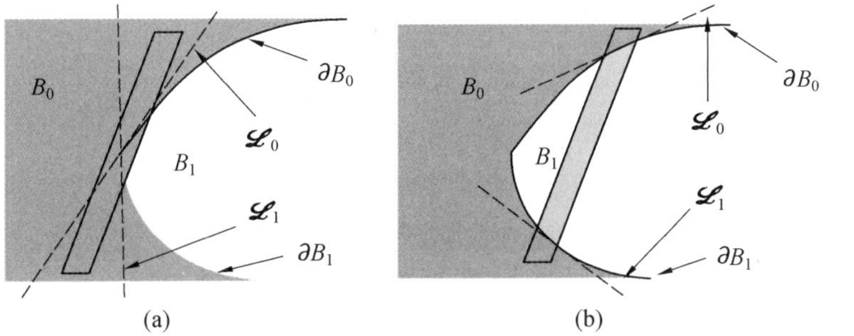

图 5.11　一个穿过交叉点和两个边界曲线的剪切波 ψ_λ

图 5.11(a) 中 $\mathscr{L}_0$和 $\mathscr{L}_1$是边界曲线 ∂B_0 和 ∂B_1 在交点处的切线;图 5.11(b) 中 $\mathscr{L}_0$和 $\mathscr{L}_1$是边界曲线 ∂B_0 和 ∂B_1 与剪切波 ψ_λ 的支撑集相交处的切线。

在两种情况下,给出 $\#|\Lambda(\varepsilon)| \lesssim \varepsilon^{-\frac{2}{2}}$。通过引理 2 来考虑。

情况1。由于仅存在有限几个交叉点,其总数目不依赖于尺度 $j \geqslant 0$,并且剪切波 ψ_λ 穿过交叉点的数目是由 $2^{\frac{j}{2}}$ 界定的,可得

$$\#|\Lambda(\varepsilon)| \lesssim \sum_{j=0}^{\frac{4}{3}\log_2(\varepsilon^{-1})} 2^{\frac{j}{2}} \lesssim \varepsilon^{-\frac{2}{3}}$$

情况 2。如图 5.11(b) 中表明的那样,可以把函数 f 在 Q 中写为

$$f_0\chi_{B_0} + f_1\chi_{B_1} = (f_0 - f_1)\chi_{B_0} + f_1$$

式中,f_0、$f_1 \in C^2([0,1]^2)$;B_0、B_1 是$[0,1]^2$ 上两个不相交的子集。最优稀疏逼近率可在平滑函数f_1 时获得,因此,仅考虑$g_0 = f_0 - f_1 \in C^2([0,1]^2)$时,$f := g_0\chi_{B_0}$ 就足够了。通过截断估计,用下式的超平面来替代两个边界曲线 ∂B_0 和 ∂B_1:

$$\mathscr{L}_i = \{x \in \mathbf{R}^2 : \langle x - x_0, (-1, s_i)\rangle = 0\},\quad i = 0,1$$

在之后的叙述中,假设$\max\limits_{i=0,1}|s_i| \leqslant 3$ 并且认为其他情况可以用相似的方法解决,定义

$$M_{j,k,Q}^i = \{m \in \mathbf{Z}^2 : |\operatorname{supp}\psi_{j,k,m} \cap \mathscr{L}_i \cap Q| \neq 0\},\quad i = 0,1$$

对于每一个 $Q \in \mathscr{Z}_j^0$ 成立,其中 $\mathscr{Z}_j^0$ 表示包含两个不同边界曲线的二进方域。通过类似于式(5.39) 的估计,得到

$$\#|M_{j,k,Q}^{0}\cap M_{j,k,Q}^{1}|\lesssim\min_{i=0,1}(|k+2^{\frac{j}{2}}s_i|+1)\tag{5.41}$$

对每一个超平面$\mathscr{L}_0$和$\mathscr{L}_0$应用定理9条件(1)，得到

$$|\langle f,\psi_{j,k,m}\rangle|\leqslant C\cdot\max_{i=0,1}\left\{\frac{2^{-\frac{3j}{4}}}{|2^{\frac{j}{2}}s_i+k|^3}\right\}\tag{5.42}$$

令$\hat{k}=k+2^{\frac{j}{2}}s_i(i=0,1)$，假设$\hat{k}_0\leqslant\hat{k}_1$，则式(5.41)和式(5.42)意味着

$$\#|M_{j,Q}^{0}\cap M_{j,Q}^{1}|\lesssim\hat{k}_0+1\tag{5.43}$$

并且

$$|\langle f,\psi_{j,k,m}\rangle\lesssim\frac{2^{-\frac{3j}{4}}}{|\hat{k}_0|^3}\tag{5.44}$$

应用式(5.43)和式(5.44)，按下式估计$\#|\Lambda(\varepsilon)|$：

$$\begin{aligned}\#|\Lambda(\varepsilon)|&\lesssim\sum_{j=0}^{\frac{4}{3}\log_2(\varepsilon^{-1})+C}\sum_{Q\in\mathscr{Z}_j^0}\sum_{\hat{k}_0}(1+|\hat{k}_0|)\\&\lesssim\sum_{j=0}^{\frac{4}{3}\log_2(\varepsilon^{-1})+C}\#|\mathscr{Z}_j^0|(\varepsilon^{-\frac{2}{3}}2^{-\frac{j}{2}})\\&\lesssim\varepsilon^{-\frac{2}{3}}\end{aligned}$$

由于包含两个不相同边界曲线∂B_0和∂B_1的$Q\in\mathscr{Z}_j$的数量，是由不依赖于j的常量来界定的，故$\#|\mathscr{Z}_j^0|\leqslant C$。结果由此证明。

5.5.2　应用于3D中的最优稀疏逼近

从2D到3D，各向异性结构的复杂性发生巨大变化。相对于在2D中的设置，不连续的分段光滑3D函数的几何结构由两种形态不同的结构组成，即曲面与曲线；此外，如5.1节中那样，在2D中对稀疏逼近的分析，很大程度依赖于对仿射子空间分析的化简。显然，这些子空间总是在2D中具有一维尺寸。在3D中，有1D及2D的子空间，因此，需要对应“正确的”维度来进行子空间分析。

当对带限剪切波进行分析时，需要用X射线变换来替换在2D中使用的Radon变换，该问题可以证明其本身。对于紧支撑剪切波，需要通过仔细选择2D的超平面来进行分析，这将允许以逐片方式来估计二维设置。

像在2D中设定的那样，相对于ℓ^p拟范数而言，剪切波序列的稀疏性应在带限剪切波情况下进行分析，独立分析每一个剪切波系数$\langle f,\mathring{\psi}_\lambda\rangle$的衰减，给出紧支撑剪切波最优稀疏性；此外，仅考虑$\mathring{\psi}=\psi$的情况，因为其他两种情况

可以通过相似的方法来处理。

1. 一个启发式分析

如在 5. 1. 1 节中讨论的 2D 情况下的试探性分析一样，再一次把证明分成相似的三种情况考虑，如图 5. 12 所示。

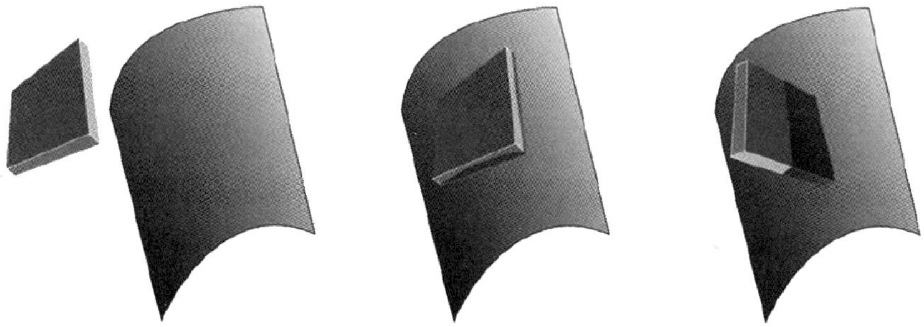

(a) 情况 1：支持域不与曲面 ∂B 相交的剪切波　(b) 情况 2：支持域与 ∂B 重叠且几乎相切的剪切波粗述　(c) 情况 3：支持域与 ∂B 以不相切形式重叠的剪切波粗述

图 5. 12　3D 试探性分析中考虑的三种情况

图 5. 12 所示为 3D 试探性分析中考虑的三种剪切波 $\psi_{j,k,m}$ 与边界 ∂B 相交的情况，这里只显示出了 ∂B 的一部分。

只有情况 2 与 2D 设置中有很大区别，所以把研究重点放在情况 2。

对于情况 2，片状元素的大小为 $2^{-\frac{j}{2}} \cdot 2^{-\frac{j}{2}}$（"厚度"为 2^{-j}），所以在尺度 $j > 0$ 时有至多 $O(2^j)$ 个系数。通过霍尔德不等式（Hölder's inequality），可得

$$|\langle f,\psi_{j,k,m}\rangle| \leqslant \|f\|_{L^\infty} \|\psi_{j,k,m}\|_{L^1} \leqslant C_1 2^{-j} \|\psi\|_{L^1} \leqslant C_2 2^{-j}$$

对于一些常数 C_1、$C_2 > 0$ 成立，因此，有 $O(2^j)$ 个由 $C_2 \cdot 2^{-j}$ 界定的系数。

假设在情况 1 和情况 3 中的系数可忽略不计，则第 n 个最大剪切波系数 c_n^* 的界定式为

$$|c_n^*| \leqslant C \cdot n^{-1}$$

反过来意味着

$$\sum^{n>N} |c_n^*| \leqslant \sum^{n>N} C \cdot n^{-2} \leqslant C \cdot \int_N^\infty x^{-2}\mathrm{d}x \leqslant CN^{-1}$$

满足了定义 1 中的最优率式(5. 6) 和式(5. 7)。至少在试探性的情况下，这一结果表明，剪切波可以提供 3D 卡通图像的最优稀疏逼近。

2. 主要结果

带限情况下的所需假设，如在设定 3 中说明的，是对 2D 环境下的设定 1 的简单概述。

设定 3 在频率域中产生单元 ϕ、ψ、$\tilde{\psi}$、$\breve{\psi} \in L^2(\mathbf{R}^3)$ 是带限以及符合 C^∞ 的；此外，剪切波系统 $\mathrm{SH}(\phi,\psi,\tilde{\psi},\breve{\psi};c)$ 形成了一个 $L^2(\mathbf{R}^3)$ 的框架（见 4.2 节中构建内容）。

对于紧支撑产生单元，仍用到设定 2 中的假设，但是对于产生单元的消失矩特性，将用稍微更强、更复杂的假设，即 $\delta > 8$ 和 $\gamma \geqslant 4$。

设定 4 产生单元 ϕ、ψ、$\tilde{\psi}$、$\breve{\psi} \in L^2(\mathbf{R}^3)$ 是紧支撑的，剪切波系统 $\mathrm{SH}(\phi,\psi,\tilde{\psi},\breve{\psi};c)$ 形成了一个 $L^2(\mathbf{R}^3)$ 的框架；此外函数 ψ 满足，对于所有的 $\xi=(\xi_1,\xi_2,\xi_3) \in \mathbf{R}^3$，有

$$|\hat{\psi}(\xi)| \leqslant C \cdot \min\{1,|\xi_1|^\delta\} \cdot \min\{1,|\xi_1|^{-\gamma}\} \cdot \min\{1,|\xi_2|^{-\gamma}\} \cdot \min\{1,|\xi_3|^{-\gamma}\}$$

并且

$$\left|\frac{\partial}{\partial \xi_i}\hat{\psi}(\xi)\right| \leqslant |h(\xi_1)| \left(1+\frac{|\xi_2|}{|\xi_1|}\right)^{-\gamma}\left(1+\frac{|\xi_3|}{|\xi_1|}\right)^{-\gamma}$$

其中 $i=2,3$、$\delta > 8$、$\gamma \geqslant 4$、$h \in L^1(\mathbf{R})$，并且 C 是一个常量，同时 $\tilde{\psi}$ 和 $\breve{\psi}$ 满足与坐标明显变化的相似条件（参见 4.3 节中构建的叙述）。

主要结果见定理 11。

定理 11[8,12] 假设在设定 3 或者设定 4 中，令 $L=1$。对于任意的 $v > 0$ 和 $\mu > 0$，从定义 1 的某种意义上来说，剪切波框架 $\mathrm{SH}(\phi,\psi,\tilde{\psi},\breve{\psi};c)$ 可提供对函数 $f \in \mathscr{E}_L^2(\mathbf{R}^3)$ 最优稀疏逼近，当 $N \to \infty$，即

$$\|f-f_N\|_{L^2}^2 \lesssim N^{-1}(\log_{10} N)^2$$

并且

$$|c_n^*| \lesssim n^{-1}(\log_{10} N)^2$$

式中，$N \to \infty$。

其中

$$c=\{\langle f,\mathring{\psi}_\lambda\rangle : \lambda \in \Lambda, \mathring{\psi}=\psi, \mathring{\psi}=\tilde{\psi} \text{ 或者 } \mathring{\psi}=\breve{\psi}\}$$

且 $c^*=(c_n^*)_{n\in\mathbf{N}}$ 是对 c 的递减（模值）重排。

给出对定理 11 的证明，读者可参考文献[8,12]来了解更详细的证明。

3. 定理 11 的粗略证明

（1）带限剪切波。

对带限剪切波情况下定理 11 的证明，与在 2D 情况下 5.1.5 节中讨论的步骤相同。为说明其主要步骤，使用与在 2D 条件下证明时相同的符号来简单地扩展到 3D 中。

与定理6和定理7类似，证明有关一个二进方域$Q \in \mathscr{Q}_j$剪切波系数的稀疏性的结果。

定理12[8]　令$f \in \mathscr{E}^2(\mathbf{R}^3)$、$Q \in \mathscr{Q}_j^0$且$j \geqslant 0$固定，剪切波系数序列$\{d_\lambda := \langle f_Q, \mathring{\psi}_\lambda \rangle : \lambda \in \Lambda_j\}$遵循

$$\| (d_\lambda)_{\lambda \in \Lambda_j} \|_{w\ell^1} \lesssim 2^{-2j}$$

定理13[8]　令$f \in \mathscr{E}^2(\mathbf{R}^3)$，对于$Q \in \mathscr{Q}_j^1 (j \geqslant 0)$固定，剪切波系数序列$\{d_\lambda := \langle f_Q, \mathring{\psi}_\lambda \rangle : \lambda \in \Lambda_j\}$遵循

$$\| (d_\lambda)_{\lambda \in \Lambda_j} \|_{\ell^1} \lesssim 2^{-4j}$$

定理12和定理13的证明按照与2D模拟结果相同的规则；定理6和定理7的证明，有一个很重要的不同之处：在定理6和定理7的证明中，Radon变换（式(5.27)）被用作推断边缘曲线片段的积分估计。在3D中，需要使用一个不同的变换，即X射线变换，把$\mathbf{R}^3$上的函数映射到它的线积分集中，X射线变换被用作推断曲面片段的积分估计，可以参考文献[8]来了解更详细的叙述。

由定理12和定理13的结果，得到定理14。

定理14[8]　假设$f \in \mathscr{E}^2(\mathbf{R}^3)$，对于$j \geqslant 0$，剪切波系数序列$\{c_\lambda := \langle f, \mathring{\psi}_\lambda \rangle : \lambda \in \Lambda_j\}$遵循

$$\| (c_\lambda)_{\lambda \in \Lambda_j} \|_{w\ell^1} \lesssim 1$$

证明　这一结论的证明是采用与对定理8证明相同的方法得到的。

通过定理14可以证明带限背景下，满足$f \in \mathscr{E}_L^2(\mathbf{R}^3)$和$L = 1$条件时的定理11，这一证明与5.1.5节中定理5的证明非常相似，就不再重复了。

(2) 紧支撑剪切波。

本节考虑3D中对紧支撑剪切波线性项的主要估计，这是对定理9在3D背景下的扩展。因此，假设不连续面是一个平面，并考虑与不连续面相互作用的剪切波的剪切系数的衰减。

定理15[12]　令$\psi \in L^2(\mathbf{R}^3)$是紧支撑的，假设$\psi$满足设定4；此外，令$\lambda$使$\operatorname{supp} \psi_\lambda \cap \partial B \neq \varnothing$成立。假设$f \in \mathscr{E}^2(\mathbf{R}^3)$，并且$\partial B$在$\psi_\lambda$支持域上是线性的，在某种意义上，有

$$\operatorname{supp} \psi_\lambda \cap \partial B \subset \mathscr{H}$$

对于一些$\mathbf{R}^3$的仿射超平面$\mathscr{H}$成立，有三种情况。

(1) 如果$\mathscr{H}$具有$s_1 \leqslant 3$及$s_2 \leqslant 3$时的法向量$(-1, s_1, s_2)$，有

$$|\langle f, \psi_\lambda \rangle| \lesssim \min_{i=1,2} \left\{ \frac{2^{-j}}{|k_i + 2^{\frac{j}{2}} s_i|^3} \right\}$$

(2) 如果$\mathscr{H}$具有 $s_1 \geqslant 3/2$ 或者 $s_2 \geqslant 3/2$ 时的法向量$(-1, s_1, s_2)$，有

$$|\langle f, \psi_\lambda \rangle| \lesssim 2^{-\frac{5j}{2}}$$

(3) 如果$\mathscr{H}$具有 $s_1, s_2 \in \mathbf{R}$ 时的法向量$(0, s_1, s_2)$，有

$$|\langle f, \psi_\lambda \rangle| \lesssim 2^{-3j}$$

证明　固定λ，并令$f \in \mathscr{E}^2(\mathbf{R}^3)$，首先考虑情况(2) 以及假设$s_1 \geqslant 3/2$，那么超平面可以写为

$$\mathscr{H} = \{x \in \mathbf{R}^3 : \langle x - x_0, (-1, s_1, s_2) \rangle = 0\}$$

对于$x_0 \in \mathbf{R}^3$ 成立。对于$\hat{x}_3 \in \mathbf{R}$，考虑把$\mathscr{H}$限制在$x_3 = \hat{x}_3$ 的情况，具有下式的一条线：

$$\mathscr{L} = \{x = (x_1, x_2) \in \mathbf{R}^2 : \langle x - x'_0, (-1, s_1) \rangle = 0\}$$

对于$x'_0 \in \mathbf{R}^2$ 成立，因此把奇异性简化为线奇异性，这在定理9 中做过说明了；对每一个切片应用定理9，得到

$$|\langle f, \psi_\lambda \rangle| \lesssim 2^{\frac{j}{4}} 2^{-\frac{9j}{4}} 2^{-\frac{j}{2}} = 2^{-\frac{5j}{2}}$$

上式估计的第一项$2^{\frac{j}{4}}$是根据在2D 和3D 中，对剪切波应用不同的归一化因子得来的，第二项是从定理9 中得到的结论，第三项是在x_3 方向上的ψ_λ 支撑集的长度。$s_2 \geqslant \frac{3}{2}$ 的情况可以根据限制在片$x_2 = \hat{x}_2$($\hat{x}_2 \in \mathbf{R}$) 时，用相似的方法来解决。这就完成了对情况(2) 的证明。

其他两种情况，即情况(1) 和情况(3)，可以根据分片技术和定理9 来证明。

忽略截断估计，定理15 可以证明定理11 中的最优稀疏结果，这一讨论与5.1.6 节中的相似，就不再重复了。简单地讨论定理15(2) 中的衰减率$|\langle f, \psi_\lambda \rangle| \lesssim 2^{\frac{-5j}{2}}$ 是$s_i \geqslant \frac{3}{2}$ 时所必需的，在3D 中很容易得到估计形式

$$\# |\Lambda(\varepsilon)| \lesssim \varepsilon^{-1}$$

这保证得到最优稀疏性。由于在估计$|\langle f, \psi_\lambda \rangle| \lesssim 2^{\frac{-5j}{2}}$ 中没有控制剪切参数$k = (k_1, k_2)$，不得不用一个大概的计算估计，此处认为所有的剪切均在一个给定尺度j 上进行，即$2^{\frac{j}{2}} \cdot 2^{\frac{j}{2}} = 2^j$。由于二进集$Q$，即$\partial B$ 与f 的支持域相交部分的数目是$2^{\frac{3j}{2}}$，得到

$$\# |\Lambda(\varepsilon)| \lesssim \sum_{j=0}^{\frac{2}{5}\log_2(\varepsilon^{-1})} 2^{\frac{5j}{2}} \asymp \varepsilon^{-1}$$

4. 一些扩展

对比2D 设定(见5.1.7 节)，可以扩展定理11 中的最优结果到$L \in \mathbf{N}$ 时的

卡通图像等级 $\mathscr{E}^2(\mathbf{R}^3)$，这时不连续曲面 ∂B 是分段 C^2 光滑的。

此外，对边缘 ∂B 是分段 C^2 这一要求，可能在一些应用中过于严格。因此，在文献[12]中，卡通图像模型类扩大到允许不规则图像的情况，其中 ∂B 是分段 $C^\alpha(1<\alpha\leqslant 2)$ 光滑的，而不必要求是 C^2 的。这一类 $\mathscr{E}^{\beta}_{\alpha,L}(\mathbf{R}^3)$ 在第 5.2 节中介绍了，其包含除了一段 C^α 的不连续曲线，在 C^β 上平滑的广义卡通图像。定理 11 的稀疏性结果可以扩展到，具有依赖于 α 的尺度矩阵的紧支撑剪切波这一广义模型类。最优逼近误差率，按惯例由 $\|f-f_N\|^2_{L^2}$ 衡量，而对于广义模型为 $N^{-\frac{\alpha}{2}}$，对于本章中考虑的 $\alpha=2$ 情况则为 N^{-1}。为简单起见，不会再详细介绍这一内容，但是应注意到，误差率不仅以多项式对数因子形式远离最优比率，还是一个小得多的多项式因子，因此通过剪切波框架获得的逼近误差率在 $\alpha=\beta=2$ 时得到的，读者可参考文献[12]来获得精确的说明以及证明。

5. 令人惊讶的观测结果

在 3D 中捕捉各向异性现象与在 5.1.3 节中讨论的，在 2D 中捕捉的各向异性特性有所不同。在 2D 中，仅需要处理曲线，而在 3D 中，考虑找到两个几何不同的各向异性结构（如曲线和曲面），需要处理更复杂的情况。曲线具有 1D 各向异性特点，曲面则具有 2D 特点。由于 3D 剪切波元素在空间中构建的是片状的，认为这些 3D 剪切波系统仅能够有效捕捉 2D 各向异性结构，而对 1D 的结构无效。然而，令人吃惊的是，正如在 5.2.4 节中讨论的一样，3D 剪切波系统在表示以及分析 3D$\mathscr{E}^2_L(\mathbf{R}^3)$ 数据，即包含曲线和曲面两种类型的奇异性（图 5.2）的数据时，仍能进行最优的处理。

本章参考文献

[1] E. J. Candés and D. L. Donoho. New tight frames of curvelets and optimal representations of objects with piecewise singularities, Comn. Pure and Appl. Math. 56 (2004), 216-266.

[2] I. Daubechies. Ten Lechtures on Wavelets, SIAM, Philadelphia, 1992.

[3] R. A. DeVore, G. G. Lorentz. Constructive Approximation, Springer, Berlin, 1993.

[4] M. N. Do and M. Vetterli. The contourlet transform: an efficient directional multiresolution image representation, IEEE Trans. Image Process. 14 (2005), 2091-2106.

[5] D. L. Donoho. Sparse components of images and optimal atomic decomposition, Constr. Approx. 17 (2001), 353-382.

[6] D. L. Donoho. Wedgelets: nearly minimax estimation of edges, Ann. Statist. 27 (1999), 859-897.

[7] K. Guo and D. Labate. Optimally sparse multidimensional representation using shearlets, SIAM J. Math Anal. 39 (2007), 298-318.

[8] K. Guo and D. Labate. Optimally sparse representations of 3D data with C^2 surface singularities using Parseval frames of shearlets, preprint.

[9] A. C. Kak and Malcolm Slaney. Principles of Computerized Tomographic Imaging, IEEE Press, 1988.

[10] P. Kittipoom, G. Kutyniok, and W. -Q. Lim. Construction of Compactly Supported Shearlet Frames, Constr. Approx. 35 (2012), 21-72.

[11] S. Kuratsubo. On pointwise convergence of Fourier series of the indicator function of D dimensional ball, J. Fourier Anal. Appl. 16 (2010), 52-59.

[12] G. Kutyniok, J. Lemvig, and W. -Q. Lim. Compactly supported shearlet frames and optimally sparse approximations of functions in $L^2(\mathbf{R}^3)$ with piecewise C^α singularities, preprint.

[13] G. Kutyniok, J. Lemvig, and W. -Q. Lim. Compactly Supported Shearlets, Approximation Theory XIII (San Antonio, TX, 2010), Springer Proc. Math. 13 (2012), 163-186.

[14] G. Kutyniok and W. -Q. Lim. Compactly Supported Shearlets are Optimally Sparse, J. Approx. Theory 163 (2011), 1564-1589.

[15] M. A. Pinsky, N. K. Stanton, P. E. Trapa. Fourier series of radial functions in several variables, J. Funct. Anal. 116 (1993), 111-132.

[16] E. M. Stein, G. Weiss. Introduction to Fourier analysis on Euclidean spaces, Princeton University Press, Princeton, N. J., 1971.

第 6 章　剪切波的多分辨率和精细化

从滤波器组和子带编码的概念出发，提出一个完全数字化的方法来实现剪切波的多分辨，它不是一个连续变换的离散化形式，而是与过滤离散化数据相关，是在数字信号处理中常用的过程。上述表明，基于级联有限的滤波器组，与一个完整的多分辨率分析(MRA)相比，衍生为作为多 MRA(MMRA)中一个特殊存在的剪切波。在这种离散剪切波变换中，MMRA 的概念与简单的剪切扩展矩阵可同时出现。本章会考虑这种离散的变换应用问题。

6.1　概　　述

如同其他章节中的连续小波变换一样，连续剪切波变换通过简单地离散化转换参数在实际过程中得以应用。这种离散化，无论是在理论上还是在实际上，都有许多有趣的应用。

然而本章采用的方法是完全不同的，其目的是再现离散小波变换的基本元素，即渐进设计和多分辨率分析的概念。这两种观点通过滤波器组的方式构成了具有基本线性复杂度的快速小波变换(FWT)的实际执行的基础。文献[39]中给出了一个很好的且被高度认可的对单变量、一维信号的小波滤波器的方法介绍，文献[27]中也给出了一些对滤波器组和子带编码的信息。在这种方法中，可分解函数和小波的分解性质或显式形式并不显示在数值计算中，这些计算可以在没有任何分析的情况下完成，实际上只用来理论分析。

本章的主要目的是提供一个足够普遍的滤波器框架和相关联的离散操作，并且其可以扩展到剪切波。事实上，大部分材料都致力于提供准确的背景类型，其中剪切波的多分辨率会遵循某些延伸的推论。然而，希望的是这种方法可以帮助领悟一些文献(如文献[22])的观点与想法，但在提供离散化剪切波的证明与细节等更重要的目标中要被忽略，可以充分发挥发散思维提供更多基本方法和背景材料。

从一个非常特殊的角度开始，如果不是从特殊的角度，就不会有发散思维，并且会只集中在特定方面和它们之间的联系。没有打算使其成为一切相关事实的完整描述，也不希望创造有关滤波器组在细分或多分辨率上的研究。作为结果，任何与目标不相关的东西都被省略，不作为一个对质量、价值或者兴趣的判断，仅仅是因为它们不应该在这里出现。对于这个问题更加完善的说明可以在文献[34]最初的章节中被找到。

本章内容十分简单、自然和直观。对于普遍的采样，回忆滤波器组的基本要素和定义，并展示其通过符号演算的方式可以简便地描述与学习，作为 z - 变换的孪生姐妹，它在工程领域十分受欢迎。一些好的滤波器组的分解和重组信号在重建原始信号中不会更改分解系数，这样的滤波器组很容易被表征，并且可以通过制定滤波器组的一个小分区系统构建这样的滤波器组。

完整滤波器组的一小部分可以被选择为静止细分方案的掩码，给了一定的空隙观察静止细分方案及其有用的后果：二次可循性和多分辨率，它们与滤波器组连接，通过离散化信号的系数完成分解解析。

为了达到剪切波的目的，静止细分并不足够灵活，因此，转移到稍微广义的多级细分概念。在这种情况下也存在二次可循性的概念，但是在广义上，函数与信号分解变成了树上的函数与信号。一旦解决这一切，在多级细分滤波器组框架中，剪切波会变得明确，膨胀因子的选择甚至会变得十分简单。到目前为止，在插入正交的剪切波结构中，许多结果可以在定向的部分中大概描述它们的几何意义；此外，剪切波总是被应用在标准张量积结构中，因此变成有效而重要的实现。

对概要的介绍已经足够了，开始享受数学推导吧。

6.2 滤波器和滤波器组

原则上，滤波器是一个可以把一组信号映射到其自身或者其他组信号的运算器。正因为定义太笼统并且对目的来说又太模糊，本节将其阐述明确。为此，通过 $\ell(\mathbf{Z}^s)$ 来表示从 $\mathbf{Z}^s$ 到 $\mathbf{R}$ 所有函数的向量空间，即双无限序列空间；此外，用 $\ell_p(\mathbf{Z}^s)$ 表示所有具有 p 范数（$1 \leqslant p \leqslant \infty$）的有限序列，用 $\ell_{00}(\mathbf{Z}^s)$ 表示具有有限根的序列。滤波器 $F:\ell(\mathbf{Z}^s) \to \ell(\mathbf{Z}^s)$ 被称为 LTI(Linear and Time Invariant) 滤波器用来作为一个线性运算器和翻译转换器：

$$(Fc)(\cdot + \alpha) = F(c(\cdot + \alpha)), \quad c \in \ell(\mathbf{Z}^s), \alpha \in \mathbf{Z}^s$$

经由变换算子 τ_α，定义为 $\tau_\alpha c = c(\cdot + \alpha)$，这个公式可以被更方便的写为 $F\tau_\alpha = \tau_\alpha F$。在 Hamming 的概念里[17]，（数字）滤波器总是代表着 LTI 滤波器，任意的一个滤波器都可被写为一个卷积：

$$Fc = f * c = \sum_{\alpha \in \mathbf{Z}^s} (\cdot + \alpha) c(\alpha)$$

冲击响应 $f \in \ell(\mathbf{Z}^s)$ 通过 $f = F\delta$ 得到，其中 $\delta = (\delta_{0,\alpha} : \alpha \in \mathbf{Z}^s)$ 是脉冲信

号。如果$f \in \ell_{00}(\mathbf{Z}^s)$,滤波器可被称为有限长冲击响应滤波器(FIR),对信号处理与滤波器更详细的介绍可见文献[17,27,37,39]。

6.2.1 滤波器组

滤波器组为滤波器卷积概念增加了一个改进,被称为部分波段编码。为此,设$M \in \mathbf{Z}^{s\times s}$是一个扩充整形矩阵,即它的所有特征值都大于模数。$M\mathbf{Z}^s \subset \mathbf{Z}^s$集合构成了$\mathbf{Z}^s$的一个更合适的子集,将$\mathbf{Z}^s$分解为这个子集和的转换形式,为

$$\begin{aligned} \mathbf{Z}^s &= \bigcup_{\varepsilon \in E_M} \varepsilon + M\mathbf{Z}^s \\ E_M &\coloneqq M[0,1)^s \cap \mathbf{Z}^s \end{aligned} \tag{6.1}$$

根据子集$M\mathbf{Z}^s$,有$0 \in E_M$和$\varepsilon = 0$,$\mathbf{Z}^s/M\mathbf{Z}^s$商空间有$|\det M|$个元素,$E_M$是这个商空间代表的集合。为此,对$M$使用史密斯分解,有$M = PDQ$(见文献[28]),其中$P$和$Q$为非模数化的,即$|\det P| = |\det Q| = 1$,$D$是一个非零的对角矩阵,它可以通过利用连续非零对角元素分解前一级矩阵得到。在文献[3]中,这个结果被称为元素不变定理。所有作用于欧几里得环上的矩阵,史密斯分解的证明是高斯消除法和欧几里得分解的变形(剩下的)。记$\alpha - \beta = M\mathbf{Z}^s$等价于$P^{-1}\alpha - P^{-1}\beta \in D\mathbf{Z}^s$,所以$\mathbf{Z}^s/M\mathbf{Z}^s$与$\mathbf{Z}^s/D\mathbf{Z}^s$是同构的。此外,一个$\alpha \in \mathbf{Z}^s$的代表元素可通过如下方式得到:

$$\varepsilon \coloneqq \alpha - M\lfloor M^{-1}\alpha \rfloor = M(M^{-1}\alpha - \lfloor M^{-1}\alpha \rfloor) \in M[0,1)^s$$

上式是互斥的,因为$\varepsilon - \eta = M\beta$,且$\varepsilon$、$\eta \in M[0,1)^s$,直接表明,$\beta \in (-1,1)^s \cap \mathbf{Z}^s$,因此$\beta = 0$。只需将式(6.1)代入滤波器卷积定义式中,得到

$$(f * c)(\alpha) = (f * c)(\varepsilon + M\beta) = (f_\varepsilon * c)(M\beta) \tag{6.2}$$

依赖于ε与α的相等。史密斯分解的另一个结果以及它为什么被称为有限集合基本定理,参考文献[23],证明

$$\frac{1}{|\det M|}\sum_{\varepsilon \in E_M} \mathrm{e}^{2\pi \mathrm{i}\varepsilon T_M - T_{\varepsilon'}} = \delta_{\varepsilon',0}, \quad \varepsilon' \in E'_M \coloneqq E_{M^{\mathrm{T}}} \tag{6.3}$$

其遵循傅里叶矩阵

$$F_M \coloneqq \left[\mathrm{e}^{2\pi \mathrm{i}\varepsilon T_M - T_{\varepsilon'}} : \begin{matrix} \varepsilon' \in E'_M \\ \varepsilon \in E'_M \end{matrix}\right]$$

将其统一到$|\det M|$。

学习滤波器组的同时,参考文献[39],经常使用二次抽样缩减像素采样$\downarrow_M$,定义$\downarrow_M c = c(M\cdot)$,然后定义滤波器组为匹配$c$与向量的操作

$$(\downarrow_M (f_\varepsilon * c) : \varepsilon \in E_M) \tag{6.4}$$

至少在原则上，$f_\varepsilon(\varepsilon \in E_M)$ 可以或多或少地成为任意滤波器的冲击响应，这十分有意义。值得注意的是滤波器组的（理想的）输出包含与原始信号同样多的信息，这是因为 $|\det M|$ 增加的信息被随后的二次采样补偿了。

给定输出 $(c_\varepsilon : \varepsilon \in E_M)$，这称为有滤波器组生成的部分波段分解，此方法可以使滤波器组复原并且从形成的部分波段向量中重构信号。为此，定义增采样为降采样的反变换：

$$\uparrow_M c(\alpha) = \begin{cases} c(M^{-1}\alpha), & \alpha \in M\mathbf{Z}^s \\ 0, & \alpha \notin M\mathbf{Z}^s \end{cases}$$

用另外一个族 g_ε、$\varepsilon \in E_M$ 与其结果卷积，合成滤波器并且把部分和为

$$\sum_{\varepsilon \in E_M} g_\varepsilon * \uparrow_M c_\varepsilon \tag{6.5}$$

写出 $E_M = \{\varepsilon, \cdots, \eta\}$，图形化的滤波器组如下：

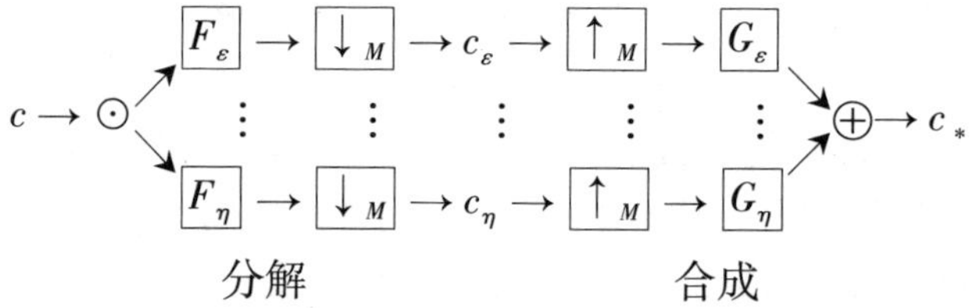

一个滤波器组自然合理的最小条件是它的完美重构，合成滤波器组是分解滤波器组的重构，即 $c_* = c$。有一个简单的方法来建立一个完美重构滤波器组，即通过设置 $F_\varepsilon = G_\varepsilon = \tau_\varepsilon$，得到一个简易的滤波器组，遵循下式的恒等式：

$$\sum_{\varepsilon \in E_M} \tau_\varepsilon \uparrow_M \downarrow_M \tau_\varepsilon = I \tag{6.6}$$

为了之后的使用，将式(6.5)的被加数重写为

$$g * \uparrow_M c = \sum_{\alpha \in M\mathbf{Z}^s} g(\cdot - \alpha)c(M^{-1}\alpha) = \sum_{\alpha \in \mathbf{Z}^s} g(\cdot - M\alpha)c(\alpha) \tag{6.7}$$

之后会再次遇到这种类卷积结构形式，它会在分部滤波器组中作为细化操作运算出现。

本节介绍滤波器组的方式意味着它的组件是完全对称且可交换的。在实践中，一些滤波器会是低通滤波器，它们会产生常量并且产生一种平均的特性；一些会是高通滤波器并且消去常量。在小波以及剪切波情况下，滤波器组通常由一个低通滤波器和许多高通滤波器组成。针对这种结构，通过 f_0 和 g_0 表示低通滤波器，用 g_ε 和 $f_\varepsilon(\varepsilon \in E_M \setminus \{0\})$ 表示高通滤波器。

在大多数实际情况下，所有滤波器序列 f_ε 和 g_ε 都是有限负载的，因此 FIR 滤波器很容易实现。即使 IIR 滤波器（Infinite Impulse Response）的衍生物都

可以通过延时反馈的形式成为合理的滤波器,然而这些滤波器更复杂并且有额外的(如稳定性等)问题需要考虑,正因为如此,做一个假设使运算在合理的情况下变得简单。

所有脉冲响应都被看作是有限负载的,因此它们都属于 $\ell_{00}(\mathbf{Z}^s)$。

6.2.2　符号形式及其变换

为了在数学上更好地处理滤波器组,将其表示为正规洛朗级数的代数形式,即 z 变换形式:

$$\ell(\mathbf{Z}^s) \ni c \mapsto c^b(z) = \sum_{\alpha \in \mathbf{Z}^s} c(\alpha) z^{-\alpha}$$

或者符号形式:

$$\ell(\mathbf{Z}^s) \ni c \mapsto c^{\#}(z) = \sum_{\alpha \in \mathbf{Z}^s} c(\alpha) z^{\alpha}$$

显然,z 变换形式和符号积分形式没有太大区别,两者可互相替换。尽管 z 变换在信号处理领域很常用(见文献[14,17]),但符号积分早在 z 变换基本理论建立前就已经成为了研究细分的方法[3],所以在此选用符号积分而不是 z 变换进行讨论。

符号变换和 z 变换都是标准洛朗级数,即在 Gaub 的思想[15]中,不考虑它们的收敛性。当 c 有限支撑时,两者都将转换为洛朗多项式(Laurent polynomials)。令 Λ 表示洛朗多项式的圆环域,$\Pi = \mathbf{C}[z_1,\cdots,z_s]$ 表示多项式环,那么 Λ 中的任一元素都可以写为 Π 乘一个非正指数的洛朗单项式。这些单项式,更准确来说是它们的非零倍数是 Λ 中的单元,记作 Λ^*,因此,$\Lambda = \Lambda^* \Pi$ 看上去离 Π 不远。,然而两个环本质区别很大,尤其是两个环包含的思想,详见文献[30]。在洛朗多项式里并没有角度的概念,然而在多项式中有多种角度的概念,通常是在分次环的框架下,详见文献[12]。这些不同的概念会应用在 Gröbner 基的内容中,详见文献[4]。

符号形式也可以通过替换 $z = \mathrm{e}^{\mathrm{i}\theta}$ 转换成三角多项式,产生三角多项式或三角级数:

$$\hat{c}(\theta) = c^{\#}(\mathrm{e}^{\mathrm{i}\theta}) = \sum_{\alpha \in \mathbf{Z}^s} c(\alpha) \mathrm{e}^{\mathrm{i}\langle \alpha,\theta \rangle}, \quad \theta \in [-\pi,\pi]^s$$

洛朗多项式的性质是在圆环面 $\mathbf{T}^s = \{z \in \mathbf{C}^s : |z_j| = 1\}$ 上唯一定义的,所以两个概念认为是能互换,本质上是一个问题。不仅如此,(洛朗)多项式的代数提供了一个某种更大的技术方法工具箱,至少可以分析单变量因式分解,这是在此使用符号形式的另一个原因。

第一个简单符号的积分练习如下:

$$(f*c)^{\#}(z)=(f)^{\#}(z)g^{\#}(z) \tag{6.8}$$

以及

$$(\uparrow_M c)^{\#}(z)=c^{\#}(z^M)$$

$$(\downarrow_M c)^{\#}(z^M)=\frac{1}{|\det M|}\sum_{\varepsilon'\in E'_M}c^{\#}(\mathrm{e}^{-2\pi\mathrm{i}M^{-T}\varepsilon'}z) \tag{6.9}$$

式中，z^M 表示洛朗多项式的组成 $z^{m_j}(j=1,\cdots,s)$，其中 m_j 是矩阵 M 的列，乘积 $\mathrm{e}^{-2\pi\mathrm{i}M^{-T}\varepsilon'}z$ 可以理解为一种分量。对于$(\uparrow_M c)^{\#}$ 的方程是很直接的，$(\downarrow_M c)^{\#}$ 表达式的证明可以利用傅里叶变换性质(3) 来计算：

$$\begin{aligned}(\downarrow_M c)^{\#}(z^M)&=\sum_{\alpha\in\mathbf{Z}^s}c(M\alpha)z^{M\alpha}=\sum_{\alpha\in\mathbf{Z}^s}\sum_{\varepsilon\in E_M}\delta_{\varepsilon,0}c(\varepsilon+M\alpha)z^{\varepsilon+M\alpha}\\&=\frac{1}{|\det M|}\sum_{\varepsilon'\in E'_M}\sum_{\alpha\in\mathbf{Z}^s}\sum_{\varepsilon\in E_M}\mathrm{e}^{2\pi\mathrm{i}\varepsilon'^{\mathrm{T}}M^{-1}(\varepsilon+M\alpha)}c(\varepsilon+M\alpha)z^{\varepsilon+M\alpha}\\&=\frac{1}{|\det M|}\sum_{\varepsilon'\in E'_M}\sum_{\beta\in\mathbf{Z}^s}c(\beta)(\mathrm{e}^{-2\pi\mathrm{i}M^{-T}\varepsilon'}z)^{\beta}\end{aligned}$$

这是式(6.9) 的第二种证明。

通过符号积分的方法，可以给滤波器组一个洛朗多项式矩阵或矩阵值洛朗多项式形式的代数描述，两种描述实际上是一样的，最终以多相形式表示信号 c：

$$p_c(z):=[c^{\#}(\mathrm{e}^{-2\pi\mathrm{i}M^{-T}\varepsilon'}z):\varepsilon'\in E'_M]$$

表明分解滤波器组具有形式：

$$[c_{\varepsilon}^{\#}(z^M):\varepsilon\in E_M]=F(z)p_c(z) \tag{6.10}$$

其中

$$F(z)=\frac{1}{|\det M|}\left[f_{\varepsilon}^{\#}(\mathrm{e}^{-2\pi\mathrm{i}M^{-T}\varepsilon'}z):\begin{matrix}\varepsilon\in E_M\\\varepsilon'\in E'_M\end{matrix}\right] \tag{6.11}$$

上式被称为与滤波器组相关的调制矩阵，由 $f_{\varepsilon}(\varepsilon\in E_M)$ 给出。

一个信号的多相形式与信号本身是一一对应的关系，显然多相变量可以直接从符号形式中读出，相反式(6.6) 和式(6.9) 产生的任何信号 c 满足：

$$\begin{aligned}c^{\#}(z)&=\frac{1}{|\det M|}\sum_{\varepsilon\in E_M}z^{-\varepsilon}\sum_{\varepsilon'\in E'_M}(\tau_{\varepsilon}c)^{\#}(\mathrm{e}^{-2\pi\mathrm{i}M^{-T}\varepsilon'}z)\\&=\frac{1}{|\det M|}\sum_{\varepsilon\in E_M}z^{-\varepsilon}\sum_{\varepsilon'\in E'_M}\sum_{\beta\in\mathbf{Z}^s}c(\varepsilon+\beta)(\mathrm{e}^{-2\pi\mathrm{i}M^{-T}\varepsilon'}z)^{\beta}\end{aligned}$$

所以

$$c^{\#}(z)=\sum_{\varepsilon'\in E'_M}c^{\#}(\mathrm{e}^{-2\pi\mathrm{i}M^{-T}\varepsilon'}z)\frac{1}{|\det M|}\sum_{\varepsilon\in E_M}(\mathrm{e}^{2\pi\mathrm{i}M^{-T}\varepsilon'}z)^{\varepsilon}=\langle p_c(z),F_M u(z)\rangle \tag{6.12}$$

式中，$u \in \Lambda^{E_M}$，所以 $u_\varepsilon(z) \in z^\varepsilon(\varepsilon \in E_M)$，能用信号的全部多相元素重构原信号。

另外，合成滤波器组可以更简单地写作符号形式，即

$$c_*^\#(z) = \sum_{\varepsilon \in E_M} g_\varepsilon^\#(z) c_\varepsilon^\#(z^M)$$

相比较而言，此形式更为便捷，且不用考虑多相形式：

$$\begin{aligned} p_{c_*}(z) &= [c_*^\#(\mathrm{e}^{-2\pi \mathrm{i} M^{-T}\varepsilon'} z) : \varepsilon' \in E'_M] \\ &= [\sum_{\varepsilon \in E_M} (\mathrm{e}^{-2\pi \mathrm{i} M^{-T}\varepsilon'} z) c_\varepsilon^\#(z^M) : \varepsilon' \in E'_M] \\ &= [g_\varepsilon^\#(\mathrm{e}^{-2\pi \mathrm{i} M^{-T}\varepsilon'} z) : \begin{matrix} \varepsilon' \in E'_M \\ \varepsilon \in E_M \end{matrix}][c_\varepsilon^\#(z^M) : \varepsilon \in E_M] \\ &=: G(z)[c_\varepsilon^\#(z^M) : \varepsilon \in E_M] \end{aligned}$$

其中

$$G(z) = [g_\varepsilon^\#(\mathrm{e}^{-2\pi \mathrm{i} M^{-T}\varepsilon'} z) : \begin{matrix} \varepsilon' \in E'_M \\ \varepsilon \in E_M \end{matrix}] \tag{6.13}$$

式(6.13)是基于 $g_\varepsilon(\varepsilon \in E_M)$ 与合成滤波器组相关的调制矩阵。从这些表达式中得到一个结果为 $p_{c_*} = G(z)F(z)p_c(z)$，并且对滤波器组有了如下基本结论。

定理1　当且仅当 $G(z)F(z) = 1$，滤波器组可以完成完全重构。

显然对滤波器组的选择进行了限制，完全重构要求其存在逆并且组成部分包含洛朗多项式。但一个矩形矩阵在圆环上是否可逆，仅通过其行列式是回答不了的。

定理2　令 R 为一圆环，$A \in R^{n\times n}$。当且仅当 A 的模长是单位模长，A 可逆且其逆在 $R^{n\times n}$ 中，即 $\det A \in R^*$，R 中的一组单位向量。

这个结论是显而易见的，详见文献[28]。如果 A 可逆，有 $1 = \det I = \det A(\det A)^{-1}$ 表明 $\det A \in R$，相反可以用克拉默法证明 A^{-1} 中的所有元素都在 $(\det A^{-1})R$ 中。

作为完全重构滤波器组的一部分，调制矩阵的分解和合成都必须可逆，也就是其模长为单位模长。如果考虑矩阵在 Λ 中，意味着对矩阵进行适当的规范化后存在 $\alpha \in \mathbf{Z}^s$，使 $\det G(z) = z^\alpha$；如果严格限制在 Π 中，仅有 $\det G(z) = 1$ 满足规范化，因为因子 z^α 对应着一个移位，它经常在因果性不起作用的滤波器中被忽略，因果滤波器仅在 $\mathbf{Z}_+^s$ 的一个子集上有定义，其符号表示为一个多项式。实际上，一个处理时间信号的因果滤波器仅仅采用过去的信息，这在现实实现上有些优势。

假设 $F(z)$ 和 $G(z)$ 是一个完全重构滤波器组的调制矩阵，$G(z)F(z)=I$ 表示 $F(z)$ 和 $G(z)$ 都是单位模长的，那反过来呢？以 $F(z)$ 为例，如果 $F(z)$ 是单位模长的，则存在 $F^{-1}(z) \in \Lambda$，这并不意味着这个矩阵值洛朗多项式有合成滤波器组的结构式(6.13)，但幸运的是它有以下结论（引理 1）。

引理1 如果 $F(z)$ 是一个分解滤波器组的调制矩阵，则存在 $g_\varepsilon^\# \in \Lambda, \varepsilon \in E_M$，使

$$F^{-1}(z) = \left[g_\varepsilon^\#(\mathrm{e}^{-2\pi \mathrm{i} M^{-T}\varepsilon'} z) : \begin{matrix} \varepsilon' \in E'_M \\ \varepsilon \in E_M \end{matrix} \right] \tag{6.14}$$

尽管这个结果显而易见，一个简单的证明可能会更有帮助。

证明 设 $g_\varepsilon^\# := (F^{-1}(z))_{0,\varepsilon} (\varepsilon \in E_M)$，仅看式(6.14) 的右边，洛朗多项式的定义使 $F(z)$ 存在逆。首先，定义

$$|\det M| \delta_{0,\varepsilon'} = (F^{-1}(z)F(z))_{0,\varepsilon'} = \sum_{\varepsilon \in E_M} g_\varepsilon^\#(z) f_\varepsilon^\#(\mathrm{e}^{-2\pi \mathrm{i} M^{-T}\varepsilon'} z) \tag{6.15}$$

令式(6.15) 中的 $\varepsilon' = 0$ 并用 $\mathrm{e}^{-2\pi \mathrm{i} M^{-T}\eta'} z (\eta' \in E'_M)$ 替换 z，可以得到

$$\sum_{\varepsilon \in E_M} g_\varepsilon^\#(\mathrm{e}^{-2\pi \mathrm{i} M^{-T}\eta'} z) f_\varepsilon^\#(\mathrm{e}^{-2\pi \mathrm{i} M^{-T}\eta'} z) = |\det M|, \quad \eta' \in E'_M \tag{6.16}$$

另外，当 $\varepsilon' \neq 0$ 时再次替换 $z \mapsto \mathrm{e}^{-2\pi \mathrm{i} M^{-T}\eta'} z (\eta' \neq \varepsilon')$，可以得到

$$\sum_{\varepsilon \in E_M} g_\varepsilon^\#(\mathrm{e}^{-2\pi \mathrm{i} M^{-T}\eta'} z) f_\varepsilon^\#(\mathrm{e}^{-2\pi \mathrm{i} M^{-T}(\eta' + \varepsilon')} z) = 0$$

因为集合 $\{\eta' + \varepsilon' : \varepsilon' \neq 0\}$ 与以 M 为模的 $E'_M \backslash \{\eta'\}$ 同构，可以得到

$$\sum_{\varepsilon \in E_M} g_\varepsilon^\#(\mathrm{e}^{-2\pi \mathrm{i} M^{-T}\eta'} z) f_\varepsilon^\#(\mathrm{e}^{-2\pi \mathrm{i} M^{-T}\varepsilon'} z) = 0, \quad \eta' \neq \varepsilon' \tag{6.17}$$

式(6.16) 和式(6.17) 表明，式(6.14) 右边定义的矩阵 $\boldsymbol{G}(z)$ 满足引理中的 $\boldsymbol{G}(z)\boldsymbol{F}(z) = I$。

此证明也表示任意合成滤波器组调制矩阵的逆是滤波器组调制矩阵的分解，所以调制矩阵为单位模的合成和分解滤波器组都是完全重构滤波器组，把上述内容总结成定理 3。

定理3 当且仅当 $F(z)$ 和 $G(z)$ 的模分别为单位模长时，分解或合成滤波器组 F 或 G 可以实现完全重构滤波器组。

这个定理可以认为是在文献[33] 中的酉扩张原理的情况下，滤波器组原理的一般扩展，对该技术的研究详见文献[2]。通常这些结果都是以傅里叶变换形式而不是以符号积分表示的。在剪切波部分，这些法则在文献[19] 中有详细的研究。

另一个合理并且自然的想法是用本质上相同的滤波器组进行合成和重构，本质上是该想法的关键点，然而式(6.11) 和式(6.13) 表明他们具有不同

的、转置的结构，问题在于 $G(z)=F^H(z)$ 是否可能或至少等于常量。这意味着 $F(z)$ 和 $G(z)$ 不仅是单位模的更是单位的，或者说当约束条件 $F(e^{2\pi i\theta})(\theta\in\mathbf{R}^s)$ 在单位圆上时，F 和 G 被称为是类单位的。仿酉矩阵值洛朗多项式，特别是 $s=1$ 的情况在信号处理领域中被广泛研究，许多的工具箱和软件里都有处理它的程序。

6.2.3　由矩阵填充设计滤波器组

本章之前部分的相关微积分符号暗示了一种定义构造滤波器组的方法。正如定理1所说，如果 $F(z)$ 和 $G(z)$ 互为逆矩阵，根据定理2，它们都是单位模矩阵，那么一个滤波器组可以完全重构。更进一步，已知 $F(z)$ 可以求得 $G(z)$，即 $G(z)=F^{-1}(z)$，反之亦然。因此，只要知道其中一个矩阵即可，如 $F(z)$。

一种普遍的构建滤波器组方法是从设计一个滤波器开始，为了方便，由下标 $\varepsilon=0$ 的滤波器得到合成调制矩阵 $G(z)$ 的一个行：

$$g_0(z):=[g_0^{\#}(e^{-2\pi iM^{-T}\varepsilon'}z):\varepsilon'\in E'_M] \tag{6.18}$$

在此使用 $G(z)$ 是基于矩阵分割方案扮演了低通滤波器的角色，因此对于合成滤波器组，这是个极佳的入手点。

选择其他行，$[g_\varepsilon^{\#}(e^{-2\pi iM^{-T}\varepsilon'}z):\varepsilon'\in E'_M]$，$\varepsilon\in E_M\backslash\{0\}$，导致 $G(z)$ 为单位模矩阵，这个要求容易用公式表示，但很难获得，尤其在多变量时。文献[3]给出了一种适用于特定范围的通用的巧妙思路，它仅仅适用于 $\Pi=\mathbf{C}[z]$ 这种单变量情况，其中 $\mathbf{C}[z]$ 为单变量多项式环，是一个欧几里得首要理想环，它允许洛朗(Laurent)多项式矩阵的史密斯(Smith)因式分解。

然而，借助初级的技巧与方法，可以知道这样一个矩阵填充的工作以何种方式、在何种情况下可以适用于普遍的例子，至少是适用于多项式的情况。

针对要填充的行向量是一个必要的条件，既然矩阵 $G(z)$ 被设计为非奇异的，因此对任意向量 $f(z)=(f_\varepsilon(z):\varepsilon\in E_M)\in\Pi^{E_M}$，存在一个向量 $a(z)\in\Pi^{E_M}$，使 $f(z)=G(z)a(z)$。选择 $f_0(z)=1$，这意味着

$$1=\sum_{\varepsilon'\in E'_M}a_{\varepsilon'}(z)g_0^{\#}(e^{-2\pi iM^{-T}\varepsilon'}z)$$

即 $1\in\langle g_0^{\#}(e^{-2\pi iM^{-T}\varepsilon'}z):\varepsilon'\in E'_M\rangle$，这种理想情况 $G(z)$ 的所有零行产生。

在文献[31]中，$G(z)$ 的 $g_0(z)$ 行是单位模的：

$$\langle F\rangle:=\sum_{f\in F}a_f(z)f(z)$$

上式通常表示由(有限)理想的(洛朗)多项式集合生成(环论中的一个

概念)，关于理想的洛朗多项式以及如何计算可以在文献[1,4,5,6]的示例中找到。用几何学描述单位模向量没有公共零点，或者用代数几何理论的话说，与它们生成的理想的簇是空的，这与事实吻合，1 被含于理想情况中，并且能够通过测试一个理想的 Gröbner 基底，确定是否可由常系数多项式组成，参考文献[4]。

然而，关于单位模向量真正神奇且深层次的事实是，即使将必要的条件单位模颠倒次序，结果仍然正确。

定理 4 一个行向量 $g(z) \in \Pi^n$ 可以被填充进一个单位模矩阵 $G(z) \in \Pi^{n\times n}$(当且仅当它是单位模的)。

这个定理的算法证明见文献[25]以及文献[31]。Park 的博士论文[32]甚至提供了与滤波器组的显式联系，即使它仅仅考虑了 $M = 2I$ 的情况。值得注意的是，定理 4 本身并没有表明填充后得到的矩阵是滤波器组的调制矩阵，也就是说，它所有被填充行的形式为

$$[g_{\varepsilon}^{\#}(e^{-2\pi i M^{-T}\varepsilon'}z):\varepsilon' \in E'_M], \quad \varepsilon \in E_M \setminus \{0\}$$

但是原则上讲，所有都可以完成并且它可以在算法上被处理，尽管算法不得不依赖于一些费时的技术和计算代数的理论方法。矩阵填充主要的基础方法是代数原则，这些原理在理论上已被证实，如借助 Gröbner 基底和 H 基底的计算。

当且仅当 $1 \in \langle f_0^{\#}(e^{-2\pi i M^{-T}\varepsilon'}z):\varepsilon' \in E'_M\rangle$ 或者 $1 \in \langle g_0^{\#}(e^{-2\pi i M^{-T}\varepsilon'}z):\varepsilon' \in E'_M\rangle$ 时，低通分析或合成滤波器 f_0 或 g_0 可以扩展为完全重构滤波器组。

换句话说，为了获得一个完美重构(最佳恢复)滤波器组，要做的是提供一个合适的低通综合滤波器，剩下的几乎可以由它自动得到；另外，低通综合滤波器是细分的方法，这部分内容在第 6.3 节中更为详细。在简短地介绍完代数相关知识后，这也许是个继续读下去的动力。

6.2.4 次(子)频带和多分辨率

滤波器组提供了一种将信号分解成多个子频带信号，由这些子频带信号再次恢复原始信号的方法，至少当滤波器组是完美可恢复时，这种方法是成立的。正如之前提到的方法，二次抽样运算符 $\downarrow_M$ 出现在滤波器 $f_{\varepsilon}(\varepsilon \in E_M)$ 的应用后，强调所有的子频带合在一起与原始信息含有相同信息量的信息，如当信号具有有限的支持性时，任何一个子带信号(滤波器重复的影响依赖于滤波器支撑窗口的大小)第($1/\#E_M$)个非零元素，换句话说，子信号完成了一个分解的工作。

一个滤波器组的通常模型为 F_0 是一个低通滤波器并且所有其他滤波器 F_ε 是高通滤波器,它可以被表示为

$$f_\varepsilon * 1 = \delta_{\varepsilon,0}1, \quad \varepsilon \in E_M \tag{6.19}$$

在这种情况下,低通滤波器 $c_0 = \downarrow_M f_0 * c$ 的结果是一个平滑、均值信号,而其他子信号 $c_\varepsilon = \downarrow_M f_\varepsilon * c, \varepsilon \in E_M \setminus \{0\}$ 覆盖信号中对应的是高频内容的振荡部分。然而,这仅仅是对之后要说明事情的模型和动机,但是在形式上,低通与高通滤波器不需要存在任何差别,即使在实际应用中,这也确实有用,并在一定程度保证小波多分辨率的良好性能。

两个不相交的子集 $E\searrow$ 和 $E\nearrow$,其中根据模型,$E\searrow$ 表示滤波器组的低通部分,$E\nearrow$ 表示滤波器组的高通部分。再次强调,在形式上这些滤波器不必满足式(6.19),如果它们满足也没有什么影响。对初始信号 c 的滤波器组的分析,可以得到滤波器组的低通部分与高通部分:

$$c^1 = (c_\varepsilon^1 := F_\varepsilon c : \varepsilon \in E\searrow)$$

$$d^1 = (d_\varepsilon^1 := F_\varepsilon c : \varepsilon \in E\nearrow)$$

通过将多分辨率逼近用于低频部分 c^1,将滤波器组级联,得到

$$c^2 = (F_\eta c^1 = F_\eta F_\varepsilon c : \varepsilon, \eta \in E\searrow)$$

$$d^2 = (F_\eta c^1 = F_\eta F_\varepsilon c : \eta \in E\nearrow, \varepsilon \in E\nearrow)$$

得到通用的分解规则为

$$c^n = (F_{\varepsilon_n} \cdots F_{\varepsilon_1} c : (\varepsilon_1, \cdots, \varepsilon_n) \in E_\searrow^n) \tag{6.20}$$

$$d^n = (F_\eta F_{\varepsilon_{n-1}} \cdots F_{\varepsilon_1} c : (\varepsilon_1, \cdots, \varepsilon_{n-1}) \in E_\searrow^{n-1}, \eta \in E\nearrow) \tag{6.21}$$

式中,$n \in \mathbf{N}$。

这给出了一种将信号 c 分解为分量 $d^1, \cdots, d^n$ 和 c^n 的方式。只要 $E\searrow$ 和 $E\nearrow$ 代表低通和高通滤波器,c^n 就可以描述一个高度平滑、平均的、经二次抽样后严重粗糙的信号 c,而 $d^1, \cdots, d^n$ 包含这个过程中丢失的信息,图例表示为

$$\begin{array}{ccccccccc} c & \to & c^1 & \to & c^2 & \to & \cdots & \to & c^n \\ & \searrow & & \searrow & & \searrow & & \searrow & \\ & & d^1 & & d^1 & & \cdots & & d^n \end{array}$$

其中,$d^1, \cdots, d^n$ 和 c^n 的信息总量与原始信号 c 的信息量近似相等。

从这些数据恢复信号 c 充分利用了矩阵完美重构(恢复)的性质和滤波器组的综合部分 G 的级联。在实际操作中,把 c^n 与 d^n 合并为一个向量,为

$$\boldsymbol{b}^n := (c^n, d^n) = (b_\varepsilon : \varepsilon \in E_M)$$

让它通过滤波器综合部分去恢复 c^{n-1},仅仅是颠倒了由 c^{n-1} 生成 c^n 与 d^n 的过程。既然已经得到了 c^{n-1},可以将上一步骤与 d^{n-1} 合并去生成 c^{n-2},如此

往复。因此,这个恢复过程为

$$\begin{array}{ccccccc} c^n & \rightarrow & c^{n-1} & \rightarrow & \cdots & c^1 & \rightarrow & c \\ & \nearrow & & \nearrow & & & \nearrow & \\ d^n & & d^{n-1} & & \cdots & d^1 & & \end{array}$$

恢复过程可以表示为一个综合滤波器组的重复应用。

在信号被再次恢复之前,子信号的信息 $d^1,\cdots,d^n$ 和 c^n 可以用通常的运算解决,如去噪时使用的阈值转换法。特别对于去噪,收集 $E\nearrow$ 中的高通滤波器是个好方法,否则去噪将变得不可行。

存在一种情况使 $E\searrow=E_M$ 并且 $E\nearrow=\theta$,这仅可以生成一个由许多个小的部分或包括 $F_{\varepsilon_n}\cdots F_{\varepsilon_1}c$ 组成的长向量,这恰恰是隐藏在小波包技术概念下的想法,这部分内容可以在参考文献中(例如文献[27])找到。

6.3 细分法与加细性

细分法是一种简单通过迭代在离散理想点集中生成函数的方法。当这些点在空间 $\mathbf{R}^s$ 中变得密集,假设离散函数的极限存在,那么函数在全空间 $\mathbf{R}^s$ 中有定义。这个过程非常简单,根据在整数点集中 $\mathbf{Z}^s$ 定义的离散数值 $c\in\ell(\mathbf{Z}^s)$,扩展比例矩阵 M,有限支持因子 $a\in\ell_{00}(\mathbf{Z}^s)$,可以得到一个序列:

$$c^1:=\mathscr{S}_a c=\sum_{\alpha\in\mathbf{Z}^s}a(\cdot-M\alpha)c(\alpha)=a*\uparrow_M c \tag{6.22}$$

上式是一个定义在理想点集 $M^{-1}\mathbf{Z}^s$ 上的函数,即 $c^1(\alpha)\sim f(M^{-1}\alpha)$。注意式(6.22)中的细分运算符 $\mathscr{S}_a$ 完美地适用于滤波器组的架构,因为细分运算符是合成滤波器组的构建基础。

6.3.1 收敛性与基本性质

式(6.22)的细分运算 $\mathscr{S}_a$ 可以多次迭代,产生一个序列 $c^n=\mathscr{S}_a a^n c(n\in\mathbf{N})$,与点集 $M^{-n}\mathbf{Z}^s$ 相关,因为有映射关系 $M^{-n}\mathbf{Z}^s\rightarrow\mathbf{R}^s$ 存在,尽量用一个极限函数描述这个过程,在滤波处理领域,这个过程可以通过级联合成滤波器的方式实现。回忆稳定细分法收敛性的概念,对于一个满秩矩阵 $A\in\mathbf{R}^{s\times s}$,定义一个均值向量为

$$\mu(f,A)=\left(|\det A|\int_{A(\alpha+[0,1]^s)}f(t)\,\mathrm{d}t:\alpha\in\mathbf{Z}^s\right)$$

由此引出定义 1。

定义 1 关于 a 和 M 的细分法是 p 收敛的($1\leqslant p<\infty$),如果对于任何原

始数值 c,存在一个极限函数 $f_c \in L_p(\mathbf{R}^s)$,使

$$\lim_{n\to\infty} |\det M|^{-\frac{n}{p}} \| \mathscr{S}_a^n c - \mu(f_c, M^{-n}) \|_p = 0 \tag{6.23}$$

并且至少存在一个 c 使 $f_c \neq 0$。对于 $p=\infty$,细分法的收敛性稍微难处理,难点不在于式(6.23),而在于极限函数必须属于一致连续空间 $C_u(\mathbf{R}^s)$,如

$$\|f\|_\infty := \sup_{x\in\mathbf{R}^s} |f(x)|$$

的一致有界函数在 $\mathbf{R}^s$ 中是有限的。相较于难以处理的空间 $L_\infty(\mathbf{R}^s)$,在这个空间内式(6.23) 给出的收敛的概念在 $1 \leqslant p \leqslant \infty$ 范围都成立。

根据细分运算的线性特性,将研究范围限定在一个特定的初始序列 δ:$\alpha \mapsto \delta_{0\alpha}$ 的收敛性上,将它命名为峰值序列,在冲激响应的定义中见过它。该序列满足以下恒等式:

$$c = \sum_{\alpha\in\mathbf{Z}^s} c(\alpha)\tau_{-\alpha}\delta = c * \delta$$

事实上,对于任意 $c \in \ell_p(\mathbf{Z}^s)$,当且仅当 δ 序列收敛时,细分法收敛。因此,只能有一个极限函数 f,该函数定义如下:

$$\lim_{n\to\infty} |\det M|^{-\frac{n}{p}} \| \mathscr{S}_a^n \delta - \mu(f, M^{-n}) \|_p = 0 \tag{6.24}$$

对任意初始数值 c,极限函数有如下形式:

$$f_c = f * c = \sum_{\alpha\in\mathbf{Z}^s} f(\cdot - \alpha) c(\alpha) \tag{6.25}$$

收敛细分法的极限函数有一条重要性质使该函数成为多分辨率分析的基础。

收敛细分法的极限函数是加细的,即

$$f = \uparrow_M (f * a) = (f * a)(M\cdot) = \sum_{\alpha\in\mathbf{Z}^s} a(\alpha) f(M\cdot - \alpha) \tag{6.26}$$

所以任何收敛细分法对应一个加细函数,这个命题的逆命题也是成立的,还需要另一个基本定义。

定义 2　函数 $f \in L_p(\mathbf{R}^s)$ $(1 \leqslant p < \infty)$ 或函数 $f \in C_u(\mathbf{R}^s)$,$p=\infty$,如果对任意 $c \in \ell_p(\mathbf{Z}^s)$,存在 $0 < A \leqslant B < \infty$,则上述函数被称为 p - 稳定

$$A\|c\|_p \leqslant \|f * c\|_p \leqslant B\|c\|_p \tag{6.27}$$

若不等式存在,即规范序列 $\|c\|_p$ 和规范函数 $\|f * c\|_p$ 是等价的。

加细函数 f 的稳定性及函数变换的线性无关性可以用符号 $a^{\#}(z)$ 来描述,并且在这两种情况下与 p 的实际值是无关的,见文献[20]。关于稳定性,一个结论是可以得到之间提到的逆命题的一个充分条件:只要加细方程式(6.26)存在稳定解,则对应的细分法收敛。

对于稳定函数有两个简单但重要的特例。一种是当 $p=2$，并且函数的正交整数变换为

$$\int_{\mathbf{R}^s} f(x-\alpha)f(x-\beta)\,\mathrm{d}x=\delta_{\alpha,\beta}$$

时，根据帕塞瓦尔恒等式得到 $\|f*c\|_2=\|c\|_2$；另一种是当 $p=\infty$，并且稳定函数是一个有界基数函数，即 $f(\alpha)=\delta_{\alpha,0}$，因此 $f*c(\alpha)=c(\alpha)(\alpha\in\mathbf{Z}^s)$，并且可以得到以下不等式：

$$\|c\|_\infty\leqslant\|f*c\|_\infty\leqslant\|c\|_\infty\|f\|_\infty$$

通常情况下加细方程存在解并不是细分法收敛的充分条件，最简单的反例是单变量 $a^{\#}(z)=z^2+1$ 的加细方程有不稳定解 $f=\chi_{[0,2]}$，函数 f 属于区间 $L_p(1\leqslant p<\infty)$，但是因为不满足必要条件 $a^{\#}(-1)=0$，细分法不收敛，见文献[3]。

插值细分法比较特殊的一个原因：如果收敛，则极限函数是基数函数，$f(\alpha)=\delta_{\alpha,0}$，并且如果加细函数是基数函数，那么相应的细分法收敛。然而采用插值细分法的另一个更重要的原因是它可以用于滤波器组的重构，在6.3.2节中详细讨论这个过程。

6.3.2　插值细分法与滤波器组

细分过程可以根据式(6.1)，基于在点集 $M^{-1}\mathbf{Z}^s$ 自然分解方面的限制条件进行考虑，因为

$$M^{-1}\mathbf{Z}^s=\bigcup_{\varepsilon\in E_M}M^{-1}\varepsilon+\mathbf{Z}^s$$

在上式的分解过程中，当系数 $\varepsilon=0$ 时，整数点集 $\mathbf{Z}^s$ 是 $M^{-1}\mathbf{Z}^s$ 的子集，这个点集上的取值由 c 确定，$\mathscr{S}_a$ 可以影响取值情况，也可以不影响取值情况。在不影响取值情况下，$a(\cdot M)=\delta$，细分法也被称为插值细分法，因为任何收敛的插值细分法插入了数值 $f_c(\alpha)=c(\alpha)(\alpha\in\mathbf{Z}^s)$，从另一方面来看，极限函数是一个基数函数 $f|_{\mathbf{Z}^s}=\delta$。

插值细分法的优越性在于，很容易确定一个理想重构滤波器组，考虑一种简单且可实现的插值多分辨率分析方法，这种方法的主要思想最早是由 Faber 于 1909 年在其经典论文（文献[13]）中阐述的。现代差值小波被用来描述函数的连续性和可微性。

滤波器组的重构过程首先要选择一个合成低通滤波器，其中 $g_0=a$，$\mathscr{S}_a$ 描述了插值细分法，即 $a(M\cdot)=\delta$。对于分析滤波器组来说，低通滤波器更加简单，设 $f_0=\delta$，使低通滤波器由二次采样形成，这种有点琐碎的滤波器通常被称

为惰性滤波器，见文献[38]。在几何中，可以把低通滤波器 $g_0 = a$ 看作由二次抽样值得到的预测，二次抽样方法如下：

$$\mathscr{S}_a(c(M\cdot)) = a * \uparrow_M \downarrow_M \delta * c = a * \uparrow_M \downarrow_M c = \mathscr{S}_a \downarrow_M c \tag{6.28}$$

只有 $\uparrow_M \downarrow_M$ 是一致的，而式(6.28)中的 $\uparrow_M \downarrow_M$ 运算符由于进行了抽样，总是伴随着信息的损失，假设

$$\uparrow_M \downarrow_M c(\alpha) = \begin{cases} c(\alpha), & \alpha \in M\mathbf{Z}^s \\ 0, & \alpha \notin \mathbf{Z}^s \end{cases}$$

因为通过抽样数据得到的预测来实现对完整信息的重构是不充分的，需要通过一个修正过程来补偿偏差 $(I - \mathscr{S}_a \downarrow_M)c$，修正过程由一个高通滤波器器来实现，为

$$F_\varepsilon = \tau_{-\varepsilon}(I - \mathscr{S}_a \downarrow_M), \quad \varepsilon \in E_M \backslash \{0\} \tag{6.29}$$

其中每个 f_ε 作用于子集 $\varepsilon + M\mathbf{Z}^s$ 上的修正过程；另外高通重构滤波器也是一个简单过程，因为其唯一的目的是移位修正值到合适的位置：

$$G_\varepsilon = \tau_\varepsilon \tag{6.30}$$

因此，滤波器组的构建可以用下式表达：

$$\begin{aligned}
&\sum_{\alpha \in E_M} G_\varepsilon \uparrow_M \downarrow_M F_\varepsilon = G_0 \uparrow_M \downarrow_M F_0 + \sum_{\alpha \in E_M \backslash \{0\}} G_\varepsilon \uparrow_M \downarrow_M F_\varepsilon \\
&= \mathscr{S}_a \downarrow_M \sum_{\alpha \in E_M \backslash \{0\}} \tau_\varepsilon \uparrow_M \downarrow_M \tau_{-\varepsilon}(I - \mathscr{S}_a \downarrow_M) \\
&= (1 - \sum_{\alpha \in E_M \backslash \{0\}} \tau_\varepsilon \uparrow_M \downarrow_M \tau_{-\varepsilon}) \mathscr{S}_a \downarrow_M + \sum_{\alpha \in E_M \backslash \{0\}} \tau_\varepsilon \uparrow_M \downarrow_M \tau_{-\varepsilon} \\
&= \uparrow_M \downarrow_M + \sum_{\alpha \in E_M \backslash \{0\}} \tau_\varepsilon \uparrow_M \downarrow_M \tau_{-\varepsilon} \\
&= \sum_{\alpha \in E_M} \tau_\varepsilon \uparrow_M \downarrow_M \tau_{-\varepsilon} = I
\end{aligned}$$

上式也证明了这是一个理想重构过程。

在微积分学中，这个滤波器组的表述相当简单，有

$$f_0^\#(z) = 1, \quad g_0(z) = a^\#(z)$$

以及

$$f_\varepsilon^\#(z) = z^\varepsilon(1 - a^\#(z^M))$$
$$g_\varepsilon^\#(z) = z^{-\varepsilon}, \varepsilon \in E_M \backslash \{0\}$$

6.3.3　多分辨率分析

多分辨率分析(MRA)在[26]中由 Mallat 提出，已经成为小波信号处理的基本理论基础。由文献[27]来回忆这一想法，适合本节的设定。

定义 3　（多分辨率分析）在空间 V 的嵌套封闭子空间序列 $V_j \subset V_{j+1} \subset V(j \in \mathbf{Z})$，如果满足以下条件，就说该序列是一个多分辨率分析。

（1）（平移不变性）对于所有 $\alpha \in \mathbf{Z}^s$ 来说，当且仅当 $f(\cdot - M^{-j}\alpha) \in V_j$ 时，有 $f \in V_j$。

（2）（尺度性）当且仅当 $f(M\cdot) \in V_{j+1}$ 时，有 $f \in V_j$。

（3）（局限性）这些空间是无尽且非冗余的：

$$\lim_{j\to\infty} V_j = V, \quad \lim_{j\to-\infty} V_j = \{0\}$$

（4）（基础）存在一个尺度函数 $\varphi \in V$，使

$$S(\varphi) = \{\varphi(\cdot - \alpha) : \alpha \in \mathbf{Z}^s\}$$

是 V_0 的稳定基础。

为实现尺度性和空间的嵌套，需要尺度函数 φ 是可分解的，即存在一个 $a \in \ell(\mathbf{Z}^s)$ 使

$$\varphi = \sum_{\alpha \in \mathbf{Z}^s} a(\alpha)\varphi(M\cdot - \alpha)$$

当一个MRA存在时，通过转译数据 $c \in \ell(\mathbf{Z}^s)$，对滤波器组机制有新的理解。关于 c 的函数：

$$\varphi_c^n := (\varphi * c)(M^n\cdot) = \sum_{\alpha \in \mathbf{Z}^s} a(\alpha)\varphi(M^n\cdot - \alpha) \tag{6.31}$$

关于细节等级 n 的选取是任意的且与序列 c 无关，但一般来说，c 的值与形如 $M^{-n}\mathbf{Z}^s$ 的网络有关，是从一个与之有关的离散化函数 g 中得来的，其中 $c(\alpha) \sim g(M^{-n}\alpha)$。

假设 (F,G) 是一个具有性质 $g_0 = a$ 滤波器组的完美重构，a 是这个多频率分析的细化掩模。采集一个信号 c，并对这个信号重新编码，编码基于 $E\searrow = \{0\}$ 到 $c^1 = (c_0^1 = \downarrow_M F_0 c)$ 以及 $d^1 = (d_\varepsilon^1 = \downarrow_M F_\varepsilon c : \varepsilon \in E_M)$。当得到一个完美重构后的滤波器组，有

$$c = \sum_{\alpha \in \mathbf{Z}^s} g_0(\cdot - M\alpha)c_0^1(\alpha) + \sum_{\varepsilon \in E_M \setminus \{0\}} \sum_{\alpha \in \mathbf{Z}^s} g_\varepsilon(\cdot - M\alpha)d_\varepsilon^1(\alpha)$$

因此

$$\begin{aligned}
\varphi_c^1 &= \sum_{\alpha \in \mathbf{Z}^s} c(\alpha)\varphi(M\cdot - \alpha) \\
&= \sum_{\alpha \in \mathbf{Z}^s}\sum_{\beta \in \mathbf{Z}^s} a(\alpha - M\beta)c_0^1(\beta)\varphi(M\cdot - \alpha) + \\
&\quad \sum_{\alpha \in \mathbf{Z}^s}\sum_{\varepsilon \in E_M \setminus \{0\}}\sum_{\beta \in \mathbf{Z}^s} g_\varepsilon(\alpha - M\beta)d_\varepsilon^1(\beta)\varphi(M\cdot - \alpha) \\
&= \varphi * c_0^1 + \sum_{\varepsilon \in E_M \setminus \{0\}}\sum_{\beta \in \mathbf{Z}^s} d_\varepsilon^1(\beta)\Big(\sum_{\alpha \in \mathbf{Z}^s} g_\varepsilon(\alpha)\varphi(M(\cdot - \beta) - \alpha)\Big)
\end{aligned}$$

由此得到此分解

$$\varphi_c^1=\varphi*c_0^1+\sum_{\varepsilon\in E_M\setminus\{0\}}\psi_\varepsilon*d_\varepsilon^1 \tag{6.32}$$

它的小波函数为

$$\psi_\varepsilon=(g_\varepsilon*\varphi)(M\cdot)=\sum_{\alpha\in\mathbf{Z}^s}g_\varepsilon(\alpha)\varphi(M\cdot-\alpha) \tag{6.33}$$

只需要迭代计算(式(6.32))来为初始函数(式(6.31))得到小波分解:

$$\varphi_c^n=\varphi*c^n+\sum_{k=1}^{n}\sum_{\varepsilon\in E_M\setminus\{0\}}(\psi_\varepsilon*d_\varepsilon^k)(M^{k-1}) \tag{6.34}$$

到目前为止,还没有出现新的或者特殊运算,它们仅是定义小波的正式形式。尽管如此,也需要记住哪些是假设,唯一要求是需要将(F,G)化成一个滤波器组的完美重构,合成低通滤波器用于细分方法;之后由串联模拟滤波器组产生的子带信号会自动得出函数 φ_c^n 小波分解式(6.34)的系数,并且只要数字化的工作,甚至都不用清楚地知道函数 φ 和 ψ_ε 是什么。

反过来也有吸引人的地方:得到一个细化掩模,且其掩码可以被填进一个幺模矩阵中时,就有了一个可以在系数层面上进行全部计算的滤波器组。

任何完美重构的滤波器组的低通合成滤波器都能定义一个连续的细化掩模,可允许一个分析性的解码作为小波分解式(6.34)的系数;另外,所有运算都能在数字化实现的滤波器组中进行。

存在完美重构滤波器组,即基于插值细分,其中滤波器可以明确给出。

完美滤波器是一个很长的介绍,但是它也很好地解释了为什么一个剪切波的细化操作能够进行。当一个细化和多重分辨率的概念在剪切几何上被确定,就能得到一个对于上述解释的推论,并可进行完全数字和数值计算方法来计算剪切波分解。

6.4　多重细化和多重改进

建立能够适应多分辨率的细化掩膜的大体框架,即多重细化,见文献[36]。关于多重细化的理念是十分简洁、直观和自然的:取代在任何步骤中使用的单一细化掩模,存在一个有限的细化掩膜族和任意一个在细化处理各个步骤中都能得到的扩张矩阵。具体来说,设 $a=(a_j:j\in\mathbf{Z}_m)$ 和 $M=(M_j:j\in\mathbf{Z}_m)$ 分别为 $m\geqslant 1$ 的掩码和扩张矩阵的集合;$\mathbf{Z}_m=\{0,\cdots,m-1\}$ 作为简写,对任意 $j\in\mathbf{Z}_m$,有独立的细化运算量 $\mathscr{S}_j=\mathscr{S}_{aj}=a_j*\uparrow M_j$,它与扩张矩阵 M_j 具有对应关系,然后,细分过程由 $\mathbf{Z}_m$ 的数字无穷向量 $e\in\mathbf{Z}_m^\infty$ 控制。第 n 次迭代后,

关于 e 的细化操作量变成

$$\mathscr{S}_{e^n}=\mathscr{S}_e^n:=\mathscr{S}_{e_n},\cdots,\mathscr{S}_{e_1} \tag{6.35}$$

将长度为 n 的初始部分 $e\in\mathbf{Z}_m^\infty$ 表示成一个向量 $e^n:=(e_1,\cdots,e_n)$，$\mathscr{S}_e^n c$ 的值与网络函数 $M_{e_n}^{-1}\mathbf{Z}^s$ 有关，其中

$$M_{e^n}:=M_{e_n},\cdots,M_{e_1} \tag{6.36}$$

为了确保此为一个收敛过程，使网络收敛于 $\mathbf{R}^s$，必须要求

$$\lim_{n\to\infty}\sup_{e^n\in\mathbf{Z}_m^n}\|M_{e^n}^{-1}\|=0$$

这不仅需要所有单个矩阵求逆 $M_j^{-1}(j\in\mathbf{Z}_m)$ 的频谱半径小于1，而且它们的联合频谱半径小于1。

6.4.1 基本性质

对于细分过程直接和问题是平常的问题：怎么描述收敛性，特别是就细分函数而言，它说明了什么。事实上，收敛性与定义 1 中通过独立细化掩模定义的一样，特殊情况 $m=1$ 时是恒定细化，定义在文献[36]中给出。

定义 4 基于 (a,M) 的多重细化掩模被称为 p 阶收敛，如果对于任意 $f_e(e\in\mathbf{Z}_m^\infty)$ 存在一个极限函数 f_e 满足

$$\lim_{n\to\infty}(\det M_{e^n})^{-\frac{1}{p}}\|\mathscr{S}_e^n\delta-\mu(f_e,M_{e^n}^{-1})\|_p=0 \tag{6.37}$$

$e=(j,j,\cdots)$ 表示所有基于 (a_j,M_j) 各自的细化掩模的收敛性是对于多重细化掩模收敛性的必要条件，因此，所有经典限制都必须保持，就像 0 阶的求和法则：

$$\sum_{\alpha\in\mathbf{Z}^S}a_j(\varepsilon+M_j\alpha)=1,\quad \varepsilon\in E_{m_j},j\in\mathbf{Z}_m$$

如果所有个体的细化掩模都是插入的，那么多重的细化掩模也是，所有极限函数 $f_e(e\in\mathbf{Z}_m^\infty)$ 都是基本的 $f_e(\alpha)=\delta_{\alpha,0}(\alpha\in\mathbf{Z}^s)$。

可以对多个细分方案进行收敛分析，在文献[22,36]中已经完成，因为在本节并不重要，将跳过对于单一的细分方案自然延伸的结果，更重要的是考虑极限函数的细化性能，引出联合细化的概念，这对于要构建的多分辨率分析至关重要。由于这种类型的细化不描述一个函数的缩放和移动，但与所有的极限函数 $f_e(e\in\mathbf{Z}_m^\infty)$ 相关，对于每个极限函数来说，多重细化方程对于式(6.38)是合适的。

对于 $e=(e_1,e^\infty)\in\mathbf{Z}_m^\infty$，多重细分方程形式如下：

$$f_e=\uparrow_{M_{e_1}}(f_{e^\infty}*a_{e_1})=\sum_{\alpha\in\mathbf{Z}^S}a_{e_1}(\alpha)f_{e^\infty}(M_{e_1}\cdot-\alpha) \tag{6.38}$$

换句话说,e 的第一个数字 e_1 选择了掩码以及在定义方程中所要用到的系数矩阵,剩下的无穷多数决定哪一个函数被用来细分。

将式(6.38)化为一个任意的对 $e=(e^n,e^\infty)$ 到有限部分 e^n 和无限部分 e^∞ 的分解,有

$$f_e=\sum_{\alpha\in\mathbf{Z}^S}a_{e_n}(\alpha)f_{e^\infty}(M_{e^n}\cdot-\alpha),\quad a_{e^n}:=\mathscr{S}_{e^n}\delta \tag{6.39}$$

所以,初始数选择掩码和系数矩阵,其余数决定用来细分的方程。而且,式(6.38)表明就 a_j 和 M_j 而言,函数 $f_j=f_{(j,j,\cdots)}$ 在传统意义上是可加细的。

通过一个在文献[22,36]中简单却重要的观察,发现任意收敛多重细化掩模都能得到多重定义限制函数。

定理 5　一个收敛多重细化掩模的有限函数 $f_e(e\in\mathbf{Z}_m^\infty)$,可以按照式(6.38)的形式进行多重定义。

正如单独固定的细化那样,细分函数的稳定性使细化掩模收敛,此结论在文献[36]中证明。

定理 6　若 $f_e(e\in\mathbf{Z}_m^\infty)$ 是一个具有掩码 $a=(a_j:j\in\mathbf{Z}_m)$ 和扩张矩阵 $M=(M_j:j\in\mathbf{Z}_m)$ 的静态多重细分函数的系统,那么其多重细化掩模收敛于 (a,M)。

多重细化掩模的收敛表明,如果指数相似,则有限函数是相似的。更准确的,有文献[36]得出的定理 7。

定理 7　若多重细化掩模基于 (a,M) 收敛,那么对于定义于 $\mathbf{Z}_m^\infty$ 的距离函数,映射 $e\to f_e$ 是连续的:

$$|e-e'|:=\sum_{k=1}^{\infty}m^{-k}|e_k-e'_k|$$

6.4.2　多分辨率分析(MRA)的多级细化

一旦有一个细分函数的系统,就可以模拟 MRA 逼近,其中 $V_j(j\in\mathbf{Z})$ 前后状态一直是由 $\varphi(M^j\cdot-a)(a\in\mathbf{Z}^s)$ 生成的空间。有一个稍微复杂一点的细分结构,需要所有的函数 f_e 是稳定的且满足集合:

$$V_j=\mathrm{span}\{f_e(M_d\cdot-\alpha):e\in\mathbf{Z}_m^\infty,d\in\mathbf{Z}_m^j,\alpha\in\mathbf{Z}^s\} \tag{6.40}$$

因此

$$V_0=\mathrm{span}\{f_e(\cdot-\alpha):e\in\mathbf{Z}_m^\infty,\alpha\in\mathbf{Z}^s\} \tag{6.41}$$

由于细分等式(6.38)的作用,这些空间恰好满足 MRA 的一个重要性质,即缩放性质。但是,即使 V_0 是一个由生成集合规定范围的空间,它仍然是不可计算的。为了获得一个更简单的,甚至其中有一些弱假设的生成系统,必

须在一定程度上放弃符号之间的对称性，并且要引入更多的符号。

定义 5 通过下式：

$$\mathbf{Z}_m^* = \{e = (e^n, 0, \cdots) : e^n \in \mathbf{Z}_m^n, n \in \mathbf{N}\} \subset \mathbf{Z}_m^\infty \tag{6.42}$$

表示一个集合，其中所有的数字序列都是由许多有限的非零数字构成。这个集合是可计算的，并且允许附加零的所有有限序列按照规则插入，$e^n \in \mathbf{Z}_m^n$ 按照规则插入在 $\mathbf{Z}_m^*$ 之中，表示为

$$e_*^n = (e^n, 0, \cdots) \in \mathbf{Z}_m^*$$

在继续介绍之前，对这个定义做一些备注。

(1) 形成 0 这一个“杰出”数字的选择完全是经过深思熟虑的，但从另一方面来说，这还是一种模糊和扩大矩阵作为 a_j、M_j 的编号方式。

(2) 这个选择后的客观事实是 M_0 在族中最简单的矩阵。通常来说，尤其在剪切波的情况下，有一个只缩放矩阵，因此它是一个对角化矩阵，这个矩阵对 M_0 来说是一个好的选择，其他矩阵可以将缩放与进一步的几何运算相结合，如剪切。

(3) 当考虑函数 $f_e(e \in \mathbf{Z}_m^*)$，此时存在的问题变得更加简单。仅当 $\mathscr{S}_0 = \mathscr{S}_{a_0}$ 无限重复了许多次时，这些函数是有限的细分过程，因此只有(a_0, M_0) 必须服从一个收敛的细分组合，其他可以随意选择，这涉及了模糊和扩张。

伴随着轻微修正，可以得到集合：

$$V_j^* \coloneqq \operatorname{span}\{f_e(M_d \cdot - \alpha) : e \in \mathbf{Z}_m^*, d \in \mathbf{Z}_m^j, \alpha \in \mathbf{Z}^s\} \tag{6.43}$$

观察得到的集合生成了一个 MRA 的合理延伸，V_j^* 的转化不变性和缩放性质在结构式(6.43) 中是显而易见的。然而，嵌套结构服从对于任何的 $f \in V_0^*$，都有 $f = f_e(\cdot - \alpha)$ 原则，可以得到

$$f = f_e(\cdot - \alpha) = \sum_{\beta \in \mathbf{Z}^S} a_{e_1}(\beta - M_{e_1}\alpha) f_{e^\infty}(M_{e_1} \cdot - \beta), \quad e = (e_1, e^\infty)$$

自 $e^\infty \in \mathbf{Z}_m^*$ 之后，来自 V_1^* 的又一个函数的线性组合。

定义 6 广义多分辨率基于细化的族$f_e(e \in \mathbf{Z}_m^*)$，并且空间 V_j^* 被称为多重多分辨分析(MMRA)。

备注 1 MMRA 与在文献[16] 中定义的多分辨率的概念相比，有一连串的相似之处。

下一个问题是什么是小波分析？为了回答这个问题，回顾 MRA 是怎么被初始化的，即考虑一个类似的插值推测，在文献[31] 中提到的 V_n。对于先验的一些阶数 n，有大量合理的选择，即

$$\varphi_c^{e^n} := (f_{e^n_*} * c)(M_{e^n} \cdot) = \sum_{\alpha \in \mathbf{Z}^S} c(\alpha) f_{e^n_*} * c)(M_{e^n} \cdot - \alpha), \quad e_n \in \mathbf{Z}_m^n$$

其中 c 值分别与(不同的)网格 $M_{e^n}^{-1}\mathbf{Z}^s$ 有关,在原则上当 M_j 不共享某种基本关系时,对于一个给定的向量函数,有 m^n 个不同样本,例如 g。

再一次假设 $a_j = g_{j,0}$,对于完美重建滤波器组$(F_j, G_j)(j \in \mathbf{Z})$中的一些有限的族,伴随相关联的滤波器 $f_{j,\varepsilon}$ 和 $g_{j,\varepsilon}(\varepsilon \in E_{M_j}, j \in \mathbf{Z}_m)$,对于多分辨率的本质来说,只有 $f_{j,0}$ 和 $g_{j,0}$ 是低通滤波器,进一步推广可以实现正式但是在实际中无用的内容。

有了滤波器组,对于每个 $j \in \mathbf{Z}_m$,通过分析滤波器组 F_j,把 c 分解成 $c_j^1 = (c_{j,0}^1)$ 并且 $d^1 = (d_{j,\varepsilon}^1 : \varepsilon \in E_{M_j})$,得到任意一个 $e^n = (e_1, \hat{e}^{n-1})$ 伴随着第一个数字 e_1:

$$\varphi_c^{e^n} = f_{\hat{e}^{n-1}_*} c_{e1}^1 + \sum_{\varepsilon \in E_{M_{e_1}} \setminus \{0\}} (\psi_{e^n, \varepsilon} * d_{e^1, \varepsilon}^1)(M_{\hat{e}^{n-1}} \cdot) \tag{6.44}$$

伴随着(广义的)小波分析:

$$\psi_{e^n, \varepsilon} = \sum_{\alpha \in \mathbf{Z}^s} g_{e_1, \varepsilon}(\alpha) f_{\hat{e}^{n-1}}(M_{e^1} \cdot - \alpha), \quad e^n \in \mathbf{Z}_m^n \tag{6.45}$$

一般情况遵循式(6.44)的迭代,使用一般的分解 $e^n = (e^k, \hat{e}^{n-k})$ $(k = 1, \cdots, n-1)$ 为

$$\varphi_c^{e^n} = f_0 * c_{e^n}^n \sum_{k=1}^{n} \sum_{\varepsilon \in E_{M_k} \setminus \{0\}} (\psi_{\hat{e}^{n-k+1}} * d_{(e^k, \varepsilon)}^k)(M_{\hat{e}^{n-k}} \cdot) \tag{6.46}$$

这个扩张关联了任何一个数据 c,有整体阶数为 n 的 m^n 的不同解读,为 e^n 索引,也是一个整体 m^n 可能的小波分析的分解,这些分解会是高度冗余的。然而,6.4.3 节 $c_{e^n}^n$ 和 $d_{e^k,\varepsilon}^k$ 中会用一个十分简单并且自然的计算去理解,因为它们被有效地安排在了一个树形图中。这个剪切波通过将 e^n 和定向成分联系起来,给出关于分解几何学的定义。

回顾滤波器组和 MRA 的基本原理,对于纯粹的数字和离散的滤波器组的操作,像式(6.46)一样的小波展开是唯一的分析说明和理由,这也是之后内容的重点。

做一个简短的说明,在式(6.45)和式(6.46)中,小波分析的一个重要性质是消失矩,它可以通过小波系数衰减的方式,去确定一些函数(局部)规则性的描述。这些性质可以见文献[36],在此不再赘述,即使它很受关注,因为理想的商是很好的,见文献[4,35]。

6.4.3　滤波器组、级联和树形图

在小波分解式(6.46)中,系数的计算对于分解和重建来说,都能被级联

的滤波器组(F_j,G_j) 十分简单地执行。正如在之前提及的,假设它像3.3 节中滤波器组一样,分别包含单一的低通滤波器$f_{j,0}$ 和 $g_{j,0}=a_j$,以及高通滤波器$f_{j,\varepsilon}$和 $g_{j,\varepsilon}(\varepsilon \in E_{M_j})$。使用这些假设进一步研究滤波器组。

从数据 $c \in \ell(\mathbf{Z}^s)$ 开始,并将它提供给每一个滤波器组,对于每个 $j \in \mathbf{Z}$,有

$$c_{j,0} = \downarrow_{M_j} F_{j,0} c$$
$$d_{j,\varepsilon} = \downarrow_{M_j} F_{j,\varepsilon} c, \quad \varepsilon \in E_{M_j}$$

这些数据之前出现过,即

$$c_{c^1}^1 \quad 和 \quad d_{e^1,\varepsilon}^1, \quad \varepsilon \in E_{M_{e_1}}$$

e^1 多重复合超过 $\mathbf{Z}_m^1$,这个分解能被图 6.1 所示的树形图确定。将所有的分解应用于迄今为止得到的所有 c^1 信号,结果为$c_{e^2}^2$ 和$d_{e^2,\varepsilon}^2(\varepsilon \in E_{M_{e_2}}, e^2 \in \mathbf{Z}_m^2)$,有一个树形图构造如图 6.2 所示。尽管树形图随着分解阶数的增加变得更加复杂,但它的结构仍旧是很简单的。最终会从系数 c 伸展成一棵树,树叶为

$$c_{e^n}^n, e^n \in \mathbf{Z}_m^n \quad 和 \quad d_{e^k}^k, e^k \in \mathbf{Z}_m^k, \quad k=1,\cdots,n$$

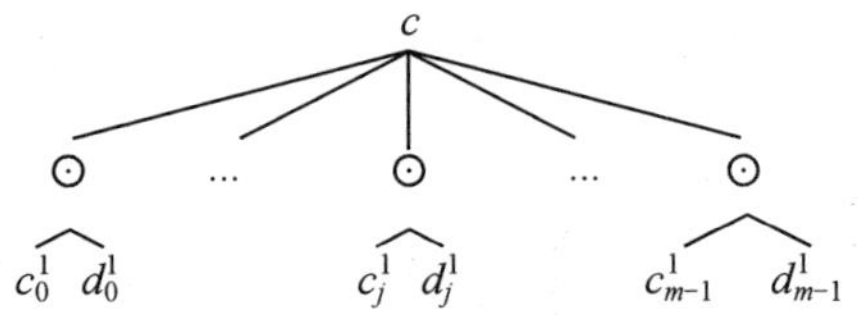

图 6.1　多重滤波器组的一阶分解

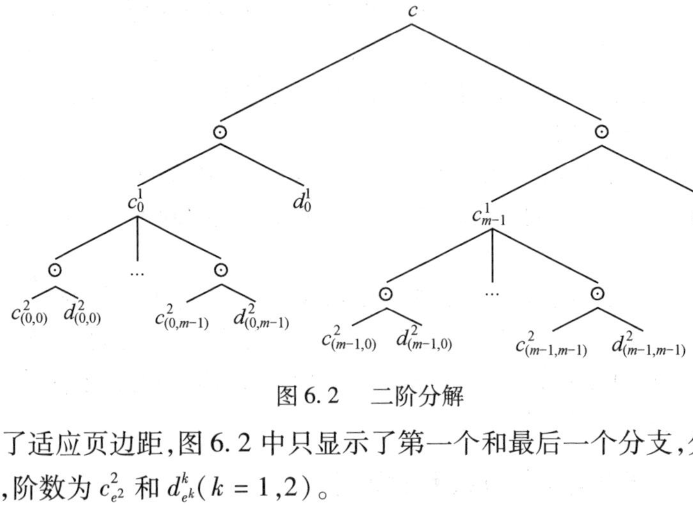

图 6.2　二阶分解

为了适应页边距,图 6.2 中只显示了第一个和最后一个分支,分别遵循 c_0^1 和 c_{m-1}^1,阶数为 $c_{e^2}^2$ 和 $d_{e^k}^k(k=1,2)$。

并且,这些恰恰是式(6.46) 小波分解中显示的系数。这个估算的复杂性

和存储需求在初始相当巨大，并且计算的复杂性呈指数形式上升（如 m^n），这是不可避免的；另外，如果以一个适当的方式存储系数向量，并且利用一旦系数超过 k 阶，$c_{e^{k-1}}^{k-1}$ 不需要任何条件的事实，就会得到 $c_{e^k}^k$ 和 $d_{e^k}^k$ 是可计算的，至少存储需求证明了它是合理适中的，即 c 只需要一个常数倍的存储空间。在文献[21]中指出了对于剪切波的情况，一般情况下解读如下（引理 2）。

引理 2　如果一个增广矩阵是充分扩充的，对于一个有限支撑信号 c 的深度为 n 的 MMRA 树，其所需的空间为 $O\#(c)$，其中 $\#c=\#\{\alpha\in\mathbf{Z}^s: c(a)\neq 0\}$。

证明　通过分析滤波器对信号 c 滤波需要存储空间为 $\#c+C$，其中

$$C\geqslant\max_{j\in\mathbf{Z}_m}\max_{\varepsilon\in E_{M_j}}\#f_{j,\varepsilon}$$

是一个表达了滤波器重叠部分的常数。通过 M_j 降采样，从而通过 $|\det M_j|$ 减少空间开销，因此全部空间开销的界限为

$$\sigma(1):=\sum_{j\in\mathbf{Z}_m}\left(\frac{\#c+C}{|\det M_j|}+\sum_{\varepsilon\in E_{M_j}}\frac{\#c+C}{|\det M_j|}\right)$$

第一项描述了 c^1 的空间开销，其他项描述了 d^1 的空间开销。只分解 c 部分，得到空间开销的估计的界限为

$$\sigma(2):=\sum_{e^2\in\mathbf{Z}_m^2}\left(\frac{\#c+2C}{|\det M_{e^2}|}+\sum_{\varepsilon\in E_{M_{e_2^2}}}\frac{\#c+2C}{|\det M_{e^2}|}\right)+\sum_{e^1\in\mathbf{Z}_m^1}\sum_{\varepsilon\in E_{M_{e_1^1}}}\frac{\#c+C}{|\det M_{e^1}|}$$

得到如下估计：

$$\sigma(n):=\sum_{e^n\in\mathbf{Z}_m^n}\frac{\#c+nC}{|\det M_{e^n}|}+\sum_{k=1}^{n}\sum_{e^k\in\mathbf{Z}_m^k}\sum_{\varepsilon\in E_{M_{e_k^k}}}\frac{\#c+kC}{|\det M_{e^k}|}\tag{6.47}$$

令 $\rho<1$ 为 $(M_j^{-1}: j\in\mathbf{Z}_m)$ 的联合谱半径，假设

$$m\rho<1\tag{6.48}$$

这是上面提到的充分扩展性质，证明：

$$\sigma(n)\leqslant(\#c+nC)(m\rho)^n+\left(\max_{j\in\mathbf{Z}_m}|\det M_j|\right)\sum_{k=1}^{n}(\#c+kC)(m\rho)^k$$

是独立于 n 有界的。

如果矩阵中的联合谱条件得到满足，可以得到一个空间利用率高效的编码，将原始数据 c 通过不同的滤波器组映射成一个系数树，这棵树可以在接下来的步骤继续处理，如小波系数的阈值化。在阈值化中，如果滤波器组有特定的性质，则处理过程会更加高效。

定义 7　记 $\|\cdot\|$ 为在 $\ell(\mathbf{Z}^s)$ 上的一个范数，如果存在一个常数 $C>0$，使

$$\sum_{\varepsilon \in E_M} \| F_\varepsilon c \| \leqslant C \| c \| \tag{6.49}$$

则称这样的滤波器组是保范的。

保范的滤波器组中最重要的一个例子是正交滤波器组，来自经典小波分析，参考文献[8,27, 39]，其中二范数和正交小波分解被使用，甚至 $C = 1$。

保范的滤波器组可以被用作树裁剪，对于很小的系数 $C_{e^k}^k$，它的子树只能包含很小的值，因此不必计算，如当阈值或基础追踪方法被用来进行扩展时，见文献[27]，可以极大的减少时间和空间开销。

从树来重新构造 c 是显而易见的，只使用综合滤波器组从它的子树 $c_{e^{k+1}}^{k+1}$ 和 $d_{e^{k+1},\varepsilon'}^{k+1}$ 来确定 $C_{e^k}^k$，其中 e^k 是 e^{k+1} 的初始段。因此，只需要反向遍历树，通过综合的滤波器组，根据节点的后继，进而重构每个节点的值。因为树的部分被剪裁，所以一些重构不用进行。

值得一提的是，在整个计算中，数字部分 $\mathbf{Z}_m^*$ 和 V_j^* 的定义并不依赖于对0的"偏爱"。唯一的不同是对在式(6.46)中树上叶节点上值的解释，如果用一个任意值 $e \in \mathbf{Z}_m^\infty$ 代替0，那将会分解一个不同的连续的定义，但是值依旧保持不变。

6.4.4 对树的处理

6.4.3 节中用树的自然结构去描述 MMRA，当然，任何 MRA 也是 MMRA 并且具有树的扩展，仅包含一个单一的分支，但是这意味着任何小波扩展的仿真中必须单独考虑任何一个分支，而且，任何处理中都涉及很多函数。

为了对分支进行更具体的考虑，考虑以下三种不同情况。

(1) 从一个在第 n 层采样的函数开始，开始处理有穷树中被标记为 e^k 的分支($k \leqslant n$)，这就是完整的离散概念。从有限网格 $M_{e^n}^{-1}\mathbf{Z}^s$ 的值开始，一直迭代到 $\mathbf{Z}^s$，是最大程度的粗糙度。

(2) 在一个函数空间第 0 层开始采样：

$$\varphi_c^e = f_e * c \in V_0^*, \quad e \in \mathbf{Z}_m^* \tag{6.50}$$

进行近似于无限的小波分解：

$$\varphi_c^e = \sum_{k=1}^{\infty} \sum_{\varepsilon \in E_M \setminus \{0\}} (\psi_{e^{k-1,\infty},\varepsilon} * d_{e^k,\varepsilon}^k)(M_{e^k}^{-1}), \quad e = (e^k, e^{k,\infty}) \tag{6.51}$$

分解成越来越粗糙的信息部分，它对应着经典的完整小波分解，可以分别通过这个无穷树中的任意分支获得。$e \in \mathbf{Z}_m^*$ 有着很重要的优点，只要所有单一滤波器组包含 FIR 波滤器，分解一定存在，这使得理想的重构可以进行，并且只有 $g_{0,0}$ 需要定义一个收敛的细分方案。

(3) 完整的无穷函数空间方法,$\varphi_c^e \in V_0$ 和 $e \in \mathbf{Z}_m^*$。这个要求更强,因为以 $g_{j,0}(j \in \mathbf{Z}_m)$ 为基础的多种细分方法,必须是收敛的,它要求滤波器组之间有更多的相关性质,相关收敛分析可参考文献[36]。

独立于模型,所有分解的相关性质(即使是加细)都是垂直自证的,这引出了定义 8,它存在于"中间"函数空间分解的内容中。

定义 8　系统 $\psi_{e,\varepsilon}$ 被称为小波框架。如果对于任意的 $e \in \mathbf{Z}_m^*$,存在常数 A_e、B_e,使

$$A_e\Big(\sum_{k=1}^{\infty}\sum_{\varepsilon \in E_M \setminus \{0\}} \| d_{e^k,\varepsilon}^k \|\Big) \leqslant \| \varphi_c^e \| \leqslant B_e\Big(\sum_{k=1}^{\infty}\sum_{\varepsilon \in E_M \setminus \{0\}} \| d_{e^k,\varepsilon}^k \|\Big)$$

在紧支撑框架中,$A_e = B_e$ 并且如果所有单独的 MRAs 是正交的,则有 $A_e = B_e = 1$。

6.4.5　构造规范插值方法

在 6.3.2 节中,插值细分是一个很简单且自然的方法去获得完美重构的滤波器组,因此,插值能够被直接用来生成 MMRA,本节将更详细得讨论此方法。Dubuc 和 Deslauriers 的经典论文(文献[10])介绍了一系列单变量的插值细分方法,通过局部的多项插值,得到的细分函数是 Daubechies 尺度函数的自相关,参考文献[8,29],将此方法直接扩展用来解决广义单变量整数比例因子,如文献[24]。关于 2 的幂指数的比例因子的插值方法更容易得到,通常情况下,迭代一个二值化方法(如比例因子为 2 的方法)就已经足够。

假设对于任何整数 $r \geqslant 1$,可以得到一个理想的单变量紧支撑,插值 r-adic 细分方法,其中 b_r 为掩模:

$$c'(r\,\cdot) = c \text{ 其中 } c' = \sum_{k \in \mathbf{Z}^s} b_r(-rk)c(k), \quad c \in \ell(\mathbf{Z})$$

被广泛接受的方法有更让人惊喜的性质,如多项式极限函数的光滑性,更多的性质可在文献[11]中查找。

第一步是从单变量的方法中,构造对于任意 M 收敛的插值细分的方法。如果 M 是对角线上元素全大于 2 的对角矩阵,那么可以使用张量乘积方法,它会收敛到张量乘法极限函数。更具体来说,如果 $d_j \geqslant 2(j = 1, \cdots, s)$,记作 D 对角线上的元素,那么

$$b_D = \bigotimes_{j=1}^{s} b_{d_j} \in \ell_{00}(\mathbf{Z}^s)$$

是一个关于 s 个变量收敛细分方法的掩模,这种方法继承了它的单变量元素 b_{d_j} 的所有性质。如果 M 是一个广义增广矩阵,并能进行 Smith 分解 $M = PDQ$,

记 $b=b_D(P^{-1})$，则

$$\mathscr{S}_b c=\sum_{\alpha\in\mathbf{Z}^s} b_D(P^{-1}\cdot-DQ\alpha)c(\alpha)=\sum_{\alpha\in\mathbf{Z}^s} b_D(P^{-1}\cdot-D\alpha)c(Q^{-1}\alpha)$$

因此

$$\mathscr{S}_b c(P\beta)=\sum_{\alpha\in\mathbf{Z}^s} b_D(\beta-D\alpha)c(Q^{-1}\alpha)=(\mathscr{S}_{bD}c(Q^{-1}\cdot))(\beta)$$

或者，因为 b_D 是插值掩模

$$\mathscr{S}_b c(PD\beta)=c(Q^{-1}\beta),\quad \beta\in\mathbf{Z}^s \tag{6.52}$$

又因为 Q 是一个幺模，可以将式(6.52) 中的 β 替代成 $Q\beta$，得到 $\mathscr{S}_b c(M\cdot)=c$，因此 S_b 是插值，b 的符号为

$$b^{\#}(z)=\sum_{\alpha\in\mathbf{Z}^s} b_D(P^{-1}\alpha)z^{\alpha}=\sum_{\alpha\in\mathbf{Z}^s} b_D(\alpha)z^{P\alpha}=:b_D^{\#}(y)$$

其中，变量 $y:=z^P=(z^{P_1},\cdots,z^{P_s})$ 发生了相反的变化，因为收敛性可以用符号表示，同时因为幺模作用于掩模仅仅导致变量的符号变化。定理 8 给出了最初来自 Derado[9] 和 Han[18] 中的一个定理简单构造性证明。

定理 8　对于任何扩展缩放矩阵 M，存在一个收敛的插值细分方法和一个细分基函数。

因此对于增广矩阵组 $M_j(j\in\mathbf{Z}_m)$，存在相关的插值细分方法使每一个方法都是收敛的，尤其是 a_0，因此，f_0 和 MMRA 中别的部分都能被很好的定义。特别要指出的是，分析和合成的滤波器组在式(6.29) 和式(6.30) 中被定义，推出用于分解的显式公式：

$$c_{e^n}^n=c_{e^{n-1}}^{n-1}(M_{e_n}\cdot) \tag{6.53}$$

$$d_{e^n,\varepsilon}^n=(c_{e^{n-1}}^{n-1}-\mathscr{S}_{en}c_{e^n}^n)(M_{e_n}(\cdot-\varepsilon)),\quad \varepsilon\in E_{M_{e_n}} \tag{6.54}$$

重构如下：

$$c_{e^{n-1}}^{n-1}(M_{e_n}\cdot+\varepsilon)=\mathscr{S}_{en}c_e^n(M_{e_n}\cdot+\varepsilon)+d_{e^n,\varepsilon}^n,\quad \varepsilon\in E_{M_{e_n}} \tag{6.55}$$

式中，$d_{e^n,0}^n=0$。

表明了对于任何增广矩阵组，总是存在一个插值 MMRA；此外，它可以通过一个直接并且完全规范的步骤从给定的单变量插值方法中构造。

6.5　剪切波的细分和多分辨率

到目前为止，在 MMARs 的定义中，剪切波的细分和多分辨率是相当普遍的，实际上甚至可能是低通滤波器不是偶数阶低通滤波器，并且缩放矩阵几乎完全无关，仅仅其逆联合谱半径必须小于 1，当然这样一个通用的细分和分

解操作的几何意义不能也不应该被期望得到;另外,选择一个适当的 M_j 对于从 MMRA 分解式(6.34)提取底层函数的几何信息是有用的。

事实上,根据迄今设定的背景,离散剪切波可以被认为是多重细分体系的一个特殊状况,其缩放矩阵也可以提供几何信息。剪切波的主要思想是提供旋转几何变换,其含有方向性信息,不过保留整数坐标系 $\mathbf{Z}^s$ 不变。

6.5.1　剪切和缩放

剪切波的几何形状是剪切和适当缩放共同作用的结果,在同一平面上对其操作,即在一个线性空间通过旋转的方式。

定义 9　一个剪切矩阵 $S \in \mathbf{R}^{s\times s}$ 被定义成块状形式:

$$S = S(W) = \begin{pmatrix} I_p & W \\ 0 & I_q \end{pmatrix}, \quad W \in \mathbf{R}^{p\times q}, p、q \leqslant s \tag{6.56}$$

式中,I_p 和 I_q 分别代表 $p\times p$ 和 $q\times q$ 的单位阵,主要将单位块下标去掉,因为其维数来自于 W 的大小。

在 $\mathbf{Z}^s$ 上的剪切是单模矩阵 $S(W)^{-1} = S(-W) \in \mathbf{Z}^{s\times s}$。几何上一个剪切的映射,从向量 $\begin{pmatrix} x \\ y \end{pmatrix}$ 到 $\begin{pmatrix} x + Wy \\ y \end{pmatrix}$,后 q 个变量不变,前 p 个坐标偏移 Wy。

后 q 个坐标不变是在坐标中非常谨慎的选择,没有任何理由。一个完整的剪切波分解需要考虑所有可能的 q 个不变的变量的组合,参考文献[21,22]。

将 S 与一个抛物缩放矩阵组合:

$$D = \begin{pmatrix} 4I_p & 0 \\ 0 & 2I_q \end{pmatrix} \tag{6.57}$$

上式在剪切坐标中比在不变量中更缩放。

因为

$$D = \begin{pmatrix} 4I & 0 \\ 0 & 2I \end{pmatrix}\begin{pmatrix} I & W \\ 0 & I \end{pmatrix} = \begin{pmatrix} 4I & 4W \\ 0 & 2I \end{pmatrix} = \begin{pmatrix} I & 2W \\ 0 & I \end{pmatrix}\begin{pmatrix} 4I & 0 \\ 0 & 2I \end{pmatrix}$$

有简单而有用的恒等式:

$$\begin{gathered} DS(W) = S(2W)D \\ S(W)S(W') = S(W + W') \end{gathered} \tag{6.58}$$

定义 10　一个剪切波细分,其关联矩阵 $W_j \in Z^{p\times q}(j \in \mathbf{Z}_m)$,$W_0 = 0$ 是缩放矩阵的多重细分形式,其中缩放矩阵 $M_j = DS(W_j)(j \in \mathbf{Z}_m)$。

选择 $W_0 = 0$ 保证纯缩放是包括在伸缩矩阵中,除了明显的几何意义外,它总是使剪切波滤波器组的构建作为一个对于 M_0 的收敛细分体系 a_0,能立刻被张量乘积结构得到,因此,剪切波 MMRAs 也能够被构造在非插值情形。

例 6.1　经典剪切波细分,对于 $s=2$,令 $q=1$ 和 $W_j=j(j\in\mathbf{Z}_1)$,这种类型的细分已经在文献[22]中介绍和讨论过。

根据式(6.58)给出迭代缩放矩阵 M_{e^n} 的多细分方法的显式公式,为

$$e^n=(e_1,\cdots,e_n)\in\mathbf{Z}_m^n$$

剪切如下:

$$M_{e^n}=M_{e_n}\cdots M_{e_1}=DS(W_{e_n})\cdots DS(W_{e_n})=S(2W_{e_n})D^2S(2W_{e_{n-1}})\cdots DS(W_{e_1})$$

$$=\prod_{k=1}^{n}S(2^kW_{e_{n+1-k}})D^n=S(\sum_{k=1}^{n}2^{n+1-k}W_{e_k})D^n$$

因此也有

$$M_{e^n}^{-1}=D^{-n}S(-\sum_{k=1}^{n}2^{n+1-k}W_{e_k})=S(-\sum_{k=1}^{n}2^{1-k}W_{e_k})D^{-n}\tag{6.59}$$

式(6.59)意味着 $M_{e^n}^{-1}=D^{-n}U_{e^n}=V_{e^n}D^{-n}$,其中 U_{e^n} 和 V_0 都是偶单模矩阵。有一个对于滤波器组分解非常有效的结果,对要分析的函数 f 在坐标系 $M_{e^n}^{-1}\mathbf{Z}^s=D^{-n}U_{e^n}\mathbf{Z}^s=D^{-n}\mathbf{Z}^s$ 中进行采样,只要知道最简单的坐标系 $D^{-n}\mathbf{Z}^s$ 就可。

显然,剪切参数 $W_j(j\in\mathbf{Z}_m)$ 的选择决定剪切波系统下的非固定几何,它决定 W_j 线性独立绝对是有意义的,因为

$$M_{e^n}^{-1}=\begin{pmatrix}1 & -\sum_{k=1}^{n}2^{1-k}W_{e_k}\\ 0 & I\end{pmatrix}\begin{pmatrix}4^{-n}I & 0\\ 0 & 2^{-n}I\end{pmatrix}=\begin{pmatrix}4^{-n}I & -2^{1-2n}\sum_{k=1}^{n}2^{-k}W_{e_k}\\ 0 & 2^{-n}I\end{pmatrix}$$

所以

$$M_{e^n}^{-1}=\begin{pmatrix}x\\ y\end{pmatrix}=2^{-n}\begin{pmatrix}2^{-n}(x-2\sum_{k=1}^{n}2^{-k}W_{e_k}y)\\ y\end{pmatrix}\tag{6.60}$$

在类似文献[22]中二元情况下,e 的数字定义的二进制数服从一个特定的剪切 W_j 应用的程度。但是一般情况下,不能直观地得到很多有关 $M_{e^n}^{-1}$ 的几何形式。

6.5.2　余维数 1 的剪切:超平面剪切波

剪切最重要的应用是检测局部波前或在某点的切平面,这些切平面是超平面,所以缩放仅需要取消一维,意味着必须选择 $q=1$,因此 $p=s-1$。任意 $W_j(j\in\mathbf{Z}_m)$ 是在 $\mathbf{Z}^{s-1}$ 中的一个向量,选择 $m=s-1$ 和使用单位向量 $W_j\in$

$\mathbf{R}^{s-1}(j \in \mathbf{Z}_{s-1} \backslash \{0\})$,如在三维中,推出

$$M_0 = \begin{pmatrix} 4 & 0 & 0 \\ 0 & 4 & 0 \\ 0 & 0 & 2 \end{pmatrix}, \quad M_1 = \begin{pmatrix} 4 & 0 & 4 \\ 0 & 4 & 0 \\ 0 & 0 & 2 \end{pmatrix}, \quad M_2 = \begin{pmatrix} 4 & 0 & 0 \\ 0 & 4 & 4 \\ 0 & 0 & 2 \end{pmatrix}$$

向量$\begin{pmatrix} x \\ 1 \end{pmatrix} \in \mathbf{R}^s$ 被映射到

$$M_{e^n}^{-1}\begin{pmatrix} x \\ 1 \end{pmatrix} = 4^{-n}\begin{pmatrix} x_1 - \xi_1 \\ \vdots \\ x_{s-1} - \xi_{s-1} \\ 2^n \end{pmatrix}, \quad \xi_j = \sum_{k=1}^{n} 2^{1-k}\delta_{e_k,j}$$

因此

$$\xi \in \frac{2^n - 1}{2^{n-1}}\Delta_{s-1} \subset 2\Delta_{s-1}$$

$$\Delta_{s-1} = \{x \in \mathbf{R}^{s-1} : s_j \geqslant 0, \sum s_j = 1\}$$

其中 Δ_k 表示在 $\mathbf{R}^k$ 中 $k-1$ 维单位。在有限的区间内,当 $n \to \infty$ 时,向量 ξ 包含在 $2\Delta_{s-1}$ 中的二进制数。

假设 $z = \begin{pmatrix} x \\ 1 \end{pmatrix}$ $(x \in [0,1]^n)$,因此 $\|z\|_\infty = 1$ 是典型超平面 $H \subset \mathbf{R}^s$,在 j 方向上的斜率由 x_j 给出,整理后得

$$z' = 2^n M_{e^n}^{-1}\begin{pmatrix} x \\ 1 \end{pmatrix} = \begin{pmatrix} 2^n(x - \xi) \\ 1 \end{pmatrix} \in \mathbf{Z}^s \tag{6.61}$$

在变换后,超平面整数斜率在 $-2^n \sim 2^n$ 之间,把文献[22,引理2.3]扩展到更高的维数。在 z' 中通过确定 ξ 的成分得到的值等于 x 的二进制扩展,但仅当 $x \in \Delta_{s-1}$ 时成立。标准化向量来自第一个式子,这是锥形剪切波的离散分析,剪切的几何仅能包含所有斜率的一部分,其他需要考虑所有 W_j 的组合、W_j 是正或负的单位向量,同时得到合适的固定坐标,实际上已经在文献[21,22]被提到。

一个完整的、能够包含所有斜率的离散剪切波分析需要 $s2^{s-1}$ 个不同的剪切波变换。

换句话说,除了 MMRAs 树的存在而增加的复杂性外,还必须考虑 MMRAs 的 $S2^{s-1}$ 个,从而考虑树以便完全覆盖方向系数。除此之外,由于方向参数,即使对于任意数字数列 e^n 存在一个关联斜率,这个关系不是一致,并且通过特殊非均匀的方式得到方向是分布式的。然而用剪切波 MMRA 分解一

个信号提供一种表示，只要所有滤波器是有限支撑的，在树中参数 $d^n_{e^n}$ 的位置编码了局部方向信息。

由于 $s \geqslant 2$, $\det M_j = 2^{2s-1} > s = m$，余维 1 的剪切波细分也在引理 2 中充分扩展。因此，方向树分解能与储存空间相同的顺序，按原始采样的需要来计算。

6.5.3　通过张量积计算正交剪切波

剪切 MMRA 的另一个性质是它含有明确的离散正交剪切波结构，甚至是紧支撑的，再选一个 a 作为单变量细分格式的掩膜，限制函数为 φ，这次含有正交的整数转换，如 Daubechies 小波尺度函数的掩膜（见文献[8,27]）；此外，令 $a^2 = \mathscr{S}_a a$ 拥有四进制格式（比例因数为4），将 $\mathscr{S}_a$ 应用于掩膜 a 即可得到，本次过程的限制函数 φ^2 也含有正交的整数转换，张量积为

$$\varphi(x) = \bigotimes_{j=1}^{p} \varphi^2(x_j) \otimes \bigotimes_{j=p+1}^{s} \varphi(x_j)$$

拥有正交的多整数转换，并且是关于以下张量积的 M_0 - 细分：

$$a(\alpha) = \bigotimes_{j=1}^{p} a^2(\alpha_j) \otimes \bigotimes_{j=p+1}^{s} a(\alpha_j)$$

上式解决了第一个构成要素，并且直接定义了 MMRA 中的函数 f_0，余下的掩膜可由 a 做单模变量代换获得：

$$a_j \coloneqq a(U_{j^*})$$

$$U_j = U_{(j)} = DM_j^{-1} = \begin{pmatrix} I & -2W_j \\ 0 & 0 \end{pmatrix} \tag{6.62}$$

隐含的定义于式(6.59)，函数 $f_{e^n_*}$ 由式(6.26) 在 n 维被归纳定义，即

$$F_{(j,e^n_*)} = |\det M|^{\frac{1}{2}} \sum_{\alpha \in \mathbf{Z}^s} a_j(\alpha) f_e(M_j \cdot - \alpha), \quad j \in \mathbf{Z}_m, e \in \mathbf{Z}_m^* \tag{6.63}$$

式(6.63) 给出了一系列沿分支正交的函数。

引理 3　对于 $e \in \mathbf{Z}_m^*$，有

$$\int_{\mathbf{R}^s} f_e(x - \alpha) f_e(x) \mathrm{d}x = \delta_{\alpha,0}, \quad \alpha \in \mathbf{Z}^s \tag{6.64}$$

$$\int_{\mathbf{R}^s} \psi_{e,\varepsilon}(\cdot - \alpha) f_e(x) \mathrm{d}x = 0, \quad \alpha \in \mathbf{Z}^s, \varepsilon \in E_M \setminus \{0\} \tag{6.65}$$

证明　写下 $e = e^n_* = (e_1, \hat{e}^{n-1}, 0) = (e_1, \hat{e})$，并且在 n 维执行归纳，$n = 0$ 的情况是不重要的。

应用式(6.63)，可得

$$\int_{\mathbf{R}^s} f_e(x - \alpha) f_e(x) \mathrm{d}x = \sum_{\beta,\gamma \in \mathbf{Z}^s} a_{e_1}(\beta) a_{e_1}(\gamma) \int_{\mathbf{R}^s} f_{\hat{e}}(M_{e_1}(x - \alpha) - \beta) f_{\hat{e}}(M_{e_1} x - \gamma) \mathrm{d}x$$

$$= \sum_{\beta,\gamma \in \mathbf{Z}^s} a_{e_1}(\beta) a_{e_1}(\gamma) \delta_{\beta + M_{e_1}\alpha, \gamma}$$
$$= \sum_{\beta \in \mathbf{Z}^s} a(U_{e_1}\beta) a(DM_{e_1}^{-1} M_{e_1}\alpha + U_{e_1}\beta)$$
$$= \sum_{\beta \in \mathbf{Z}^s} a(\beta) a(D\alpha + \beta) = \delta_{\alpha,0}$$

最后一个恒等式是相关细分函数正交性的符号表示,参考文献[3.7]。

式(6.65)的证明方式与此相似,首先对 f_e 应用细分方程,用式(6.45)代替小波,再用式(6.64)代替 e、滤波器的双正交性和 U_{e_1} 的单模性。

以上就是紧支正交剪切波在 $\mathbf{R}^s$ 简单又明确的结构,所有正交小波的普通性质都适用,然而所有的性质仅沿树垂直层次适用,而沿树水平层次则不成立。没有理由假设 f_e 与 $f_{e'}$、e 与 e' 正交或在某方面相关,除非它们可能是相似的(因此几乎有正交转换),假设(a,M)定义了一个收敛细分格式,见定理7。

6.5.4 实现

文献[21]中已经认识和考虑了差值离散剪切波变换的概念证明实现,大量的实验表明离散剪切波变换确实表现的如预期的那样,并且小波系数大,位置和切线方向由各自树分支决定的小波系数和斜率局部化重合。一个测试应用是压缩,包含分解、阈值化和重建三个过程。一个非常小的门限值压缩的部分结果如图 6.3 所示,从图中可以看出,构筑点在某种程度上是否垂直于边缘。值得一提的是,阈值化比原先预测得更为复杂,有许多关于树中同一绝对值的系数,所以阈值化也在某种程度上变成了一个随机化过程。

图 6.3　两个阈值化后重建的例子

到目前为止,由函数 f_0 和

$$\{\psi_{e^k,\varepsilon} : k = 1, \cdots, n, \varepsilon \in E_M \setminus \{0\}\}$$

构成的巨大代码词典的最优选择策略该如何表示还不清楚,但不得不重视树结构。

应用有限长度非零滤波器会导致常见的边值问题，并且任意一种已知克服这种问题的策略，如数据放大、周期化和补零都可在此应用，同样包含常见的注意事项、问题和副作用。然而此处有一个微小的附加陷阱，剪切角能够剧烈地增强边界补全效应，如过度剪切和周期化的结合会导致缠绕效应，会产生垂直于缠绕方向的边缘。

另一个问题是抽样矩阵 D 的各向异性，在 $s=2$ 时，$D=\begin{pmatrix}4 & 0\\0 & 2\end{pmatrix}$，这意味着图像沿 x 轴方向的抽样频率是沿 y 轴方向抽样频率的二倍。然而这一现象似乎只是由于演示时间的短暂，因为如前所述，一个完整的剪切波分解必须考虑所有沿特定坐标的选择，这意味着矩阵 $D=\begin{pmatrix}4 & 0\\0 & 2\end{pmatrix}$ 抽样也必须被考虑进去，并且建议以一个尺寸为 $2^n\times 2^n$ 的二次型图像作为开始。对于第一种剪切波分解，图像的亚采样经 n 元的二进制细分（若要保存原图像值应选用插值方案，否则任意方案都适用）产生一个 $4^n\times 2^n$ 的分辨率以便用于剪切波分解，同样的步骤也应用在另一方向上。相反如果图像由剪切波分解重构，因此具有 $4^n\times 2^n$ 或 $2^n\times 4^n$ 的大小，最终 $4^n\times 2^n$ 图像可由下采样或平均化获得，再多一步平均化过程即可由这些图像形成最终结果，最后的平均化与滤波器组操作的线性性质一致。

所有的实现方法仍处于一个非常早期的阶段，原因很简单，复杂性的急剧上升从一开始就需要使用效率高的实现方法，并且催生许多亟待解决的细节问题。如今出现了一套 octave（倍频程）程序实现对相对小的图像的剪切波分解的几个等级。以上是学士论文[21]的一部分并在其中有相应的描述。

本章参考文献

[1] Adams, W. W., Loustaunau, P. An Introduction to Groebner Bases, Graduate Studies in Mathematics, vol. 3. AMS, 1994.

[2] Benedetto, J. J., Treiber, O. M. Wavelet frames: multiresolution analysis and extension principles. In: Wavelet transforms and time-frequency signal analysis, Appl. Numer. Harmon. Anal., pp. 3-36. Birkhäuser Boston, 2001.

[3] Cavaretta, A. S., Dahmen, W., Micchelli, C. A. Stationary Subdivision, Memoirs of the AMS, vol. 93 (453). Amer. Math. Soc., 1991.

[4] Cox, D., Little, J., O'Shea, D. Ideals. Varieties and Algorithms, 2. edn. Undergraduate Texts in Mathematics. Springer-Verlag, 1996.

[5] Cox, D., Little, J., O'Shea, D. Using Algebraic Geometry, Graduate Texts in Mathematics, vol. 185. Springer Verlag, 1998.

[6] Cox, D. A., Sturmfels, B. (eds.) Applications of Computational Algebraic Geometry. AMS, 1998.

[7] Dahmen, W., Micchelli, C. A. Biorthogonal wavelet expansion. Constr. Approx. 13, 294-328, 1997.

[8] Daubechies, I. Ten Lectures on Wavelets, CBMS-NSF Regional Conference Series in Applied Mathematics, vol. 61. SIAM, 1992.

[9] Derado, J. Multivariate refinable interpolating functions. Appl. Comput. Harmonic Anal. 7, 165-183, 1999.

[10] Deslauriers, G., Dubuc, S. Symmetric iterative interpolation processes. Constr. Approx. 5, 49-68, 1989.

[11] Dyn, N., Levin, D. Subdivision schemes in geometric modelling. Acta Numerica 11, 73-144, 2002.

[12] Eisenbud, D. Commutative Algebra with a View Toward Algebraic Geometry, Graduate Texts in Mathematics, vol. 150. Springer, 1994.

[13] Faber, G. Über stetige Funktionen. Math. Ann. 66, 81-94, 1909.

[14] Föllinger, O. Laplace-, Fourier-und z-Transformation. Hüthig, 2000.

[15] Gauss, C. F. Methodus nova integralium valores per approximationem inveniendi. Commentationes societate regiae scientiarum Gottingensis recentiores III, 1816.

[16] Guo, K., Labate, D., Lim, W., Weiss, G., Wilson, E. Wavelets with composite dilations and their MRA properties. Appl. Comput. Harmon. Anal. 20, 231-249, 2006.

[17] Hamming, R. W. Digital Filters. Prentice-Hall (1989). Republished by Dover Publications, 1998.

[18] Han, B. Compactly supported tight wavelet frames and orthonormal wavelets of exponential decay with a general dilation matrix. J. Comput. Appl. Math. 155, 43-67, 2003.

[19] Han, B., Kutyniok, G., Shen, Z. A unitary extension principle for shearletsystems. Math. Comp. (2011). Accepted for publication

[20] Jia, R. Q., Micchelli, C. A. On the linear independence for integer translates of a finite number of functions. Proc. Edinburgh Math. Soc. 36, 69-85, 1992.

[21] Kurtz, A. Die schnelle Shearletzerlegung. Bachelor Thesis, Justus-Liebig-Universität Gießen, 2010.

[22] Kutyniok, G., Sauer, T. Adaptive directional subdivision schemes and shearlet multiresolution analysis. SIAM J. Math. Anal. 41, 1436-1471, 2009.

[23] Latour, V., Müller, J., Nickel, W. Stationary subdivision for general scaling matrices. Math. Z. 227, 645-661, 1998.

[24] Lian, J. On a-ary subdivision for curve design. III. $2m$-point and ($2m$ + 1)-point interpolatory schemes. Appl. Appl. Math. 4, 434-444, 2009.

[25] Logar, A., Sturmfels, B. Algorithms for the Quillen-Suslin theorem. J. Algebra 145, 231-239, 1992.

[26] Mallat, S. Multiresolution approximations and wavelet orthonormal bases of $L^2(\mathbf{R})$. Trans. Amer. Math. Soc. 315, 69-87, 1989.

[27] Mallat, S. A Wavelet Tour of Signal Processing, 2. edn. Academic Press, 1999.

[28] Marcus, M., Minc, H. A Survey of Matrix Theory and Matrix Inequalities. Prindle, Weber & Schmidt (1969). Paperback reprint, Dover Publications, 1992.

[29] Micchelli, C. A. Interpolatory subdivision schemes and wavelets. J. Approx. Theory 86, 41-71, 1996.

[30] Möller, H. M., Sauer, T. Multivariate refinable functions of high approximation order via quo-tient ideals of Laurent polynomials. Adv. Comput. Math. 20, 205-228, 2004.

[31] Park, H., Woodburn, C. An algorithmic proof of suslin's stability theorem for polynomial rings. J. Algebra 178, 277-298, 1995.

[32] Park, H. J. A computational theory of Laurent polynomial rings and multidimensional FIR systems. Ph. D. thesis, University of California at Berkeley, 1995.

[33] Ron, A., Shen, Z. Affine systems in $L^2(\mathbf{R}^d)$ The analysis of the analysis operator. J. Funct. Anal. 148, 408-447, 1997.

[34] Rushdie, S. Shame. Jonathan Cape Ltd., 1983.

[35] Sauer, T. Multivariate refinable functions, difference and ideals—a simple tutorial. J. Comput. Appl. Math. 221, 447-459, 2008.

[36] Sauer, T. Multiplesubdivision. In: Curves and Surfaces 2010, 7th

International Conference, Avignon, France, June 24-30, Lecture Notes in Computer Science, Vol. 6920. Springer, 2011.

[37] Schüßler, H. W. Digitale Signalverarbeitung, 3. edn. Springer, 1992.

[38] Sweldens, W. The lifting scheme: a custom-design construction of biorthogonal wavelets. Appl. Comput. Harmon. Anal. 3, 186-200, 1996.

[39] Vetterli, M., Kovačevič, J. Wavelets and Subband Coding. Prentice Hall, 1995.

第 7 章　数字剪切波变换

过去几年里,人们提出了各种各样的表示系统,它们能够稀疏近似图像中各向异性特征(如边缘)控制的函数,以 contourlets 系统、curvelets 系统和剪切波系统为例。在这些系统理论发展的同时,提出了与这些变换相关的算法实现,然而,这些框架系统的一个共同问题是它们没能给出一个在连续和数字界统一的处理方法,即让一个数字理论成为连续理论的自然数字化。事实上,剪切波系统是迄今为止唯一既符合这个属性,又能够提供类似卡通图像给出最佳稀疏近似的系统。本章介绍数字剪切波理论,重点关注其连续和数字统一处理的方面;本章介绍两种剪切波变换的实现,一种是基于有限带宽剪切波的,另一种是基于紧凑支撑剪切波的;本章还会讨论多种定量度量,来客观的与其他方向性变换进行比较,并进行调整参数。本章中展现的变换和性能量化框架的代码都在 Matlab 工具箱 ShearLab 中提供。

7.1　概　　述

令小波成为信号处理通用方法的一个关键属性,是小波在连续和数字界统一的处理方法。其实,小波变换可以通过对其连续理论的自然数字化来实现,这正为数字变换提供了理论基础,然而,最近人们发现小波在二维函数的稀疏近似方面并不是最佳的,这是因为这些函数通常由各向异性特征控制,如图像中的边缘,又如迁移方程解中不断变化的冲击前沿,然而,使小波能够最佳编码的 Besov 模型不能有效地抓住这些特征。Donoho 于文献[9]中引入的卡通图像的模型中,从数学上准确描述了小波对 2D 函数的非最佳行为,见第 5 章。

之后提出的众多方向性表示系统中,如 contourlets[8]、curvelets[5] 和剪切波系统,剪切波系统是唯一一个在能对卡通图像给出最佳稀疏近似的同时,又能给出一个在连续和数字界统一的处理方法。主要是因为与上述其他两个系统相比,剪切波是仿射系统,它具有庞大的理论框架,还能将方向用斜率(而非角度)来表示,方便了在数字条件下的处理。正如一个思想实验指出的,剪切矩阵能使数字网格 $\mathbf{Z}^2$ 保持不变,而旋转却不能。

这引出了以下这几个问题,将在本章中予以回答。

(P1) 数字剪切波理论最亟须的几个必要条件是什么?

(P2) 有哪些方法可以推导出连续剪切波理论的自然数字化?

(P3) 怎么测量满足(P1) 中亟须的必要条件的精确性?

(P4) 有没有可能找到一个能够客观比较不同方向性变换的框架?

在进入更深入的讨论之前,先在直观的层面上考虑这些问题。

7.1.1 连续统与数字世界的统一框架

连续和数字界的统一框架想到了几个条件,这些条件保证了连续和数字界统一框架,这也是(P1) 寻求的答案。

以下是在文献[16,10] 中考虑的几个亟须的必要条件。

(1)Parseval 框架属性。该变换理想情况下应该拥有 Parseval 框架属性,这样才能把伴随作为反变换,这个属性可以分解为大部分(但不是全部) 变换都适用的两方面。

① 代数准确性。变换应该是基于一个数字理论,即分析函数应该是连续域分析元素的准确数字化。

② 伪极坐标傅里叶变换的等距同构。若图像先被映射到一个不同的域上(本节是伪极坐标域),那么这个映射应该是等距同构。

(2) 空间 - 频率 - 局域化。在不确定原则允许的范围内,相关变换的分析元素在理想情况下应该在空间和频率上高度局域化。

(3) 剪切不变性。剪切在数字成像中是自然发生的,而且与旋转不同的是能够在数字域准确的实现。所以,该变换应是剪切不变的,即一个输入图像的剪切在变换系数上应表示为一个简单的位移。

(4) 速度。变换应该能由阶算法实现 $O(N^2\log_{10} N)$,其中 N^2 是输入图像的数字点数目。

(5) 几何准确性。该变换应保留类似其在连续理论下拥有的几何特性,如边缘在变换域应映射为边缘。

(6) 稳定性。该变换应能抵抗如(硬) 阈值处理等冲击。

7.1.2 有限带宽剪切波变换和紧支撑剪切波变换

总体来说,如今运用的剪切波系统有两种:有限带宽剪切波系统和紧支撑剪切波系统(见第 1 章和第 5 章)。从算法的角度来看,这两个系统都有各自的优点和缺点。

一方面，由于其在频域的加窗过程，通常有限带宽剪切波变换的算法实现运算复杂性要更高；另一方面，有限带宽剪切波变换在频域局域化更好，而这一点在如处理地震数据时非常重要，而且，有限带宽剪切波变换是其连续理论的准确数字化。

相对的，紧支撑剪切波变换的算法实现更快，而且在空间域精确度有更高的优势，但是在准确数字化方面就得把标准放宽一点。本节对于(P2)问题给出了更全面的回答，其中展现了文献[16]中基于有限带宽剪切波的数字变换，和文献[18,19]中基于紧支撑剪切波的数字变换。

7.1.3　相关研究

自从研究者引入了方向性表示系统(文献[4,5,6,7,8])，提出了这些系统各种各样的数值实现方法，本节简短地了解两种与剪切波关系最密切的系统(分别为 contourlet 和 curvelet 算法)的主要特征。

(1) Curvelets[3]。在软件包 CurveLab 中用两种不同方法实现了离散 curvelet 变换。一种是基于非平均分布 FFTs 的方法，根据不同的曲率方向在不同块上对函数进行频域插值；另一种是基于频率包裹的方法，这种方法是把每一个由尺度和角度索引的子带包裹到一个围绕其来源的固定矩形中。这两种方法都能有效的在 $O(N^2\log_{10} N)$ 中实现，其中 N 是图像的尺寸。这种算法的缺点是它不能与其连续域的理论相联系。

(2) Contourlets[8]。Contourlets 的实现是基于方向性滤波器组的，它给出一个类似于 curvelet 生成的方向性频率划分，这个方法的主要优点是它能够允许树状滤波器组方法的使用，而这种滤波器组允许下采样引起的混叠。因此，从冗余和空间局域化的角度来讲，这个方法非常有效，但缺点是这个过程引入了各种伪像，也缺少一个相关连续域的理论。

总体来说，上述的方向性表示系统实现方法都有它们各自的优缺点，其中最普遍的问题是没能在连续和数字界给出统一的处理方法。

除了本章介绍的剪切波实现之外，也可以参考第 8 章对文献[12]的基于拉普拉斯金字塔方法的方向性滤波算法的讨论。需要注意的是，此方法不注重连续理论的自然数字化，与本章后续展现的方法不同。更进一步，请读者参考第 6 章，这一章基于文献[17]，旨在从细分的角度介绍剪切波 MRA。最后，指出在文献[13]中提出了一个不同的剪切波 MRA 方法。

7.1.4　性能量化的框架

在应用数学中,很多基于计算结果的一个主要问题是相伴代码的不可用性,以及缺失与其他方法工整且客观的比较。第一个问题可以通过可重复性研究的思想和把代码与足量的文献公开来解决,本章展现的全部剪切波变换都可以从 http://www.shearlab.org 下载;解决第二个问题的一个方法是规定一组谨慎挑选的性能度量,旨在消除因孤立任务,如对像 Lena、Barbara 等特定标准图像的降噪和压缩,而产生带有偏见的比较。显然,根据更有意义的测试序列来仔细分解性能更合理,每一个序列都对应着一个特定想要得到的且被人们充分认知的属性。本章将介绍一个专门为方向性变换的实现设计的一个性能量化的框架,这个框架最初是在文献[16,10]中提出的。值得强调的是,这个框架不仅仅提供了公平且完备比较的可能,而且使理性的调整算法参数成为可能,从而给出了问题(P3)和(P4)的答案。

7.1.5　ShearLab

沿着前面思考得出的思想,Donoho、Shahram 等作者推出了 SheaLab①,这个软件包内含有四个算法。

(1) 一个是基于文献[16]中介绍的有限带宽剪切波的算法。

(2) 一个是基于文献[18]中介绍的紧支撑可分离剪切波的算法。

(3) 一个是基于文献[19]中介绍的紧支撑不可分离剪切波的算法。

(4) 一个是通用方向性表示性能量化的综合框架。

本章也会给出这些内容的介绍并讨论其数学基础。

7.1.6　大纲

7.2 节中介绍并分析基于有限带宽剪切波的快速数字剪切波变换(FDST),6.3 节中展示并讨论数字可分离剪切波变换(DSST)和数字不可分离剪切波变换(DNST),基于抛物线尺度变换的性能测量框架在 7.4 节中给出,7.4 节就上述介绍的三种变换的特殊情况进行进一步讨论。

---

① ShearLab(1.1 版本)可从 http://www.shearlab.org 获得。

7.2　用有限带宽剪切波实现数字剪切波变换

本节介绍的第一个数字剪切波变换的算法实现是基于有限带宽剪切波的,起名为 FDST。从定义剪切波系统开始,根据第 1 章,考虑锥 - 适应型离散剪切波系统,有

$$\mathrm{SH}(\psi,\psi,\tilde{\psi};\Delta,\Lambda,\tilde{\Lambda})=\Phi(\phi;\Delta)\cup\Psi(\psi;\Lambda)\cup\tilde{\Psi}(\tilde{\psi};\tilde{\Lambda})$$

有 $\Delta=\mathbf{Z}^2$,以及

$$\Lambda=\tilde{\Lambda}=\{(j,k,m):j\geqslant 0,\ |k|\leqslant 2^j,m\in\mathbf{Z}^2\}$$

强调这个选择是让一个整数抛物线尺度矩阵服从 4^j 尺度的,比 2^j 的尺度更加适用于数字情况。进一步令 ψ 为经典剪切波(同样 $\tilde{\psi}$ 也是经典剪切波,$\tilde{\psi}(\xi_1,\xi_2=\psi(\xi_2,\xi_1)))$,即

$$\hat{\psi}(\xi)=\hat{\psi}(\xi_1,\xi_2)=\hat{\psi}_1(\xi_1)\hat{\psi}_2\left(\frac{\xi_2}{\xi_1}\right)\tag{7.1}$$

其中 $\psi_1\in L^2(\mathbf{R})$ 为小波且 $\hat{\psi}_1\in C^\infty(\mathbf{R})$,$\operatorname{supp}\hat{\psi}_1\subseteq\left[-4,-\frac{1}{4}\right]\cup\left[\frac{1}{4},4\right]$;$\psi_2\in L^2(\mathbf{R})$ 为一个"冲击"函数,满足 $\hat{\psi}_2\in C^\infty(\mathbf{R})$ 且 $\operatorname{supp}\hat{\psi}_2\subseteq[-1,1]$。本节所选的支撑剪切波与简介选择的剪切波稍微不同,但这个非常微小的变化也只是为了方便数字化。进一步,回顾第 1 章中锥区 $\mathscr{C}_{11}\sim\mathscr{C}_{22}$ 的定义。

相关的离散剪切波变换的离散化是在频域实现的,在锥区 $\mathscr{C}_{11}$ 上,离散剪切波变换的形式为

$$f\mapsto\langle f,\psi_\eta\rangle=\langle\hat{f},\hat{\psi}_\eta\rangle=\langle\hat{f},2^{-j\frac{3}{2}}\hat{\psi}(S_k^{\mathrm{T}}A_{4^{-j}}\ \cdot)\mathrm{e}^{2\pi\mathrm{i}\langle A_{4^{-j}}S_k m,\cdot\rangle}\rangle\tag{7.2}$$

式中,$\eta=(j,k,m,t)$ 索引尺度 j、方向 k、位置 m 和锥区 t。考虑处理连续域数据的剪切波变换(所有的锥区都考虑在内),隐含在频率空间,引入一个显然非直角的梯形分区。一个完美适应这个情况的数字网格称为伪极坐标网格,将具体的介绍这个网格,在这个观点下离散剪切波变换表示为一个三步级联过程。

(1) 经典傅里叶变换并将变量变换到伪极坐标系。

(2) 通过一个径向密度补偿因子加权。

(3) 分解到矩形的片上并将每片逆傅里叶变换。

在更仔细讨论这些步骤前,简单概述这些步骤将如何被数字化。首先,在 7.2.1 节中会给出步骤(1) 中的两个处理,结合成伪极坐标傅里叶变换;伪极坐标傅里叶变换在伪极坐标网格的一个在径向方向上的过采样计算,进一

步方便了网格点上密度补偿式加权的设计,使步骤(1) 和步骤(2) 是等距同构,将在 7.2.2 节中进行讨论;在 7.2.3 节讨论了将这些数据数字化到子带窗口的问题,注意数字模拟还需要一个附加的 2D iFFT,所以离散剪切波变换的数字化可总结为以下步骤的级联,而且这是连续域剪切波变换的确切模拟。

(S1)PPFT。在径向方向有过采样因子的伪极坐标傅里叶变换。

(S2) 加权。乘以密度补偿式权值。

(S3) 加窗。用附加的 2D iFFT 将伪极坐标网格分解为矩形子带窗。

通过选择权值和子带窗,这个变换可为等距同构。这个变换的反变换就可以简单通过每个步骤的伴随来计算得到。关于 FDST 的最终讨论将在 7.2.4 节中进行。

7.2.1　伪极坐标傅里叶变换

从讨论第一步(S1) 开始。

1. 过采样的伪极坐标网格

文献[11] 中就已经发展出了一个快速伪极坐标傅里叶变换(PPFT),该变换在一个频域梯形网格的点上计算离散傅里叶变换,即伪极坐标网格。然而,直接使用 PPFT 是有问题的,因为该变换(如其在文献[1] 中定义的) 不是一个等距同构,这个问题的主要原因是伪极坐标网格里的点是高度非均匀排列的。直观的表明应该通过与变量连续变换下的密度补偿权值的权重,来降低密度非常高的区域点的权重,可以通过伪极坐标网格的一个足够的径向过采样实现。

在本节中用 Ω_R 表示新的伪极坐标网格,其中 R 代表过采样率,这个网格是由下式定义的:

$$\Omega_R = \Omega_R^1 \cup \Omega_R^2 \tag{7.3}$$

其中

$$\Omega_R^1 = \left\{\left(-\frac{2n}{R}\cdot\frac{2\ell}{N},\frac{2n}{R}\right): -\frac{N}{2}\leqslant \ell \leqslant \frac{N}{2},\ -\frac{RN}{2}\leqslant n\leqslant \frac{RN}{2}\right\} \tag{7.4}$$

$$\Omega_R^2 = \left\{\left(\frac{2n}{R},\ -\frac{2n}{R}\cdot\frac{2\ell}{N}\right): -\frac{N}{2}\leqslant \ell \leqslant \frac{N}{2},\ -\frac{RN}{2}\leqslant n\leqslant \frac{RN}{2}\right\} \tag{7.5}$$

图 7.1 中展示了这个网格。注意文献[1] 中介绍的伪极坐标网格正是选择 $R=2$ 时的 Ω_R。需要特别强调的是,$\Omega_R = \Omega_R^1 \cup \Omega_R^2$ 既不是不相交的分割,也不是单射的映射$(n,\ell)\mapsto\left(-\frac{2n}{R}\cdot\frac{2\ell}{N},\frac{2n}{R}\right)$ 或$\left(\frac{2n}{R},\ -\frac{2n}{R}\cdot\frac{2\ell}{N}\right)$,其实中心为

$$\mathscr{C} = \{(0,0)\} \tag{7.6}$$

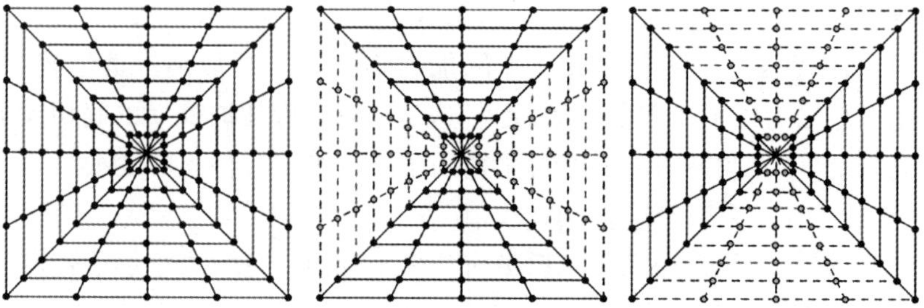

(a) Ω_R　　(b) Ω_R^1　　(c) Ω_R^2

图 7.1　$N = 4$ 且 $R = 4$ 的伪极坐标网格 $\Omega_R = \Omega_R^1 \cup \Omega_R^2$

在 Ω_R^1 和 Ω_R^2 都出现了 $N+1$ 次，且在接合线上的点：

$$\mathscr{S}_R^1 = \left\{\left(-\frac{2n}{R}, \frac{2n}{R}\right) : -\frac{RN}{2} \leqslant n \leqslant \frac{RN}{2}, n \neq 0\right\}$$

$$\mathscr{S}_R^2 = \left\{\left(\frac{2n}{R}, -\frac{2n}{R}\right) : -\frac{RN}{2} \leqslant n \leqslant \frac{RN}{2}, n \neq 0\right\}$$

在 Ω_R^1 和 Ω_R^2 中都出现。

定义 1　令 N、R 为正整数，Ω_R 为由式(7.3)给出的伪极坐标网格，则对于一个 $N \times N$ 的图像，有

$$I := \left\{I(u,v) : -\frac{N}{2} \leqslant u、v \leqslant \frac{N}{2} - 1\right\}$$

I 在 Ω_R 上的伪极坐标傅里叶变换(PPFT) $\hat{I}$ 的定义为

$$\hat{I}(\omega_1, \omega_2) = \sum_{u、v = -\frac{N}{2}}^{\frac{N}{2}-1} I(u,v) \mathrm{e}^{-\frac{2\pi \mathrm{i}}{m_0}(u\omega_1 + v\omega_2)}, \quad (\omega_1, \omega_2) \in \Omega_R$$

式中，$m_0 \geqslant N$ 为一整数。

在此指出，由于计算方面的原因，$m_0 \geqslant N$ 一般设定为 $m_0 = \frac{2}{R}(RN+1)$（见文献[1]），暂时允许设定更普遍的值。

2. 快速 PPFT

在文献[1]中，PPFT 可以通过 $O(N^2 \log_{10} N)$ 次计算实现，其中 $N \times N$ 为输入图像的尺寸，讨论为什么扩展伪极坐标傅里叶变换（见定义 1）可以用相似的复杂性计算得到。

为此，令 I 为尺寸为 $N \times N$ 的图像，m_0 为（但不仅限于）$m_0 = \frac{2}{R}(RN+1)$，

在本节结尾详细阐述这个选择。以 Ω_R^1 为例,在其他锥区的 PPFT 可以通过相似计算得到。将定义 1 中的伪极坐标傅里叶变换改写,对于

$$(\omega_1,\omega_2)=\left(-\frac{2n}{R}\cdot\frac{2\ell}{N},\frac{2n}{R}\right)\in\Omega_R^1$$

可得

$$\begin{aligned}\hat{I}(\omega_1,\omega_2)&=\sum_{u,v=-\frac{N}{2}}^{\frac{N}{2}-1}I(u,v)\mathrm{e}^{-\frac{2\pi\mathrm{i}}{m_0}(u\omega_1+v\omega_2)}=\sum_{u=-\frac{N}{2}}^{\frac{N}{2}-1}\sum_{v=-\frac{N}{2}}^{\frac{N}{2}-1}I(u,v)\mathrm{e}^{-\frac{2\pi\mathrm{i}}{m_0}\left(u\frac{-4n\ell}{RN}+v\frac{2n}{R}\right)}\\&=\sum_{u=-\frac{N}{2}}^{\frac{N}{2}-1}\left(\sum_{v=-\frac{N}{2}}^{\frac{N}{2}-1}I(u,v)\mathrm{e}^{-\frac{2\pi\mathrm{i}vn}{RN+1}}\right)\mathrm{e}^{-2\pi\mathrm{i}u\ell\frac{-2n}{(RN+1)N}}\end{aligned}\tag{7.7}$$

这个改写的形式,即表明 Ω_R^1 上的伪极坐标傅里叶变换 $\hat{I}$ 可以通过在 I 沿 v 方向的延伸上做 1D FFT,再沿 u 方向做分数傅里叶变换(frFT) 得到。更确切地说,需要以下步骤。

(1) 分数傅里叶变换。

对于 $c\in\mathbf{C}^{N+1}(\alpha\in\mathbf{C})$ 次的(非混叠) 离散分数傅里叶变换定义为

$$(F_{N+1}^{\alpha}c)(k)\coloneqq\sum_{j=-\frac{N}{2}}^{\frac{N}{2}}c(j)\mathrm{e}^{-2\pi\mathrm{i}\cdot j\cdot k\cdot\alpha},\quad k=-\frac{N}{2},\cdots,\frac{N}{2}$$

在文献[2] 中指出,分数傅里叶变换 $F_{N+1}^{\alpha}c$ 可以用 $O(N\log_{10}N)$ 次运算实现。在 $\alpha=1/(N+1)$ 时的特殊情况,分数傅里叶变换就是(非混淆)1D 离散傅里叶变换(1D FFT),本节中用 F_1 表示,2D 离散傅里叶变换(2D FFT) 用 F_2 表示,而其反变换(2D iFFT) 用 F_2^{-1} 来表示。

(2) 补零算子。

对于偶数 N、一个奇整数 $m>N$ 和 $\alpha\in\mathbf{C}^N$,补零算子 $E_{m,n}$ 给出一个如下意义上的对称补零版的 c:

$$(E_{m,N}c)(k)=\begin{cases}c(k),&k=-\frac{N}{2},\cdots,\frac{N}{2}-1\\0,&k\in\left\{-\frac{m}{2},\cdots,\frac{m}{2}\right\}\setminus\left\{-\frac{N}{2},\cdots,\frac{N}{2}-1\right\}\end{cases}$$

利用这些算子,通过下式计算:

$$\hat{I}(\omega_1,\omega_2)=\sum_{u=-\frac{N}{2}}^{\frac{N}{2}-1}F_1\circ E_{RN+1,N}\circ I(u,n)\mathrm{e}^{-2\pi\mathrm{i}u\ell\frac{-n}{(RN+1)\cdot N/2}}$$

$$= \sum_{u=-\frac{N}{2}}^{\frac{N}{2}} E_{N+1,N} \circ F_1 \circ E_{RN+1,N} \circ I(u,n) \mathrm{e}^{-2\pi i u \ell \frac{-2n}{(RN+1)\cdot N}}$$

$$= (F_{N+1}^{\alpha_n} \tilde{I}(\cdot,n)(\ell))$$

其中

$$\tilde{I} = E_{N+1,N} \circ F_1 \circ E_{RN+1,N} \circ I \in \mathbf{C}^{(RN+1)\times(N+1)}$$

和 $\alpha_n = -\dfrac{n}{(RN+1)N/2}$。由于 1D FFT 和 1D frFT 都只需要 $O(N\log_{10} N)$ 次运算来计算大小为 N 的向量，可得这个计算总复杂性。有关定义中的伪极坐标傅里叶变换的算法来处理一个尺寸为 $N \times N$ 的图像，定义 1 中计算复杂度实际是 $O(N^2\log_{10} N)$。

指出对于常数 m_0 的不同选择，计算一个尺寸为 $N \times N$ 图像的伪极坐标傅里叶变换也可以实现 $O(N^2\log_{10} N)$ 的复杂性，然而这需要在图像的 u 和 v 方向都施加分数傅里叶变换，从而使计算成本的常数项更大，参考文献[2]。

7.2.2 密度补偿权值

本节解决第二步(S2)。第二步其实比预想中要更精细，因为权值不是从简单的密度补偿参数中得到的。

1. PPFT 的 Plancherel 定理

旨在选择权值 $w:\Omega_R \to \mathbf{R}^+$，使定义中的扩展 PPFT 为等距同构，即

$$\sum_{u,v=-\frac{N}{2}}^{\frac{N}{2}-1} |I(u,v)|^2 = \sum_{(\omega_1,\omega_2)\in\Omega_R} w(\omega_1,\omega_2)\,|\hat{I}(\omega_1,\omega_2)|^2 \tag{7.8}$$

鉴于伪极坐标网格的对称性，选择的权函数 w 要有全轴对称属性，即对于所有的 $w(\omega_1,\omega_2) \in \Omega_R$，要求

$$w(\omega_1,\omega_2) = w(\omega_2,\omega_1), w(\omega_1,\omega_2) = w(-\omega_1,\omega_2), w(\omega_1,\omega_2) = w(\omega_1,-\omega_2) \tag{7.9}$$

类似于笛卡尔网格上的傅里叶变换，在 Ω_R 上的伪极坐标傅里叶变换的 Plancherel 定理被证明。

定理 1[16] 令 N 为偶数，并令 $w:\Omega_R \to \mathbf{R}^+$ 为一个满足的权函数，当且仅当权函数 w 在满足对于所有的 $-N+1 \leqslant u、v \leqslant N-1$ 时，有下式成立：

$$
\begin{aligned}
&\delta(u,v)\\
&= w(0,0) + 4\sum_{\ell=0,\frac{N}{2}}\sum_{n=1}^{\frac{RN}{2}} w\left(\frac{2n}{R},\frac{2n}{R},\frac{-2\ell}{N}\right)\cos\left(2\pi u\frac{2n}{m_0R}\right)\cos\left(2\pi v\frac{2n}{m_0R}\frac{2\ell}{N}\right) + \\
&8\sum_{\ell=1}^{\frac{N}{2}-1}\sum_{n=1}^{\frac{RN}{2}} w\left(\frac{2n}{R},\frac{2n}{R},\frac{-2\ell}{N}\right)\cos\left(2\pi u\frac{2n}{m_0R}\right)\cos\left(2\pi v\frac{2n}{m_0R}\frac{2\ell}{N}\right) \qquad (7.10)
\end{aligned}
$$

证明　从式(7.8)的右边开始计算：

$$
\begin{aligned}
&\sum_{(\omega_1,\omega_2)\in\Omega_R} w(\omega_1,\omega_2)\,|\,\hat{I}(\omega_1,\omega_2)\,|^2\\
&= \sum_{(\omega_1,\omega_2)\in\Omega_R} w(\omega_1,\omega_2)\left|\sum_{u,v=-\frac{N}{2}}^{\frac{N}{2}-1} I(u,v)\,\mathrm{e}^{-\frac{2\pi i}{m_0}(u\omega_1+v\omega_2)}\right|^2\\
&= \sum_{(\omega_1,\omega_2)\in\Omega_R} w(\omega_1,\omega_2)\left[\sum_{u、v=-\frac{N}{2}}^{\frac{N}{2}-1}\sum_{u',v'=-\frac{N}{2}}^{\frac{N}{2}-1} I(u,v)\,\overline{I(u',v')}\,\mathrm{e}^{-\frac{2\pi i}{m_0}((u-u')\omega_1+(v-v')\omega_2)}\right]\\
&= \sum_{(\omega_1,\omega_2)\in\Omega_R} w(\omega_1,\omega_2)\sum_{u、v=-\frac{N}{2}}^{\frac{N}{2}-1}|\,I(u,v)\,|^2\\
&= \sum_{\substack{u、v、u'、v'=-\frac{N}{2}\\(u,v)\neq(u',v')}}^{\frac{N}{2}-1} I(u,v)\,\overline{I(u',v')}\left[\sum_{(\omega_1,\omega_2)\in\Omega_R} w(\omega_1,\omega_2)\,\mathrm{e}^{-\frac{2\pi i}{m_0}((u-u')\omega_1+(v-v')\omega_2)}\right]
\end{aligned}
$$

对于所有的 $-\frac{N}{2}\leqslant u_1、v_1、u_2、v_2\leqslant\frac{N}{2}-1$ 和所有的 $c_{u_1,v_1}、c_{u_2,v_2}\in\mathbf{C}$，选择

$$
I = c_{u_1,v_1}\delta(u-u_1,v-v_1) + c_{u_2,v_2}\delta(u-u_2,v-v_2)
$$

可以得出结论，仅在以下情况下成立：

$$
\sum_{(\omega_1,\omega_2)\in\Omega_R} w(\omega_1,\omega_2)\,\mathrm{e}^{-\frac{2\pi i}{m_0}(u\omega_1+v\omega_2)} = \delta(u,v),\ -N+1\leqslant u、v\leqslant N-1
$$

由权值得对称性式(7.9)，对于所有的 $-N+1\leqslant u、v\leqslant N-1$，上式等价于

$$
\sum_{(\omega_1,\omega_2)\in\Omega_R} w(\omega_1,\omega_2)\cdot\left[\cos\left(\frac{2\pi}{m_0}u\omega_1\right)\cos\left(\frac{2\pi}{m_0}v\omega_2\right)\right] = \delta(u,v) \qquad (7.11)
$$

可以推出式(7.11)与式(7.10)等价，定理得证。

注意式(7.10)是一个有 $RN^2/4+RN/2+1$ 个未知数和 $(2N-1)^2$ 个等式的线形系统，一般需要过采样因子 R 至少为 16 来保证可解性。

2. 权函数的放宽形式

通过求解式(7.10) 的完全线性系统的方式来计算满足定理的权值太过复杂，所以放宽严格等距同构加权的条件，并用伪极坐标网格上的不完备基函数来表示权值。

更确切来说，先选择一组基函数 $w_1,\cdots,w_{n_0}:\Omega_R \to \mathbf{R}^+$，对于所有的$(\omega_1,\omega_2) \in \Omega_R$，有 $\sum_{j=1}^{n_0} w_j(\omega_1,\omega_2) \neq 0$。通过下式表示权函数 $w:\Omega_R \to \mathbf{R}^+$：

$$w := \sum_{j=1}^{n_0} c_j w_j \tag{7.12}$$

其中，$c_1,\cdots,c_{n_0}$ 为非负常数。这个方法使得用最小二乘法解出式(7.10) 中的常数 $c_1,\cdots,c_{n_0}$ 成为可能，显著降低了计算的复杂性，“完全” 权函数再通过式(7.12) 给出。

介绍通过放宽后的方法导出两种不同的权值选择，注意可互换使用(ω_1,ω_2) 和(n,ℓ)。

选择 1　基函数集合 $w_1,\cdots,w_5$ 的定义如下。

中心：$w_1 = 1_{(0,0)}$。

边界：$w_2 = 1_{\{(\omega_1,\omega_2):|n| = NR/2,\omega_1=\omega_2\}}$ 和 $w_3 = 1_{\{(\omega_1,\omega_2):|n| = NR/2,\omega_1\neq\omega_2\}}$。

接合线：$w_4 = |n| \cdot 1_{\{(\omega_1,\omega_2):1\leqslant|n| = NR/2,\omega_1=\omega_2\}}$。

内部：$w_5 = |n| \cdot 1_{\{(\omega_1,\omega_2):1\leqslant|n| = NR/2,\omega_1\neq\omega_2\}}$。

选择 2　基函数集合 $w_1,\cdots,w_{N/2+2}$ 定义如下。

中心：$w_1 = 1_{(0,0)}$。

径向线：$w_{\ell+2} = 1_{\{(\omega_1,\omega_2):1<|n|<NR/2,\omega_2=\frac{\ell}{N/2}\omega_1\}}$，$\ell = 0,1,\cdots,\frac{N}{2}$。

相对应的权函数如图 7.2 所示，一般合适的权函数通常都遵守沿径向方向值线性增加的模式，这是基函数的一个自然条件。

3. 加权的计算

对于 FDST，如在 ShearLab 中实现的一样，在展开中的系数将由离线计算得出，将其固定下来写在代码中。因此在伪极坐标网格上一个函数的加权是简单对每一个采样点逐点相乘，即令 $J := \hat{I}:\Omega_R \to \mathbf{C}$ 为一个 $N\times N$ 图像 I 的伪极坐标傅里叶变换，而 $w:\Omega_R \to \mathbf{R}^+$ 为 Ω_R 上任意合适的权函数，则对于所有的$(\omega_1,\omega_2) \in \Omega_R$，有以下值需要计算：

$$J_w(\omega_1,\omega_2) = J(\omega_1,\omega_2) \cdot \sqrt{w(\omega_1,\omega_2)}$$

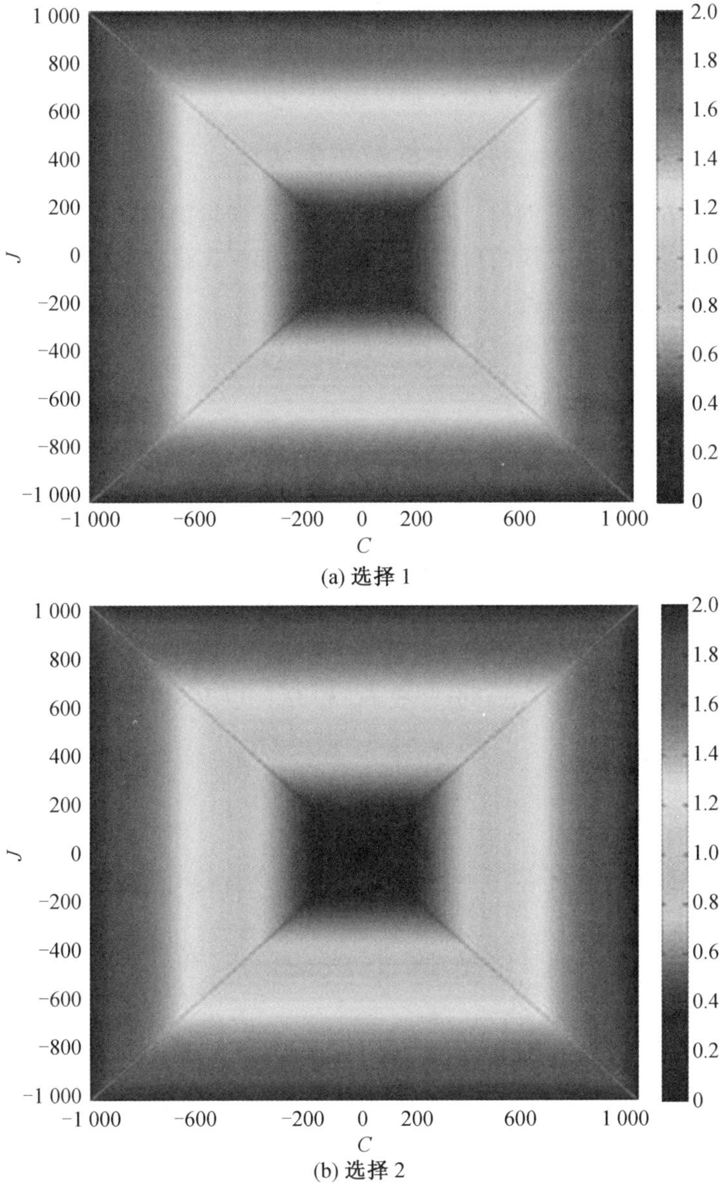

图 7.2　在 $N=256$ 且 $R=8$ 时的伪极坐标网格上的权函数(彩图见附录)

说明为什么使用的是权的平方根,如果权 w 符合定理中的条件,则得到 $P^* wP=\mathrm{Id}$(P 为 PPFT 的算子),而此式可写为如下的对称形式:

$$(\sqrt{w}P)^* \sqrt{w}P=\mathrm{Id}$$

这个形式表明，算子$\sqrt{w}P$可以通过取伴随$(\sqrt{w}P)^*$来得到逆。换言之，通过施加加权伪极坐标变换的伴随，每一个图像都可以从其加权伪极坐标变换得到重建，7.2.4 节中将更深入地讨论这个问题。

7.2.3 伪极坐标网格上的数字剪切波

本节旨在伪极坐标网格上得出一个与有限带宽的锥适应型离散剪切波系统相联系的剪切波变换的可信数字化，这就能解决第三步骤(S3)。

1. 可信数字化的准备

为此回顾与关联的离散剪切波变换的定义，也考虑剪切波$\psi \in L^2(\mathbf{R}^2)$的特殊形式。只关注锥区$\mathscr{C}_{21}$，可得

$$
\begin{aligned}
f \mapsto & \langle \hat{f}, 2^{-j\frac{3}{2}} \hat{\psi}(S_k^{\mathrm{T}} A_{4^{-j}} \cdot) \chi_{\mathscr{C}_{21}} \mathrm{e}^{2\pi\mathrm{i}\langle A_{4^{-j}} S_k m, \cdot \rangle} \rangle \\
&= \langle \hat{f}, 2^{-j\frac{3}{2}} \hat{\psi}_1(4^{-j}\xi_1) \hat{\psi}_2\left(k + 2^j \frac{\xi_2}{\xi_1}\right) \chi_{\mathscr{C}_{21}} \mathrm{e}^{2\pi\mathrm{i}\langle A_{4^{-j}} S_k m, \cdot \rangle} \rangle
\end{aligned}
$$

式中，尺度为j；方向为k；位置为m；锥区为2。

为了接近一个可信数字化，需要根据平面的分区把Ω_R分为$\mathscr{C}_{11}$、$\mathscr{C}_{12}$、$\mathscr{C}_{21}$和$\mathscr{C}_{22}$，以及一个中心矩形$\mathscr{R}$。在定义的中心$\mathscr{C}$行使$\mathscr{R}$的功能，还需要通过以下设定把Ω_R还未定义的部分分成Ω_R^1和Ω_R^2(式(7.14)和式(7.15))：

$$
\Omega_R^1 = \Omega_R^{11} \cup \mathscr{C} \cup \Omega_R^{12}
$$
$$
\Omega_R^2 = \Omega_R^{21} \cup \mathscr{C} \cup \Omega_R^{22}
$$

其中

$$
\Omega_R^{11} = \left\{ \left(-\frac{2n}{R} \cdot \frac{2\ell}{N}, \frac{2n}{R} \right) : -\frac{N}{2} \leqslant \ell \leqslant \frac{N}{2}, 1 \leqslant n \leqslant \frac{RN}{2} \right\}
$$

$$
\Omega_R^{12} = \left\{ \left(-\frac{2n}{R} \cdot \frac{2\ell}{N}, \frac{2n}{R} \right) : -\frac{N}{2} \leqslant \ell \leqslant \frac{N}{2}, -\frac{RN}{2} \leqslant n \leqslant -1 \right\}
$$

$$
\Omega_R^{21} = \left\{ \left(\frac{2n}{R}, -\frac{2n}{R} \cdot \frac{2\ell}{N} \right) : -\frac{N}{2} \leqslant \ell \leqslant \frac{N}{2}, 1 \leqslant n \leqslant \frac{RN}{2} \right\}
$$

$$
\Omega_R^{21} = \left\{ \left(\frac{2n}{R}, -\frac{2n}{R} \cdot \frac{2\ell}{N} \right) : -\frac{N}{2} \leqslant \ell \leqslant \frac{N}{2}, -\frac{RN}{2} \leqslant n \leqslant -1 \right\}
$$

当限制在锥区Ω_R^{21}，离散剪切波系统系数确切数字化为

$$
\begin{aligned}
& \sum_{\omega := (\omega_1, \omega_2) \in \Omega_R^{21}} J(\omega_1, \omega_2) 2^{-j\frac{3}{2}} \overline{\hat{\psi}(S_k^{\mathrm{T}} A_{4^{-j}} \omega)} \mathrm{e}^{-2\pi\mathrm{i}\langle A_{4^{-j}} S_k m, \omega \rangle} \\
= & \sum_{(\omega_1, \omega_2) \in \Omega_R^{21}} J(\omega_1, \omega_2) 2^{-j\frac{3}{2}} \overline{W(4^{-j}\omega_x) V\left(k + 2^j \frac{\omega_2}{\omega_1}\right)} \mathrm{e}^{-2\pi\mathrm{i}\langle A_{4^{-j}} S_k m, \omega \rangle}
\end{aligned}
$$

$$= \sum_{n=1}^{\frac{RN}{2}} \sum_{\ell=-\frac{N}{2}}^{\frac{N}{2}} J(\omega_1,\omega_2) 2^{-j\frac{3}{2}} \overline{W\left(4^{-j}\frac{2n}{R}\right) V\left(k-2^{j+1}\frac{\ell}{N}\right)} e^{-2\pi i\langle m, S_k^{T} A_4^{-j}\omega\rangle} \tag{7.13}$$

其中,V 和 W 以及 j、k 和 m 的范围都是谨慎选择的。

目标是实现数字剪切波变换,而它是等距同构的,这如同在连续域的情况,等价要求相关的剪切波系统对于函数 $J:\Omega_R \to \mathbf{C}$ 形成一个紧框架。为方便读者理解,回顾在这个特定情况下 Parseval 框架的概念,序列 $(\varphi_\lambda)_{\lambda\in\Lambda}$ – Λ 为某索引集,对于所有函数 $J:\Omega_R \to \mathbf{C}$ 为一紧框架,若

$$\sum_{\lambda\in\Lambda} \left| \sum_{(\omega_1,\omega_2)\in\Omega_R} J(\omega_1,\omega_2)\, \varphi_\lambda(\omega_1,\omega_2) \right|^2 = \sum_{(\omega_1,\omega_2)\in\Omega_R} |J(\omega_1,\omega_2)|^2$$

将在 Ω_R^{21} 上定义数字剪切波并把定义通过对称扩展延伸到其他锥区。

2. 伪极坐标网格上的子带窗

定义尺度函数,它取决于两个函数 V_0 和 W_0,还取决于两个函数 V 和 W 生成的数字剪切波。W_0 和 W 选为小波的傅里叶变换,而 V_0 和 V 选为冲击函数,类似于经典剪切波的结构。

令 W_0 为满足如下关系的 Meyer 尺度方程的傅里叶变换,且 $W_0(\pm 1)=0$:

$$\operatorname{supp} W_0 \subseteq [-1,1] \tag{7.14}$$

并令 V_0 为满足下式关系的冲击函数:

$$\operatorname{supp} V_0 \subseteq \left[-\frac{3}{2},\frac{3}{2}\right]$$

对于 $|\xi|\leqslant 1, \xi\in\mathbf{R}$,有

$$V_0(\xi) \equiv 1$$

定义数字剪切波系统的尺度方程 ϕ 为

$$\hat{\phi}(\xi_1,\xi_2) = W_0(4^{-j_L}\xi_1) V_0(4^{-j_L}\xi_2),\quad (\xi_1,\xi_2)\in\mathbf{R}^2$$

在后面把这个函数限制到伪极坐标网格。

令 W 为 Meyer 小波函数的傅里叶变换,它满足

$$\operatorname{supp} W \subseteq \left[-4,\frac{1}{4}\right] \cup \left[\frac{1}{4},4\right]$$

$$W\left(\pm\frac{1}{4}\right) = W(\pm 4) = 0 \tag{7.15}$$

选择最低尺度 j_L 为

$$j_L := \lceil \log_4(R/2) \rceil$$

对于所有 $|\xi|\leqslant N (\xi\in\mathbf{R})$,有

$$|W_0(4^{-j_L}\xi_1)| + \sum_{j=j_L}^{\lceil \log_4 N\rceil} |W_0(4^{-j}\xi)|^2 = 1 \tag{7.16}$$

进一步选择 V 为“冲击”函数，它满足

$$\operatorname{supp} V \subseteq [-1,1] \quad 且 \quad V(\pm 1)=0 \tag{7.17}$$

同时对于所有 $|\xi| \leqslant 1(\xi \in \mathbf{R})$，有

$$|V(\xi-1)|^2+|V(\xi)|^2+|V(\xi+1)|^2=1 \tag{7.18}$$

则在 Ω_R^2 上的数字剪切波系统的生成剪切波 ψ 的定义为

$$\hat{\psi}(\xi_1,\xi_2)=W(\xi_1)V\left(\frac{\xi_2}{\xi_1}\right), \quad (\xi_1,\xi_2) \in \mathbf{R}^2 \tag{7.19}$$

式(7.18)意味着

$$\sum_{k=-2^j}^{2^j} |V(2^j\xi-k)|^2=1, \quad |\xi| \leqslant 1, \xi \in \mathbf{R}, j \geqslant 0 \tag{7.20}$$

这在框架属性的分析中很重要。对于 V_0、W_0、V 和 W 在 ShearLab 中的具体选择，见 7.2.3 节。

3. 参数范围

本节假设 R 和 N 都是正偶数且 $N=2^{n_0}$，对于某整数 $n_0 \in \mathbf{N}$，这并不会带来任何限制，因为两个参数都可以扩大来满足这个条件。

从分析的范围开始，回顾式(7.19)中对于剪切波的定义以及式(7.15)和式(7.17)中 W 和 V 各自的支撑属性，可以得到数字化的剪切波：

$$2^{-j\frac{3}{2}}\left(4^{-j}\frac{2n}{R}\right)V\left(k-2^{j+1}\frac{\ell}{N}\right)\mathrm{e}^{2\pi\mathrm{i}\langle m, S_k^{\mathrm{T}}A_4^{-j}\omega\rangle} \tag{7.21}$$

从式(7.13)可知具有径向支撑：

$$n=4^{j-1}\frac{R}{2}+t_1, \quad t_1=0,\cdots,4^{j-1}\cdot\frac{15R}{2} \tag{7.22}$$

为了决定 j 的适当范围，在径向方向分析确切支撑。若 $j<-\lceil\log(R/2)\rceil$，则 $n<1$，只对应一点（原点），且由尺度函数处理；若 $j>\lceil\log_4 N\rceil$，有 $n \geqslant \frac{RN}{2}$，因此值 $W(1/4)=0$（见式(7.15)）在边界上，而这些尺度可以省略。所以，尺度参数的范围选为

$$j \in \{j_L,\cdots,j_H\}$$

式中，$j_L := -\lceil\log(R/2)\rceil$ 且 $j_H := \lceil\log_4 N\rceil$。

确定 k 的适当范围，回顾式(7.19)中剪切波 ψ 的定义，数字化的剪切波式(7.21)在锥区 Ω_R^{21} 有角度支撑：

$$\ell=2^{-j-1}N(k-1)+t_2, \quad t_2=0,\cdots,2^{-j}N \tag{7.23}$$

为了计算 k 的范围，从 $j \geqslant 0$ 的情况开始研究，若 $k > 2^j$，则有 $\ell \geqslant \frac{N}{2}$，因此值 $V(-1)=0$（式(7.17)）在边界上，而这些参数可以省略；通过对称，还可得到 $k \geqslant -2^j$，所以，剪切参数选为

$$k \in \{-2^j, \cdots, 2^j\}$$

4. 剪切波的支撑尺寸

本节计算支撑以及经尺度和剪切版的数字剪切波的支撑尺寸，将用在数字剪切波的标准化。

先分析径向支撑，由式(7.22)与尺度 $j_L < j < j_H$ 相关的窗的径向支撑为

$$n = 4^{j-1}\frac{R}{2} + t_1, \quad t_1 = 0, \cdots, 4^{j-1}\frac{15R}{2} \tag{7.24}$$

而与尺度 $j_L = -\lceil \log_4(R/2) \rceil$ 和 $j_H = \lceil \log_4 N \rceil$ 关联的窗的径向支撑如下。

对于 $j = j_L$，有

$$n = t_1, \quad t_1 = 1, \cdots, 4^{j_L+1}\frac{R}{2}$$

对于 $j = j_H$，有

$$n = 4^{j_H-1}\frac{R}{2} + t_1, \quad t_1 = 0, \cdots, \frac{RN}{2} - 4^{j_H-1}\frac{R}{2} \tag{7.25}$$

再到角度方向，由式(7.23)，与剪切参数范围 $-2^j < k < 2^j$ 相关尺度 j 的角度支撑为

$$\ell = 2^{-j-1}N(k+1) + t_2, \quad t_2 = 0, \cdots, 2^{-j}N \tag{7.26}$$

与剪切参数 $k = -2^j$ 相关尺度 j 的角度支撑为

$$\ell = 2^{-j-1}(-2^j - 1) + t_2, \quad t_2 = 2^{-j}\frac{N}{2}, \cdots, 2^{-j}N$$

而对于 $k = 2^j$ 相关尺度 j 的角度支撑为

$$\ell = 2^{-j-1}(2^j - 1) + t_2, \quad t_2 = 0, \cdots, 2^{-j}\frac{N}{2} \tag{7.27}$$

对于 $j < 0$ 的情况，令 $k = 0$ 且 $\ell = -N/2 + t_2 (t_2 = 0, \cdots, N)$。对于低频的情况，窗函数 $W(4^{-j}\omega_1)V\left(k + 2^j\frac{\omega_2}{\omega_1}\right)$ 经微小修改为 $W(4^{-j}\omega_1)V_0\left(k + 2^j\frac{\omega_2}{\omega_1}\right)$。

计算可以确定函数 $W(4^{-j}\omega_1)V\left(k + 2^j\frac{\omega_2}{\omega_1}\right)$ 关于 (n, ℓ) 对的支撑尺寸，其对于尺度 j 和剪切 k 的支撑尺寸为

$$\mathscr{L}_j^1=\begin{cases}4^{j+1}\dfrac{R}{2}, & j=j_L\\ 4^{j-1}\dfrac{15R}{2}+1, & j_L<j<j_H\\ \dfrac{RN}{2}-4^{j-1}\dfrac{R}{2}+1, & j=j_H\end{cases}\tag{7.28}$$

和

$$\mathscr{L}_{j,k}^2=\begin{cases}2^{-j}N+1, & -2^j<j<2^j \text{ 且 } j\geqslant 0\\ 2^{-j}\dfrac{N}{2}+1, & k\in\{-2^j,2^j\} \text{ 且 } j\geqslant 0\\ N+1, & j<0\end{cases}\tag{7.29}$$

5. 指数项的数字化

数字化式(7.13)中的指数项，而指数项可以重写为

$$\mathrm{e}^{-2\pi\mathrm{i}\langle m,S_k^{\mathrm{T}}A_{4^{-j}}\omega\rangle}=\mathrm{e}^{-2\pi\mathrm{i}\langle m,(4^{-j}\omega_1,4^{-j}k\omega_1+2^{-j}\omega_2)\rangle}=\mathrm{e}^{-2\pi\mathrm{i}\langle m,(4^{-j}\frac{2n}{R},4^{-j}k\frac{2n}{R}-2^{-j}\frac{4\ell n}{RN})\rangle}$$

数字化有两个障碍。

(1) 无法在这个情况下实现类似变量 $\tau\coloneqq S_k^{\mathrm{T}}A_{4^{-j}}\boldsymbol{\omega}$ 在式(7.13)中能进行的变化，因为伪极坐标网格在 $S_k^{\mathrm{T}}A_{4^{-j}}$ 的动作下不是不变的，然而这是在连续域证明严密性的第一步，见第1章。

(2) 在伪极坐标网格上定义一个函数的傅里叶变换不满足任何 Plancherel 定理。

这些问题需要稍微调整指数项，也是在数字化时唯一需要做的变化，这个改变绕过上述两个障碍，并允许构建一个 Parseval 框架以及导出的逆快速傅里叶变换在 FDST 中的直接应用。

调整将会由 $\theta(x,y)=\left(x,\dfrac{y}{x}\right)$ 定义的映射 $\theta:\mathbf{R}\backslash\{0\}\to\mathbf{R}$ 实现，这使得指数项变为

$$\mathrm{e}^{-2\pi\mathrm{i}\langle m,(\theta\circ(S_k^{\mathrm{T}})^{-1})(4^{-j}\frac{2n}{R},4^{-j}k\frac{2n}{R}-2^{-j}\frac{4\ell n}{RN})\rangle}=\mathrm{e}^{-2\pi\mathrm{i}\langle m,(4^{-j}\frac{2n}{R},-2^{j+1}\frac{\ell n}{N})\rangle}\tag{7.30}$$

又可被重写为

$$\mathrm{e}^{-2\pi\mathrm{i}\langle m,(4^{-j}\frac{2n}{R},-2^{j+1}\frac{\ell n}{N})\rangle}=\mathrm{e}^{-2\pi\mathrm{i}(\frac{m_1}{4}+(1-k)m_2)}\mathrm{e}^{-2\pi\mathrm{i}\langle m,(4^{-j}\frac{2t_1}{R},-2^{j+1}\frac{t_2}{N})\rangle}$$

其中，t_1 和 t_2 的范围由式(7.24)~(7.27)定义的合适的集合。

考虑在式(7.28)和在式(7.29)中给出的每一个 $W(4^{-j}\omega_1)V\left(k+2^j\dfrac{\omega_2}{\omega_1}\right)$ 的支撑尺寸，得到式(7.30)的重组形式如下：

$$\exp\left\{-2\pi i\left\langle m,\left(\frac{\mathscr{L}_j^1 4^{-j}(2/R)}{\mathscr{L}_j^1}t_1,\frac{-\mathscr{L}_{j,k}^2 2^{j+1}(1/N)}{\mathscr{L}_{j,k}^2}t_2\right)\right\rangle\right\} \tag{7.31}$$

这个形式表明可以把指数项看成一个合适的局部紧致的阿贝尔群的元素(见文献[14]),其相关的零化子对应于矩形为

$$\mathscr{R}_{j,k}=\left\{\left(\frac{4^{-j}\frac{R}{2}\cdot r_1}{\mathscr{L}_j^1},\frac{\frac{N}{2^{j+1}}\cdot r_2}{\mathscr{L}_{j,k}^2}\right):r_1=0,\cdots,\mathscr{L}_j^1-1,r_2=0,\cdots,\mathscr{L}_{j,k}^2-1\right\}$$

其中,$\mathscr{L}_j^1$和$\mathscr{L}_{j,k}^2$的定义分别为式(7.28)和式(7.29)。这一观点非常重要,因为这保证在7.2.3节中定义的数字剪切波系统在伪极坐标网格Ω_R中能给出一个Parseval框架。在实践中,式(7.31)还保证在步骤三(S3)中,伪极坐标网格上的每一个加窗的图像都只需要进行一次2D iFFT,而不是一次分数傅里叶变换,从而降低了计算的复杂性。而对于低频方块,进一步要求集合

$$\mathscr{R}=\left\{(r_1,r_2):r_1=-1,\cdots,1,r_2=-\frac{N}{2},\cdots,\frac{N}{2}\right\}$$

6. 数字剪切波

定义数字剪切波,把它们在伪极坐标网格Ω_R上作为函数定义,从而使空间域的图像可以通过逆伪极坐标傅里叶变换得到。

定义2　保留7.2.3节中的定义和概念,对于所有$(\omega_1,\omega_2)\in\Omega_R^{21}$,通过定义在尺度$j\in\{j_L,\cdots,j_H\}$、剪切$k=[-2^j,2^j]\cap\mathbf{Z}$和空间位置$m\in\mathscr{R}_{j,k}$的数字剪切波为

$$\sigma_{j,k,m}^{21}(\omega_1,\omega_2)=\frac{C(\omega_1,\omega_2)}{\sqrt{|\mathscr{R}_{j,k}|}}W(4^{-j}\omega_1)V^j\left(k+2^j\frac{\omega_2}{\omega_1}\right)\chi_{\Omega_R^{21}}(\omega_1,\omega_2)\mathrm{e}^{2\pi i\langle m,(4^{-j}\omega_1,2^j\frac{\omega_2}{\omega_1})\rangle}$$

其中$j\geqslant 0$时$V^j=V$,而$j<0$时$V^j=V_0$,且

$$C(\omega_1,\omega_2)=\begin{cases}1, & (\omega_1,\omega_2)\notin\mathscr{S}_R^1\cup\mathscr{S}_R^2\\ \dfrac{1}{\sqrt{2}}, & (\omega_1,\omega_2)\in(\mathscr{S}_R^1\cup\mathscr{S}_R^2)\backslash\mathscr{C}\\ \dfrac{1}{\sqrt{2(N+1)}}, & (\omega_1,\omega_2)\in\mathscr{C}\end{cases}$$

剩下锥区的剪切波$\sigma_{j,k,m}^{11}$、$\sigma_{j,k,m}^{12}$、$\sigma_{j,k,m}^{22}$,根据对称性定义在尺度j、剪切k和空间位置m都有等价索引集。对于$(\omega_1,\omega_2)\in\Omega_R^{t_0}(t_0=1,2)$,且$n_0\in\mathscr{R}$,定义尺度方程:

$$\varphi_{n_0}^{t_0}(\omega_1,\omega_2)=\frac{C(\omega_1,\omega_2)}{\sqrt{|\mathscr{R}|}}\hat{\phi}(\omega_1,\omega_2)\chi_{\Omega_R^{t_0}}(\omega_1,\omega_2)\mathrm{e}^{2\pi i\langle n_0,(\frac{n}{3},\frac{\ell}{N+1})\rangle}$$

数字剪切波系统 DSH 的定义为

$$\mathrm{DSH}=\{\varphi_{n_0}^{t_0}:t_0=1,2,n_0\in\mathscr{R}\}\cup$$
$$\{\sigma_{j,k,m}^{t}:j\in\{j_L,\cdots,j_H\},k\{-2^j,2^j\},m\in\mathscr{R}_{j,k},t=11,12,21,22\}$$

和设想的一样，作为连续域有限带宽锥－适应型离散剪切波系统的数字剪切波系统 DSH，对于 $J:\Omega_R\to\mathbf{C}$，构成一个 Parseval 框架。

定理 2[16]　定义 2 中定义的数字剪切波系统 DSH 对于函数 $J:\Omega_R\to\mathbf{C}$ 构成 Parseval 框架。

证明　令 $J:\Omega_R\to\mathbf{C}$，若

$$\langle J,J\rangle_{\Omega_R}=\sum_{t_0,n_0}|\langle J,\varphi_n^{t_0}\rangle_{\Omega_R}|^2+\sum_{t,j,k,m}|\langle J,\sigma_{j,k,m}^{t}\rangle_{\Omega_R}|^2 \tag{7.32}$$

则结果成立。对于 J_1、$J_2:\Omega_R\to\mathbf{C}$，有

$$\langle J_1,J_2\rangle_{\Omega_R}:=\sum_{(\omega_1,\omega_2)\in\Omega_R}J_1(\omega_1,\omega_2)\overline{J_2(\omega_1,\omega_2)}$$

从式(7.32)中 RHS 的第一项开始证明。令 $t_0\in\{1,2\}$ 且对于 $(\omega_1,\omega_2)\in\Omega_R$，$J_c:\Omega_R\to\mathbf{C}$，由 $J_C(\omega_1,\omega_2):=C(\omega_1,\omega_2)\cdot J(\omega_1,\omega_2)$ 定义，根据 $\hat{\phi}$ 的支撑条件：

$$\begin{aligned}
&\sum_{n_0}|\langle J,\varphi_{n_0}^{t_0}\rangle_{\Omega_R}|^2\\
&=\sum_{n_0}\Big|\sum_{(\omega_1,\omega_2)\in\Omega_R^{t_0}}J(\omega_1,\omega_2)\overline{\varphi_{n_0}^{t_0}(\omega_1,\omega_2)}\Big|^2\\
&=\frac{1}{|\mathscr{R}|}\sum_{n_0}\Big|\sum_{(\omega_1,\omega_2)\in\Omega_R^{t_0}}J_C(\omega_1,\omega_2)\cdot\hat{\phi}(\omega_1,\omega_2)\cdot e^{-2\pi i\langle n_0,(\frac{n}{3},\frac{\ell}{N+1})\rangle}\Big|^2\\
&=\frac{1}{|\mathscr{R}|}\sum_{n_0}\Big|\sum_{n=-1}^{1}\sum_{\ell=-\frac{N}{2}}^{\frac{N}{2}}J_C(\omega_1,\omega_2)\cdot\hat{\phi}(\omega_1,\omega_2)\cdot e^{-2\pi i\langle n_0,(\frac{n}{3},\frac{\ell}{N+1})\rangle}\Big|^2
\end{aligned}$$

$\mathscr{R}$ 的选择可以使用 Plancherel 公式，见 7.2.3 节。再次利用支撑属性（见 7.2.3 节），得到结论

$$\sum_{n_0}|\langle J,\varphi_{n_0}^{t_0}\rangle_{\Omega_R}|^2=\sum_{(\omega_1,\omega_2)\in\Omega_R^{t_0}}|C(\omega_1,\omega_2)\cdot J(\omega_1,\omega_2)|^2\cdot|\hat{\phi}(\omega_1,\omega_2)|^2$$

利用结合 $t_0=1,2$，证明了

$$\sum_{t_0}\sum_{n_0}|\langle J,\varphi_{n_0}^{t_0}\rangle_{\Omega_R}|^2=\sum_{(\omega_1,\omega_2)\in\Omega_R}|J(\omega_1,\omega_2)|^2\cdot|W_0(\omega_1)|^2 \tag{7.33}$$

研究式(7.32)中 RHS 的第二项，只需要考虑对称 $t=21$ 的情况。由 W 和 V 的支撑条件（式(7.15)和式(7.16)），有

$$\sum_{j,k,m} |\langle J,\sigma^{21}_{j,k,m}\rangle_{\Omega_R}|^2 = \sum_{j,k}\sum_{m\in\mathscr{R}_{j,k}} \Big|\sum_{(\omega_1,\omega_2)\in\Omega_R^{21}} J(\omega_1,\omega_2)\,\overline{\sigma^{21}_{j,k,m}(\omega_1,\omega_2)}\Big|^2$$

$$= \sum_{j,k}\frac{1}{|\mathscr{R}_{j,k}|}\sum_{m\in\mathscr{R}_{j,k}}\Big|\sum_{(\omega_1,\omega_2)\in\Omega_R^{21}} J_C(\omega_1,\omega_2)\cdot\overline{W(4^{-1}\omega_1)}\cdot$$

$$\overline{V_j\left(k+2^j\frac{\omega_2}{\omega_1}\right)}\cdot e^{-2\pi i\langle m,(4^{-j}\omega_1,2^j\frac{\omega_2}{\omega_1})\rangle}\Big|^2$$

$$= \sum_{j,k}\frac{1}{|\mathscr{R}_{j,k}|}\sum_{m\in\mathscr{R}_{j,k}}\Big|\sum_{n=4^{j-1}(\frac{R}{2})}^{4^{j+1}(\frac{R}{2})}\ \sum_{\ell=2^{-j-1}N(k-1)}^{2^{-j-1}N(k+1)} J_C(\omega_1,\omega_2)\,\overline{W(4^{-1}\omega_1)}\cdot$$

$$\overline{V_j\left(k+2^j\frac{\omega_2}{\omega_1}\right)}\,e^{-2\pi i\langle m,(4^{-j}\frac{2n}{R},-2^{j+1}\frac{\ell}{N})\rangle}\Big|^2$$

与之前相似,$\mathscr{R}_{j,k}$ 能够利用 Plancherel 公式,见 7.2.3 节,因此

$$\sum_{j,k,m}|\langle J,\sigma^{21}_{j,k,m}\rangle_{\Omega_R}|^2 = \sum_{j,k}\sum_{(\omega_1,\omega_2)\in\Omega_R^{21}}\left|J_C(\omega_1,\omega_2)\,\overline{W(4^{-j}\omega_1)V^j\left(k+2^j\frac{\omega_2}{\omega_1}\right)}\right|^2$$

利用式(7.20)得到

$$\sum_{j,k}\sum_{(\omega_1,\omega_2)\in\Omega_R^{21}}\left|J_C(\omega_1,\omega_2)\,\overline{W(4^{-j}\omega_1)}\ \overline{V^j\left(k+2^j\frac{\omega_2}{\omega_1}\right)}\right|^2$$

$$= \sum_{(\omega_1,\omega_2)\in\Omega_R^{21}}|J_C(\omega_1,\omega_2)|^2\sum_{j=j_L}^{j_H}|W(4^{-j}\omega_1)|^2\sum_{k=-2^j}^{2^j}\left|V^j\left(k+2^j\frac{\omega_2}{\omega_1}\right)\right|^2$$

$$= \sum_{(\omega_1,\omega_2)\in\Omega_R^{21}}|J_C(\omega_1,\omega_2)|^2\sum_{j=j_L}^{j_H}|W(4^{-j}\omega_1)|^2$$

因此式(7.32)中 RHS 的第二项等价于

$$\sum_t\sum_{j,k,m}|\langle J,\sigma^{t}_{j,k,m}\rangle_{\Omega_R}|^2 = \sum_{(\omega_1,\omega_2)\in\Omega_R}|J(\omega_1,\omega_2)|^2\sum_{j=j_L}^{j_H}|W(4^{-j}\omega_1)|^2 \tag{7.34}$$

结合式(7.32)、式(7.33)和式(7.34)可得式(7.16)成立。

7. 数字剪切波加窗

FDST 的最后一个步骤三(S3)就是把由先前(步骤(S1)和(S2))计算的加权伪极坐标图像 $J_w:\Omega_R\to\mathbf{C}$ 给出的伪极坐标网格点上的数据,根据定义 2 中的数字剪切波系统 DSH 分解到矩形子带窗,再加个 2D iFFT。更准确来说,给定 J_w,计算数字剪切波系数集,对于所有的 t_0、n_0,有

$$c^{t_0}_{n_0}:=\langle J_w,\varphi^{t_0}_{n_0}\rangle_{\Omega_R}$$

且对于所有的 j、k、m、t，有

$$c_{j,k,m}^{t} := \langle J_w, \sigma_{j,k,m}^{t} \rangle_{\Omega_R}$$

再对分别由支撑 $\varphi_0^{t_0}$ 和 $\sigma_{j,k,0}^{t}$ 限制的每个加窗的图像 $J_w\varphi_0^{t_0}$ 和 $J_w\sigma_{j,k,0}^{t}$ 应用一个 2D iFFT。

定义 2 中数字剪切波系统 DSH 的定义需要选择合适的函数 ϕ，V_0、V、W_0 和 W，且需要 7.2.3 节中说明的条件。讨论 ShearLab 里的选择，从选择小波 W_0 和 W 开始。在 7.2.3 节中，这些函数分别被定义为 Meyer 尺度函数和 Meyer 小波函数的傅里叶变换，即

$$W_0(\xi) = \begin{cases} 1, & |\xi| \leqslant \dfrac{1}{4} \\ \cos\left[\dfrac{\pi}{2}v\left(\dfrac{4}{3}|\xi| - \dfrac{1}{3}\right)\right], & \dfrac{1}{4} \leqslant |\xi| \leqslant 1 \\ 0, & \text{其他} \end{cases}$$

而

$$W(\xi) = \begin{cases} \sin\left[\dfrac{\pi}{2}v\left(\dfrac{4}{3}|\xi| - \dfrac{1}{3}\right)\right], & \dfrac{1}{4} \leqslant |\xi| \leqslant 1 \\ \cos\left[\dfrac{\pi}{2}v\left(\dfrac{1}{3}|\xi| - \dfrac{1}{3}\right)\right], & 1 \leqslant |\xi| \leqslant 4 \\ 0, & \text{其他} \end{cases}$$

其中 $v \geqslant 0$ 是当 $0 \leqslant x \leqslant 1$ 时，使 $v(x) + v(1-x) = 1$ 的 C^k 函数或 C^∞ 函数，v 的一个可能的选择是

$$v(x) = x^4(35 - 84x + 70x^2 - 20x^3), \quad 0 \leqslant x \leqslant 1$$

同时自动确定了 W_0 和 W。由于当 $|\xi| \leqslant 1$，$|W_0(\xi)|^2 + |W(\xi)|^2 = 1$，满足了所需条件式(7.16)。函数 v 也可以用来设计冲击函数 V，这需要满足式(7.18)，V 的一个可能的选择是通过

$$V(\xi) = \sqrt{v(1+\xi) + v(1-\xi)}, \quad -1 \leqslant \xi \leqslant 1$$

来定义它，则 V_0 可以简单的选择 $V_0 \equiv 1$。再提一下 ϕ，由于其定义取决于 V_0 和 W_0，所以确定了这两个函数的同时也唯一的确定了 ϕ。

7.2.4 FDST 的算法实现

之前讨论了快速数字剪切波变换(FDST) 所有主要的元素(快速 PPFT、加权和数字剪切波加窗)，总结这些发现。根据所需的应用，有可能需要快速逆变换，本节将详细说明。本节将介绍两种可能，分别为伴随 FDST 和逆

FDST,区别在于其加权是允许用伴随来实现重建还是需要用迭代过程来获得更高精度,更多关于伪代码形式的 FDST、伴随 FDST 和逆 FDST 的描述请参考文献[16]。

为了尽量简短,分别用 p、w 和 W 来表示 7.2.1 节中的快速 PPFT、7.2.2 节中的伪极坐标网格上的加权和 7.2.3 节中的剪切波窗对每个序列进行 2D iFFT 组成的加窗算子。

1. FDST

FDST 算法的步骤如下。

(1) 步骤(S1)。对一给定图像 I,通过施加 7.2.1 节中的快速 PPFT,得到函数 $PI:\Omega_R \to \mathbf{C}$。

(2) 步骤(S2)。如 7.2.2 节所描述的,对 PI 施加一个计算好的加权函数 $\Omega_R \to \mathbf{C}$ 的平方根,得到 $\sqrt{w}PI:\Omega_R \to \mathbf{C}$。

(3) 步骤(S3)。对函数 $\sqrt{w}PI$ 施加剪切波窗,再对每一个序列进行 2D iFFT,得到用 $c_{n_0}^{t_0}(t_0、n_0)$ 和 $c_{j,k,m}^{t}(j、k、m、t)$ 表示的剪切波系数 $W\sqrt{w}PI$。

2. 伴随 FDST

假设步骤(S2)中用权函数 w 满足定理 1 中的条件,则运用定理 2,可得

$$(W\sqrt{w}P)^{*}W\sqrt{w}P = P^{*}\sqrt{w}(W^{*}W)\sqrt{w}P = P^{*}wP = Id$$

在此情况下,由 $W\sqrt{w}P$ 代表 FDST 的求逆可以通过施加伴随 FDST 实现,需要以下几个步骤。

(1) 步骤 1。对于给定的剪切波系数 C,即 $c_{n_0}^{t_0}(t_0、n_0)$ 和 $c_{j,k,m}^{t}(j、k、m、t)$,计算系数为 $c_{n_0}^{t_0}(t_0、n_0)$ 和 $c_{j,k,m}^{t}(j、k、m、t)$ 的剪切波窗的线形组合,给出函数 $W^{*}C:\Omega_R \to \mathbf{C}$。

(2) 步骤 2。对 $W^{*}C$ 施加一个计算好的权函数 $w:\Omega_R \to \mathbf{C}$ 的平方根,得到函数 $\sqrt{w}W^{*}C:\Omega_R \to \mathbf{C}$。

(3) 步骤 3。通过反向运行,对快速 PPFT 施加快速伴随 PPFT,注意向量 $c \in \mathbf{C}^{N+1}$ 的常数 $\alpha \in \mathbf{C}$ 次的伴随分数傅里叶变换由 $F_{N+1}^{-\alpha}c$ 给出,而且当 $m > N$ 时,对向量 $c \in \mathbf{C}^{m}$ 施加的伴随补零算子 $E_{m,N}^{*}$ 由 $(E_{m,N}^{*}c)(k) = c(k)\left(k = -\frac{N}{2},\cdots,\frac{N}{2}-1\right)$ 给出,伴随 PPFT 给出 $P^{*}\sqrt{w}W^{*}C$。

3. 逆 FDST

一般(同 7.2.2 节中讨论权值放宽的形式)权值不严格满足定理 1 的条

件，关于判断伴随方法是否仍然可行的评判标准在 7.4.2 节中讨论。若需要更高的重建精度，可以尝试迭代的方法，比如共轭梯度法。由于数字剪切波系统形成一个 Parseval 框架，所以恒有

$$W^{*}W\sqrt{w}P = \sqrt{w}P$$

因此，迭代方法只需要施加从已知的 $J := \sqrt{w}PI$ 中重建图像 I 的过程，即从下式中求解 I：

$$P^{*}wPI = P^{*}wJ$$

由于 J 可能不在 P 的范围里，I 一般是从解加权的最小二乘问题 $\min_I \| \sqrt{w}PI - \sqrt{w}J \|_2$ 中计算得到。与 $P^{*}P$ 对应的矩阵是对称正定的，所以如共轭梯度方法之类的迭代方法是适用的，对等式 $Ax = b$ 运用共轭梯度法，其中 $A = P^{*}wP$，$b = P^{*}wJ$。这一过程的性能可以通过算子的条件数

$$P^{*}wP：\mathrm{cond}(P^{*}wP) = \frac{\lambda_{\max}(P^{*}wP)}{\lambda_{\min}(P^{*}wP)}$$

来测量，这表明权函数起着预调节的作用，这一措施将在 7.4.2 节中进行更深层次的研究。

7.3 用紧支撑剪切波实现数字剪切波变换

本节讨论计算与锥适应型离散剪切波系统相关的剪切波系数的两种实现策略，但是第 1 章中介绍的是基于紧支撑的剪切波；再者，本节主要集中在派生一个连续设置的数字化剪切波。

在小波理论的环境下，可信数字化是通过多分辨率分析的概念实现的，其中尺度和平移操作是通过离散操作实现数字化的下采样、上采样和卷积。然而在方向性变换的情况下，有三种算子（尺度、平移和方向）需要数字化，本节会导出一个能让三个算子每个都能转化为数字域的数字化操作的框架，之前的两种方法都是基于以下数字化策略的。

(1) 尺度和平移。可以对每一个剪切参数 k 进行与各向异性尺度 A_{2^j} 相关的多分辨率分析。

(2) 方向性。必须特别注意实现剪切算子 $S_{2^{-\frac{j}{2}}k}$ 的可信数字化。

在 7.3.1 节中，介绍由可分离函数生成的剪切波系统相关的 DSST，以及关于其属性的讨论，如其冗余。在 7.3.2 节中介绍数字不可分离剪切波变换（DNST），其剪切波元素是由不可分离剪切波生成器生成的。

7.3.1 数字可分离剪切波变换

本节描述基于文献[18]中介绍的紧支撑剪切波的连续域剪切波变换的一个可信数字化,还有着高计算效率。

1. 紧支撑剪切波变换的可信数字化

从理论方面讨论,允许与可分离剪切波 ψ 生成剪切波系统相关的,剪切波变换的可信数字化开始,可分离剪切波 ψ 定义为

$$\hat{\psi}(\xi) = m_1(4\xi_1)\hat{\phi}(\xi_1)\hat{\phi}(2\xi_2), \quad \xi = (\xi_1,\xi_2) \in \mathbf{R}^2 \tag{7.35}$$

式中,m_1 为仔细挑选的带通滤波器;ϕ 为一个适应性选择的尺度函数,见第 1 章。

只在水平锥区考虑属于 $\Psi(\psi,c)$ 的剪切波 $\psi_{j,k,m}$。注意同样步骤可以计算垂直锥区属于 $\tilde{\Psi}(\tilde{\psi},c)$ 的剪切波系数,除了需要交换一下变量的顺序。

为了建立一个可分离剪切波生成器 $\psi \in L^2(\mathbf{R}^2)$ 和一个相关的尺度函数 $\phi \in L^2(\mathbf{R}^2)$,令 $\phi \in L^2(\mathbf{R}^2)$ 为一个紧支撑的 1D 尺度函数,它对于适当选择的滤波器 h 满足

$$\phi_1(x_1) = \sum_{n_1 \in \mathbf{Z}} h(n_1)\sqrt{2}\,\phi_1(2x_1 - n_1) \tag{7.36}$$

评价其所需的条件,则一个相关的紧支撑的 1D 小波 $\psi_1 \in L^2(\mathbf{R}^2)$ 可以通过下式定义:

$$\psi_1(x_1) = \sum_{n_1 \in \mathbf{Z}} g(n_1)\sqrt{2}\,\phi_1(2x_1 - n_1) \tag{7.37}$$

式中,g 为一个适当选择的滤波器。则所选的剪切波生成器可以定义为

$$\psi(x_1,x_2) = \psi_1(x_1) = \phi_1(x_2) \tag{7.38}$$

且尺度函数由 $\phi(x_1,x_2) = \phi_1(x_1)\phi_1(x_2)$ 定义。

在此讨论这是否确定是式(7.35)中定义的剪切波生成器的一个特殊情况,在式(7.38)中定义的傅里叶变换的形式为

$$\hat{\psi}(\xi_1,\xi_2) = m_1\left(\frac{\xi_1}{2}\right)\hat{\phi}_1\left(\frac{\xi_1}{2}\right)\hat{\phi}_1\left(\frac{\xi_2}{2}\right)$$

式中,m_1 为一个三角多项式,其傅里叶系数为 $g(n_1)$。

将这个表达式与式(7.35)中的剪切波生成器 ψ 的傅里叶变换进行比较,即

$$\hat{\psi}(\xi_1,\xi_2) = m_1(4\xi_1)\hat{\phi}_1(2\xi_1)\hat{\phi}_1(\xi_2)$$

其中 1D 尺度函数 ϕ_1 是式(7.36)中定义的。注意后一个尺度函数和式

(7.35) 中定义的稍有不同，这个小变化是为了展现一个更简单的实现方法，本质上和将要描述的实现策略都可以应用在剪切波发生器。

滤波器系数 h 和 g 需要使 ψ 满足一定的衰减条件（见第 1 章的文献[15]），从而保证可以从剪切波系数得到稳定的重建。

对于要分析的信号 $f \in L^2(\mathbf{R}^2)$，假设对于固定的 $J > 0$，f 的形式为

$$f(x) = \sum_{n \in \mathbf{Z}^2} f_J(n) 2^J \phi(2^J x_1 - n_1, 2^J x_2 - n_2) \tag{7.39}$$

对于数字实现来说，这是一个非常自然的假设，因为尺度系数可以看作 f 的采样值，其实在适当选择 ϕ 的情况下，有 $f_J(n) = f(2^{-J}n)$。为了实现剪切波系数 $\langle f, \psi_{j,k,m} \rangle$ $(j = 0, \cdots, J-1)$ 可信数字化的目标，观察

$$\langle f, \psi_{j,k,m} \rangle = \langle f(S_{2^{-\frac{j}{2}}k}(\cdot)), \psi_{j,0,m}(\cdot) \rangle \tag{7.40}$$

假设 $j/2$ 为整数，否则要么取 $\lceil j/2 \rceil$ 要么取 $\lfloor j/2 \rfloor$。观察式(7.40) 如何把剪切波系数 $\langle f, \psi_{j,k,m} \rangle$ 数字化，通过在剪切波 $f(S_{2^{-\frac{j}{2}}k}(\cdot))$ 上应用与各向异性采样矩阵 A_{2^j} 相关的离散可分离小波变换，然而这需要（比较在给出的 f 假设的形式）$f(S_{2^{-\frac{j}{2}}k}(\cdot))$ 是包含在尺度空间内的：

$$V_J = \{2^J \phi(2^J \cdot - n_1, 2^J \cdot - n_2) : (n_1, n_2) \in \mathbf{Z}^2\}$$

若剪切参数 $2^{-\frac{j}{2}}k$ 为非整数，则不成立。失败的原因是剪切矩阵 $S_{2^{-\frac{j}{2}}k}$ 在 V_J 不保留规则网格 $2^{-J}\mathbf{Z}^2$，即

$$S_{2^{-\frac{j}{2}}k}(\mathbf{Z}^2) \neq \mathbf{Z}^2$$

为了解决这个问题，考虑新的尺度空间 $V^k_{J+\frac{j}{2},J}$，其定义为

$$V^k_{J+\frac{j}{2},J} = \{2^{J+\frac{4}{j}} \phi(S_k(2^{J+\frac{j}{2}} \cdot - n_1, 2^J \cdot - n_2)) : (n_1, n_2) \in \mathbf{Z}^2\}$$

在此强调尺度空间 $V^k_{J+\frac{j}{2},J}$ 是通过将规则网格 $2^{-J}\mathbf{Z}^2$ 沿 x_1 轴经因子为 $2^{\frac{j}{2}}$ 细化得到的。有了这个调整，新的网格 $2^{-J-\frac{j}{2}}\mathbf{Z} \times 2^{-J}\mathbf{Z}$ 在 $S_{2^{-\frac{j}{2}}k}$ 下是不变的，因为有 $Q = \operatorname{diag}(2,1)$

$$2^{-J-\frac{j}{2}}\mathbf{Z} \times 2^{-J}\mathbf{Z} = 2^{-J}Q^{-\frac{j}{2}}(\mathbf{Z}^2) = 2^{-J}Q^{-\frac{j}{2}}(S_k\mathbf{Z}^2) = S_{2^{-\frac{1}{2}k}}(2^{-J-\frac{j}{2}}\mathbf{Z} \times 2^{-J}\mathbf{Z})$$

可以重写式(4.40) 中的 $f(S_{2^{-\frac{j}{2}}k}(\cdot))$。

引理 1　在保留本节中的概念和定义的基础上，令 $\uparrow 2^{\frac{j}{2}}$ 和 $*_1$ 分别表示因子为 $2^{\frac{j}{2}}$ 的 1D 上采样算子和沿 x_1 轴的 1D 卷积算子，并设定 $h_{\frac{j}{2}}(n_1)$ 为下式三角多项式的傅里叶系数：

$$H_{\frac{j}{2}}(\xi_1) = \prod_{k=0}^{\frac{j}{2}-1} \sum_{n_1 \in \mathbf{Z}} h(n_1) \mathrm{e}^{-2\pi i 2^k n_1 \xi_1} \tag{7.41}$$

可得

$$f(S_{2^{-\frac{j}{2}}k}(x)) = \sum_{n\in\mathbf{Z}^2} \tilde{f}_J(S_k n)2^{J+\frac{j}{4}}\phi_k(2^{J+\frac{j}{2}}x_1 - n_1, 2^J x_2 - n_2)$$

其中

$$\tilde{f}_J(n) = ((f_J)_{\uparrow 2^{\frac{j}{2}}} *_1 h_{\frac{j}{2}})(n)$$

这个引理的证明需要命题1,它们都是从小波理论的级联算法得到的。

命题1[18]　假设ϕ_1和$\psi_1 \in L^2(\mathbf{R})$分别满足式(7.36)和式(7.37),则当$j_1 \leqslant j_2$均为正整数,可得

$$2^{\frac{j_1}{2}}\phi_1(2^{j_1}x_1 - n_1) = \sum_{d_1\in\mathbf{Z}} h_{j_2-j_1}(d_1 - 2^{j_2-j_1}n_1)2^{\frac{j_2}{2}}\phi_1(2^{j_2}x_1 - d_1) \quad (7.42)$$

和

$$2^{\frac{j_1}{2}}\psi_1(2^{j_1}x_1 - n_1) = \sum_{d_1\in\mathbf{Z}} g_{j_2-j_1}(d_1 - 2^{j_2-j_1}n_1)2^{\frac{j_2}{2}}\phi_1(2^{j_2}x_1 - d_1) \quad (7.43)$$

其中h_j和g_j是定义的三角多项式H_j以及由下式定义的三角多项式G_j的傅里叶系数:

$$G_j(\xi_1) = \Big(\prod_{k=0}^{j-2}\sum_{n_1\in\mathbf{Z}} h(n_1)e^{-2\pi i 2^k n_1\xi_1}\Big)\Big(\sum_{n_1\in\mathbf{Z}} g(n_1)e^{-2\pi i 2^{j-1}n_1\xi_1}\Big)$$

对于$j > 0$是固定的。

证明(引理1的证明)　由等式$j_1 = J$与$j_2 = J + j/2$和表明

$$2^{\frac{J}{2}}\phi_1(2^J x_1 - n_1) = \sum_{d_1\in\mathbf{Z}} h_{J-\frac{j}{2}}(d_1 - 2^{\frac{j}{2}}n_1)2^{\frac{J}{2}+\frac{j}{4}}\phi_1(2^{J+\frac{j}{2}}x_1 - d_1) \quad (7.44)$$

而且,鉴于ϕ是$\phi(x_1,x_2) = \phi_1(x_1)\phi_1(x_2)$的2D可分离函数,可得

$$f(x) = \sum_{n_2\in\mathbf{Z}}\Big(\sum_{n_1\in\mathbf{Z}} f_J(n_1,n_2)2^{\frac{J}{2}}\phi_1(2^J x_1 - n_1)\Big)2^{\frac{J}{2}}\phi_1(2^J x_2 - n_2)$$

由式(7.44),可得

$$f(x) = \sum_{n\in\mathbf{Z}^2}\tilde{f}_J(n)2^{J+\frac{j}{4}}\phi(2^J Q^{\frac{j}{2}}x - n)$$

其中$Q = \mathrm{diag}(2,1)$。再由$Q^{\frac{j}{2}}S_{2^{-\frac{j}{2}}k} = S_k Q^{\frac{j}{2}}$,得到

$$\begin{aligned}
f(S_{2^{-\frac{j}{2}}k}(x)) &= \sum_{n\in\mathbf{Z}^2}\tilde{f}_J(n)2^{J+\frac{j}{4}}\phi(2^J Q^{\frac{j}{2}}S_{2^{-\frac{j}{2}}k}(x) - n) \\
&= \sum_{n\in\mathbf{Z}^2}\tilde{f}_J(n)2^{J+\frac{j}{4}}\phi(S_k(2^J Q^{\frac{j}{2}}x - S_{-k}n)) \\
&= \sum_{n\in\mathbf{Z}^2}\tilde{f}_J(S_k n)2^{J+\frac{j}{4}}\phi(S_k(2^J Q^{\frac{j}{2}}x - n))
\end{aligned}$$

在式(7.40)中需要数字化的是剪切波$\psi_{j,k,m}$,从命题1可以直接得出以下结果(引理2)。

引理 2　保留本章中的定义和概念，可得

$$\psi_{j,k,m}(x)=\sum_{d\in\mathbf{Z}^2} g_{J-j}(d_1-2^{J-j}m_1)h_{J-\frac{j}{2}}(d_2-2^{J-\frac{j}{2}}m_2)2^{J+\frac{j}{4}}\phi(2^Jx-d)$$

要与一个各向异性尺度矩阵关联的离散可分离小波变换，而当 j_1、$j_2>0$ 且 $c\in\ell(\mathbf{Z}^2)$，其定义为

$$W_{j_1,j_2}(c)(n_1,n_2)=\sum_{m\in\mathbf{Z}^2} g_{j_1}(m_1-2^{j_1}n_1)h_{j_2}(m_2-2^{j_2}n_2)c(m_1,m_2),\quad (n_1,n_2)\in\mathbf{Z}^2 \tag{7.45}$$

由引理 1 和引理 2 得到可数字化形式的剪切波系数 $\langle f,\psi_{j,k,m}\rangle$。

定理 3[18]　保留本节中的概念和定义，令 $\downarrow 2^{\frac{j}{2}}$ 是因子为 $2^{\frac{j}{2}}$ 沿水平轴的 1D 下采样，可得

$$\langle f,\psi_{j,k,m}\rangle=W_{J-j,J-\frac{j}{2}}(((\tilde{f}_J(S_k\cdot)*\Phi_k)*_1\bar{h}_{\frac{j}{2}})_{\downarrow 2^{\frac{j}{2}}})(m)$$

其中

$$\Phi_k(n)=\langle\phi(S_k(\cdot)),\phi(\cdot-n)\rangle,\quad n\in\mathbf{Z}^2$$

$$\bar{h}_{\frac{j}{2}}(n_1)=h_{\frac{j}{2}}(-n_1)$$

2. 算法实现

计算剪切波系数利用定理3约束，将与采样矩阵 A_{2^j} 关联的离散wavelet变换式(7.45)用于尺度系数，对于 $f_J\in\ell^2(\mathbf{Z}^2)$，有

$$S^d_{2^{-\frac{j}{2}}k}(f_J)(n):=((\tilde{f}_J(S_k\cdot)*\Phi_k)*_1\bar{h}_{\frac{j}{2}})_{\downarrow 2^{\frac{j}{2}}})(n) \tag{7.46}$$

为了实现所需的明确步骤之前，观察尺度系数 $S^d_{2^{-\frac{j}{2}}k}(f_J)$，这个系数可以看作是数据 f_J 在整数网格 $\mathbf{Z}^2$ 经数字剪切算子 $S^d_{2^{-\frac{j}{2}}k}$ 获得的一个新的采样，这个过程如图 7.3 所示，图中是 $2^{-\frac{j}{2}}k=-\dfrac{1}{4}$ 的情况，虚线对应着细化的整数网络，新的采样值在 $S_{\frac{1}{4}}$ 的剪切线和细化网格的交点上。

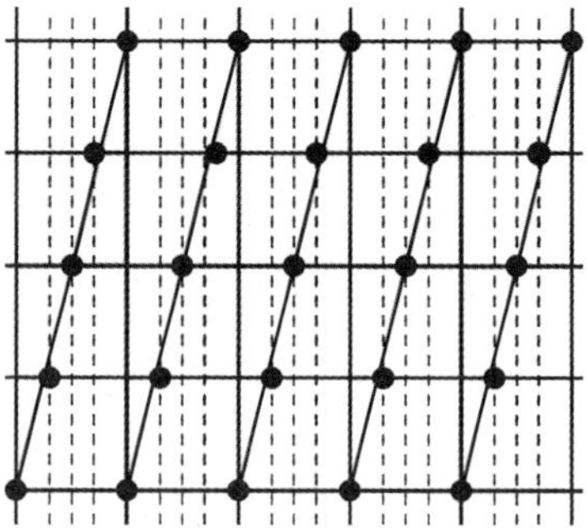

图 7.3　数字剪切算子 $S^d_{-\frac{1}{4}}$ 的应用的示意图

对于每个剪切参数 k，式(7.46) 中的滤波器系数 $\Phi_k(n)$ 可以提前计算出。对于一个可行的实现，有时甚至跳过这个附加的卷积步骤，直接设 $\Phi_k=\chi_{(0,0)}$。

总体来说，DSST 的实现策略为以下几个步骤的级联。

(1) 步骤1。对于给定输入数据 f_J，在最细的尺度 $j=J$ 上应用因子为 $2^{\frac{j}{2}}$ 的 1D 上采样算子。

(2) 步骤2。在最细尺度 $j=J$ 上，对上采样的输入数据 f_J 和 1D 低通滤波器 $h_{\frac{j}{2}}$ 做 1D 卷积，给出 $\tilde{f}_J$。

(3) 步骤3。在最细尺度 $j=J$ 上，根据剪切采样矩阵 S_k、重采样 $\tilde{f}_J$ 以得到 $\tilde{f}_J(S_k(n))$。注意这个重采样步骤是直接的，因为整数网格在剪切采样矩阵 S_k 的作用下是不变的。

(4) 步骤4。在最细尺度 $j=J$ 上，对 $\tilde{f}_J(S_k(n))$ 和 $\bar{h}_{\frac{j}{2}}$ 做1D 卷积，再做一个因子为 $2^{\frac{j}{2}}$ 的 1D 下采样。

(5) 步骤5。对各个尺度 $j=0,1,\cdots,J-1$ 进行可分离小波变换 $W_{J-j,J-\frac{j}{2}}$。

3. 方向性的数字实现

鉴于经数字剪切算子 $S^d_{2^{-\frac{j}{2}}k}$ 的剪切矩阵 $S_{2^{-\frac{j}{2}}k}$ 的数字实现，对于连续域剪切波变换的可信数字化至关重要，将在本节做更仔细地分析。

其实在连续域，至少存在两个算子是能自然提供方向性的(旋转和剪切)。从能保留长度、角度和平行等重要几何信息的角度讲，旋转是一个非常方便提供方向性的工具，然而，旋转算子并不能保留整数格，这在数字化中是非常严重的问题。相对剪切矩阵 S_k 不仅能提供方向性，在剪切参数 k 是整数的情况下还能保留整数格，因此用剪切矩阵 S_k 作为方向性离散化的假设。

为了分析剪切矩阵 $S_{2^{-\frac{j}{2}}k}$ 和对应的数字剪切算子 $S^d_{2^{-\frac{j}{2}}k}$ 的关系，考虑简单例子，设 $f_c=\chi_{\{x:x_1=0\}}$，把 f_c 数字化得到一个在 $\mathbf{Z}^2$ 上的函数 f_d，定义对所有 $n\in\mathbf{Z}^2$，有 $f_d(n)=f_c(n)$。在剪切参数 $s\in\mathbf{R}$ 固定的情况下，对 f_c 做剪切变换 S_s，得到剪切函数 $f_c(S_s(\cdot))$，考虑 $f_c(S_s(\cdot))\mid_{\mathbf{Z}^2}$ 把函数数字化，函数 f_d 和 $f_c(S_s(\cdot))\mid_{\mathbf{Z}^2}$ 如图 7.4 所示，图中 $s=-\dfrac{1}{4}$。解决整数格在剪切矩阵 $S_{\frac{1}{4}}$ 的作用下保持变化，这个问题使采样点 $S_{\frac{1}{4}}(n)(n\in\mathbf{Z}^2)$ 无法落在整数网格上，从而造成了图7.5(a) 所示的数字化图像 $f_c(S_{-\frac{1}{4}}(\cdot))\mid_{\mathbf{Z}^2}$ 的伪像。为了避免伪像效应，网格需要沿水平轴做一个因子为 4 的细化，再在这个细化的网格上计算采样值。

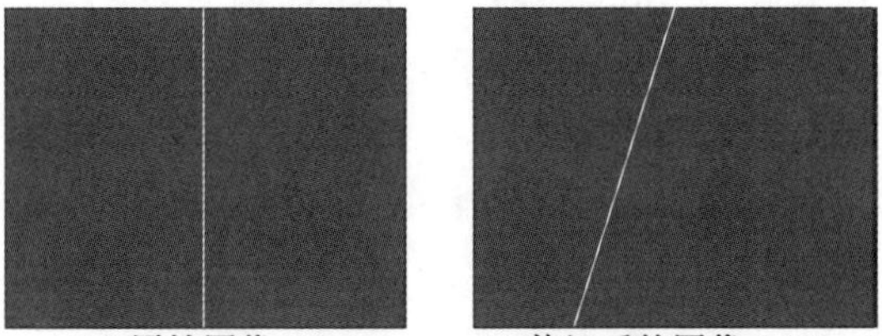

(a) 原始图像 $f_d(n)$　　(b) 剪切后的图像 $f_c(S_{-1/4}n)$

图 7.4　原始图像和剪切后的图像

在更一般的情况下，当剪切参数由 $s=-2^{-\frac{j}{2}}k$ 给出，通过把网格沿水平轴做因子为 $2^{\frac{j}{2}}$ 细化，再在细化网格上计算插值采样点的值，从而从本质上避免方向性的伪像效应。确保了当任意 $n_2\in\mathbf{Z}^2$，得到的采样点 $((2^{-\frac{j}{2}}k)n_1,n_2)$，并且网格在剪切矩阵 $S_{2^{-\frac{j}{2}}k}$ 的作用下能被保留下来。这个过程完全和数字剪切算子 $S^d_{2^{-\frac{j}{2}}k}$ 的运用重合，即描述了 7.3.1 节中的步骤 1 ～ 4，完成了新的尺度系数 $S^d_{2^{-\frac{j}{2}}k}(f_J)(n)$ 的计算。

讨论例子中的典型情况 $f_c=\chi_{\{x:x_1=0\}}$ 和 $S_{-\frac{1}{4}}$，并把 $f_c(S_{-\frac{1}{4}}(\cdot))|_{\mathbf{Z}^2}$ 和在 f_d 上施加数字剪切算子 $S^d_{-\frac{1}{4}}$ 得到的结果相比。通过考虑 $S^d_{-\frac{1}{4}}(f_d)|_{\mathbf{Z}^2}$ 在图 7.5(b)、(c) 中避免了在 7.5(a) 中的频域里离散化图像 $f_c(S_{-\frac{1}{4}}(n))$ 方向性伪像效应。因此，用数字剪切算子 $S^d_{2^{-\frac{j}{2}}k}$ 能做到和剪切矩阵 $S_{2^{-\frac{j}{2}}k}$ 相关的剪切算子的可信数字化。

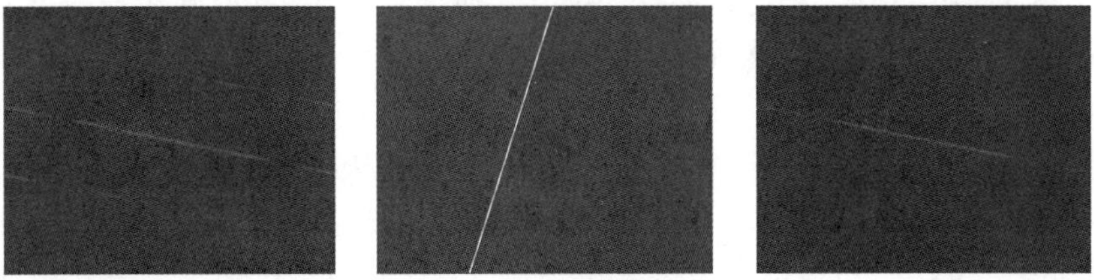

(a) 带伪像图像 $f_c(S_{-\frac{1}{4}}(n))$ 的 DFT　　(b) 支伪像图像：$S^d_{-\frac{1}{4}}(f_d)(n)$　　(c) 去伪像图像：$S^d_{-\frac{1}{4}}(f_d)(n)$ 的 DFT

图 7.5　三种类型图像

4. 冗余

实际应用的一个重要问题是可控的冗余，为了给离散剪切波变换的冗余定量，设输入数据 f 为下式平移的 2D 尺度函数 ϕ 在尺度 J 的有限线形组合：

$$f(x)=\sum_{n_1=0}^{2^J-1}\sum_{n_2=0}^{2^J-1}d_n\phi(2^Jx-n)$$

冗余由表示 f 所需的剪切波元素数量给出。更普遍来说，允许以任意采

样矩阵 $M_c = \mathrm{diag}(c_1, c_2)$ 用于平移，即考虑如下形式的剪切波元素：

$$\psi_{j,k,m}(\cdot) = 2^{\frac{3j}{4}}\psi(S_k A_{2^j} \cdot - M_c m)$$

得到命题2。

命题2[18]　DSST的冗余为 $\frac{4}{3c_1c_2}$。

证明　考虑水平锥区一个固定尺度 $j \in \{0,\cdots,J-1\}$ 的剪切波元素，观察尺度矩阵 A_{2^j} 和采样矩阵 M_c 分别存在 $2^{\frac{j}{2}+1}$ 个剪切索引 k 和 $2^j \cdot 2^{\frac{j}{2}} \cdot (c_1c_2)^{-1}$ 个平移索引。因此，从水平锥区需要 $2^{2j+1}(c_1c_2)^{-1}$ 个剪切波元素来表示 f，由对称可知，垂直锥区也需要同样数量的剪切波元素，在最粗尺度 $j=0$ 大约需要 c_1^{-2} 个尺度函数 ϕ 的平移。

全尺度所需的剪切波元素总数大约为

$$\frac{4}{c_1c_2}\left(\sum_{j=0}^{J-1} 2^{2j} + 1\right) = \frac{4}{c_1c_2}\left(\frac{2^{2J}+2}{3}\right)$$

每一帧剪切波的冗余可以通过系数的数量和这个数的比值来计算得到，令 $J \to \infty$ 可证明这个命题。举例来说，若选择的平移网格的参数是 $c_1 = 1$ 且 $c_2 = 0.4$，则相关的DSST有渐近冗余 $\frac{10}{3}$。

5. 计算复杂性

计算复杂性是另一个很重要的特征（见7.4.6节），计算数字剪切波变换的计算复杂性。

命题3[15]　DSST的计算复杂性是 $O(2^{\log_2(\frac{L/2-1}{2})} L \cdot N)$。

证明　分析7.3.1节的步骤1～5，最耗时的步骤是步骤1～4中最细尺度 $j=J$ 计算尺度系数，这个步骤需要先做因子为 $2^{\frac{j}{2}}$ 的1D上采样，再与剪切参数 k 相关的每个方向做1D卷积。令 L 表示在最细尺度 $j=J$ 上方向的总数，而 N 为2D输入数据的尺寸，则步骤1～4中用于计算尺度系数复杂性是 $O(2^{\frac{j}{2}}L \cdot N)$，而步骤5中与 A_{2^j} 相关的离散可分离小波变换的复杂性仅需 $O(N)$ 次操作，因此是可以忽略的，再由 $L = (2 \cdot 2^{\frac{j}{2}} + 1)$ 的事实可以得出命题结论。

需要注意的是，计算消耗取决于在最细尺度 $j=J$ 上剪切参数的数目 L，且随着 L 的增加，消耗大约以 L^2 的因子增长。需要强调的是，相对于其他冗余方向性变换，可以选择剪切波变换，剪切波变换在运行时间和性能方面都更优秀。比较合理的最细尺度方向数是6个，那么命题3中的因子 $2^{\log_2(\frac{1}{2}(\frac{L}{2}-1))}$ 等于

1，因此，剪切波变换的运行时间只是离散正交小波变换的 1/6，从而保持在其他方向性变换的运行时间范围之内。

6. 逆 DSST

由于逆 DSST 变换不是一个等距同构，其伴随不能用做逆变换，然而，好的框架边界比率（见第 1 章和第 5 章）有很快的收敛，如共轭梯度法的迭代方法，这方法需要计算正 DSST 和其伴随，见文献[20] 及 7.2.4 节。

7.3.2 数字不可分离剪切波变换

本节会介绍一个演化与紧支撑剪切波相关的离散剪切波变换可信数字化的替代方法，来自文献[19] 的算法实现解决了 DSST 的以下缺点。

(1) DSST 变换不是基于紧框架的，所以需要更大的计算强度通过迭代方法来近似剪切波变换的逆变换。

(2) 插值采样值需要的计算消耗更大。

(3) 即使省略了与 A_{2^j} 相关的下采样，这个剪切波变换也不是移变的。

尽管这个替代方法解决了这些问题，但是从剪切波系数可以准确地在这个框架下计算出的角度来说，DSST 能给出一个更可信的数字化。DSST 和 DNST 的主要区别体现在利用不可分离剪切波发生器，这给予了更多的灵活性。

1. 剪切波发生器

介绍 DNST 中用到的不可分离剪切波发生器，定义剪切波发生器 ψ^{non} 为

$$\hat{\psi}^{\text{non}}(\xi) = P(\xi_{\frac{1}{2}}, 2\xi_2)\hat{\psi}(\xi)$$

式中，ψ 为式(7.38) 中定义的可分离剪切波发生器；三角多项式 P 为一个 2D 风扇状滤波器（见文献[8]），如图 7.6(a) 所示。反过来又定义了由不可分离发生器函数生成的剪切波 $\psi^{\text{non}}_{j,k,m}$，其定义为

$$\psi^{\text{non}}_{j,k,m}(x) = 2^{\frac{3j}{4}}\psi^{\text{non}}(S_k A_{2^j} x - M_{c_j} m)$$

式中，M_{c_j} 是由 $M_{c_j} = \text{diag}(c_1^j, c_2^j)$ 给出的采样矩阵；c_1^j 和 c_2^j 为平移的采样常数。

这些剪切波 $\psi^{\text{non}}_{j,k,m}$ 的一个主要优势是风扇状滤波器使频域中每个尺度上方向选择性能够细化，图 7.6(a)、(b) 展现了细化了的 $\hat{\psi}^{\text{non}}_{j,k,m}$ 的主要支撑和 7.3.1 节中可分离发生器生成的剪切波 $\psi_{j,k,m}$ 的比较。

2. 算法实现

本节目标是为式(7.39) 中的函数 f 推导数字形式的剪切波系数 $\langle f, \psi^{\text{non}}_{j,k,m}\rangle$，只讨论 A_{2^j} 和 S_k 相关的剪切波系数，同样的过程可以用到 $\tilde{A}_{2^j}$ 和 $\tilde{S}_k$ 和上，只不过变量 x_1 和 x_2 的顺序要换一下。

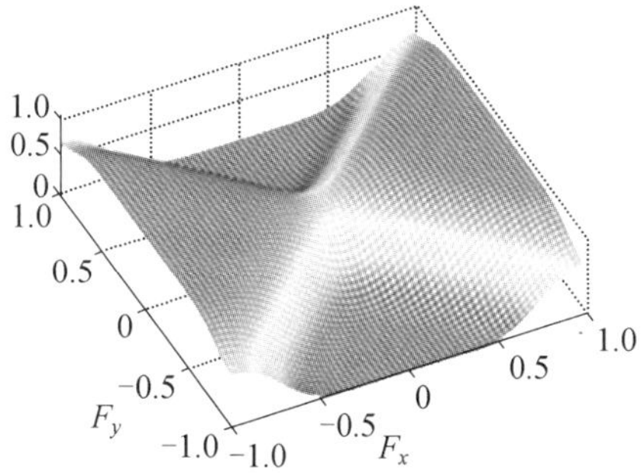

(a) 2D 风扇状滤波器的幅度相应

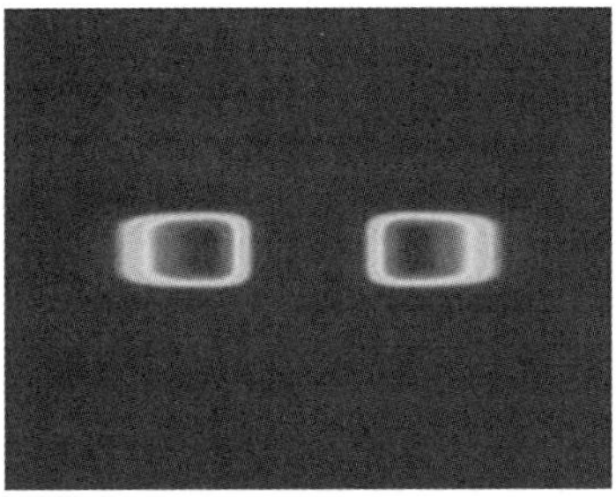

(b) 可分离剪切波 $\psi_{j,k,m}$

(c) 不可分离剪切波 $\psi_{j,k,m}^{\text{non}}$

图 7.6　两种剪切波和 2D 风扇状滤波器的幅度相应(彩图见附录)

用 7.3.1 节中定义的数字剪切算子离散化了一个剪切函数 $f(S_{2^{-\frac{j}{2}}k}\cdot)$，用式(7.46)中定义的数字剪切算子 $S_{2^{-\frac{j}{2}}k}^d$。在这个实现方法中，走另一条路，为了数字化剪切波

$$\psi_{j,k,m}^{\text{non}}(\cdot)=\psi_{j,0,m}^{\text{non}}(S_{2^{-\frac{j}{2}}k}\cdot)$$

通过用多分辨率分析和数字剪切算子 $S_{2^{-\frac{j}{2}}k}^d$ 结合的方法，分别数字化小波 $\psi_{j,0,m}^{\text{non}}$ 和剪切算子 $S_{2^{-\frac{j}{2}}k}$，获得数字化剪切波滤波器的形式为

$$\psi_{j,k}^d(n)=S_{2^{-\frac{j}{2}}k}^d(p_{J-\frac{j}{2}}*w_j)(n)$$

式中，w_j 为由 $w_j(n_1,n_2)=g_{J-j}(n_1)$ 定义的 2D 可分离小波滤波器，$h_{J-\frac{j}{2}}(n_2)$ 和 $p_{J-\frac{j}{2}}(n)$ 为由 $P(2^{J-j}\xi_1,2^{J-\frac{j}{2}+1}\xi_2)$ 给出的 2D 风扇状滤波器的傅里叶系数。则与不分离剪切波发生器 ψ_j^{non} 相关的 DNST 由下式给出：

$$\text{DNST}_{j,k}(f_J)(n)=(f_J*\overline{\psi}_{j,k}^d)(2^{J-j}c_1^jn_1,2^{J-\frac{j}{2}}c_2^jn_2),f_j\in\ell^2(\mathbf{Z}^2)$$

上式离散剪切波滤波器 $\psi_{j,k}^d$ 是通过和 7.3.1 节中类似的想法计算得出的。和先前一样，滤波器系数可以事先计算出来，从而免去多余的计算。

注意通过设定 $c_1^j=2^{j-J}$ 和 $c_2^j=2^{\frac{j}{2}-J}$，DNST 变成了简单的 2D 卷积。在这个

情况下,DNST 是移不变的。

3. 逆 DNST

若 $c_1^j = 2^{j-J}$ 且 $c_2^j = 2^{\frac{j}{2}-J}$,则双剪切波滤波器 $\tilde{\psi}_{j,k}^d$ 可以通过下式计算:

$$\hat{\tilde{\psi}}_{j,k}^d(\xi) = \frac{\hat{\psi}_{j,k}^d(\xi)}{\sum_{j,k} |\hat{\psi}_{j,k}^d(\xi)|^2}$$

得到重建公式:

$$f_J = \sum_{j,k} (f_J * \bar{\psi}_{j,k}^d) * \tilde{\psi}_{j,k}^d$$

这个重建是稳定的,这是由于 $\sum_{j,k} |\hat{\psi}_{j,k}^d(\xi)|^2$ 存在正上下边界,而这又是由不可分离剪切波 $\psi_{j,k,m}^{\text{non}}$ 的框架属性决定的,见文献[19],所以,逆 DNST 不需要用任何迭代方法。离散剪切波滤波器 $\psi_{j,k}^d$ 和其双滤波器 $\tilde{\psi}_{j,k}^d$ 的频率响应如图 7.7 所示,从滤波器在频率上有良好的局域化的角度来讲,原始和双剪切波滤波器的表现是相似的。

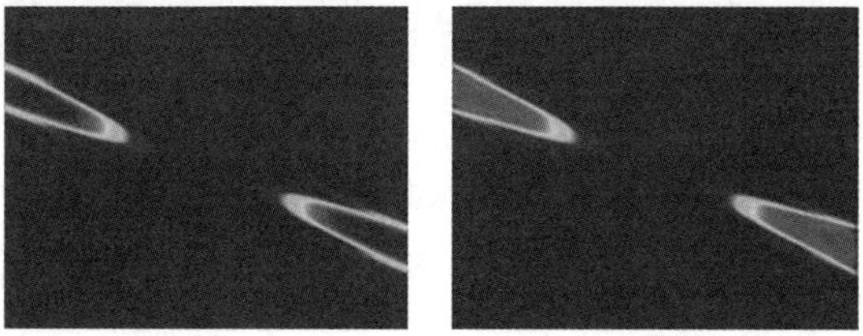

(a) (b)

图 7.7 剪切波滤波器 $\psi_{j,k}^d$ 和其双滤波器 $\tilde{\psi}_{j,k}^d$ 的幅度响应(彩图见附录)

7.4 性能量化的框架

本节说明方向性变换实现的性能量化的框架,最初是在文献[16,10]中介绍的。这一组测试度量本来是用来分析给定算法特定的属性的,在本书中是指本章开头提出的必要条件。引入这个框架是为了能够理性的调整算法参数以及有一个客观的比较不同算法的基础。根据这些度量来测试 FDST、DSST 和 DNST 三种算法的性能,根据不同的特征分析了解它们的性能,也能做比较。这三个算法的测试值也会展现这个测试框架的精巧,由于算法实现的复杂性,很难让一个算法的每一方面都得到公正的评价。应该强调的是(除了能够理性的调整参数之外),一个量化性能的框架对于客观评判算法是很重要的,所有度量的代码都可以在 ShearLab 中找到。

本节中用 S 代表待测变换，S^* 为其伴随。若测试的是迭代重建，用 $G_A J$ 来表示矩阵问题 $AI=J$ 经共轭梯度法在 10^{-6} 残差时获得的解。有些措施特别适用于伪极坐标网络的变换，为此引入概念 P 来代表伪极坐标傅里叶变换，w 代表伪极坐标网格上的值的加权过程，W 表示附加有 2D iFFT 的加窗过程。

7.4.1　代数准确性

要求变换是一个处理伪极坐标网格上数字数据理论的精确实现。在此基础上，为了保证数值精确性，给出以下度量，这个度量是用伪极坐标网格变换设计的。

度量 1　在伪极坐标网格上生成一个含有五个（也可以选择五以外任意合理的整数）随机图像 $I_1,\cdots,I_5$ 的序列，其 $N=512$ 且 $R=8$，服从标准正态分布，则质量度量就是算子范数 $\| W^* W - \mathrm{Id} \|_{\mathrm{op}}$ 的 Monte Carlo 估计，其定义为

$$M_{\mathrm{alg}} = \max_{i=1,\cdots,5} \frac{\| W^* W I_i - I_i \|_2}{\| I_i \|_2}$$

这一度量用于 FDST，而不是 DSST 或 DNST，可得

$$M_{\mathrm{alg}} = 6.6E-16$$

验证了 FDST 中的加窗过程确实达到了机器精度的 Parseval 框架，这在定理 2 中已被验证。

7.4.2　伪极坐标变换的等距同构

测试待测算法可能用到的伪极坐标傅里叶变换，为此给出三个不同的度量，每一个都是测试不同方面的。

度量 2　(1) 接近等距。生成一个 $(I_1,\cdots,I_2)$ 5 幅随机图像的序列，大小为 512×512，具有标准均匀分布，质量度量是对下式给出的算子范数 $\| P^* wP - Id \|_{op}$ 的 Monte Carlo 估计：

$$M_{\mathrm{isom}_1} = \max_{i=1,\cdots,5} \frac{\| P^* wPI_i - I_i \|_2}{\| I_i \|_2}$$

(2) 预条件的质量。质量度量是 Gram 算子 $P^* wP$ 特征值的散布程度，其定义为

$$M_{\mathrm{isom}_2} = \frac{\lambda_{\max}(P^* wP)}{\lambda_{\min}(P^* wP)}$$

(3) 可逆性。质量度量是算子 $\sqrt{w}P$ 用共轭梯度法 $G_{\sqrt{w}P}$ 的可逆性的 Monte

Carlo 估计（残差定为 10^{-6}，G_AJ 表示用共轭梯度法解矩阵问题 $AI=J$），其定义为

$$M_{\text{isom}_3}=\max_{i=1,\cdots,5}\frac{G_{\sqrt{w}P}\sqrt{w}PI_i-I_i\|_2}{\|I_i\|_2}$$

这一度量用于 FDST（不是 DSST 或 DNST），可得以下数值结果，见表 7.1。

表 7.1　伪极坐标变换等距同构测试的数值结果

方法	M_{isom_1}	M_{isom_2}	M_{isom_3}
FDST	9.3E－4	1.834	3.33E－7

微小的等距缺陷不足 $M_{\text{isom}_1}\approx 9.9\text{E}-4$，主要是加权的等距同构不足造成的。然而，对于使用的目的来讲，这个变换仍然被认为是等距同构，能够用伴随作为其逆。

7.4.3　Parseval 框架属性

本节测试由变换定义系统的整体框架性能，这些度量也能用于基于伪极坐标变换以外的变换，尤其是 FDST、DSST 和 DNST。

度量 3　生成一个含有五个尺寸为 512×512 且服从标准正态分布的随机图像 $I_1,\cdots,I_5$ 的序列，质量度量分为两方面。

（1）伴随变换。度量是算子范数 $\|S^*S-\text{Id}\|_{\text{op}}$ 特征值的 Monte Carlo 估计，定义为

$$M_{\text{tight}_1}=\max_{i=1,\cdots,5}\frac{\|S*SI_i-I_i\|_2}{\|I_i\|_2}$$

（2）迭代重建。用共轭梯度法 $G_{\sqrt{w}P}$，度量由下式给出：

$$M_{\text{tight}_3}=\max_{i=1,\cdots,5}\frac{\|G_{\sqrt{w}P}W^*SI_i-I_i\|_2}{\|I_i\|_2}$$

DSST、FDST 和 DNST 的定量度量的性能见表 7.2。

表 7.2　伪极坐标变换等距同构测试的数值结果

方法	M_{tight_1}	M_{tight_2}
FDST	9.9E－4	3.8E－7
DSST	1.992 0	1.2E－7
DNST	0.182 9	5.8E－16（有双滤波器）

变换 FDST 基本是紧致的，如度量 $M_{\text{tight}_1} = 9.9\text{E}-4$，即选择的权值使 PPFT 在绝大多数使用情况下足够的接近等距同构。若需要更高精度的重建，$M_{\text{tight}_2} = 3.8\text{E}-7$ 表明可以用共轭梯度法实现。如预期一样，$M_{\text{tight}_1} = 1.992\,0$ 表明 DSST 不是紧致的。尽管如此，共轭梯度法够给出 $M_{\text{tight}_2} = 1.2\text{E}-7$ 逆变换的高精度近似。DNST 相比 DSST 来讲要明显接近紧致（$M_{\text{tight}_1} = 0.182\,9$），这个变换不需要共轭梯度法来实现重建。值 5.8E－16 是用双剪切波滤波器得到的，可见其明显高于其他变换的性能。

7.4.4　空间－频率局域化

度量 4 是为测试分析元素空间－频率局域化的程度设计的，本节介绍的是剪切波但是可以扩展到任何分析元素。

度量 4　令 I 为一个 512×512 图像中的剪切波，其中心在原点（257，257），斜率为 0，尺度为 4，即 $\sigma^{11}_{4,0,0} + \sigma^{12}_{4,0,0}$，则质量度量分为四方面。

（1）空间域衰减。沿着从[257:512,1]开始的平行于 y 轴的线计算衰减率 $d_1,\cdots,d_{512}$，而衰减率 $d_{512},\cdots,d_{1\,024}$ 是由交换 x 和 y 以后计算得到的。例如对线[257:512,1]，先计算曲线 $|I(x,1)|$（$x = 257,\cdots,512$）的最小单调强函数 $M(x,1)$（$x = 257,\cdots,512$），注意也可以选平均幅度或不同的包络，接着衰减率由线的斜率平均值定义，这是曲线 $\log(M(x,1))$（$x = 257,\cdots,512$）的最小二乘拟合。基于这些衰减率，选择衰减率的平均值作为度量：

$$M_{\text{decay}_1} = \frac{1}{1\,024}\sum_{i=1,\cdots,1\,024} d_i$$

（2）频域衰减。旨在检查 I 的傅里叶变换是否为紧支撑，以及衰减率。为此，令 $\hat{I}$ 为 I 的 2D－FFT，且如上述般计算衰减率 d_i（$i = 1,\cdots,1\,024$），定义如下两个度量。

① 紧支撑性

$$M_{\text{supp}} = \frac{\max\limits_{|u|,|v| \leqslant 3} |\hat{I}(u,v)|}{\max\limits_{u,v} |\hat{I}(u,v)|}$$

② 衰减率

$$M_{\text{decay}_2} = \frac{1}{1\,024}\sum_{i=1,\cdots,512} d_i$$

（3）空间域光滑性。通过局部 Hölder 正则性平均值度量光滑性，对于每对（u_0, v_0），计算

$$M(u,v) = | I(u,v) - I(u_0,v_0) |$$
$$0 < \max\{| u - u_0 |, | v - v_0 |\} \leqslant 4$$

则局部 Hölder 正则 α_{u_0,v_0} 是曲线 $\log_{10}(| M(u,v) |)$ 的最小二乘拟合。光滑性度量由下式给出：

$$M_{\text{smooth}_1} = \frac{1}{512^2} \sum_{u,v} \alpha_{u,v}$$

(4) 频域光滑性。为了得到新 $\alpha_{u,v}$，计算 I 的 2D - FFT，$\hat{I}$ 的光滑性，且定义测量标准：

$$M_{\text{smooth}_2} = \frac{1}{512^2} \sum_{u,v} \alpha_{u,v}$$

通过这些度量分析 FDST、DSST 和 DNST 中的剪切波的空间 - 频率局域化特性，更多数值结果见表 7.3。

表 7.3　空间 - 频率局域化测试的数值结果

方法	M_{decay_1}	M_{supp}	M_{decay_2}	M_{smooth_1}	M_{smooth_2}
FDST	−1.920	5.5E − 5	−3.257	1.319	0.734
DSST	−∞	8.6E − 3	−1.195	0.012	0.954
DNST	−∞	2.0E − 3	−0.716	0.188	0.949

与 FDST 相关的剪切波元素是有限带宽的，而与 DSST 和 DNST 相关的剪切波元素是紧支撑的，M_{decay_1}、M_{supp} 和 M_{decay_1} 的值指出了这一点。由于 FDST 相关剪切波的带宽有限性，人们会期待 $M_{\text{decay}_2} = -\infty$，然而剪切波元素是由其在伪极坐标网格上的傅里叶变换定义的，而度量 M_{decay_2} 是在对剪切波进行 2D - FFT 之后求得的，导致数据在直角坐标系网格上，尤其是函数并非准确地为紧支撑的函数。

M_{smooth_1} 和 M_{smooth_2} 的测验值表明，FDST 相关剪切波在空间域比 DSST 和 DNST 的剪切波要更光滑，而在频域中情况相反。

7.4.5　剪切不变性

在数字成像中，剪切是自然发生的，而且剪切（与旋转不同）可以在数字域实现。不仅如此，对于剪切波变换来说，剪切不变性是可以被证明的，且其理论隐含：

$$\langle 2^{\frac{3j}{2}} \psi(S_k^{-1} A_4^j \cdot - m), f(S_s \cdot) \rangle = \langle 2^{\frac{3j}{2}} \psi(S_{k+2^j s}^{-1} A_4^j \cdot - m), f \rangle$$

期望得到这个结果或一个对特定方向性变换的适应特性，由度量 5 来测量这个目标到底实现到了什么程度。

度量 5　令 I 为一个 256×256 图像，其上有一边缘以 0 斜率穿过原点 (129,129)。给定 $-1 \leqslant s \leqslant 1$，生成一个图像 $I_s := I(S_s \cdot)$ 且令 S_j 为使 $2^j s \in \mathbf{Z}$ 所有可能的尺度 j 的集合，则质量度量为曲线

$$M_{\text{shear},j} = \max_{-2^j < k, k+2^j s < 2^j} \frac{\| C_{j,k}(SI_s) - C_{j,k+2^j s}(SI) \|}{\| I \|_2}, \quad j \in S_j$$

式中，$C_{j,k}$ 是尺度 j 上剪切参数为 k 的剪切波系数。

表 7.4 中列出了测试结果。

表 7.4　Shear 不变性测试的数值结果

方法	$M_{\text{shear},1}$	$M_{\text{shear},2}$	$M_{\text{shear},3}$	$M_{\text{shear},4}$
FDST	1.6E − 5	1.8E − 4	0.002	0.003

由表 7.4 可见，FDST 几乎是剪切不变的。$M_{\text{shear},1}$ 和 $M_{\text{shear},2}$ 比起更细尺度的 $M_{\text{shear},3}$ 和 $M_{\text{shear},4}$ 来说相对较小，这是因为伪像效应使频域中一些能量移向了远离边缘的边界附近的高频部分。

没有测试 DSST 和 DNST 的这个度量，因为这两个变换有着不同（不包含在度量 5 中）种类的剪切不变性。

7.4.6　速度

速度是每一个算法都要分析的最基础的属性之一，本节测试速度直到 $N = 512$ 尺寸，这被认为是足够决定复杂性的尺寸。

度量6　生成一个由五个尺寸为 $2^i \times 2i$ 随机图像 $I_i (i = 5, \cdots, 9)$ 组成的序列，服从正态分布。令 s_i 为剪切波变换 S 在 I_i 上的速度，假设速度表现为 $s_i = c \cdot (2^{2i})^d$，2^{2i} 是输入的尺寸。令 $\tilde{d}_a$ 为线斜率的均值，即曲线 $i \mapsto \log(s_i)$ 的一个最小二乘拟合，f_i 为用在 $I_i (i = 5, \cdots, 9)$ 的 2D FFT，则质量度量有三方面。

（1）复杂性

$$M_{\text{speed}_1} = \frac{\tilde{d}_a}{2\log 2}$$

（2）常数

$$M_{\text{speed}_2} = \frac{1}{5} \sum_{i=5}^{9} \frac{S_i}{(2^{2i})^{M_{\text{speed},1}}}$$

(3) 与 2D - FFT 的比较

$$M_{\mathrm{speed}_3} = \frac{1}{5}\sum_{i=5}^{9}\frac{S_i}{f_i}$$

FDST、DSST 和 DNST 在速度度量上的测试结果见表 7.5。

表 7.5　速度测试的数值结果

方法	M_{speed_1}	M_{speed_2}	M_{speed_3}
FDST	1.156	9.3E - 6	280.560
DSST	0.821	4.5E - 3	88.700
DNST	1.081	9.9E - 8	40.519

为了能够正确理解这些结果，DNST 值测试了 $i = 7,\cdots,9$ 的图像 I_i，因为 DNST 不能用于小尺寸的图像。测试结果同样表明，基于 2D FFT 的卷积使 DNST 在速度度量上和 DSST 可以比拟，尽管 DNST 的冗余比 DSST 多得多。实验结果还表明，FDST 在复杂性测量 M_{speed_1} 方面与 DSST 和 DNST 都是可比的。由此，可以合理假设 FDST 在大尺度计算时的速度与其他方法有高度可比性，会出现更大的 $M_{\mathrm{speed}_3} = 280.560$ 值是由 FDST 在一定尺寸的过采样伪极坐标网格上运用分数傅里叶变换造成的。

7.4.7　几何准确性

方向性变换的一个主要优势是对几何特征的敏感性以及对特征稀疏近似的能力(见第 5 章)，度量 7 为分析这个属性设计的。

度量 7　令 $I_1,\cdots,I_8$ 为 256×256 且有一边缘穿过其原点(129,129)的图像，边缘的斜率分别为$[-1,-0.5,0,0.5,1]$，剩下的三个为中间三个的转置。令 $c_{i,j}$ 为与图像 I_i 和尺度 j 相关的剪切波系数，则质量度量有两方面。

(1) 显著系数的衰减。考虑曲线为

$$\frac{1}{8}\sum_{i=1}^{8}\max|c_{i,j}(\text{分析与直线对齐的元素})|,\text{尺度}\,j$$

令 d 为这条线的平均斜率，即这条曲线 log 的最小二乘拟合，并定义

$$M_{\mathrm{geo}_1} = d$$

(2) 不显著系数的衰减。考虑曲线

$$\frac{1}{8}\sum_{i=1}^{8}\max|c_{i,j}(\text{所有其他分析元素})|,\text{尺度}\,j$$

令 d 为这条线的平均斜率,即这条曲线 log 的最小二乘拟合,并定义

$$M_{\text{geo}_2} = d$$

FDST、DSST 和 DNST 在这些度量上的数值测试结果见表 7.6。

表 7.6　几何准确性的数值结果

方法	M_{geo_1}	M_{geo_2}
FDST	-1.358	-2.032
DSST	-0.002	-0.030
DNST	-0.019	-0.342

如预期一般,由 $M_{\text{geo}_2} \approx -2.032$ 测量的 FDST 的不显著剪切波系数的衰减率,即奇异线不一致的剪切波系数的衰减率,比由 $M_{\text{geo}_1} \approx -1.358$ 测量的显著剪切波系数的衰减率要大得多,而这个偏差在 DSST 和 DNST 的情况下甚至更加明显。

7.4.8　稳定性

为了分析算法的稳定性,选阈值法为一个变换系数序列最常见的冲击。

度量 8　令 I 为 $\{-128,127\}^2$ 上均值为 0、方差为 256 的高斯函数的常规采样,从而获得一个 256 × 256 的图像。

(1) 阈值法 1。第一个质量度量是曲线,为

$$M_{\text{thers}_{1,p_1}} = \frac{\| G_{\sqrt{w}P} W^* \text{thres}_{1,p_1} SI - I \|_2}{\| I \|_2}$$

式中,thers_{1,p_1} 舍弃百分之 $100 \cdot (1 - 2^{-p_1})$ 的系数($p_1 = [2 : 2 : 10]$)。

(2) 阈值法 2。第二个质量度量是曲线,为

$$M_{\text{thers}_{2,p_2}} = \frac{\| G_{\sqrt{w}P} W^* \text{thres}_{2,p_2} SI - I \|_2}{\| I \|_2}$$

式中,thers_{2,p_2} 把所有绝对值小于阈值 $m(1 - 2^{-p_2})$ 的系数值设为零,其中 m 为所有系数的最大绝对值($p_2 = [0.001 : 0.01 : 0.041]$)。

表 7.7 表明即使舍弃了 FDST 的 $100\%(1 - 2^{-10}) \sim 99.9\%$ 的系数,重建图像仍能较好的近似原始图像,因此,显著系数的个数与总剪切波系数的个数相比还是相对较少的。由表 7.8 注意到光靠绝对值大于 $m(1 - 1/2^{0.001})$ 的剪切波系数(~ 0.1 的系数)就足以获得精确的重建。

表 7.7 $M_{\mathrm{speed}_{1,p_1}}$ 的数值结果

p_1	2	4	6	8	10
FDST	1.5E - 08	7.2E - 08	2.5E - 05	0.001	0.007
DSST	0.029 61	0.029 61	0.029 61	0.029 6	0.033 1
DNST	5.2E - 10	1.2E - 04	0.003 91	0.012 4	0.039 6
DNST + DWT	1.2E - 09	3.2E - 06	3.4E - 05	5.5E - 05	5.5E - 05

表 7.8 $M_{\mathrm{speed}_{2,p_2}}$ 的数值结果

p_2	0.001	0.011	0.021	0.031	0.041
FDST	0.005	0.039	0.078	0.113	0.154
DSST	0.030	0.036	0.046	0.056	0.072
DNST	0.002	0.018	0.035	0.055	0.076
DNST + DWT	0.001	0.013	0.020	0.024	0.031

对于相对较大的 p_1，DNST 的表现也是类似的，只是值更差。然而需要强调的是，本测试中用到的 DNST 的冗余是 25，这比 FDST 的冗余（约 71）要小得多。这个效应在 DSST 测试结果里表现得更明显，其冗余只有 4，比 DNST 还要小得多，其次，DSST 和 DNST 中低频系数很大一部分会被相对较大的阈值除去，因为 DSST 和 DNST 中低频系数个数和总系数个数的比值要比 FDST 高得多。因此不能获得像 FDST 那么好的高斯函数的重建。

这个测试尤其表明了，只靠看测验值而不理性分析去比较不同算法这件事的脆弱程度，在这个测试情况中是指不去考虑冗余以及低频系数个数和总系数个数的比值。

本章参考文献

[1] A. Averbuch, R. R. Coifman, D. L. Donoho, M. Israeli, and Y. Shkolnisky. A framework for discrete integral transformations I—the pseudo-polar Fourier transform, SIAM J. Sci. Comput. 30 (2008), 764-784.

[2] D. H. Bailey and P. N. Swarztrauber. The fractional Fourier transform and applications, SIAM Review, 33 (1991), 389-404.

[3] E. J. Candès, L. Demanet, D. L. Donoho and L. Ying. Fast discrete

curvelet transforms, Multiscale Model. Simul. 5 (2006), 861-899.

[4] E. J. Candès and D. L. Donoho. Ridgelets: a key to higher-dimensional intermittency?, Phil. Trans. R. Soc. Lond. A. 357 (1999), 2495-2509.

[5] E. J. Candès and D. L. Donoho. New tight frames of curvelets and optimal representations of objects with C^2 singularities, Comm. Pure Appl. Math. 56 (2004), 219-266.

[6] E. J. Candès and D. L. Donoho. Continuous curvelet transform: I. Resolution of the wavefront set, Appl. Comput. Harmon. Anal. 19 (2005), 162-197.

[7] E. J. Candès and D. L. Donoho. Continuous curvelet transform: II. Discretization of frames, Appl. Comput. Harmon. Anal. 19 (2005), 198-222.

[8] M. N. Do and M. Vetterli. The contourlet transform: an efficient directional multiresolution image representation, IEEE Trans. Image Process. 14 (2005), 2091-2106.

[9] D. L. Donoho. Wedgelets: nearly minimax estimation of edges, Ann. Statist. 27 (1999), 859-897.

[10] D. L. Donoho, G. Kutyniok, M. Shahram, and X. Zhuang. A rational design of a digital Shearlets transform, Proceeding of the 9th International Conference on Sampling Theory and Applications, Singapore, 2011.

[11] D. L. Donoho, A. Maleki, M. Shahram, V. Stodden, and I. Ur-Rahman. Fifteen years of Reproducible Research in Computational Harmonic Analysis, Comput. Sci. Engr. 11 (2009), 8-18.

[12] G. Easley, D. Labate, and W. -Q Lim. Sparse directional image representations using the discrete shearlets transform, Appl. Comput. Harmon. Anal. 25 (2008), 25-46.

[13] B. Han, G. Kutyniok, and Z. Shen. Adaptive multiresolution analysis structures and shearlets systems, SIAM J. Numer. Anal. 49 (2011), 1921-1946.

[14] E. Hewitt and K. A. Ross, Abstract Harmonic Analysis I, II, Springer-Verlag, Berlin/ Heidelberg/ New York, 1963.

[15] P. Kittipoom, G. Kutyniok, and W. -Q Lim. Construction of compactly supported shearlets frames. Constr. Approx. 35 (2012), 21-72.

[16] G. Kutyniok, M. Shahram, and X. Zhuang. ShearLab: Arational design of

a digital parabolic scaling algorithm, preprint.

[17] G. Kutyniok and T. Sauer. Adaptive directional subdivision schemes and shearlets multiresolution analysis, SIAM J. Math. Anal. 41 (2009), 1436- 1471.

[18] W. -Q Lim. The Discrete Shearlets Transform: A new directional transform and compactly supported shearlets frames, IEEE Trans. Imag. Proc. 19 (2010), 1166-1180.

[19] W. -Q Lim. Nonseparable Shearlets Transforms, preprint.

[20] S. Mallat. A Wavelet Tour of Signal Processing, 2nd ed. New York: Academic, 1999.

第 8 章　利用剪切波进行图像处理

由于剪切波能够为用于构建自然图像模型的函数提供近乎最优的稀疏表示，很多图像处理方法获益于剪切波的运用，特别是噪声中的数据估计的错误率很大程度上依赖于表示的稀疏性，所以剪切波的很多成功应用集中在降噪和逆问题等还原任务上。剪切波的应用也有益于一些其他的图像问题，如图像增强、图像分离、边缘检测和对物体几何特性的估计。

8.1　概　　述

事实上，剪切波就是为了提供高效具有边缘的图像表示而建立的。剪切波表示的元素构成一组在不同方位、尺度和方向具有各向异性的局域化波形，这使剪切波特别适合表示边缘及其他具有各向异性的目标，而这种具有各向异性的目标正是典型图像的主要特征。通过稀疏剪切波逼近的概念和奇异点的剪切波分析，在理论上量化了这些性质（见第 2 章和第 3 章），这些性质对有效的离散数据编码和处理有着直接且重要的影响。在图像和其他多维数据的分析和处理中，剪切波变换越来越多的数值应用证明了这一点。

本章介绍与剪切波方法关系最密切的图像应用。由于篇幅的限制，主要介绍在开发算法中应用的普遍原理以及这些原理的重要性，不去介绍可以在原始文献中找到的运用技术细节。鉴于剪切波是一个非常活跃的研究领域，不断地有改善以及更新的剪切波图像应用被开发，所以本章只能对本领域做一个回顾。本章还会对剪切波表示在图像降噪、图像增强、逆问题、边缘分析和检测以及图像分离的领域的运用做介绍。

8.2　图像降噪

稀疏性对数据复原的重要性已经被充分理解，并且在如文献[20,27]的文章中也有提及。以从带噪声的数据 y 中提取函数 $f \in L^2(\mathbf{R})$ 的经典问题为例，即从下式中提取 f：

$$y = f + n$$

式中，n 为标准差为 σ 的高斯白噪声①。

本节以一维展现这个问题，但这个问题可以普及到更高维度。

为了解决这个问题，估计误差最小化来得到最优估计 $\tilde{f}$，误差一般由 L^2 范数 $\|f-\tilde{f}\|$ 测量，所以估计量 $\tilde{f}$ 的风险由均方误差（MSE）给出：

$$E\|f-\tilde{f}\|^2$$

其中期望的计算是关于噪声 n 的概率分布的，显然风险取决于 f，为了获得估计量的最差表现，在某一类 $\mathscr{F}$ 中考虑使均方误差达到极大的 f，即

$$\sup_{f\in\mathscr{F}} E\|f-\tilde{f}\|^2$$

极小化极大的均方误差定义为

$$\inf_{f}\sup_{f\in\mathscr{F}} E\|f-\tilde{f}\|^2$$

在此条件下，所有可测量的估计程序都被允许。小波稀疏性的一个显著结论和重要应用是，对于整体平滑或分段平滑的一维信号，可以用一个非常简单的小波估计量 - 小波阈值获得几乎极小化极大的均方误差[22,23]。简单介绍小波阈值估计量的计算方法，令 $\{\psi_{j,m}\}$ 为 $L^2(\mathbf{R})$ 的小波变换基，则带噪声函数可以展开为

$$y=\sum_{j,k}\langle y,\psi_{j,m}\rangle\psi_{j,m}$$

且 L^2 范数收敛。小波硬阈值算法是将小波系数 $\langle y,\psi_{j,m}\rangle$ 中绝对值小于某阈值 T 的项全部置零，而 T 取决于噪声的标准差 σ。综合起来小波硬阈值算法包含以下几步。

（1）计算 y 的小波系数 $\langle y,\psi_{j,m}\rangle$。

（2）决定阈值 $T(\sigma)$ 的值，其中 σ 是从 y 中估计得到的。

（3）移除（置零）小波系数中绝对值小于 $T(\sigma)$ 的项。

（4）用 $\tilde{f}=\sum_{j,k} c_{j,k}\psi_{j,m}$ 计算估计量 $\tilde{f}$，其中

$$c_{j,k}=\begin{cases}\langle y,\psi_{j,m}\rangle, & |\langle y,\psi_{j,m}\rangle|>T\\ 0, & 其他\end{cases}$$

另一种设定阈值的方式是软阈值算法，这种算法中系数是通过收缩函数来修正的，收缩函数的定义为

$$\mathrm{shr}(c)=\mathrm{sgn}(c)\max(|c|-T,0)$$

① 在实际中，假设在应用中的噪声为高斯白噪声并不总是准确的。然而，这个假设常常使理论更易于处理。特别地，正如将要讨论的，这在小波阈值和小波收缩理论是一个标准假设。

与硬阈值的有无过程(保留所有在阈值之上的项,删除之下的项)不同,软阈值中略低于阈值的项只会被削弱而并非被删除,这在原始项和被删除项之间提供了一个平滑的过渡阶段。在实际应用中,最关键的是找到合适的值,文献[59]中提出了几个找 T 的策略。如 VisuShrink 算法[23,24]使用全局阈值 $T=\sigma\sqrt{2\lg M}$,M 是数据的大小,而且在 Besov 空间中渐近于极小化极大;另一种经典的方法是 Bayes Shrink[12],这种方法对每一个分辨率级 j 都使用不同阈值 $T_j=\dfrac{\sigma^2}{\sigma_j}$,其中 σ_j 是数据在 j 级分辨率的标准差。

正如在前几章讨论的,在处理分段平滑的多变量函数时,小波并不能得到最优化的结果,这也说明在这种情况下使用小波阈值不能得到极小化极大的均值误差。考虑这样一类卡通图像 $\mathscr{E}^2(\mathbf{R}^2)$,对于 $f\in\mathscr{E}^2(\mathbf{R}^2)$,定义 $|c(f)^W|_{(N)}$ 为小波系数的第 N 大项,f 的小波系数由 $\{|c(f)^W_\mu|:c(f)^W_\mu=\langle f,\psi_\mu\rangle\}$ 给出,其中 $\{\psi_\mu\}$ 为二维小波的基。由

$$\sup_{f\in\mathscr{E}^2(\mathbf{R}^2)}|c(f)^W|_{(N)}\leqslant CN^{-1}$$

可得 N 项小波估计量 $\tilde{f}_N$ 满足

$$\|f-\tilde{f}_N\|^2\leqslant\sum_{m>N}|c(f)^W|^2_{(N)}\leqslant CN^{-1}$$

说明当 $\sigma\to 0$ 时,小波阈值估计量的均值误差满足

$$\sup_{f\in\mathscr{E}}E\|f-\tilde{f}\|^2\asymp\sigma$$

式中,σ 是噪声的等级。

相应地,令 $|c(f)^S|_{(N)}$ 为剪切波系数的第 N 大项,f 的剪切波系数由 $\{|c(f)^S_\mu|:c(f)^W_\mu=\langle f,s_\mu\rangle\}$ 给出,其中 $\{s_\mu\}$ 为剪切波的一个 Parseval 架构,如文献[43]中的一个基本结果指出

$$\sup_{f\in\mathscr{E}}|c(f)^S|_{(N)}\leqslant CN^{-\frac{3}{2}}(\log N)^{\frac{3}{2}}$$

忽略 log 因素,可以得到 N 项剪切波估计量 $\tilde{f}_N$ 满足

$$\|f-\tilde{f}_N\|^2\leqslant\sum_{m>N}|c(f)^s|^2_{(N)}\leqslant CN^{-2}$$

说明基于剪切波系数阈值的降噪策略获得 f 的估计量 $\tilde{f}$,当 $\sigma\to 0$,其均值误差能(足够)满足极小化极大:

$$\sup_{f\in\mathscr{E}}E\|f-\tilde{f}\|^2\asymp\sigma^{\frac{4}{3}}$$

上式表明,基于剪切波阈值的降噪估计量,能够达成具有边缘图像的极小化极大均值误差,曲波也可以达到相同类型理论上的表现[78,6]。

用数值来说明基于剪切波阈值的降噪算法比相似的基于小波的算法更优越。但在此之前,简单回顾离散剪切波变换,这部分内容出自文献[32]。

8.2.1 离散剪切波变换

第 1 章中定义的基于锥的剪切波系统重新写成一种更适合数字实现的形式，显然，在傅里叶域中更容易解决这个问题，用 $\hat{\mathbf{R}}^2$ 来表示傅里叶域的平面，标准符号 $\mathbf{R}^2$ 表示空间域中的平面，使

$$\mathscr{D}_0 = \left\{(\xi_1,\xi_2) \in \hat{\mathbf{R}}^2 : |\xi_1| \geqslant \frac{1}{8}, \left|\frac{\xi_2}{\xi_1}\right| \leqslant 1\right\}$$

$$\mathscr{D}_1 = \left\{(\xi_1,\xi_2) \in \hat{\mathbf{R}}^2 : |\xi_2| \geqslant \frac{1}{8}, \left|\frac{\xi_2}{\xi_1}\right| \leqslant 1\right\}$$

对于给定的支撑在区间$[-1,1]$的平滑函数 $\hat{\psi}$，定义

$$W_{j,\ell}^{(0)}(\xi) = \begin{cases} \hat{\psi}_2\left(2^j \dfrac{\xi_2}{\xi_1} - \ell\right)\chi_{\mathscr{D}_0}(\xi) + \hat{\psi}_2\left(2^j \dfrac{\xi_1}{\xi_2} - \ell + 1\right)\chi_{\mathscr{D}_1}(\xi), & 若\ \ell = -2^j \\ \hat{\psi}_2\left(2^j \dfrac{\xi_2}{\xi_1} - \ell\right)\chi_{\mathscr{D}_0}(\xi) + \hat{\psi}_2\left(2^j \dfrac{\xi_1}{\xi_2} - \ell - 1\right)\chi_{\mathscr{D}_1}(\xi), & 若\ \ell = 2^j - 1 \\ \hat{\psi}_2\left(2^j \dfrac{\xi_1}{\xi_2} - \ell\right), & 其他 \end{cases}$$

$$W_{j,\ell}^{(1)}(\xi) = \begin{cases} \hat{\psi}_2\left(2^j \dfrac{\xi_2}{\xi_1} - \ell + 1\right)\chi_{\mathscr{D}_0}(\xi) + \hat{\psi}_2\left(2^j \dfrac{\xi_1}{\xi_2} - \ell\right)\chi_{\mathscr{D}_1}(\xi), & 若\ \ell = -2^j \\ \hat{\psi}_2\left(2^j \dfrac{\xi_2}{\xi_1} - \ell - 1\right)\chi_{\mathscr{D}_0}(\xi) + \hat{\psi}_2\left(2^j \dfrac{\xi_1}{\xi_2} - \ell\right)\chi_{\mathscr{D}_1}(\xi), & 若\ \ell = 2^j - 1 \\ \hat{\psi}_2\left(2^j \dfrac{\xi_2}{\xi_1} - \ell\right), & 其他 \end{cases}$$

对于 $\xi = (\xi_1,\xi_2) \in \hat{\mathbf{R}}^2$，$\ell = -2^j,\cdots,2^j - 1\ (j \geqslant 0)$。可以把基于锥的剪切波系统的元素在傅里叶域记作

$$\hat{\psi}_{j,\ell,m}^{(d)}(\xi) = 2^{\frac{3j}{2}} V(2^{-2j}\xi) W_{j,\ell}^{(d)}(\xi) \mathrm{e}^{-2\pi \mathrm{i} \xi A_d^{-j} B_d^{-\ell} m}$$

式中，$d \in \{0,1\}$；$V(\xi_1,\xi_2) = \hat{\psi}_1(\xi_1)\chi_{\mathscr{D}_0}(\xi_1,\xi_2) + \hat{\psi}_1(\xi_2)\chi_{\mathscr{D}_1}(\xi_1,\xi_2)$，$\psi_1$ 是和经典剪切波联系的 Meyer 型小波。

$f \in L^2(\mathbf{R}^2)$ 的剪切波变换可以写成

$$\langle f, \hat{\psi}_{j,\ell,m}^{(d)} \rangle = 2^{\frac{3j}{2}} \int_{\mathbf{R}^2} \hat{f}(\xi)\, \overline{V(2^{-2j}\xi) W_{j,\ell}^{(d)}(\xi) \mathrm{e}^{-2\pi \mathrm{i} \xi A_d^{-j} B_d^{-\ell} m}}\, \mathrm{d}\xi \tag{8.1}$$

为了将变换式转换为有限项的形式，用离散的 $\ell^2(\mathbf{Z}_N^2)$ 来对应 $L^2(\mathbf{R}^2)$。对于一个给定的图像 $L^2(\mathbf{R}^2)$，它的离散傅里叶变换(DFT)定义为

$$\hat{f}(k_1,k_2) = \frac{1}{N} \sum_{n_1,n_2=0}^{N-1} f(n_1,n_2) \mathrm{e}^{-2\pi \mathrm{i}\left(\frac{n_1}{N}k_1 + \frac{n_1}{N}k_2\right)}, \quad -\frac{N}{2} \leqslant k_1,k_2 \leqslant \frac{N}{2}$$

在 DFT 域，与积$\hat{f}(\xi_1,\xi_2)\overline{V(2^{-2j}\xi_1,2^{-2j}\xi_2)}$相对应的是$f$的 DFT 与离散化的滤波函数$\overline{V(2^{j}\cdot)}$$(j\geqslant 0)$的积，这些函数联系在频域平面中$|\xi_1|\approx 2^{2j}$或$|\xi_2|\approx 2^{2j}$附近的特定区域。在空间域，$f$将分解为不同尺度$j$的元素，为

$$f^j(n_1,n_2)=f*v_j(n_1,n_2)$$

式中，v_j是$\overline{V(2^j\cdot)}$在傅里叶域对应的函数。这个过程可以通过拉普拉斯金字塔滤波器实现[5]。

为了实现在方向上的局域化，用一个一维带通滤波器把$\hat{f}^j$重采样到一个伪极坐标系的网格中，这个伪极坐标系网格是通过经过原点的线和这些线的斜率定义的。准确来说，伪极坐标系的坐标$(u,p)\in\mathbf{R}^2$符合以下：

$$(u,p)=\left(\xi_1,\frac{\xi_2}{\xi_1}\right),\quad(\xi_1,\xi_2)\in\mathscr{D}_0$$

$$(u,p)=\left(\xi_2,\frac{\xi_1}{\xi_2}\right),\quad(\xi_1,\xi_2)\in\mathscr{D}_1$$

把重采样后的$\hat{f}^j$记为F_j，则

$$\hat{f}(\xi_1,\xi_2)\overline{V(2^{-2j}\xi_1,2^{-2j}\xi_2)W_{j,\ell}^{(d)}(\xi_1,\xi_2)}=F_j(u,p)\overline{W^{(d)}(2^jp-\ell)}\tag{8.2}$$

在 DFT 进行的重采样通过直接重分配或用伪极坐标 DFT 实现[2]。

鉴于一维 DFT 的定义为

$$\mathscr{F}_1(q)(k_1)=\frac{1}{\sqrt{N}}\sum_{n_1=-\frac{N}{2}}^{\frac{N}{2}-1}q(n_1)\mathrm{e}^{\frac{-\pi ik_1n_1}{N}}$$

用$\{w_{j,\ell}^{(d)}(n):n\in\mathbf{Z}_N\}$表示满足$\mathscr{F}_1(w_{j,\ell}^{(d)}(n))=\overline{W^{(d)}(2^jn-\ell)}$值的集合，则对于固定的$n_1\in\mathbf{Z}_N$，有

$$\mathscr{F}_1(\mathscr{F}_1^{-1}(F_j(n_1,n_2))*w_{j,\ell}^{(d)}(n_2))=F_j(n_1,n_2)\mathscr{F}_1(w_{j,\ell}^{(d)}(n_2))\tag{8.3}$$

式中，$*$代表沿着n_2轴的一维卷积。式(8.3)是计算$F_j(u,p)\overline{W^{(d)}(2^jp-\ell)}$离散采样的算法运用的总结。

由式(8.3)给出的剪切波系数$\langle f,\psi_{j,\ell,m}^{(d)}\rangle$通过对式(8.2)的伪极坐标逆傅里叶变换获得，既可以由计算逆伪极坐标 DFT 实现，也可以通过直接重组式(8.3)Cartesian 采样的值，再进行二维逆 DFT 实现。本节采用快速傅里叶变换(FFT)实现 DFT，则离散剪切波变换的算法需要进行$O(N^2\log N)$次运算。Cartesian 到伪极坐标的直接转换如文献[32]中解释的，可以事先准备使运算的条件数为 1，而且运算保持L^2范数不变(见文献[16])，但是这一调整并没有带来整体表现上的提高，而且不事先转换反而带来许多优势，所以尽管会使运算变慢，也不事先转换。

图 8.1 所示为运用这一过程得到的剪切波分解，最上方的图片是原始的 Barbara 图像。第二个上方的图像是这张图的粗尺度重建图像，再下面是 $j=0$ 和 $j=1$ 级的子带重建图像，为了方便，这些图的灰度是反的。图中的图像分解为两级子带分解，即尺度参数 j 取值为 $j=0,1$ 的分解。在图像处理中，子带分解是根据频域 $\hat{\mathbf{R}}^2$ 的不同区域将一幅图片分解成好几部分的图像分解，图中对应 $j=0$ 的有 4 个子带，对应 $j=1$ 的有 8 个子带，这对应着方向参数 ℓ 对每一个锥区域 $d=0$ 和 $d=1$ 在 $\{-2^j,\cdots,2^j-1\}$ 中取值。本节与第 1 章中介绍的剪切波分解成方向性子带相对应，在 http://www.math.uh.edu/~dlabate 可以找到离散剪切波变换数值方法的 Matlab 工具包。

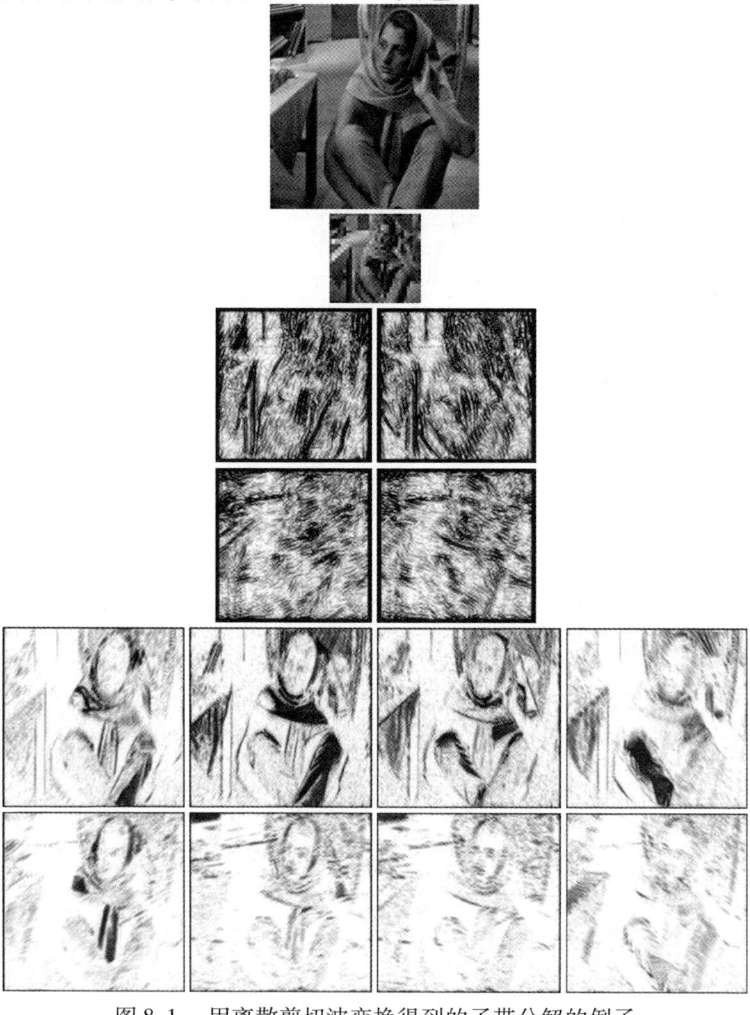

图 8.1　用离散剪切波变换得到的子带分解的例子

文献[33] 中介绍了另一种通过运用 M 个滤波器实现离散剪切波变换的技术,这个技术是找到 v_j 和 $w_{j,\ell}^{(d)}$ 滤波器,则 $\langle f,\psi_{j,\ell,m}^{(d)}\rangle$ 可以通过下式计算得到:

$$f*(v_j*w_{j,\ell}^{(d)})(m)\triangleq f*g_{j,\ell}^{(d)}[m]$$

式中,$g_{j,\ell}^{(d)}=v_j*w_{j,\ell}^{(d)}$ 是有方向性的滤波器。若滤波器 $g_{j,\ell}^{(d)}$(像在文献[32] 中)取远比 N 小的覆盖尺寸时,则用滤波器组能达到甚至比 $O(N^2\log N)$ 更快的速度,而且图像不同方向性的部分可以并行处理,所以整个过程也很容易并行化。

除了以上几种方法,文献[42] 中展示了一种精简冗余的离散剪切波变换,文献[30] 中展示了临界采样的离散剪切波变换,文献[55] 中还展示了紧支撑的离散剪切波变换。关于离散剪切波变换的数字方法的实现,见本书第 7 章。

为了精简表达,在之后的表达式中不再使用上标的(d),$d=0$ 和 $d=1$ 的差别将被吸收到参数 ℓ中,所以 ℓ的元素个数翻倍了。

8.2.2　剪切波阈值

本节将介绍图像降噪中离散剪切波变换的第一个应用,这个方法可以看作是描述经典小波阈值方法的直接改写。

假设,一个图像 f 中混入了标准差为 σ 的高斯白噪声。利用离散剪切波变换,可以通过和与小波阈值方法基本相同的阈值方法计算 f 的估计量 $\hat{f}$。特别在文献[32] 中指出,基于 Bayes Shrink 算法选择的阈值参数可以达成极好的表现,即阈值选为

$$T_{j,\ell}=\frac{\sigma_{j,\ell}^2}{\sigma_{j,\ell,m}}$$

式中,$\sigma_{j,\ell}$为对应尺度 j 方向 ℓ的子带噪声标准差;$\sigma_{j,\ell,m}$ 为在尺度 j 方向 ℓ的图像第 m 系数的标准差。

图 8.2 中给出了基于剪切波降噪方法的一个数值展示,从左上角起,顺时针分别为原始图像、带噪声图像(SNR = 10.46 dB)、剪切波变换(SNR = 16.47 dB) 和小波变换(SNR = 14.00 dB),图中还给出了这种方法和一种基于非下采样小波变换类似方法的比较。用信噪比作标准测量估计前后噪声的变化,并以此评估算法的表现,信噪比(SNR) 由下式给出:

$$\mathrm{SNR}(f,f_{\mathrm{est}})=10\varphi\left[\frac{\mathrm{var}(f)}{\mathrm{mean}(f-\tilde{f})}\right]$$

式中,$\mathrm{var}(f)$ 为图像的方差,单位为分贝。

关于剪切波阈值算法的更多数值测试及细节,请参考文献[32]。

图 8.2　部分 Elaine 图像的图像降噪结果

8.2.3　基于剪切波的总变差正则化降噪

剪切波在图像降噪问题上的另一个应用实例是将 8.2.2 节的小波阈值方法与经典降噪方法相结合。

偏分方程和变差方法理论(如扩散方程和总变差(TV)最小化(见文献[10,74,89]))也是非常成功的图像降噪方法。扩散方程是把带噪声图像建模在 $\Omega \subset \mathbf{R}^2$ 的方程 $\tilde{f}$，而降噪后的图像可以找到以 $\tilde{f}$ 为初始条件合适的扩散过程(各向同性和各向异性均是如此)。很显然，如此产生的图像要比原图像更"正则"，类似的正则化过程也可以通过最小化的能量泛函获得：

$$E(f;\lambda,\tilde{f}) = \frac{\lambda}{2}\int_{\Omega}(f-\tilde{f})^2\mathrm{d}x\mathrm{d}y + P(f)$$

式中，第一项称为保真项，保证 $\tilde{f}$ 和降噪后的 f 的相似度；第二项 $P(f,\nabla f)$ 称为惩罚项，控制着结果的正则性。正则化和扩散滤波器之间有着很强的联系[75]。

特别考虑基于总变差(TV)正则化的经典正则化方法，其需要最小化的泛函为

$$\int_{\Omega}\phi(\|\nabla f\|)\mathrm{d}x\mathrm{d}y + \frac{\lambda}{2}\int_{\Omega}(f-\tilde{f})^2\mathrm{d}x\mathrm{d}y$$

式中，$\phi \in C^2(\mathbf{R})$ 是偶正则化函数（见文献[4]）。在上式中，惩罚项与总变差有关，而函数 $f \in W^{1,1}(\Omega)$ 的总变差定义为

$$\mathrm{TV}(f) = \int_{\Omega} \| \nabla f \| \, \mathrm{d}A$$

式中，$\nabla f = \left(\frac{\partial u}{\partial x_1}, \frac{\partial u}{\partial x_2}\right)$；$\| \ \|$ 为标准欧几里得范数。

也就是说，惩罚项保证了正则化方法结果中 f 总变差的最小化（关于总变差在图像应用中的作用，见文献[62]）。极小化项可通过求解在冯诺伊曼边界条件下的下式求得：

$$\frac{\partial f}{\partial t} = \nabla \cdot \left(\frac{\phi' \| \nabla f \|}{\| \nabla f \|} \nabla f\right) - \lambda (f - f_0)$$

当 $\lambda = 0$ 且 $\lim_{x \to \infty} \phi'(x)/x = 0$ 时，这个等式为 Perona - Malik 扩散方程（见文献[72]）的一个特殊情况：

$$\frac{\partial f}{\partial t} = \nabla \cdot (\rho \| \nabla f \| \nabla f)$$

其中，$\rho(x) = \phi'(x)/x$。由于篇幅限制，其他几个方面的问题就不多做讨论了，有兴趣的读者参考本节开始提到的参考文献。

上述的正则化方法在图像降噪中非常有效，一般能够得到很高的降噪效果，尤其是在处理纹理及细节可忽略的图像中降噪效果很好。然而不足的是，处理出来的结果会有一种类似油画的效果，而且处理有复杂纹理和阴影的图像时会损失重要细节。为了克服这些困难，提出了将这种正则化技术与稀疏表示相结合的方法（文献[7,15,28,58,81,90]）。在文献[31]中，提出了用剪切波实现类似的结合方法。

基于剪切波的总变差正则化方法其实很简单，也极其有效。假设一个降噪估计是通过剪切波表示阈值方法得到的（第 8.2.2 节中的方法），令 P_{s} 为保持 f 的非阈值剪切波系数的射影算子，则基于剪切波的总变差方法可描述为下式：

$$\frac{\partial f}{\partial t} = \nabla \cdot \left(\frac{\phi' \| \nabla P_{\mathrm{s}}(f) \|}{\| \nabla P_{\mathrm{s}}(f) \|} \nabla P_{\mathrm{s}}(f)\right) - \lambda_{x,y}(f - \tilde{f})$$

其边界条件在 $\partial\omega$ 上 $\frac{\partial f}{\partial n} = 0$，初始条件为对于所有 x、$y \in \Omega$，有 $f(x,y,0) = \tilde{f}(x,y)$。注意保真度参数 $\lambda_{x,y}$ 是在空间变化的，$\lambda_{x,y}$ 是基于局部方差的度量，并通过迭代次数 L 和人工时间步骤的进行过程更新（更多细节见文献[40]）。

另一个基于剪切波的扩散已经在下式解决：

$$\frac{\partial f}{\partial t} = \nabla \cdot (\rho(\| \nabla P_s f \|) \nabla P_s f)$$

其诺伊曼边界条件为在 $\partial\Omega$ 上 $\frac{\partial f}{\partial t} = 0$，初始条件为对于所有 x、$y \in \Omega$，有 $f(x,y,0) = f_0(x,y)$.

用一张花的图片来展示上述技术应用的结果，其中还包括它们与标准总变差方法的对比，如图 8.3 所示，图中可以看到这些结果的局部放大图。

图 8.3　实验结果的细节展示

图 8.3 中从最上起，沿顺时针方向分别为原始图像、带噪图像（SNR = 11.11 dB）、重复 53 次的基于扩散的估计（SNR = 14.78 dB）、重复 6 次的基于剪切波的扩散估计（SNR = 16.15 dB）、重复 2 次的基于剪切波的总变差估计（$L = 7$，SNR = 16.29 dB）和重复 113 次的基于总变差的估计（SNR =

14.52 dB)。

8.2.4　复值降噪

还有一种剪切波降噪算法是用来解决复值噪声问题的[68]，这个问题是从合成孔径雷达(SAR) 干涉法中引出的，在合成孔径雷达中，干涉相位噪声的降低是很重要的。

SAR 图像是复值的二维阵列，通常只展示幅度，没有相位信息。干涉图是通过将一个 SAR 图像和位置稍微不同的另一个 SAR 图像的共轭相乘得到的，它含有地表高度信息，被用来产生数字高程图(DEM)。干涉法中的一个典型问题是相位估计中的复值噪声会引起相位展开的错误，进而引起高度信息的错误。

n 视复图像的定义为

$$f = \frac{1}{n}\sum_{k=1}^{n} f_1(k) f_2^*(k) = |f|\ e^{j\psi} \tag{8.4}$$

式中，f_1 和 f_2 为一对单视 SAR 复图像。

相位质量取决于相关系数的大小，其定义如下式：

$$\rho = \frac{E[f_1 f_2^*]}{\sqrt{E[|f_1|^2]E[|f_2|^2]}} = |\rho|\ e^{j\theta} \tag{8.5}$$

式中，$|\rho|$ 为相关性大小；θ 为复相关系数的相位。

在一个合适的相位噪声模型下，可以在 8.2.2 节介绍的剪切波系数的基础上，得到剪切波系数收缩模型。图 8.4 所示为这个方法处理图像的结果，从左到右为相关性 $|\rho| = 0.5$ 的带噪声干涉图(14 119 个留数)、基于小波的估计(80 个留数) 和基于剪切波的估计(20 个留数)，并和基于小波的方法做了对比。本例中给出了一个单视图像，其中理想相位图和估计值的区别是通过留数的个数来体现的。

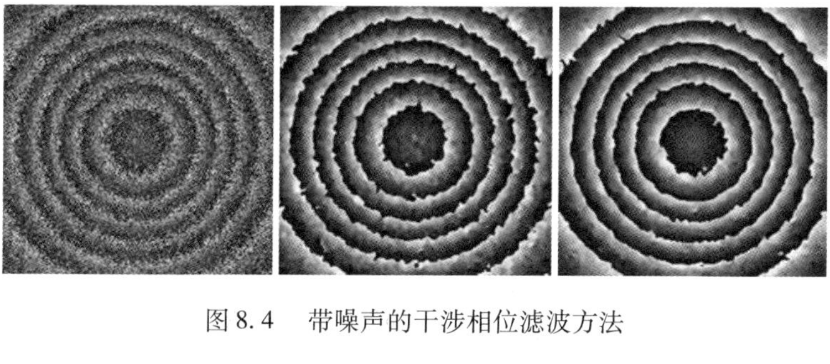

图 8.4　带噪声的干涉相位滤波方法

8.2.5 其他基于剪切波的降噪方法

文献[9,13,14,18,46,83,85,93,94] 中提出了一些其他基于剪切波的图像降噪方法,就不做详细介绍了,这之中很多方法都是上述剪切波收缩策略的变形,或是阈值方法的某种改进。

8.3 逆问题

在很多科学及工业应用中,最关心的特征不能直接被观察到,需要通过一些能观察到的量推得,而逆问题的目的是重建这些观测到的变量。比如一类逆问题,就是通过用一组阵列传感器测量一个物体吸收或散射的辐射来确定物体的结构性质,在如计算机断层扫描(CT) 和合成孔径雷达(SAR) 等中都有应用,再比如,消除图像中因光学畸变或运动模糊造成的图像退化。

在这些问题中,大部分情况下观测数据 y 和感兴趣的数据 f 之间几乎是线性关系,从数学上可以建模为

$$y = Kf + z \tag{8.6}$$

式中,K 为一个线性算子;z 为高斯噪声[3]。

鉴于算子 K 经常是不可逆的(即 K^{-1} 无界),需要进行正则化来对问题求逆。但传统的正则化方法(如 Tikhonov 正则化或截断奇异值分解[63,64,86]) 的效果并不理想,重要特征往往丢失。在图像应用中,正则化重建只是模糊了的原始图像,这个现象特别令人担忧,因为在很多情况下,最相关的信息是在边缘或其他快变化中的。为了解决这个问题,学者提出了不同的方法,其中包括隐马尔可夫模型、总变差正则化和各向异性扩散[38,73,84,88]。尽管这些方法能够给出看起来很好的结果,但是他们的理论往往是探索性的,而且没有完备的理论框架来评估最终方法的性能。

如 8.3.1 节所述,稀疏表示新的想法可以为一大类逆问题的正则化反演构建一个理论和计算的框架。准确来说,与更传统的正则化技术及其他方法相比,剪切波表示能够提供一个严谨的理论框架,使其在处理逆问题上非常有效,还使其在恢复与边缘或其他奇点有关的信息上也非常有效。

8.3.1 Radon 变换求逆

文献[17,29] 介绍了一种利用剪切波的优势来表示一些重要的算子,一种 Radon 变换的正则化反演新方法。Radon 变换的求逆是一个非常有意义的问题,因为 Radon 变换是计算机断层扫描(CT) 的数学基础,而 CT 又是医学诊

断和预防医学的重要工具①。Radon 变换将一个 $\mathbf{R}^2$ 上的 Lebesgue 可积方程投影到其线积分的集合上：

$$Rf(\theta,t)=\int_{\ell(\theta,t)}f(x)\,\mathrm{d}x$$

式中，$\ell(\theta,t)\ (t\in\mathbf{R},\theta\in S^1)$ 为线集合 $\{x\in\mathbf{R}^2: x\cdot\theta=t\}$。

基于剪切波的 Radon 变换求逆方法借鉴了 Donoho 在文献[21]中提出的 Wavelet - Vaguelette 分解(WVD)中的想法，所以简要回顾 WVD 的主要概念。

假设式(8.6)中的算子 K 将空间 $L^2(\mathbf{R}^2)$ 映射到希尔伯特空间 Y，WVD 选择一个 $L^2(\mathbf{R}^2)$ 空间局域性好的正交小波基 $\{\psi_{j,m}\}$，和一个合适的 Y 空间的正交基 $U_{j,k}$，使得任意 $f\in L^2(\mathbf{R}^2)$ 可以表示为

$$f=\sum_{j,k}c_{j,k}[Kf,U_{j,k}]\psi_{j,m} \tag{8.7}$$

式中，$c_{j,k}$ 是已知的尺度系数；$[\cdot,\cdot]$ 为在 Y 空间的内积（详情参考文献[21]）。

由此，可以从观察数据 Kf 中还原 f，进一步还可以利用 8.2 节中介绍的小波阈值算法对带噪声数据 $Kf+z$ 进行分解，并从分解中得到 f 的估计。与经典的奇异值分解(SVD)相比，这个方法的主要优势在于用于分解方程的基函数并不完全是根据算子 K 得来的，而是可以选择最有效抓取要还原的目标 f 的特征的，这个方法要比 SVD 或其他标准方法表现得更好。对于某一类的方程 f（特别是 Besov 空间的某一族的），只要阈值参数选择得合适，WVD 方法能以最优速率收敛到 f[21,45]。

通过在剪切波的框架下改进 WVD，文献[17,29]指出可以通过下式从 Radon 数据 Rf 中还原函数 $f\in L^2(\mathbf{R}^2)$：

$$f=\sum_{j,k,m}2^j[Rf,U_{j,\ell,k}]\psi_{j,\ell,m} \tag{8.8}$$

其中 $\{\psi_{j,\ell,m}\}$ 是一个 $L^2(\mathbf{R}^2)$ 剪切波的 Parseval 框架，$\{U_{j,\ell,m}\}$ 通过与 Radon 变换紧密相关的算子运用到剪切波系统而得到的相关系统，这种表示的优势在于剪切波系统 $\{\psi_{j,\ell,m}\}$ 最适合展示含有边缘的图像 f。因此，如果 f 是卡通化的图像，而观察到的 Radon 数据 Rf 被高斯噪声污染，可以证明通过剪切波阈值方法得到的基于剪切波的估计量能够对 f 的复原给出最小的均方误差。这个方法比标准 WVD 以及其他传统方法表现得都要优秀，因为传统方法的 MSE 衰减速率更慢。与能给出基本相似结果的基于曲波的方法[6]相比，基于

① 2007 年在美国，有超过七千两百万次的医学 CT 扫描发生。

剪切波的方法有更简单更灵活的数学结构，因此数值运用和表现更好。图8.5(a)所示为带噪声 Radon 投影(SNR = 34.11 dB)，图8.5(b)所示为未滤波的重建(SNR = 11.19 dB)，图8.5(c)所示为基于剪切波的估计(SNR = 21.68 dB)，图8.5(d)所示为基于曲波的估计(SNR = 21.26 dB)和图8.5(e)所示为基于小波的估计(SNR = 20.47 dB)，并与基于曲波和小波(对应 WVD)的算法进行比较，更多关于数值实验和算法细节的内容请参见文献[17,29]。

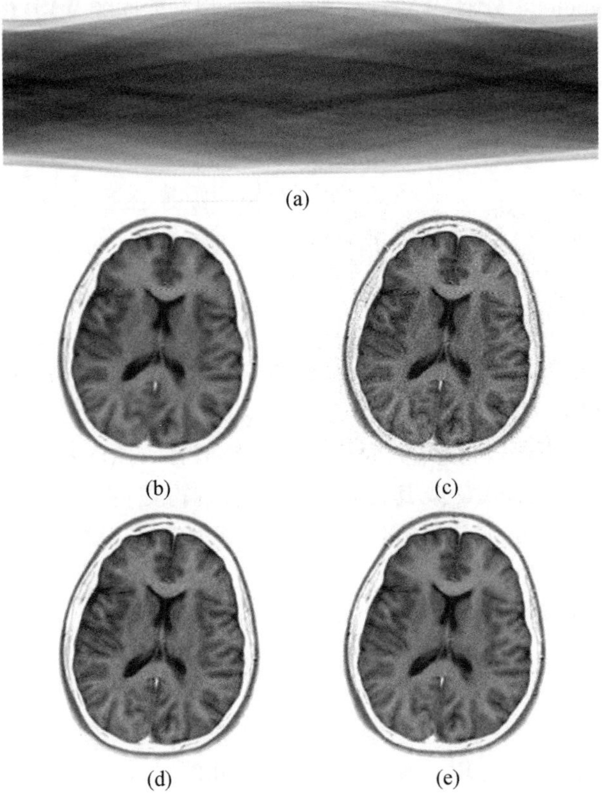

(a)

(b) (c)

(d) (e)

图8.5 基于剪切波的正则重建算法的典型应用

文献[1]中还介绍了采样数据被压缩时，利用剪切波来控制在 Radon 逆变换中对噪声放大的相关方法。

8.3.2 解卷积

图像的退化包括由电子系统引入的噪声和由照相机运动引起的模糊时，退化模型可以看作一个卷积过程，消除这个卷积的过程称为解卷积，是个不适定逆问题，可以利用剪切波的稀疏表示性质来正则化不适定问题。

有学者提出利用稀疏表示来正则化解卷积以及其他逆问题(如文献[21]和文献[6]),然而,在噪声收缩之前的多尺度和各向异性的正则化求逆能力是剪切波方法所独有的[70],另外的好处是能够利用交叉验证函数来自适应的选择阈值。

一个数字记录的图像是一个有限离散数据集,所以图像解卷积问题可以用矩阵求逆问题表示,仅讨论记录的图像/阵列是 $N \times N$ 大小的情况。令 γ 为一表示均值为 0、方差为 σ^2 的附加高斯白噪声的 $N \times N$ 阵列,令 y 为观察到的图像,x 为要估计的图像,则解卷积问题可以表示为

$$y = Hf + \gamma$$

式中,y、f 和 γ 是 $N^2 \times 1$ 的列向量,分别代表 y、f 和 γ 阵列的字典序排列;H 为模糊算子模型的 $N^2 \times N^2$ 矩阵。假设周期性边界成立,则可以将该问题描述为

$$y(n_1, n_2) = f(f * h)(n_1, n_2) + \gamma(n_1, n_2) \tag{8.9}$$

式中,$0 \leqslant n_1; n_2 \leqslant N - 1$;$*$ 代表循环卷积;h 为点扩散函数(PSF)。

在离散傅里叶变换(DFT)域,简化为

$$\hat{y}(k_1, k_2) = \hat{h}(k_1, k_2)\hat{f}(k_1, k_2) + \hat{\gamma}(k_1, k_2) \tag{8.10}$$

式中,$\hat{y}(k_1, k_2)$、$\hat{h}(k_1, k_2)$、$\hat{f}(k_1, k_2)$ 和 $\hat{\gamma}(k_1, k_2)$ 分别为 y、h、f 和 γ 的离散傅里叶变换;$-N/2 \leqslant k_1$、$k_2 \leqslant N/2 - 1$。

在这个方程中,如果存在(k_1, k_2) 使 $|\hat{h}(k_1, k_2)|$ 的值为 0 或近似于 0,显然这个系统是病态的。

利用正则化的逆算子

$$H'_{\alpha}(k_1, k_2) = \frac{\overline{\hat{h}}(k_1, k_2)|}{|\hat{h}(k_1, k_2)|^2 + \alpha}$$

对于一些 $\alpha \in \mathbf{R}_+$ 的正则化参数,可以给出 DFT 域的估计:

$$\hat{f}_{\alpha}(k_1, k_2) = \hat{k}(k_1, k_2) H'_{\alpha}(k_1, k_2)$$

式中,$N/2 \leqslant k_1$、$k_2 \leqslant N/2 - 1$。

通过剪切波的多路实现,可以自适应地控制正则化参数,使之对每一个频率支撑的梯形区都达到最合适的值。令 $g_{j,\ell}$ 为对应给定尺度 j 和方向 ℓ 的剪切波滤波器,则对于一个给定的正则化参数 α,一个估计的剪切波系数可在 DFT 域中计算,其公式如下:

$$\hat{c}(f_{\alpha})^{S}_{j,\ell}(k_1, k_2) = \hat{y}(k_1, k_2)\hat{g}_{j,\ell}(k_1, k_2) H'_{\alpha}(k_1, k_2)$$

式中,$N/2 \leqslant k_1$、$k_2 \leqslant N/2 - 1$。

正则化参数$\{\alpha\}$ 会抑制对噪声的放大,但是只要残留的噪声水平能充分通过剪切波收缩方法得到控制,允许噪声的放大反而更好。

剪切波阈值可以自适应地通过广义交叉验证(GCV)找到:令 y、f 和 γ 分别表示观察到的带噪图像、原始图像和有色噪声,且 $y = f + \gamma$。假定噪声是二

阶平稳的(即均值为常数,且两点间的相关性仅依赖于两点间的距离)。

对于给定的阈值参数 τ,当 $|c|>\tau$ 时定义软阈值函数 $T_\tau(c)$ 的值为 $c-\tau\operatorname{sign}(c)$,否则为0。假设噪声 γ 是平稳的,并用 $\langle\gamma,\psi_{j,\ell,m}\rangle$ 表示随机向量 γ 在尺度 j、方向 ℓ 和方位 m 的剪切波系数,可以得出引理 1。

引理 1[70]　$E[|\langle\gamma,\psi_{j,\ell,m}\rangle|^2]$ 只依赖尺度 j 和方向 ℓ,这意味着一个相关性平稳噪声的剪切波变换在每一个尺度和方向都是平稳的。令 $y_{j,\ell}$ 为 y 在尺度 j 和方向 ℓ 的剪切波系数向量,$L_{j,\ell}$ 为在尺度 j 和方向 ℓ 上的剪切波系数的个数,L 是剪切波系数的总数,给定

$$R_{j,\ell}(\tau_{j,\ell})=\frac{1}{L_{j,\ell}}\|T_{\tau_{j,\ell}}(y_{j,\ell}-f_{j,\ell})\|^2 \tag{8.11}$$

则总风险为

$$R(\tau)=\sum_j\sum_\ell\frac{L_{j,\ell}}{L}R_{j,\ell}(\tau_{j,\ell}) \tag{8.12}$$

表明最小化均方误差或风险函数 R 可通过对所有 j 和 ℓ 最小化 $R_{j,\ell}(\tau_{j,\ell})$ 来实现。假设 $L_{j,l,0}$ 为经过阈值化后以零替代的剪切波系数的总数,可以得到定理 1。

定理 1[70]　在尺度 j 和方向分量 ℓ 上,对于最小风险阈值 $R_{j,\ell}(\tau_{j,\ell})$ 而言

$$\mathrm{GCV}_{j,\ell}(\tau_{j,\ell})=\frac{\dfrac{1}{L_{j,\ell}}\|T_\tau(y_{j,\ell})-y_{j,\ell}\|^2}{\left[\dfrac{L_{j,\ell,0}}{L_{j,\ell}}\right]} \tag{8.13}$$

的最小化是渐进最佳的。

即对于每个 j 和 ℓ,寻找使交叉验证函数 $\mathrm{GCV}_{j,\ell}$ 最小的 $\tau_{j,\ell}$ 值,可导出一个可能接近于理想无噪图像的剪切波估计。

定义 $\hat{c}(y)^S_{j,\ell}(k_1,k_2)$ 为 $\hat{y}(k_1,k_2)\hat{g}_{j,\ell}(k_1,k_2)$,其中 $-N/2\leqslant k_1,k_2\leqslant N/2-1$。利用式(8.13)给出的 GCV 公式对系数 $c(f_\alpha)^S_{j,\ell}$ 进行阈值化,并定义 $\tilde{c}(f_\alpha)^S_{j,\ell}$ 为该阈值化系数的估计。即对于一个给定的 α,集合

$$\tilde{c}(f_\alpha)^S_{j,\ell}=T_{\tau'_{j,\ell}}(c(f_\alpha)^S_{j,\ell})$$

其中

$$\tau'_{j,\ell}=\arg\min_{\tau_{j,\ell}}\mathrm{GCV}_{j,\ell}(\tau_{j,\ell})$$

则对于剪切波系数的每一个阈值化后的集合 $\tilde{c}(f_\alpha)^S_{j,\ell}$,寻求其相应最佳 α 值的一个途径是最小化下述代价函数:

$$\sum_{k_1}\sum_{k_2}\frac{|\hat{h}(k_1,k_2)|}{|\hat{h}(k_1,k_2)|^2+\eta}|\hat{h}(k_1,k_2)\hat{c}(f_\alpha)^S_{j,\ell}(k_1,k_2)-\hat{c}(y)^S_{j,\ell}(k_1,k_2)|^2$$

其中

$$\eta = N^2\sigma^2 / \| c(y)^S_{j,\ell} - \mu(c(y)^S_{j,\ell}) \|_2^2$$

式中，$\mu(y)$ 为 y 的均值；σ 是带噪模糊图像的标准差估计值。关于寻求 α 的其他不同方法，参考文献[70]。

用改善的信噪比（ISNR）来衡量流程的成功程度，而模糊的信噪比（BSNR）能够对问题建立理解。对于一个 $N \times N$ 的图像，ISNR 定义为

$$\text{ISNR} = 10\lg \frac{\| f - y \|_2^2}{\| f - \tilde{f} \|_2^2}$$

而 BSNR 的定义为

$$\text{BSNR} = 10\lg \frac{\| (f * h) - \mu(f * h) \|_2^2}{N^2\sigma^2}$$

以上两式都是以分贝为单位的。

在图 8.6 和图 8.7 中，给出了基于剪切波的解卷积算法的应用例子，其中基于剪切波的算法很有竞争力的，被称为傅里叶 - 小波正则化解卷积（ForWaRD）和基于小波的解卷积算法[65]放在一起比较，图 8.6 和图 8.7 所示为一些实验结果的细节，其中模糊是 9 × 9 的方块形模糊[65]。

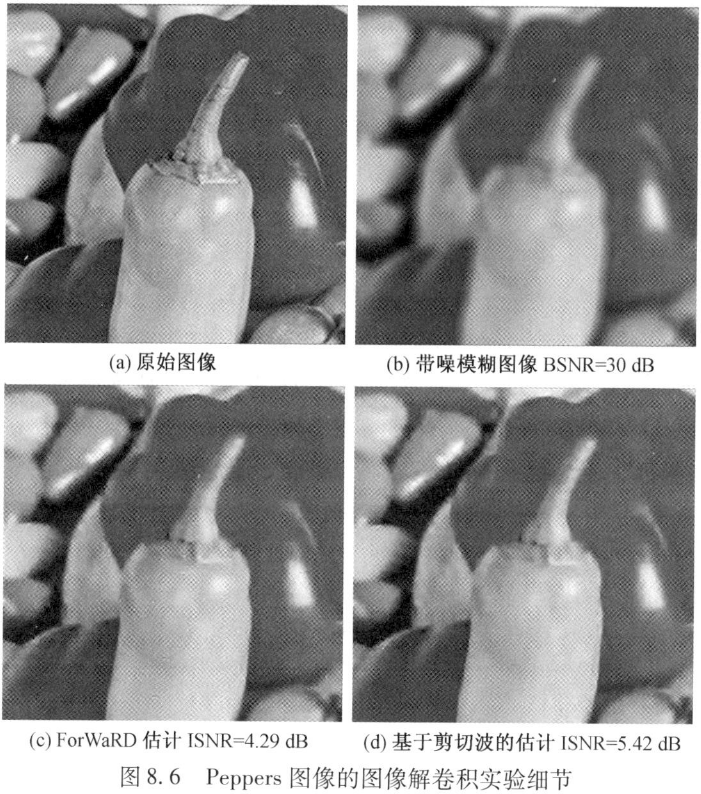

(a) 原始图像　(b) 带噪模糊图像 BSNR=30 dB

(c) ForWaRD 估计 ISNR=4.29 dB　(d) 基于剪切波的估计 ISNR=5.42 dB

图 8.6　Peppers 图像的图像解卷积实验细节

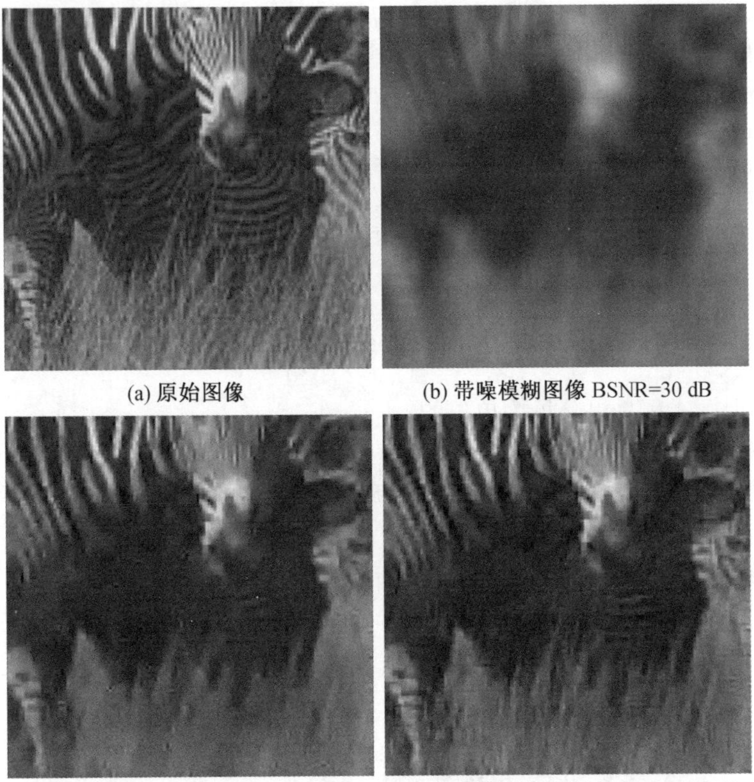

(a) 原始图像　(b) 带噪模糊图像 BSNR=30 dB

(c) ForWaRD 估计 ISNR=5.53 dB　(d) 基于剪切波的估计 ISNR=6.03 dB

图 8.7　Zebra 图的图像解卷积实验细节

8.3.3　逆半色调

得到半色调图像的过程是将图像以二值(黑白) 方法表示的过程,其技术包括误差扩散法,如 Floyd - Steinburg 和 Jarvis 等人在文献[87,47,36,48] 中描述的方法。有时为了对图像进行大小调整、图像增强或去除混淆伪像,有时是为了如压缩旧报纸和文章的数字存档等需要,都要将这些图像还原成原来的灰度图像。

给定 Floyd - Steinberg 滤波器,为

$$h_{\mathrm{FS}} = \frac{1}{16}\begin{bmatrix} 0 & \cdot & 7 \\ 3 & 5 & 1 \end{bmatrix}$$

或 Jarvis 误差滤波器

$$h_{\mathrm{J}}=\frac{1}{48}\begin{bmatrix}0 & 0 & \cdot & 7 & 5\\3 & 5 & 7 & 5 & 3\\1 & 3 & 5 & 3 & 1\end{bmatrix}$$

其中,“·”处的量化误差会扩散到因果邻域,扩散由矩阵的值决定。具体来说,每一个像素点的位置用逐行扫描索引的方法来表示,而像素点的灰度值则通过阈值转化成二值(如果灰度值大于或等于 1/2 则为 1,否则为 0),量化误差经由 h_{FS} 或 h_{J} 的系数加权扩散到与其相邻的像素点上。令 p 和 q 表示由误差扩散模型决定的冲激响应,则原始的灰度图像和其半色调图像之间的关系大致可以建模为

$$y(n_1,n_2)=(p*f)(n_1,n_2)+(q*v)(n_1,n_2) \tag{8.14}$$

其中 $0\leqslant n_1$、$n_2\leqslant N-1$,v 被看作一个加性高斯白噪声,尽管这个过程并没有随机性。在 DFT 域,可将式(8.14)写成

$$\hat{y}(k_1,k_2)=\hat{p}(k_1,k_2)\hat{f}(k_1,k_2)+\hat{q}(k_1,k_2)\hat{v}(k_1,k_2)$$

其中,$-N/2\leqslant k_1$、$k_2\leqslant N/2-1$。假设 $\hat{h}$ 表示 DFT 变换后的扩散滤波器 h_{FS} 或 h_{J},则传递函数 $\hat{p}$ 和 $\hat{q}$ 可写为

$$\hat{p}(k_1,k_2)=\frac{C}{1+(C-1)\hat{h}(k_1,k_2)}$$

和

$$\hat{q}(k_1,k_2)=\frac{1-\hat{h}(k_1,k_2)}{1+(C-1)\hat{h}(k_1,k_2)}$$

其中,$h=h_{\mathrm{FS}}$ 时常数 $C=2.03$,$h=h_{\mathrm{J}}$ 时常数 $C=4.45$。

为了近似逆半色调过程,用到了正则化逆算子。对于一些正则化参数 $\alpha\in\mathbf{R}_+$,该算子为

$$P'_{\alpha}(k_1,k_2)=\frac{\bar{\hat{p}}(k_1,k_2)}{|\hat{p}(k_1,k_2)|^2+\alpha^2|\hat{q}(k_1,k_2)|^2} \tag{8.15}$$

由此可得图像在傅里叶域的估计

$$\hat{f}_{\alpha}(k_1,k_2)=\hat{y}(k_1,k_2)P'_{\alpha}(k_1,k_2)$$

其中 $-N/2\leqslant k_1$、$k_2\leqslant N/2-1$。

这个正则化过程可以分离到剪切波域上。假设 $g_{j,\ell}$ 表示对尺度 j 和方向 ℓ 的剪切波滤波器,则对于一个给定的正则化参数 α,可得在 DFT 中图像估计的剪切波系数为

$$\hat{c}(f_{\alpha})^{S}_{j,\ell}(k_1,k_2)=\hat{y}(k_1,k_2)\hat{g}_{j,\ell}(k_1,k_2)P'_{\alpha}(k_1,k_2)$$

其中,$-N/2\leqslant k_1$、$k_2\leqslant N/2-1$。

这个问题剩下的部分转变为一种降噪问题,而该降噪问题可以通过之前定义的 GCV 公式,对估计的剪切波系数阈值化来解决。

用 Barbara 图像来展现剪切波逆半色调算法的结果及其表现（详情见文献[34]），其中半色调图像是通过 Floyd – Steinberg 算法得到的，还将剪切波方法的结果与基于小波的方法和基于 LPA – ICI 的方法[66,37]进行比较，图 8.8 展现了这些结果的细节。

(a) 原始图像

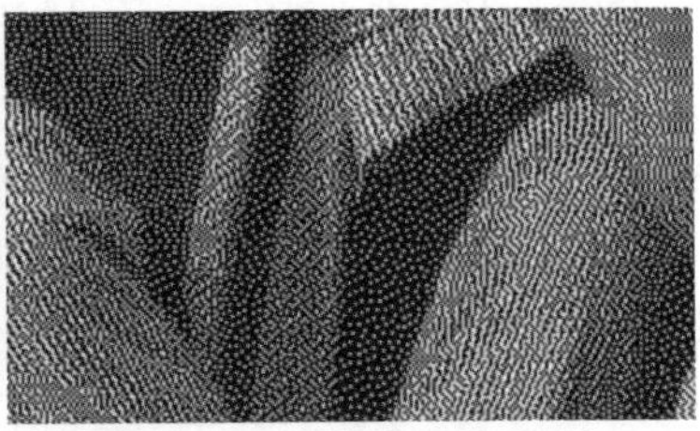

(b) Floyd-Steinberg 半色调图

(c) 基于剪切波的估计 SNR=19.30 dB

(d) 基于 LPA-ICI 的估计 SNR=19.25 dB

(e) 基于剪切波的估计 SNR=22.02 dB

图 8.8　Barbara 图像逆半色调实验的细节

8.4　图像增强

图像增强是指，为了方便人类或计算机视觉系统对图像的理解或认知，而改善图像的视觉性质。从数学的角度看，给定一个图像用阵列 $y(k_1,k_2)$ 表示其各像素的值，则通过图像增强变换 En 可得到变化的图像 $y_e(k_1,k_2)$，即

$$y_e(k_1,k_2)=\mathrm{En}(y(k_1,k_2))$$

其中 $-N/2\leqslant k_1、k_2\leqslant N/2-1$。假设 y 为一灰度图像，其像素点的值为从 0 ~ 255 的整数，则一个非常简单的增强映射是 $\mathrm{En}(t)=255-t$，图 8.1 中正是运用

了这个方法来提高各剪切波系数对应图下的对比度。基于对数、指数或线性分段函数简单的增强变换，一种有效并常用的增强技术是直方图均衡化，这种变换 En 可以使增强图像 y_e 各像素点的值的直方图趋于平均分布，文献[52,53,56,80] 还介绍了几种基于多尺度分析理念的图像增强技术。

在医学成像领域中经常运用图像增强技术，因为这个技术能增强对医学诊断重要的视觉特征，如对乳房 X 线摄影图像进行增强，可以在很大程度上提高小型肿瘤的可见度，可以更早期探测到肿瘤。为了达到这个目的，很多基于多尺度分析的图像处理方法很有效，其中包括 Laine 等人的方法[52]、Strickland 等人的方法[82] 和 Chang 等人的增强方法[11] 等。Laine 等人的方法利用二进小波变换来进行乳房 X 线摄影图像的特征分析，Strickland 等人的方法用非抽样小波变换来探测并分割乳房 X 线摄影图像中钙化的部分，而 Chang 等人的增强方法则是基于过完备多尺度表示的。

本节中会改进一些在图像增强文献中提出的想法，来建立一个基于剪切波表示的图像增强算法。直观上，由于剪切波系数和图像边缘及其他重要几何特征是紧密联系在一起的，可以通过控制剪切波系数的大小来增强这些特征。因此，对剪切波系数引入一个合适的自适应非线性映射方程，使不明显的边缘得以增强，同时又完整保留明显的边缘。定义这个非线性算子如下所示，其中记 $\mathrm{sigm}(t)=(1+e^{-t})^{-1}$：

$$\mathrm{En}(t)=\begin{cases}0, & |t|<T_1\\ \mathrm{sign}(t)T_2+\bar{a}(\mathrm{sigm}(\beta(\bar{t}-b))-\\ (\mathrm{sigm}(-\beta(\bar{t}+b))), & T_2\leqslant|t|<T_3\\ t, & \text{其他}\end{cases}\tag{8.16}$$

式中，$t\in[-1,1]$；$\bar{a}=a(T_3-T_2)$；$\bar{t}=\mathrm{sign}(t)\dfrac{|t|-T_2}{T_3-T_2}$；$0\leqslant T_1\leqslant T_2\leqslant T_3\leqslant 1$；$b\in(0,1)$。

而 a 依赖于增益系数 β 和 b，其定义为

$$a=\frac{1}{\mathrm{sigm}(\beta(1-b))-\mathrm{sigm}(-\beta(1+b))}$$

在这个方程中，参数 T_1、T_2 和 T_3 是选择的阈值，而 b 和 β 分别控制阈值和增强程度。区间 $[T_2,T_3]$ 作为特征选择用的滑动窗口，可以通过调整它来对某一特定范围的重要特征进行增强。利用在各个尺度 j 和方向 ℓ 上像素值得标准差，可以实现这些参数的适应性选择。为了实现图像增强，利用非线性方程，剪切波系数被分点修正为

$$\langle y_e,\psi_{j,\ell,m}\rangle=\max_m(|\langle y,\psi_{j,\ell,m}\rangle|)\,\mathrm{En}\frac{\langle y,\psi_{j,\ell,m}\rangle}{\max_m(|\langle y,\psi_{j,\ell,m}\rangle|)}$$

式中，$\max_m(|\langle y,\psi_{j,\ell,m}\rangle|)$ 是 $|\langle y,\psi_{j,\ell,m}\rangle|$ 绝对幅度的最大值，是一个关于方位的函数；而 $\langle y_e,\psi_{j,\ell,m}\rangle$ 表示增强的图像 y_e 的剪切波系数，得到的增强图像 y_e 可以通过将变换求逆找出。图 8.9 所示为一个增强映射曲线，表现增强的系数和原始系数的对比。

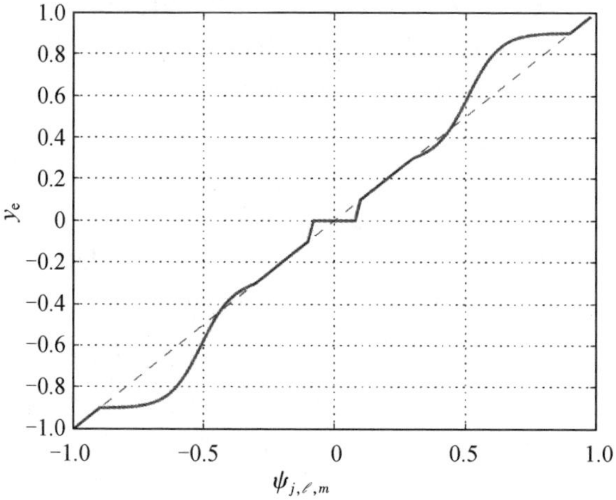

图 8.9　增强映射图

$b=0.35, \beta=10, T_1=0.1, T_2=0.3, T_3=0.9$

基于剪切波图像增强方法的结果在文献[69]中有所展现，其中它们被用来增强乳房 X 线摄影图像。这个算法应用的一些例子如图 8.10 和图 8.11 所示，通过剪切波得到增强的乳房 X 线摄影图像与通过非下采样小波变换（NSWT）和直方图均衡化方法得到的结果做比较。在图 8.11 的实验中，建立了幻影的数学模型，验证本节增强方法能够抑制增强技术引起的虚警，这个

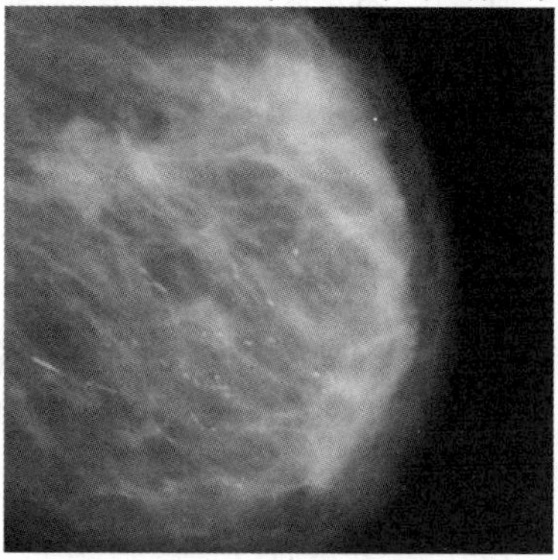

（a）原始乳房 X 线摄影图像（其中带有带刺肿块和钙化）

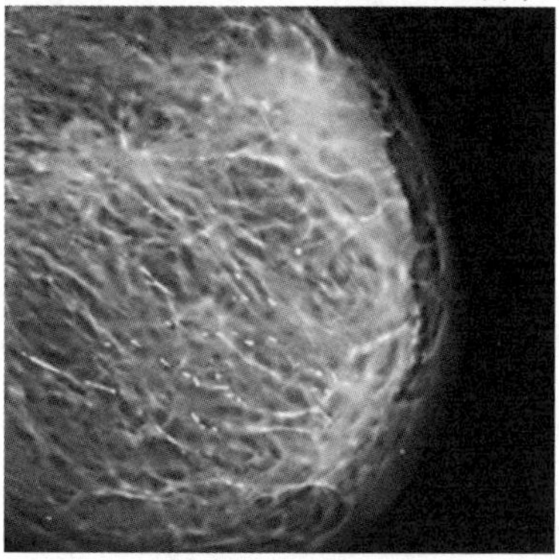

（b）用剪切波增强的乳房 X 线摄影图像

图 8.10　乳房 X 线摄影图像的增强

幻影可以很好地模拟在真实数据中出现的一些目标图像特征，如微钙化、肿块和带刺目标。

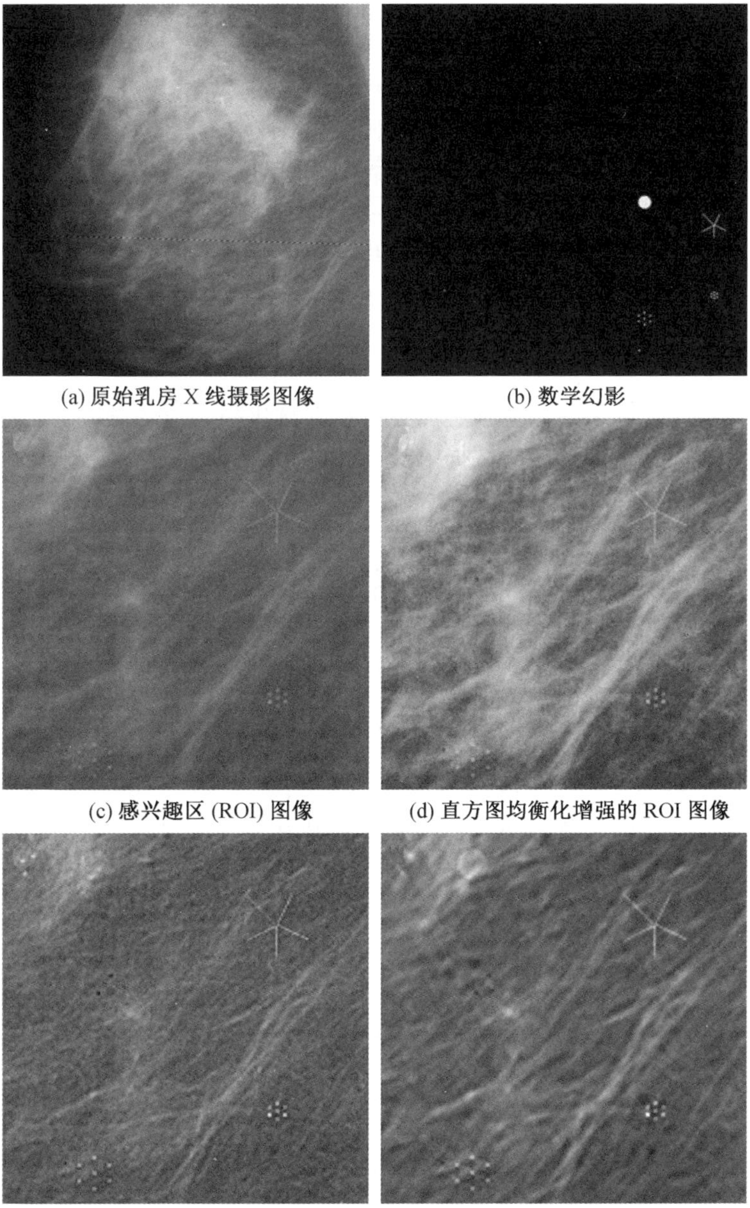

(a) 原始乳房 X 线摄影图像　(b) 数学幻影

(c) 感兴趣区 (ROI) 图像　(d) 直方图均衡化增强的 ROI 图像

(e) NSWT 增强的 ROI 图像　(f) 剪切波增强的 ROI 图像

图 8.11　插入数学幻影的乳房 X 线摄影图像的增强

在本节实验中，分别在从粗到细的尺度中用了 1，8，8，16，16 个方向，和文献[33] 中为了剪切波分解时一样。T_1、T_2 和 T_3 的值是根据像素的标准差来适应性选择的，在由粗到细的尺度中，分别选择各个方向 $b=0.23,0.14,0.10,0.10$，$\beta=20,35,45,35$。在第一个实验中，用剪切波增强了一个乳房 X 线摄影图像，如图 8.10 所示；在第二个实验中，在一个正常的乳房 X 线摄影图像中混入了幻影，并将本节增强方法与直方图均衡化和 NSWT 方法进行了比较，如图 8.11 所示。由图 8.11 可见，剪切波的增强方法明显提高了混合乳房 X 线摄影图像每一个特征目标的对比度，而一些特征（如肿块（白色的圆盘）特征）在 NSWT 和直方图均衡化方法增强的 ROI 图像中很难辨别。

8.5 边缘分析与检测

边缘的分析与检测是多种图像处理和计算机视觉应用的基础任务，由于边缘往往是自然图像和科学数据中最突出的特征，所以边缘定位是一种基础任务，而如形状识别、3D 重建、数据增强和恢复的高级应用都是建立在边缘定位的基础上。

边缘可以正式描述为，对于在区域 $\Omega\subset\mathbf{R}^2$ 定义的函数 u，梯度显著较大的那些点，即

$$\{x\in\Omega\subset\mathbf{R}^2: | \nabla u(x) > p\}$$

式中，p 为选择的某合适阈值。

显然这个简单的描述不能直接转换为一个有效的边缘检测方法，因为图像通常都是受到了噪声影响，而微分算子又对噪声极其敏感。所以，最常用的边缘检测方法通常都会先对图像进行平滑或磨光处理，以此来削减噪声造成的影响。例如，在经典 Canny 边缘检测算法[8] 中，图像先与可变尺度的高斯函数进行卷积，为

$$u_a = u * G_a$$

其中

$$G_a(x) = G(a^{-1}x),\quad a>0, x\in\mathbf{R}^2$$

$$G(x)=\frac{1}{\pi}\mathrm{e}^{-x^2}$$

将梯度 u_a 局部极大值的点视为边缘点。这个方法与尺度参数 a 有关，随着 a 的下降，边缘位置的检测越来越准确，同时检测算子对噪声也越来越敏感。所以，边缘检测的效果很大程度上依赖于尺度因子 a（和阈值）。

边缘检测和小波分析有着有益的关系，这个关系是被 Mallat、Hwang 和 Zhong 在文献[60,61] 最先观察到的，将其总结如下。

给定一个图像 $u \in L^2(\mathbf{R}^d)$，指出这个图像用实偶函数 ψ 的连续小波变换可以写为

$$W_\psi u(a,x) = \int_{\mathbf{R}^2} u(y) D_a \psi(y - x) \mathrm{d}y = u * D_a \psi(x)$$

式中，$D_a \psi(x) = a^{-1} \psi(a^{-1} x)$。

若 $\psi = \nabla G$，则

$$\nabla u_a(x) = u * \nabla G_a(x) = u * D_a \psi(x) = W_\psi u(a,x) \tag{8.17}$$

表明平滑处理之后的图像 u_a 梯度大小的极大值与小波变换 $W_\psi u(a,x)$ 大小的极大值完全对应。这个梯度与小波变换的关系为边缘的多尺度分析提供了一个自然数学框架，这个框架是在文献[60,61]中成功建立的。

8.5.1　剪切波边缘分析

上述的 Canny 边缘检测算子或小波方法的共同缺陷是，他们本质上都是各向同性的，所以在处理边缘的各向异性特质上不是很有效。在有噪声和当几个边缘离得很近或相互交叉的情况下，如三维物体的二维投影[95]，准确辨明边缘位置的难度尤其困难。在这些情况下，传统边缘检测算子的下列缺陷尤其显著。

(1) 难以分辨离得近的边缘。各向同性高斯滤波使得离得近的边缘被模糊成一条曲线。

(2) 角度精确性低。在曲率迅速变化或曲线交叉的情况下，各向同性高斯滤波导致边缘方向检测不精确，影响角和交点的检测。

为了能更好地处理边缘信息，人们发展了很多方法，把可变尺度各向同性高斯滤波器 $G_a(a > 0)$ 用一类可转动和改变尺度的各向异性高斯滤波器代替，如

$$G_{a_1,a_2,\theta}(x_1,x_2) = a_1^{-\frac{1}{2}} a_2^{-\frac{1}{2}} R_\theta G(a_1^{-1} x_1, a_2^{-1} x_2)$$

式中，a_1、$a_2 > 0$；R_θ 为转动 θ 角的矩阵（见文献[71,88,39]）。

但这种滤波器的设计和应用需要非常复杂的计算，而且也缺少理论环境来决定如何设计这样的滤波器，以最佳捕捉边缘。

而剪切波框架就有这个优势，能够给出一个合理的数学环境来高效的表示边缘信息，在本书第 1 章和第 3 章讨论的，连续剪切波变换可以通过其在细尺度的渐近行为来准确描述与边缘相关的几何信息，其结果总结如下。

令一图像 u 的模型为在 $\Omega = [0,1]^2$ 上的分段平滑函数，假设除了一个有限多分段平滑曲线的集合（用 Γ 表示）中有可能有跳跃间断，在 Ω 的其他地方 u 都是平滑的，则 u 的连续剪切波变换 $\mathcal{SH}$ 渐近衰减性质如下[44]。

(1) 若 $p \notin \Gamma$，则对于每个 $s \in \mathbf{R}$、$a \to 0$ 时，$|\mathcal{SH}_\psi u(a,s,p)|$ 迅速衰减。

(2) 若 $p \in \Gamma$ 并且 Γ 在 p 附近平滑，则对于每个 $s \in \mathbf{R}$、$a \to 0$ 时 $|\mathscr{SH}_\psi u(a,s,p)|$ 迅速衰减，除非 $s = s_0$ 是 Γ 在 p 的法线方向。在这种情况下，$a \to 0$ 时 $|\mathscr{SH}_\psi u(a,s_0,p)| \sim a^{\frac{3}{4}}$。

(3) 若 p 是 Γ 的拐角点且 $s = s_0$、$s = s_1$ 是 Γ 在 p 的法线方向，则 $a \to 0$ 时 $|\mathscr{SH}_\psi u(a,s_0,p)|$，$|\mathscr{SH}_\psi u(a,s_1,p)| \sim a^{\frac{3}{4}}$。对于其他方向，$|\mathscr{SH}_\psi u(a,s,p)|$ 的渐进衰减更快一些(尽管不一定迅速)。

在这里迅速衰减的意思是给定任意 $N \in \mathbf{N}$，存在 $C_N > 0$ 使 $a \to 0$ 时 $|\mathscr{SH}_\psi u(a,s,p)| \leqslant Ca^N$；同时应注意到，刺状奇点和跳跃间断在连续剪切波变换衰减上得到的表现是不同的，如考虑以 δ 为中心的狄拉克分布。在这种情况下，见文献[49]，能够给出

$$|\mathscr{SH}_\psi \delta_{t_0}(a,s,t_0)| \asymp a^{-\frac{3}{4}}, \quad a \to 0$$

即 δ_{t_0} 的连续剪切波变换在 $t = t_0$ 时在细尺度增加，在 $t \neq t_0$ 时衰减是迅速的。

这些观察表明，连续剪切波变换准确地描述边缘及图像其他奇点的几何信息，与小波变换不能对边缘方向给出任何信息形成鲜明对比。

8.5.2 剪切波边缘检测

文献[91,92]介绍了一种基于剪切波的边缘检测算法，其中有专门为之设计的离散剪切波变换。8.5.1 节图像降噪中所展示的剪切波变换会在显眼的边缘附近产生大的旁瓣①，这会影响边缘位置的检测。与此相对的，文献[91,92]中介绍的特殊的剪切波变换并不会受这个问题的影响，因为所选的分析滤波器与文献[44,45]中的理论结果一致，要求剪切波生成函数在傅里叶域满足一些特定的对称性质(在本书第 3 章中有讨论)。

剪切波边缘检测器算法的第一步是选出数字图像 $u[m_1,m_2]$ 的候选边缘点。这些点的定义为，在细尺度 j，达到如下式的局部极大的点 $(\bar{m}_1,\bar{m}_2)$：

$$M_j u[m_1,m_2]^2 = \sum_{\ell} (|\mathscr{SH}u[j,\ell,m_1,m_2]|)^2$$

式中，$\mathscr{SH}u[j,\ell,m_1,m_2]$ 为离散剪切波变换。

根据总结的连续剪切波变换的性质，期望如果 $(\bar{m}_1,\bar{m}_2)$ 是一个边缘点，那么 u 的离散剪切波变换应该有

$$|\mathscr{SH}u[j,\ell,\bar{m}_1,\bar{m}_2]| \sim C2^{-\beta j}$$

式中，$\beta \geqslant 0$。

然而，如果 $\beta < 0$(即 $|\mathscr{SH}u|$ 的大小在更细尺度增加)，则 $(\bar{m}_1,\bar{m}_2)$ 被认

① 如果使用一个标准的离散小波或者曲波变换，会发生同样的问题。

为是一个刺状奇点并且该点被归类为噪声。通过这个过程,每个方向分量的候选边缘点都通过找出 $\beta \geqslant 0$ 的点来找到,对这些点应用一个非极大抑制过程来在边缘方向沿着边缘查找,并抑制任何不被认为是边缘的像素值。通过这个过程,每一个候选边缘点的剪切波变换的大小都和沿该点梯度方向附近点的值做比较(这是通过剪切波分解的方向图获得的),若该点的大小比较小,则该点被舍弃;反之若该点是最大的,则被保留。

大量的数值实验指出,剪切波边缘检测器与其他经典或先进的边缘检测器相比是具有竞争力的,而且剪切波边缘检测器的表现在有噪声的情况下很优异。图 8.12 中展示了一个例子,从左上顺时针方向分别为原始图像,带噪声图像(PSNR = 25.94 dB),Prewitt 结果(FOM = 0.31),剪切波结果(FOM = 0.94),小波结果(FOM = 0,59) 和 Sobel 结果(FOM = 0.32),其中剪切波边缘检测器与小波边缘检测器(基本等价于 Canny 边缘检测器) 以及 Sobel 和 Prewitt 边缘检测器做了比较。Sobel 和 Prewitt 滤波器都是梯度算子的二维离散近似。边缘检测器的表现用 Pratt 品质因数来评价,Pratt 品质因数是一个值为 0 到 1 的保真度函数,1 代表完美的边缘检测器,定义为

$$\mathrm{FOM} = \frac{1}{\max(E_{\mathrm{e}}, N_{\mathrm{d}})} \sum_{k=1}^{N_d} \frac{1}{1 + \alpha d(k)^2}$$

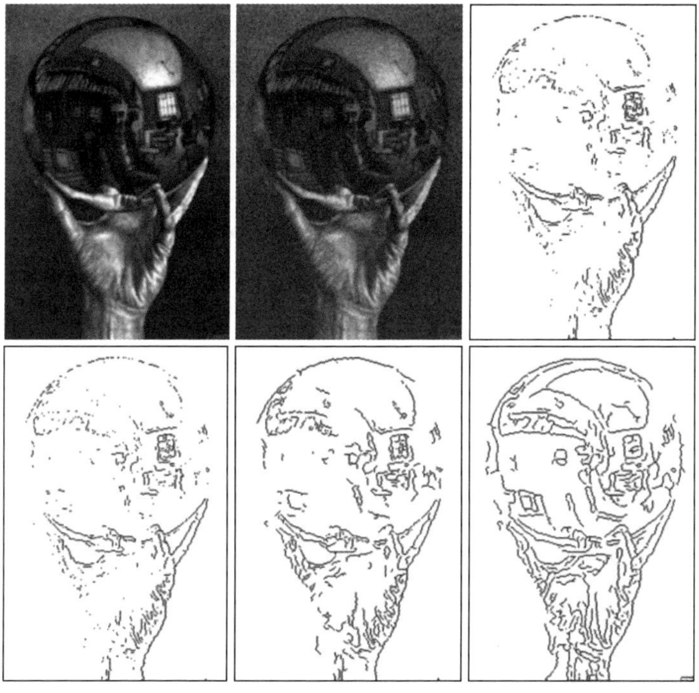

图 8.12　边缘检测方法的结果

式中，N_e 为实际边缘点的总点数；N_d 为检测到的边缘点的总点数；$d(k)$ 为第 k 个实际边缘点到检测边缘点的距离；α 为尺度常数，一般设置为 1/9。图像中的数值实验结果表明剪切波边缘检测器一直得到最好的 FOM 值。

8.5.3 剪切波边缘分析

如 8.5.2 节所说，连续剪切波变换能精确描述边缘的几何特征。这些性质造就了一个非常有效的估计边缘方向的算法，这个算法原本是在文献[92]中提出。具体利用剪切波变换中与方向变量有关的参数，当 a 足够小时，通过找到令 $\mathcal{SH}_\psi u(a,s,p)$ 达到最大剪切变量 s 的边缘点 p，可以估计图像 u 的边缘方向。离散的情况下，边缘方向的估计是通过固定一个足够细的尺度（即 $a=2^{-2j}$ 足够"小"），并计算离散剪切波变换 $\mathcal{SH}u(j,\ell,m)$ 大小最大的指数 $\tilde{\ell}$，为

$$\tilde{\ell}(j,m) = \arg\max_{\ell} | \mathcal{SH} u(j,\ell,m) | \tag{8.18}$$

一旦找到了 $\tilde{\ell}(j,m)$，与其相关的对应方向角度 $\theta_{\tilde{\ell}}(j,m)$ 可以通过计算得到。如文献[92]中阐述的，这个方法能够得到边缘曲线局域方向非常准确且完备的估计。

剪切波变换对边缘方向的敏感度很适合用于提取地标，提取地标是在分类和检索问题中很重要的成像应用。为了解释其基本原则，考虑图 8.13 中由分段平滑曲线分开的大片平滑区域组成的简单图片。作为三个边缘的交点，点 A 是图像中最显眼的目标，通过观察剪切波变换的值也能很容易地分辨出来。如果仔细观察在固定（细）尺度 j_0 和位置 m_0 的离散剪切波变换 $\mathcal{SH}u[j_0,\ell,m_0]$，作为剪切参数 l 的函数，其图像直接反映了图像的局部几何性质。具体来说，如图 8.13(b) 中所示，可以分辨出图像中的以下四类点。在交点 $m_0=A$，函数 $|\mathcal{SH}u[j_0,\ell,m_0]|$ 有三个尖对应着在 A 交会的三个边缘段的方向；在位于平滑边缘的点 $m_0=B$，$|\mathcal{SH}u[j_0,\ell,m_0]|$ 只有一个尖；在位于平滑区域内部的点 $m_0=D$，$|\mathcal{SH}u[j_0,\ell,m_0]|$ 基本是平的；在"靠近"边缘的点 $m_0=C$，$|\mathcal{SH}u[j_0,\ell,m_0]|$ 有两个尖，但是幅度都比点 A 和点 B 要小得多。正如预期的那样，在更普遍的图像中也观察到了类似行为，甚至在有噪声的情况下也是如此。

图 8.13(a) 所示为测试图像和代表性点 A（交点）、B（普通边缘点）、C（平滑区域）和 D（靠近边缘）。图 8.13(b) 所示为离散剪切波变换大小，作为在图 8.13(a) 中所指位置 $m_0=A$、B、C、D 方向参数 ℓ 的函数。注意对于点 C 和 D 的图，y 轴用了不同的尺度。

基于这些观察，文献[92]提出并验证了一个简单并有效地对图像平滑区域、边缘、角和交点进行分类的算法。

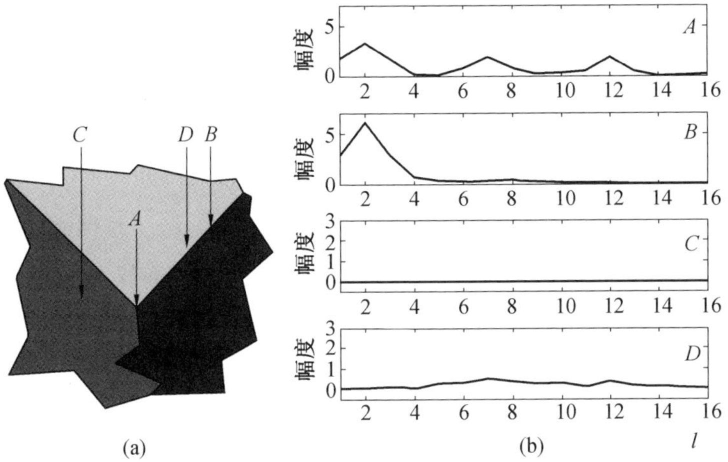

图 8.13　测试图像和代表性点以及离散剪切波图

8.6　图像分离

盲源分离是信号处理中的经典问题,其目标是,在源信号和混合过程信息很少的情况下,从一组混合信号中分离出一组信号。解决这个问题的传统技术依赖于源信号之间基本都不相关的假设,信号可以被分解为统计上独立的加性子分量,这种技术的主要缺点是它们对噪声很敏感。另外,最近的研究结果表明,剪切波的稀疏表示可以用来设计极其完备的源分解算法[25,26,79]。

本节介绍在文献[25,26]中提出了非常有效的图像分离算法,算法利用了剪切波表示处理边缘曲线和其他细长特征的能力。此方法很适合处理看重分离点状和曲线状目标的图像,如天文或生物学图像。

8.6.1　图像模型

一类图像记为 J,并将此类图像建模成点状和曲线状目标的组合,即点状目标是一个函数 P,它在除了有限多奇点之外都是平滑的,其表达式为

$$P(x) = \sum_{i=1}^{m} | x - x_i |^{-\frac{3}{2}}$$

曲线状目标是沿着一个闭合曲线 $\tau:[0,1]\to\mathbf{R}^2$ 有 δ 奇点的分布 C,因此,J 中的一个图像有一表达式,为

$$f = P + C$$

几何分离问题的目标是从观察到的信号 f 中还原 P 和 C。

解决这个问题的基本想法是选择一个包含两个表示系统 Φ_1、Φ_2 的冗余的字典，即

$$\mathscr{D} = \Phi_1 + \Phi_2$$

其中每个系统只稀疏表示 $f \in J$ 不同分量中的一种。具体来说，Φ_1 选为剪切波的 Parseval 架构，对于曲线奇点以外都是平滑的函数，它能给出的最佳稀疏近似；而 Φ_2 选为平滑小波正交基，因为除了点状奇点以外都是平滑的函数，它能给出最佳稀疏近似。

8.6.2　几何分离算法

文献[50]设计的解决图像分离问题的算法，是从多个分辨率水平观察一个图像 $f \in J$ 的，记观察为 $f_j (j \in \mathbf{Z})$，其中 $f_j = f * F_j$，而 F_j 是关于中心位于 2^j 频带的一个带通滤波器。因此，对于每个 $j \in \mathbf{Z}$，有

$$f_j = P_j + C_j$$

式中，P_j 和 C_j 分别为在尺度 j、f_j 的点状和曲线状分量。

在分辨率水平 j，定义以下最优化问题满足 $f_j = S_j + W_j$：

$$(\hat{W}_j, \hat{S}_j) = \arg\min_{W_j, S_j} \| \Phi_1^{\mathrm{T}} S_j \|_1 + \| \Phi_2^{\mathrm{T}} W_j \|_1 \tag{8.19}$$

式中，$\Phi_1^{\mathrm{T}} S_j$ 和 $\Phi_2^{\mathrm{T}} W_j$ 分别为信号 S_j 和 W_j 的剪切波和小波系数。

定理 2 是来自文献[26]的理论结果，确保在细尺度的几何分离问题的收敛。

定理 2　令$(\hat{W}_j, \hat{S}_j)$为最优化问题在每个尺度的 j 解。则

$$\lim_{j \to \infty} \frac{\| \hat{W}_j - P_j \|_2 + \| \hat{S}_j - C_j \|_2}{\| P_j \|_2 + \| C_j \|_2} = 0$$

表明 f_j 的分量 P_j 和 C_j 在细尺度的还原是渐进任意高精度的。

事实上，一个图像不是单纯的点状和曲线状分量的和，还包含一个可以建模为噪声项的附加部分。在这个情况下，最优化问题可修改为

$$(\hat{W}_j, \hat{S}_j) = \arg\min_{W_j, S_j} \| \Phi_1^{\mathrm{T}} S_j \|_1 + \| \Phi_2^{\mathrm{T}} W_j \|_1 + \lambda \| f_j - W_j - S_j \|_2 \tag{8.20}$$

满足 $f_j = S_j + W_j$。这种表达式有时在图像处理文献中被称为卷积下确界。在这个修改后的表达式中，图像附加的带噪分量是不能被两个表示系统中任意一个稀疏地表示的部分，因此分配的是残差项$(f_j - W_j - S_j)$。

图 8.14 所示为基于剪切波的几何分离算法在一个带噪图像上应用的例子，其中剪切波方法的结果与 MCALab 方法进行对比[35]，另一种分离算法采用曲波和小波表示相结合的方法。由图可见，基于剪切波的方法在分离图像点状和曲线状分量上非常有效，且产生的伪像显著少于 MCALab。更详细的讨论参考文献[26]。

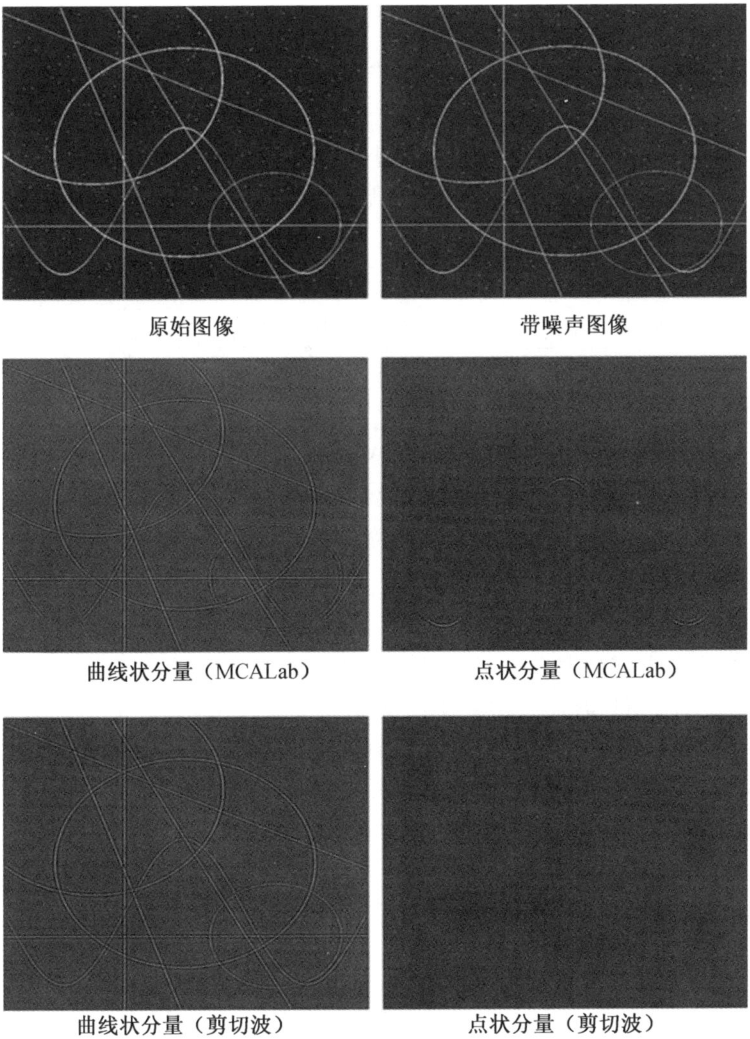

图 8.14　带噪合成图像几何分离的例子

其中基于剪切波几何分离算法与 MCALab 方法做了比较。

8.7 剪切波分析三维数据

关于剪切波方法在分析和处理三维数据集合方面的应用出现了最新的研究结果，跟二维的情况相似，三维剪切波表示的最佳稀疏近似性质，剪切波方法在数据降噪和特征提取方面都很有效。正如人们所预料的，和二维相比，三维数据集在内存存储方面更具挑战性，所以需要特别注意设计的数值高效性。

文献[51]中提出了三维离散剪切波变换(3D DST)，并且做了视频降噪的实验。三维离散剪切波算法基本遵循二维离散剪切波算法的理念，可总结如下。

首先，数据在频域被分为三个锥形区域，每一个都与一个正交的轴对齐。而方向性滤波阶段是基于在伪极坐标域计算 DFT 实现的，特别在第一个锥形区域，被定义为

$$(u,v,w)=\left(\xi_1,\frac{\xi_2}{\xi_1},\frac{\xi_3}{\xi_1}\right)$$

因此，在每一个固定的分辨率级上，3D DST 算法过程如下。

(1) 多尺度滤波阶段将 f_α^{j-1} 分解为一个低通 f_α^j 和高通 f_d^j 阵列。

(2) 将 $\hat{f}_d^j$ 重整到伪极坐标网格上。

(3) 对伪极坐标数据进行方向性带通滤波。

(4) 伪极坐标数据变换回直角坐标系形式并计算反 DFT 变换。

这个算法进行 $O(N^3\log(N))$ 次运算。

把基于3D DST 算法的剪切波阈值方法(3DSHEAR) 应用到视频降噪问题上，并将其和运用以下算法的表现做比较：对偶树小波变换(DTWT) 和表面波(SURF)。为了体现 3D 剪切波变换的优势，还将其与逐帧应用二维离散剪切波变换(2DSHEAR) 方法的结果做了比较。图8.15展现了以上各种降噪方法处理视频序列 Mobile 的比较，将3D 离散剪切波变换(3DSHEAR) 与对偶树小波变换(DTWT)、表面波变换(SURF) 和 2D 离散剪切波变换(2DSHEAR) 作比较。其中提取典型的一帧，更多的比较和讨论参考文献[67,51]。

在文献[76]中发展了一种基于剪切波的分析视频方法，能够从多角度自动估计物体的运动形态。目标的运动形态参数化为向量：

$$X=[s \quad \tau]$$

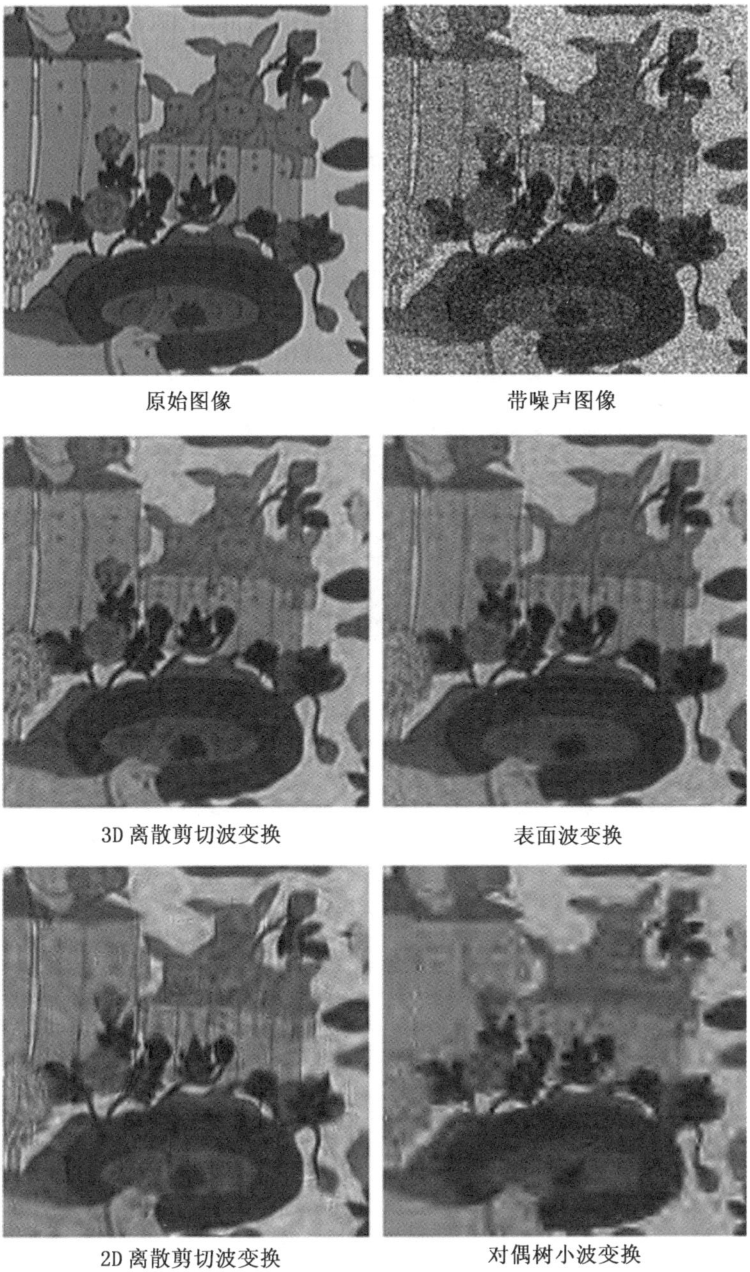

图 8.15　视频去噪算法的并行比较

其中元素分别对应空间位置 $s=[x,y,z]$ 和旋转方向 $\tau=[h,p,r]$。从贝叶斯滤波器出来的信息融合在一起来稳定二维识别和追踪，从而使观察和目标同时存在。在这个应用中，剪切波变换提取图像特征是可靠的，特别是剪切波变换在有光照变化和间断时确定二维位置。

在试图改善状态估计的过程中，发展了一种连续的3D剪切波变换来分析视频数据，在这个方法中，3D剪切波变换用来检测表面边界[77]。图8.16所示为3D剪切波表面／边缘检测器相比2D剪切波边缘检测器逐帧检测的优势，左侧图片展示了3D轮廓曲线图，右侧图片展示了通过球谐中心的切片图像。此例中，每一切片都应用了渐变着色生成了一个7次2阶的立体球谐函数，为了对比，还用2D剪切波边缘检测器分析了同样的切片，图中展示了这个球谐函数的轮廓曲线图和垂直于 x、y、z 轴的图像切片。

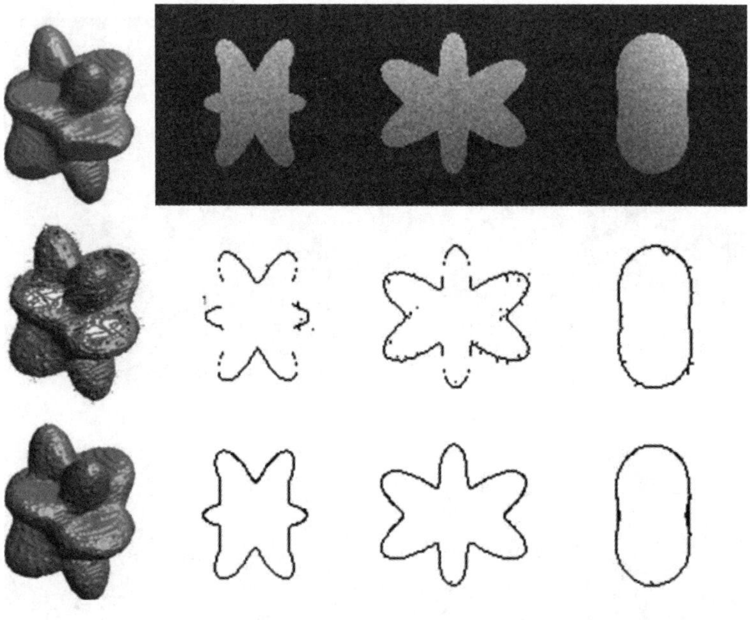

图8.16　应用2D梯度阴影的7次2阶球面谐波的3D边缘检测图

8.8　其他应用

除上述领域外，图像处理的其他领域也可以从运用剪切波方法中获益，如图像融合和图像修复。图像融合中，其目标是处理及合成从各种传感器获得的信息，文献[57]中提出了一种新的基于剪切波和局部能量的图像融合算法，文中还表明这个方法比传统方法更优越，能够保留更多的源图像细节，并进一步改善融合图像的主观质量。文献[19]中发展了基于剪切波的全色高分辨率图像和多光谱图像的图像融合方法，还指出这个方法在空间分辨率和空间信息保存方面有着更好的表现。图像修复方面的应用，可以描述为有数据缺失的内插或估计问题，文献[41]中展示了一个基于剪切波的图像修复方法。

本章参考文献

[1] J. Aelterman, H. Q. Luong, B. Goossens, A. Pizurica, W. Philips. Compass: a joint framework for Parallel Imaging and Compressive Sensing in MRI, Image Processing (ICIP), 17th IEEE International Conference on (2010), 1653-1656.

[2] A. Averbuch, R. R. Coifman, D. L. Donoho, M. Israeli, and Y. Shkolnisky. A framework for discrete integral transformations I-the pseudo-polar Fourier transform, SIAM Journal on Scientific Computing 30(2) (2008), 764-784.

[3] M. Bertero. Linear inverse and ill-posed problems, Advances in Electronics and Electron Physics (P. W. Hawkes, ed.), Academic Press, New York, 1989.

[4] L. Blanc-Feraud, P. Charbonnier, G. Aubert, and M. Barlaud. Nonlinear image processing: modelling and fast algorithm for regularization with edge detection, Proc. IEEE ICIP-95, 1 (1995), 474-477.

[5] P. J. Burt, E. H. Adelson. The Laplacian pyramid as a compact image code, IEEE Trans. Commun. 31 (4) (1983), 532-540.

[6] E. J. Candès, and D. L. Donoho. Recovering edges in ill-posed inverse problems: optimality of curvelet frames, Annals Stat. 30(3) (2002), 784-842.

[7] E. J. Candès and F. Guo. New multiscale transforms, minimum total variation synthesis: applications to edge-preserving image reconstruction, Signal Proc. 82(11) (2002), 1519-1543.

[8] F. J. Canny. A computational approach to edge detection, IEEE Trans. Pattern Anal. Machine Intell. 8(6) (1986), 679-698.

[9] H. Cao, W. Tian, C. Deng. Shearlet-based image denoising using bivariate model, Progress in Informatics and Computing (PIC), 2010 IEEE

International Conference on 2 (2010), 818-821.

[10] T. Chan, J. Shen. Image Processing And Analysis: Variational, PDE, Wavelet, And Stochastic Methods, SIAM, Philadelphia (2005).

[11] C. Chang, A. F. Laine. Coherence of Multiscale Features for Contrast Enhancement of Digital Mammograms, IEEE Trans. Info. Tech. in Biomedicine 3(1) (1999), 32-46.

[12] G. Chang, B. Yu and M. Vetterli. Adaptive Wavelet Thresholding for Image Denoising and Compression, IEEE Trans. Image Processing, 9 (2000), 1532-1546.

[13] X. Chen, C. Deng, S. Wang. Shearlet-Based Adaptive Shrinkage Threshold for Image Denoising, E-Business and E-Government (ICEE), 2010 International Conference on (2010), 1616-1619.

[14] X. Chen, H. Sun, C. Deng. Image Denoising Algorithm Using Adaptive Shrinkage Threshold Based on Shearlet Transform, Frontier of Computer Science and Technology, 2009, Fourth International Conference on (2009), 254-257.

[15] R. R. Coifman and A. Sowa. Combining the calculus of variations and wavelets for image enhancement, Appl. Comput. Harmon. Anal., 9 (2000), 1-18.

[16] F. Colonna, G. R. Easley. Generalized discrete Radon transforms and their use in the ridgelet transform, Journal of Mathematical Imaging and Vision,23 (2005), 145-165.

[17] F. Colonna, G. R. Easley, K. Guo, and D. Labate. Radon Transform Inversion using the Shearlet Representation, Appl. Comput. Harmon. Anal. 29(2) (2010), 232-250.

[18] C. Deng, H. Sun, X. Chen. Shearlet-Based Adaptive Bayesian Estimator for Image Denoising, Frontier of Computer Science and Technology, 2009, Fourth International Conference on (2009), 248-253.

[19] C. Deng, S. Wang, X. Chen. Remote Sensing Images Fusion Algorithm Based on Shearlet Transform, Environmental Science and Information Application Technology, 2009, International Conference on 3 (2009), 451- 454.

[20] D. L. Donoho. Unconditional bases are optimal bases for data compression and for statistical estimation, Appl. Comput. Harmon. Anal.

1(1) (1993), 100-115.

[21] D. L. Donoho. Nonlinear solution of linear inverse problems by wavelet-vaguelette decomposition, Appl. Comput. Harmon. Anal. 2 (1995), 101-126.

[22] D. L. Donoho. De-noising by soft thresholding, IEEE Trans. Info. Theory 41 (1995), 613-627.

[23] D. L. Donoho and I. M. Johnstone. Ideal spatial adaptation via wavelet shrinkage, Biometrika 81 (1994), 425-455.

[24] D. L. Donoho and I. M. Johnstone. Adapting to unknown smoothness via wavelet shrinkage, J. Amer. Stat. Assoc. 90(432) (1995), 1200-1224.

[25] D. L. Donoho and G. Kutyniok. Geometric Separation using a Wavelet-Shearlet Dictionary, SampTA-09 (Marseille, France, 2009), Proc., 2009.

[26] D. L. Donoho and G. Kutyniok. Microlocal analysis of the geometric separation problem, Comm. Pure Appl. Math., to appear.

[27] D. L. Donoho, M. Vetterli, R. A. DeVore, and I. Daubechies. Data compression and harmonic analysis, IEEE Trans. Inform. Theory, 44 (1998), 2435-2476.

[28] S. Durand and J. Froment, Reconstruction of wavelet coefficients using total variation minimization, SIAM J. Sci. Comput., 24(5) (2003), 1754-1767.

[29] G. R. Easley, F. Colonna, and D. Labate. Improved Radon Based Imaging using the Shearlet Transform, Proc. SPIE, Independent Component Analyses, Wavelets, Unsupervised Smart Sensors, Neural Networks, Biosystems, and Nanoengineering VII, 7343, Orlando, April 2009.

[30] G. R. Easley, D. Labate. Critically sampled composite wavelets, Signals, Systems and Computers, 2009 Conference Record of the Forty-Third Asilomar Conference on (2009), 447-451.

[31] G. R. Easley, D. Labate, and F. Colonna. Shearlet-Based Total Variation for Denoising, IEEE Trans. Image Processing, 18(2) (2009), 260-268.

[32] G. R. Easley, D. Labate, and W-Q Lim. Sparse Directional Image Representations using the Discrete Shearlet Transform, Appl. Comput. Harmon. Anal. 25(1) (2008), 25-46.

[33] G. R. Easley, V. Patel, D. M. Healy, Jr.. An M-channel Directional Filter Bank Compatible with the Contourlet and Shearlet Frequency Tiling, Wavelets XII, Proceedings of SPIE, San Diego, CA (2007), 26-30.

[34] G. R. Easley, V. M. Patel, and D. M. Healy, Jr.. Inverse halftoning using a shearlet representation, Proc. of SPIE Wavelets XIII, 7446, San Diego, August 2009.

[35] M. J. Fadilli, J. L Starck, M. Elad, and D. L. Donoho. MCALab: reproducible research in signal and image decomposition and inpainting, IEEE Comput. Sci. Eng. Mag. 12(1) (2010), 44-63.

[36] R. W. Floyd and L. Steinberg. An adaptive algorithm for spatial grayscale, Proc. Soc. Image Display 17(2) (1976), 75-77.

[37] A. Foi, V. Katkovnik, K. Egiazarian, and J. Astola. Inverse halftoning based on the anisotropic LPA-ICI deconvolution, Proc. Int. TICSP Workshop Spectral Methods Multirate Signal Processing, (Vienna, Austria) (2004), 49-56.

[38] D. Geman and C. Yang. Nonlinear image recovery with half-quadratic regularization, IEEE Trans. Image Proc. 4 (1995), 932-946.

[39] J. Geusebroek, A. W. M. Smeulders, and J. van de Weijer. Fast anisotropic Gauss filtering, IEEE Trans. Image Proc. 8 (2003), 938-943.

[40] G. Gilboa, Y. Y. Zeevi, and N. Sochen. Texture preserving variational denoising using an adaptive fidelity term, Proc. VLSM, Nice (2003), 137-144.

[41] R. Gomathi and A. Kumar. An efficient GEM model for image inpainting using a new directional sparse representation: Discrete Shearlet Transform, Computational Intelligence and Computing Research (ICCIC), 2010 IEEE International Conference on (2010), 1-4.

[42] B. Goossens, J. Aelterman, H. Luong, A. Pizurica, and W. Philips. Efficient design of a low redundant Discrete Shearlet Transform, Local and Non-Local Approximation in Image Processing, 2009, International Workshop on (2009), 112-124.

[43] K. Guo and D. Labate. Optimally sparse multidimensional representation using shearlets, SIAM J. Math. Anal. 39 (2007), 298-318.

[44] K. Guo and D. Labate. Characterization and analysis of edges using the

continuous shearlet transform, SIAM J. Imaging Sciences 2 (2009), 959-986.

[45] K. Guo, D. Labate and W. Lim. Edge analysis and identification using the continuous shearlet transform, Appl. Comput. Harmon. Anal. 27 (2009), 24- 46.

[46] Q. Guo, S. Yu, X. Chen, C. Liu, and W. Wei. Shearlet-based image denoising using bivariate shrinkage with intra-band and opposite orientation dependencies, Computational Sciences and Optimization, 2009, International Joint Conference on, 1 (2009), 863-866.

[47] J. Jarvis, C. Judice, and W. Ninke. A survey of techniques for the display of continuous tone pictures on bilevel displays, Comput. Graph and Image Proc. 5 (1976), 13-40.

[48] T. D. Kite, B. L. Evans, and A. C. Bovik. Modeling and quality assessment of halftoning by error diffusion, IEEE Trans. Image Proc. 9 (2000), 909-922.

[49] G. Kutyniok and D. Labate. Resolution of the wavefront set using continuous shearlets, Trans. Amer. Math. Soc. 361 (2009), 2719-2754.

[50] G. Kutyniok and W. Lim. Image separation using shearlets, in: Curves and Surfaces (Avignon, France, 2010), Lecture Notes in Computer Science 6920, Springer, 2012.

[51] D. Labate and P. Negi. 3D Discrete shearlet transform and video denoising, Wavelets and Sparsity XIV (San Diego, CA, 2011), SPIE Proc. 8138, SPIE, Bellingham, WA, 2011.

[52] A. F. Laine, S. Schuler, J. Fan, and W. Huda. Mammographic feature enhancement by multiscale analysis, IEEE Trans. Med. Imag. 13(4) (1994), 725-752.

[53] A. F. Laine and X. Zong. A multiscale sub-octave wavelet transform for de-noising and enhancement, Wavelet Applications, Proc. SPIE, Denver, CO, August 6-9, 1996, 2825, 238-249.

[54] N. Lee and B J Lucier. Wavelets methods for inverting the Radon transform with noisy data, IEEE Trans. Image Proc. 10(1) (2001), 79-94.

[55] W. Q. Lim. The discrete shearlet transform: a new directional transform and compactly supported shearlet frames, Image Proc. IEEE Transactions

on 19(5) (2010), 1166-1180.

[56] J. Lu and D. M. Healy, Jr.. Contrast enhancement via multi-scale gradient transformation, Wavelet Applications, Proc. SPIE, Orlando, FL, April 5-8, 1994.

[57] L. Lü, J. Zhao, and H. Sun. Multi-focus image fusion based on shearlet and local energy, Signal Processing Systems (ICSPS), 2010 2nd International Conference on, 1 (2010), V1-632-V1-635.

[58] J. Ma and M. Fenn. Combined complex ridgelet shrinkage and total variation minimization, SIAM J. Sci. Comput., 28(3) (2006), 984- 1000.

[59] S. Mallat. A Wavelet Tour of Signal Processing, Academic Press, San Diego, 1998.

[60] S. Mallat and W. L. Hwang. Singularity detection and processing with wavelets, IEEE Trans. Inf. Theory 38(2) (1992), 617-643.

[61] S. Mallat and S. Zhong. Characterization of signals from multiscale edges, IEEE Trans. Pattern Anal. Mach. Intell. 14(7) (1992), 710-732.

[62] Y. Meyer. Oscillating Patterns in Image Processing and Nonlinear Evolution Equations, AMS, Providence, 2001.

[63] F. Natterer. The Mathematics of Computerized Tomography, Wiley, New York, 1986.

[64] F. Natterer and F. Wübbeling. Mathematical Methods in Image Reconstruction, SIAM Monographs on Mathematical Modeling and Computation, Philadelphia, 2001.

[65] R. Neelamani, H. Choi, and R. G. Baraniuk. For WaRD: Fourier-wavelet regularized deconvolution for ill-conditioned systems, IEEE Trans. Image Proc. 52(2) (2004), 418-433.

[66] R. Neelamani, R. Nowak, and R. Baraniuk. Model-based inverse halftoning with Wavelet-Vaguelette Deconvolution, Proc. IEEE Int. Conf. Image Proc. (2000), 973-976.

[67] P. Negi and D. Labate. 3D discrete shearlet transform and video processing, IEEE Trans. Image Proc., in press 2012.

[68] V. M. Patel, G. R. Easley, and R. Chellappa. Multiscale directional filtering of noisy InSAR phase images, Proc. SPIE, Independent Component Analyses, Wavelets, Neural Networks, Biosystems, and Nanoengineering VII 7703, Orlando, April 2010.

[69] V. M. Patel, G. R. Easley, and D. M. Healy, Jr.. A new multiresolution generalized directional filter bank design and application in image enhancement, Proc. IEEE International Conference on Image Proc. , San Diego, October 2008, 2816-2819.

[70] V. M. Patel, G. R. Easley, and D. M. Healy, Jr.. Shearlet-based deconvolution, IEEE Trans. Image Proc. 18(12) (2009), 2673-2685.

[71] P. Perona. Steerable-scalable kernels for edge detection and junction analysis, Image Vis. Comput. 10 (1992), 663-672.

[72] P. Perona and J. Malik. Scale-space and edge detection using anisotropic diffusion, IEEE Trans. Pattern Anal. Mach. Intel. 12 (1990), 629-639.

[73] L. Rudin, S. Oscher, and E. Fatemi. Nonlinear total variation based noise removal algorithms, Phys. D 60 (1992), 259-268.

[74] O. Scherzer, M. Grasmair, H. Grossauer, M. Haltmeier and F. Lenzen. Variational Methods in Imaging, Springer, Applied Mathematical Sciences 167, 2009.

[75] O. Scherzer and J. Weickert. Relations between regularization and diffusion filtering Journal of Mathematical Imaging and Vision 12(1) (2000), 43-63.

[76] D. A. Schug and G. R. Easley. Three dimensional Bayesian state estimation using shearlet edge analysis and detection, Communications, Control and Signal Processing (IS C CSP), 2010 4th International Symposium on (2010), 1-4.

[77] D. A. Schug, G. R. Easley, and D. P. O'Leary. Three-dimensional shearlet edge analysis, Proc. SPIE, Independent Component Analyses, Wavelets, Neural Networks, Biosystems, and Nanoengineering IX, Orlando, April 2011.

[78] J. L. Starck, E. J. Candès, and D. L. Donoho. The curvelet transform for image denoising, IEEE Trans. Im. Proc. 11 (2002), 670-684.

[79] J. L Starck, M. Elad, and D. L. Donoho. Image decomposition via the combination of sparse representation and a variational approach, IEEE Trans. Image Proc. 14 (2005), 1570-1582.

[80] J. L. Starck, F. Murtagh, E. J. Candès, and D. L. Donoho. Gray and color image contrast enhancement by the curvelet transform, IEEE Trans. Imag. Proc. 12(6) (2003), 706-717.

[81] G. Steidl, J. Weickert, T. Brox, P. Mrázek, and M. Welk. On the equivalence of soft wavelet shrinkage, total variation diffusion, total variation regularization, and SIDEs, SIAM J. Numer. Anal. 42 (2004), 686-713.

[82] R. N. Strickland and H. I. Hahn. Wavelet Transforms for Detecting Microcalcifications in Mammograms, IEEE Trans. on Med. Imag. 15(2) (1996), 218-229.

[83] H. Sun and J. Zhao. Shearlet Threshold Denoising Method Based on Two Sub-swarm Exchange Particle Swarm Optimization, Granular Computing (GrC), 2010 IEEE International Conference on (2010), 449-452.

[84] S. Teboul, L. Blanc-Feraud, G. Aubert, and M. Barlaud. Variational approach for edge preserving regularization using coupled PDEs, IEEE Trans. Image Proc. 7 (1998), 387-397.

[85] W. Tian, H. Cao, and C. Deng. Shearlet-based adaptive MMSE estimator for image denoising, Intelligent Computing and Intelligent Systems (ICIS), 2010 IEEE International Conference on 2 (2010), 689-692.

[86] A. N. Tikhonov. Solution of incorrectly formulated problems and the regularization method, Soviet Math. Doklady 4 (1963), 1035-1039.

[87] R. Ulichney. Digital Halftoning, MIT Press, Cambridge, MA, 1987.

[88] J. Weickert. Foundations and applications of nonlinear anisotropic diffusion filtering, Z. Angew. Math. Mechan. 76 (1996), 283-286.

[89] J. Weickert. Anisotropic Diffusion in Image Processing, Teubner, Stuttgart, 1998.

[90] M. Welk, G. Steidl and J. Weickert. Locally analytic schemes: A link between diffusion filtering and wavelet shrinkage, Appl. and Comput. Harmon. Anal. 24 (2008), 195-224.

[91] S. Yi, D. Labate, G. R. Easley, and H. Krim. Edge detection and processing using shearlets, Proc. IEEE Int. Conference on Image Proc., San Diego, October 12-15, 2008.

[92] S. Yi, D. Labate, G. R. Easley, and H. Krim. A Shearlet approach to edge analysis and detection, IEEE Trans. Image Proc. 18(5) (2009), 929-941.

[93] X. Zhang, X. Sun, L. Jiao, and J. Chen. A Non-Local Means Filter with Translating Invariant Shearlet Feature Descriptors, Wireless

Communications Networking and Mobile Computing (WiCOM), 2010 6th International Conference on (2010), 1-4.

[94] X. Zhang, Q. Zhang, and L. Jiao. Image Denoising with Non-Local Means in the Shearlet Domain, Multi-Platform/Multi-Sensor Remote Sensing and Mapping (M2RSM), 2011 International Workshop on (2011), 1-5.

[95] D. Ziou and S. Tabbone. Edge Detection Techniques An Overview, Internat. J. Pattern Recognition and Image Anal. 8(4) (1998), 537-559.

名词索引

A

B

C

D

E

F

G

I

L

M

P

R

S

T

V

W

附录　部分彩图

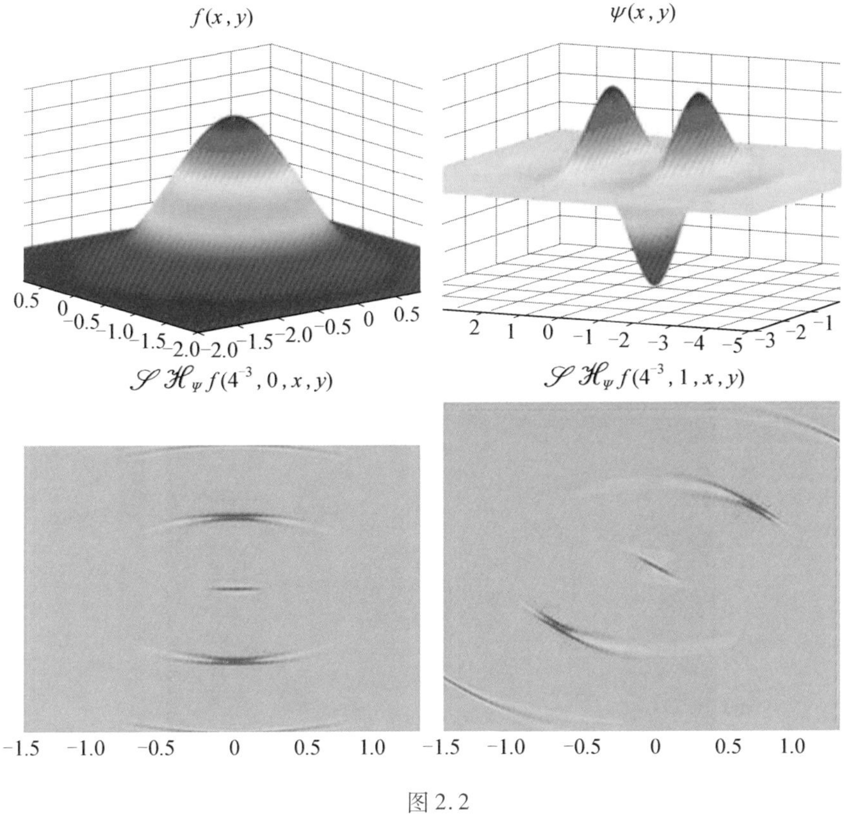

$f(x,y)$
$\psi(x,y)$
0.5
0
−0.5
−1.0
−1.5
−2.0
−2.0
−1.5
−2.0
−0.5
0
0.5
2
1
0
−1
−2
−3
−4
−5
−3
−2
−1
$\mathscr{S}\mathscr{H}_{\psi}f(4^{-3},0,x,y)$
$\mathscr{S}\mathscr{H}_{\psi}f(4^{-3},1,x,y)$
−1.5
−1.0
−0.5
0
0.5
1.0
−1.5
−1.0
−0.5
0
0.5
1.0

图 2.2

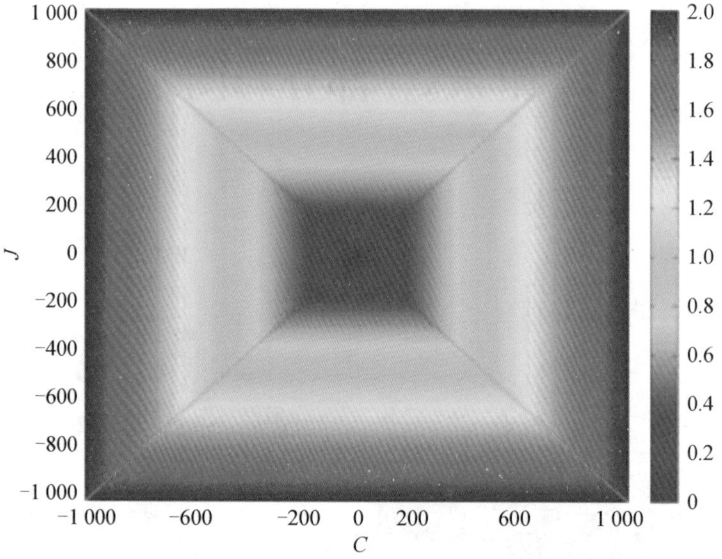

(a) 选择 1

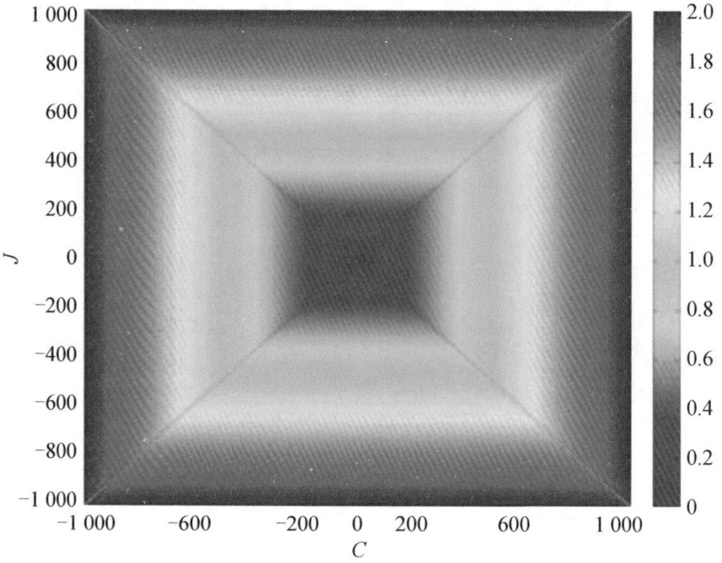

(b) 选择 2

图 7.2

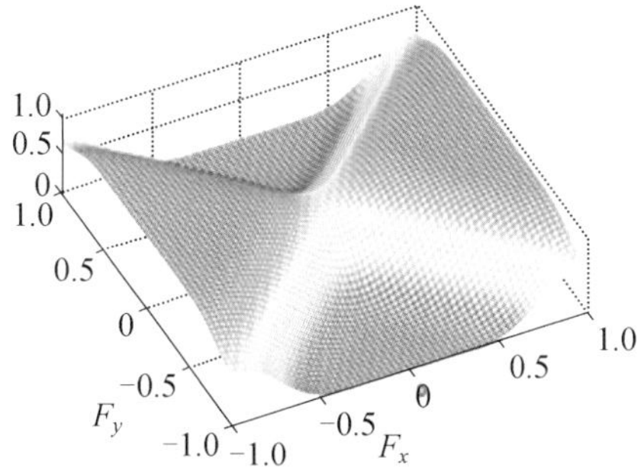

(a) 2D 风扇状滤波器的幅度相应

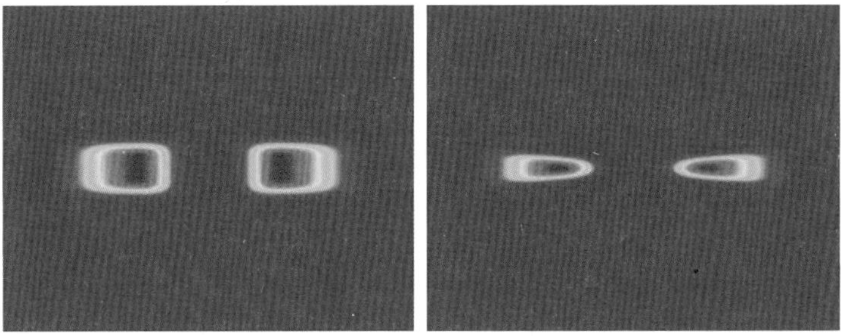

(b) 可分离剪切波 $\psi_{j,k,m}$　　(c) 不可分离剪切波 $\psi_{j,k,m}^{\mathrm{non}}$

图 7.6

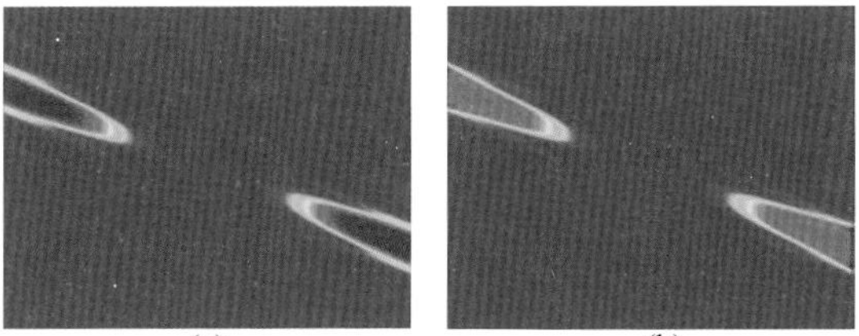

(a)　　(b)

图 7.7